高等学校土木工程专业"十三五"系列教材
高等学校土木工程专业系列教材

基础工程与地基处理

杨润林 编著

中国建筑工业出版社

图书在版编目（CIP）数据

基础工程与地基处理 / 杨润林编著. —北京：中国建筑工业出版社，2020.11（2024.11重印）
高等学校土木工程专业"十三五"系列教材 高等学校土木工程专业系列教材
ISBN 978-7-112-25567-2

Ⅰ.①基… Ⅱ.①杨… Ⅲ.①地基处理—高等学校—教材 Ⅳ.①TU472

中国版本图书馆 CIP 数据核字（2020）第 190505 号

本书根据最新的《建筑地基基础设计规范》GB 50007—2011《建筑地基处理技术规范》JGJ 79—2012《建筑桩基技术规范》JGJ 94—2008 和《岩土工程勘察规范》GB 50021—2001（2009 年版）等专业技术标准，综合十余年来的授课资料撰写而成。

全书共分为 12 章，主要内容包括：绪论、地基勘察、浅基础、地基与基础的相互作用、桩基础、沉井基础与墩基础、挡土墙、基坑工程、地基处理、特殊土地基、土工合成材料的应用和动力机器基础。每章之后均附有大量的习题，题型主要包括思考题、计算题和设计题，用于考查基本概念、加深内容理解和启发思维。

本书可作为土木工程专业大中专院校师生的教材，也可供科研单位的研究人员和企业内的工程技术人员学习参考。

为了更好地支持教学，本书作者制作了教学课件，请有需要的任课老师发送邮件至 5562990@qq.com 索取。

* * *

责任编辑：周娟华
责任校对：芦欣甜

高等学校土木工程专业"十三五"系列教材
高等学校土木工程专业系列教材
基础工程与地基处理
杨润林　编著

*

中国建筑工业出版社出版、发行（北京海淀三里河路 9 号）
各地新华书店、建筑书店经销
北京红光制版公司制版
建工社（河北）印刷有限公司印刷

*

开本：787 毫米×1092 毫米　1/16　印张：25½　字数：618 千字
2020 年 11 月第一版　　2024 年 11 月第四次印刷
定价：**59.00** 元（赠课件）
ISBN 978-7-112-25567-2
（36586）

版权所有　翻印必究
如有印装质量问题，可寄本社图书出版中心退换
（邮政编码 100037）

前　言

在土木工程学科领域，地基与基础方面的问题一直以来是个重要话题。"九层之台，起于累土"，春秋时期老子所撰写的《道德经》中强调了地基基础对工程结构的重要性。从国内外的角度来看，由于地基的承载力不足、地基变形超限、基础质量缺陷以及基坑支护结构失效引发的工程事故不胜枚举，这些事故通常会导致灾害性后果。究其原因，一方面，工程建设场地的水文地质条件往往比较复杂，在设计和施工环节难于面面俱到；另一方面，地基基础一般处于地面之下，属于隐蔽工程，即使发现问题也很难处理。因此，地基与基础的设计和施工必须高度重视，否则一旦出现问题，将可能造成不可弥补的损失。基于此，撰写本书的目的是希冀能够帮助读者对基础工程与地基处理方面的知识能有一个比较清晰而又全面的了解，真正做到"开卷有益"。

本书根据最新的《建筑地基基础设计规范》GB 50007—2011、《建筑地基处理技术规范》JGJ 79—2012、《建筑桩基技术规范》JGJ 94—2008 和《岩土工程勘察规范》GB 50021—2001（2009 年版）等专业技术标准，综合十余年来的授课资料和心得体会撰写而成。

本书共分为12章，主要章节内容如下：第1章"绪论"阐述建（构）筑物对地基基础的基本要求；第2章"地基勘察"介绍工程勘察的主要方法和勘察报告的编写；第3章"浅基础"讲述浅基础的选型原则和设计计算方法；第4章"地基与基础的相互作用"重点分析地基、基础和上部结构三者之间的相互作用原理；第5章"桩基础"讲述单桩与群桩承载力的确定方法以及桩基础的设计计算方法等内容；第6章"沉井基础与墩基础"介绍沉井的分类与构造形式、沉井的设计计算方法以及墩基础的分类、墩基础的设计计算方法等内容；第7章"挡土墙"讲述了挡土墙的设计计算方法；第8章"基坑工程"讲述支护结构的选型原则及其设计计算方法、基坑降排水设计等内容；第9章"地基处理"介绍常见的地基处理方法，并分析相应的加固机理；第10章"特殊土地基"阐述黄土、膨胀土、盐渍土、红黏土和冻土等特殊土地基的工程特性及其不良影响；第11章"土工合成材料的应用"介绍常见土工合成材料的主要功能；第12章"动力机器基础"讲述动力机器基础的常见形式、设计原理和基本要求等。

本书涉及的文献资料很多，包括公开发表的著作、论文和各种专业规范等。此外，还有部分资料通过互联网搜索引擎百度获得。作者尽可能地罗列于参考文献之中，但百密一疏，若有遗漏，在此预先表示歉意。在全书撰写的过程中，中国建筑科学研究院地基所的邸道怀研究员给出了极具建设性的意见，研究生张雨和王普杰在定稿过程中参加了烦琐的文字修改和插图绘制等方面的工作。在此，作者一并表示衷心的感谢。

为方便读者阅读参考，作者结合多年的授课经验，文字撰写风格力求深入浅出、通俗易懂，而不以繁复见长。本书若能对广大高校师生、科研机构的研究人员和企业的工程技术人员有所裨益，将甚感欣慰。限于水平和时间，书中纰漏在所难免，欢迎读者批评指正。

编者

目 录

第1章 绪论 ··· 1
  1.1 概述 ··· 1
  1.2 课程的主要内容与基本要求 ··· 3
  1.3 基础工程的重要性 ·· 4
  1.4 基础工程的发展趋势 ·· 5
  习题 ·· 6

第2章 地基勘察 ·· 7
  2.1 概述 ··· 7
  2.2 岩土工程勘察分级 ·· 7
  2.3 岩土工程勘察阶段 ·· 9
  2.4 地基勘察任务和勘探点布置 ··· 10
  2.5 地基勘探方法 ·· 12
  2.6 原位试验 ·· 14
  2.7 地基岩土分类 ·· 22
  2.8 室内土工试验 ·· 25
  2.9 地基勘察报告 ·· 27
  习题 ·· 32

第3章 浅基础 ··· 34
  3.1 概述 ··· 34
  3.2 浅基础的类型 ·· 35
  3.3 浅基础的设计原则和设计步骤 ·· 40
  3.4 基础的埋置深度 ·· 41
  3.5 地基承载力计算 ·· 44
  3.6 无筋扩展基础设计 ·· 57
  3.7 扩展基础设计 ·· 60
  3.8 柱下条形基础 ·· 70
  3.9 交叉条形基础 ·· 75
  3.10 筏形基础 ·· 79
  3.11 箱形基础 ·· 86
  习题 ·· 92

第4章 地基与基础的相互作用 ··· 96
  4.1 地基、基础与上部结构相互作用的概念 ································· 96
  4.2 地基计算模型 ·· 97

  4.3 文克尔地基模型梁的计算 …… 99
  4.4 地基梁的数值分析 …… 106
  4.5 地基基础和上部结构的相互作用 …… 108
  4.6 补偿性基础 …… 113
  4.7 减少建筑物不均匀沉降危害的措施 …… 114
  习题 …… 115

第5章 桩基础 …… 117
  5.1 概述 …… 117
  5.2 桩的分类及选用 …… 118
  5.3 竖向荷载下单桩的受力分析 …… 124
  5.4 单桩竖向承载力 …… 130
  5.5 桩的负摩擦力问题 …… 136
  5.6 桩的水平承载力 …… 140
  5.7 单桩在水平荷载作用下内力及位移分析 …… 145
  5.8 群桩基础 …… 153
  5.9 桩基承台设计 …… 166
  5.10 桩基础设计 …… 178
  5.11 基桩检测 …… 187
  习题 …… 189

第6章 沉井基础与墩基础 …… 193
  6.1 概述 …… 193
  6.2 沉井的分类及构造形式 …… 194
  6.3 沉井的设计与计算 …… 197
  6.4 沉井施工 …… 202
  6.5 墩基础的分类 …… 206
  6.6 墩的设计与计算 …… 208
  6.7 墩基础的施工 …… 211
  习题 …… 212

第7章 挡土墙 …… 214
  7.1 概述 …… 214
  7.2 挡土墙的分类及选型 …… 215
  7.3 作用在挡土墙上的荷载 …… 219
  7.4 挡土墙基础设计和稳定性验算 …… 221
  7.5 重力式挡土墙 …… 225
  7.6 悬臂式挡土墙 …… 234
  7.7 扶壁式挡土墙 …… 241
  习题 …… 246

第8章 基坑工程 …… 249
  8.1 概述 …… 249

8.2 基坑工程设计 ………………………………………………………………………… 250
8.3 基坑支护选型 ………………………………………………………………………… 253
8.4 支护结构上的荷载 …………………………………………………………………… 265
8.5 基坑支护结构的设计规定 …………………………………………………………… 268
8.6 基坑支护结构设计计算方法 ………………………………………………………… 269
8.7 地下水控制 …………………………………………………………………………… 299
习题 …………………………………………………………………………………………… 307

第9章 地基处理 …………………………………………………………………………… 310
9.1 概述 …………………………………………………………………………………… 310
9.2 换填垫层法 …………………………………………………………………………… 313
9.3 复合地基 ……………………………………………………………………………… 318
9.4 加密法 ………………………………………………………………………………… 327
9.5 预压法 ………………………………………………………………………………… 331
9.6 胶结法 ………………………………………………………………………………… 338
习题 …………………………………………………………………………………………… 342

第10章 特殊土地基 ………………………………………………………………………… 344
10.1 概述 ………………………………………………………………………………… 344
10.2 黄土地基 …………………………………………………………………………… 344
10.3 膨胀土地基 ………………………………………………………………………… 351
10.4 盐渍土 ……………………………………………………………………………… 357
10.5 红黏土 ……………………………………………………………………………… 362
10.6 冻土 ………………………………………………………………………………… 365
习题 …………………………………………………………………………………………… 368

第11章 土工合成材料的应用 ……………………………………………………………… 370
11.1 概述 ………………………………………………………………………………… 370
11.2 土工合成材料的分类 ……………………………………………………………… 370
11.3 土工合成材料的主要功能 ………………………………………………………… 371
11.4 工程应用 …………………………………………………………………………… 372
习题 …………………………………………………………………………………………… 375

第12章 动力机器基础 ……………………………………………………………………… 376
12.1 动力机器基础概述 ………………………………………………………………… 376
12.2 动力机器基础的设计步骤 ………………………………………………………… 378
12.3 地基动力特征参数 ………………………………………………………………… 379
12.4 基础振动对土的影响 ……………………………………………………………… 381
12.5 动力机器基础的减振与隔振 ……………………………………………………… 381
习题 …………………………………………………………………………………………… 384

附录1 桩的极限阻力标准值 ……………………………………………………………… 385
附录2 桩基础计算系数 …………………………………………………………………… 387
附录3 锚杆的极限粘结强度标准值 ……………………………………………………… 396
附录4 承载力修正系数表 ………………………………………………………………… 397

参考文献 ……………………………………………………………………………………… 398

主 要 符 号

A

A—基础底面积；格栅内的土体面积
A_p—桩端面积
a—土的压缩系数

B

b—基础底面宽度

C

c—黏聚力
C_c—曲率系数
C_u—不均匀系数

D

d—基础埋深
d_{min}—基础最小埋深

E

e—基础上荷载的偏心距；孔隙比
E_0—变形模量
E_c—混凝土弹性模量
E_m—土的径向变形模量
E_s—侧限压缩模量

F

f—地基承载力
f_a—地基承载力特征值
f_s—侧壁摩阻力
f_{rk}—饱和单轴抗压强度标准值
F_l—冲切力

G

g—重力加速度

G—基础自重；剪切模量；永久荷载

H

h—土层厚度；基础高度；基坑深度
H—建筑物高度；总水平力
H_0—桩顶水平力

I

i—水力坡降
I—刚度系数；截面惯性矩
I_p—塑性指数
I_L—液性指数

K

k—基床系数；渗透系数；下沉系数
K_s—抗滑移稳定性安全系数
K_{st}—下沉系数
$k_{st,s}$—下沉稳定系数
K_0—静止土压力系数
K_a—主动土压力系数
K_p—被动土压力系数

L

l—基础长度；桩长度
L—建筑物长度

M

m—水平抗力系数的比例系数面积置换率
M—力矩；弯矩
M_d、M_b、M_c—地基承载力系数

N

n—个数；孔隙率

N—贯入锤击数；桩身轴力

O

O—倾覆稳定验算圆心
OCR—超固结比

P

p—基地压力
p_0—静止土压力强度
p_a—主动土压力强度
p_c—自重压力
p_k—基础底面处的平均压力值
p_s—比贯入阻力
p_u—地基极限荷载

Q

Q_{bu}—墩底土极限承载力
Q_{su}—墩侧壁总极限摩阻力
q_c—锥头阻力
Q—单桩竖向荷载；可变荷载

R

r—半径
R—总抗力
R_a—单桩竖向承载力特征值

S

s—沉降量；变形量
S—作用效应
S_r—饱和度

T

t—时间
T—基桩抗拔极限承载力；设计基准期
T_g—特征周期
T_v—竖向渗流时间因数

U

u—贯入时的孔隙水压力；桩身周长
U—固结度

V

ν—泊松比
v_P—纵波波速
v_S—横波波速
v_{se}—等效剪切波速
V—体积；剪力
ΔV—体积增量

W

w—天然含水量；梁的挠度
w_L—液限含水量
w_P—塑限含水量
W—断面抵抗矩

Z

z—深度
z_d—季节性冻土地基的场地冻结深度

希腊字母

α—桩的水平变形系数
β_l—混凝土局部受压时的强度提高系数
β_{hp}—截面高度影响系数
γ_s—沉降比
γ_0—结构重要系数
φ—内摩擦角
σ'—承压水上部隔水层底面的有效应力
ζ_a—地基抗震承载力调整系数
ψ_{si}—大直径桩侧阻力尺寸效应系数
η_c—承台效应系数

第1章 绪 论

1.1 概 述

基础工程领域一般涉及建筑物地基和基础的设计和施工。任何建筑物都建造在一定的地层上，建筑物的全部荷载都由它下面的地层来承担。地基是指支承基础的土体或岩体。基础是指将结构所承受的各种作用传递到地基上的结构组成部分。场地是指工程建筑所处的土地区域，通常平面覆盖范围大于地基。从结构构件的连续性和荷载传递的角度进行观察，地基与基础二者密不可分，地基与基础在各种荷载作用下将产生附加应力和变形，二者彼此之间相互影响。

持力层是指直接承受基础下传荷载的那部分地基土层。随着深度的增加，持力层内部土体承受的荷载会逐渐减小。持力层以下的土层称之为下卧层，如图1-1所示。在受建筑物荷载影响的整个地基土层中，与持力层类似，总体上土体所承受的荷载水平会随着深度的增大而衰减。按照是否存在人工外力介入，地基可分为天然地基与人工地基。未经人工处理就可以满足设计要求而直接采用的地基称之为天然地基；如果天然地层土质过于松软或者存在不良工程地质问题，需要经过人工加固或者处理后才能在其上修筑基础，这种地基称之为人工地基。根据埋置深度的差异，基础可分为浅基础和深基础。通常将埋置深度较浅，并且施工较为简单的基础称为浅基础；如果浅层土质不良，需要将基础埋置于较深的良好土层上，并且施工较为复杂时对应的基础称为深基础，深基础的埋置深度一般大于基础宽度或5m。

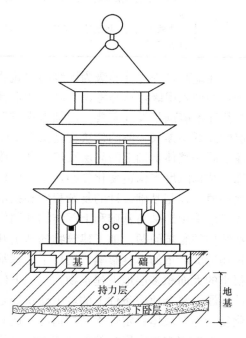

图1-1 地基土层相对位置示意图

根据地基复杂程度、建筑物规模和功能特征，以及由于地基问题可能造成建筑物破坏或影响正常使用的程度，地基基础设计相应可分为三个设计等级，设计时可根据具体情况按表1-1所示确定。地基基础的设计等级不同，将会对地基基础的荷载计算、截面设计和构造措施产生相应的影响。

地基基础设计等级　　　　　　　　　　　　　　　表 1-1

设计等级	建筑和地基类型
甲级	重要的工业与民用建筑物； 30 层以上的高层建筑； 体型复杂，层数相差超过 10 层的高低层连成一体建筑物； 大面积的多层地下建筑物（如地下车库、商场、运动场等）； 对地基变形有特殊要求的建筑物； 复杂地质条件下的坡上建筑物（包括高边坡）； 对原有工程影响较大的新建建筑物； 场地和地基条件复杂的一般建筑物； 位于复杂地质条件及软土地区的 2 层及 2 层以上地下室的基坑工程； 开挖深度大于 15m 的基坑工程； 周边环境条件复杂、环境保护要求高的基坑工程
乙级	除甲级、丙级以外的工业与民用建筑物； 除甲级、丙级以外的基坑工程
丙级	场地和地基条件简单、荷载分布均匀的 7 层及 7 层以下民用建筑及一般工业建筑；次要的轻型建筑物； 非软土地区且场地地质条件简单、基坑周边环境条件简单、环境保护要求不高且开挖深度小于 5m 的基坑工程

在地基基础设计等级为甲级的建筑物中，30 层以上的高层建筑，不论其体型复杂与否，均列入甲级，这是考虑其高度和重量对地基承载力和变形均有较高要求，采用天然地基往往不能满足设计需要，而须考虑桩基或进行地基处理；体型复杂、层数相差超过 10 层的高低层连成一体的建筑物是指在平面上和立面上高度变化较大、体型变化复杂，并且建于同一整体基础上的高层宾馆、办公楼、商业建筑等建筑物。由于上部荷载大小相差悬殊、结构刚度和构造变化复杂，很易出现地基不均匀变形。为使地基变形不超过建筑物的允许值，地基基础设计的复杂程度和技术难度均较大，有时需要采用多种地基和基础类型或考虑采用地基与基础和上部结构共同作用的变形分析计算来解决不均匀沉降对基础和上部结构的影响问题；地下建筑物的基坑开挖时，需要进行降水和支护作业，可能对邻近建筑物造成严重的不良影响，增加了地基基础设计的复杂性，有些地面以上没有荷载或荷载很小的大面积多层地下建筑物，如地下停车场、商场、运动场等还存在抗地下水浮力的设计问题；复杂地质条件下的坡上建筑物是指坡体岩土的种类、性质、产状和地下水条件变化复杂等对坡体稳定性不利的情况，此时应作坡体稳定性分析，必要时应采取整治措施；对原有工程有较大影响的新建建筑物是指在原有建筑物旁和在地铁、地下隧道、重要地下管道上或旁边新建的建筑物，当新建建筑物对原有建筑物影响较大时，为保证原有建筑物的安全和正常使用，增加了地基基础设计的复杂性和难度；场地和地基条件复杂的建筑物是指不良地质现象强烈发育的场地，如泥石流、崩塌、滑坡、岩溶土洞塌陷等，或地质环境恶劣的场地，如地下采空区、地面沉降区、地裂缝带等，复杂地基是指地基岩土种类和性质变化很大、有古河道或暗浜分布、地基为特殊性岩土，如膨胀土、湿陷性土等，以及地下水对工程影响很大需特殊处理等情况，上述情况均增加了地基基础设计的复杂程度和技术难度；对在复杂地质条件下或软土地区开挖较深的基坑工程，由于基坑支护、开挖和地下水控制等方面的复杂性，难度较大；开挖深度大于 15m 的基坑以及周边环境条件复

杂、环境保护要求高的基坑，对基坑支挡结构的位移控制严格，也列入甲级。

表 1-1 所列的设计等级为丙级的建筑物是指建筑场地稳定、地基岩土均匀良好、荷载分布均匀的 7 层及 7 层以下的民用建筑和一般工业建筑物以及次要的轻型建筑物。

实际设计时应根据建筑物和地基的具体情况，参照上述说明确定地基基础的设计等级。

根据地层变化情况、上部结构的要求、荷载特点和施工技术水平，不同建筑物可以采用不同类型的地基和基础。一般情况下，为满足建筑物的正常服役和安全性要求，地基与基础应具备两方面的基本条件：①地基与基础必须具有足够的强度和稳定性；②变形应在允许范围之内。

1.2 课程的主要内容与基本要求

本书一共 12 章，主要介绍地基基础方面的设计理论和计算方法，包括地基基础一般设计原则、浅基础、桩基础、复合地基、挡土墙、基坑工程、地基处理、特殊土地基和动力机器基础等内容。

第 1 章"绪论"，介绍地基基础工程的基本概念，阐述建（构）筑物对地基基础的基本要求，说明基础工程在实践过程中的重要性以及基础工程未来的发展方向。

第 2 章"地基勘察"，要求熟练掌握岩土的工程性质及其分类，熟悉工程勘察的主要方法，能够完成勘察报告的编写，学会岩土试验及原位测试数据的整理、应用。

第 3 章"浅基础"，要求掌握地基承载力的确定方法，熟悉浅基础选用原则及设计原则，掌握相应结构设计计算方法。

第 4 章"地基与基础的相互作用"，要求了解地基基础和上部结构之间相互作用的原理，熟悉常见地基计算模型分类，掌握采用文克尔地基模型的梁的计算方法。

第 5 章"桩基础"，要求掌握单桩承载力的确定方法、群桩承载力的确定方法，以及桩基础设计与计算方法，对桩基础施工有一定程度的了解。

第 6 章"沉井基础与墩基础"，要求了解沉井的分类与构造形式，熟悉沉井施工，掌握沉井的设计与计算方法；了解墩基础的分类与施工，掌握墩基础的设计与计算方法。

第 7 章"挡土墙"，要求掌握土压力的确定方法和挡土墙的设计与计算方法。

第 8 章"基坑工程"，要求熟悉围护结构常用形式及其设计计算方法，掌握内撑式和拉锚式支护结构设计计算方法，熟悉基坑降排水设计。

第 9 章"地基处理"，要求熟悉常见的关于地基处理分类的方法；了解地基处理分类的基本原则；掌握地基置换法、加密法、排水固结法、加筋法、胶结法的加固机理和相应计算方法，并能在此基础上进行地基基础加固方案设计；了解排水固结法的适用范围及设计计算方法；了解深层搅拌法的适用范围及设计方法和砂石桩法的适用范围及设计方法；熟悉强夯法的适用范围及设计计算方法和土工合成材料在工程中应用；掌握已有建筑物地基加固方法以及常用纠倾方法。

第 10 章"特殊土地基"，要求了解湿陷性黄土、膨胀土、盐渍土、红黏土和冻土等特殊土构成的地基的工程性质及其常见危害，并掌握相应的处理方法。

第 11 章"土工合成材料的应用"，要求了解土工合成材料的分类及其主要功能，并能将其用于工程实践。

第 12 章"动力机器基础",要求熟悉动力设备基础的常见形式,了解动力机器基础的设计原理和基本要求;掌握动力机器基础的减振原理。

1.3 基础工程的重要性

对于建筑物而言,地基基础设计和施工质量的优劣,往往对其正常服役性能和安全性有着极其重要的影响。基础工程一般处于地面之下,属于隐蔽工程,质量缺陷不易发现,而且即使发现也很难处理。基础工程的造价,通常在整个建筑物造价中占相当大的比例,尤其是在复杂的地质条件下或在水域中修筑基础更是如此。因此,基础工程的设计和施工必须高度重视,否则一旦出现问题,将可能造成不可弥补的影响。

1.3.1 地基不均匀沉降事故

举世闻名的意大利比萨斜塔就是这方面一个典型的案例。意大利比萨斜塔修建于1173 年,由著名建筑师那诺·皮萨诺主持修建。它位于比萨城大教堂后面右侧,是比萨城的标志。塔高设计为 60m 左右,在施工过程中由于持续倾斜,直至 1370 年方才竣工。此后,倾斜趋势仍未停止,直到 1838 年进行加固之后,斜塔的倾斜趋势才趋于平稳。目前,整个塔身倾斜角度约 4°,塔顶偏离初始设计位置 5m 左右。比萨斜塔倾斜的原因在于地基土层剖面包括数层软质的粉土和黏土,整体比较松软,因此地基在受载荷情况下出现不均匀沉降,导致塔体倾斜。

国内的虎丘塔也是地基不均匀沉降导致建筑物倾斜的典型案例。虎丘塔位于江苏省苏州市,始建于公元 959 年,落成于 961 年,曾遭受多次火灾,现留塔身高约 47.7m。由于地基土层厚薄不均、塔墩基础设计构造不完善等原因,从明代起,该塔就开始向西北倾斜。新中国成立后,先后对塔身和地基进行了两次修葺加固。目前,虎丘塔顶中心偏离底层中心 2.34m,倾斜度为 2.67°。

1.3.2 由于地基液化引起建筑物开裂

地基液化是指地基中含水率接近饱和的砂土或粉土类土体受地震等外部荷载的持续振动作用,土体趋于密实,导致孔隙水压力不断上升而土体有效应力不断减小,直至土体完全丧失抗剪强度和承载力,继而表现出类似液体具有流动性特征的一类地基变形现象。在地基土体液化发生的过程中,常常伴随着地面喷水、地基局部或整体沉降、上部建筑物倾斜或整体倒塌等震害现象。

由地震诱发的地基液化的实例很多。1925 年,美国舍费尔德土坝遭遇地震,坝底饱和砂土液化导致大坝瞬间解体崩塌。在 1964 年的日本新潟地震和 1995 年的阪神地震中,由于濒海或者人工填海造地,导致当地大量砂土地基液化,建筑物破坏严重。

在国内 1976 年唐山地震发生的过程中,也出现了不少地基液化的实例。本次地震发生在河北省唐山、丰南一带,强度为 7.8 级,震中烈度为 XI 度,震源深度 23km。图 1-2 是当时地震现场液化震害

图 1-2 地基液化后喷留的泥水

状况。

1.3.3 基础质量缺陷

湖北武汉市一幢18层钢筋混凝土剪力墙结构住宅楼于1995年1月开始桩基施工，11月底主体竣工，在12月初即发现该工程向东北方向倾斜，顶端水平位移470mm。为了控制因不均匀沉降导致的倾斜，采取了在倾斜一侧减载与在对应一侧加载，以及注浆、高压粉喷、增加锚杆静压桩等抢救措施，曾一度使倾斜得到控制，但最终仍不得不进行爆破拆除。造成这次事故的主因是桩基整体失稳，大量的工程桩出现了不同程度的偏斜状况。

1992年11月，广东佛山市一个工厂车间由于桩基破坏而发生上部结构倒塌。破坏原因在于桩承台厚度不足，仅为设计厚度的30%左右，承台配筋也不及设计的1/3，而且上部钢筋混凝土柱和承台之间出现了冲切破坏。

1.3.4 基坑工程事故

基坑工程事故类型很多，在水土压力作用下，支护结构可能发生破坏，支护结构形式不同，破坏形式也有差异。渗流可能引起流土、流砂、突涌，造成基坑工程事故。围护结构变形过大或地下水流失，引起周围建筑物及地下管线破坏，也属于基坑工程事故。

基坑工程事故可大致分为：

（1）结构破坏：当结构构件应力超过材料强度，或结构发生不适于继续承载的变形，发生结构破坏。如护坡桩、墙断裂，锚杆（土钉）钢筋拉断，腰梁断裂、扭曲，支撑构件失稳，钢支撑节点破坏，土钉端部节点破坏，土钉墙面层断裂等。

（2）土体破坏：包括整体滑动失稳，基坑底隆起失稳，嵌固段土体水平承载力不足失稳（倾覆、滑移、踢脚等），锚杆（土钉）锚固体拔动，渗透破坏，土体局部坍塌等。

（3）基坑引发的周边环境破坏包括房屋承重结构开裂、房屋填充结构开裂、房屋整体倾斜或倾倒、道路沉降或开裂、地下管线开裂或断裂等。

以上基坑工程事故，只是从某一种形式上表现了基坑破坏，实际上基坑工程事故的表现形式往往具有多样性，所以基坑工程事故发生的原因往往是多方面的，具有复杂性。

2010年北京某地铁车站主体结构采用明挖法施工，除部分采用土钉墙支护方式外，其余部位采用桩—锚—支撑或桩—支撑支护体系。在基坑工程施工过程中，基坑东北角第一道钢支撑东侧外面两根斜撑连同钢腰梁突然坠落，并且砸到第二道钢支撑上，致使第二道钢支撑东北角4根斜撑全部坠落，造成人员伤亡。事故原因在于支护桩与腰梁之间未设置抗剪凳或者抗剪凳连接腰梁的焊缝承载力不足。

1.4 基础工程的发展趋势

1.4.1 地基—基础—上部结构相互作用

常规设计中不考虑地基—基础—上部结构三者之间的变形协调，仅考虑静力平衡，这对于一般的建筑结构是允许的，但是对于超高层、大跨度、体型多变或者地基土质情况复杂的建筑结构，显然是不适用的。因此，有必要进行进一步的深入细化研究。

1.4.2 地基原位测试技术和基础工程质量检测技术

目前，地基原位测试技术主要依赖静/动力触探试验、标准贯入试验、十字板剪切试验、旁压试验、静载试验、岩体应力试验或者岩土波速测试等技术手段，而桩基础工程质量检测技术主要依赖单桩静荷载试验、高应变和低应变动力检测法、钻芯法和声波透射法等技术手段。由于地基和基础的承载变形特性对上部建筑物性能的影响很大，所以为了更精确地获取地基土的岩土性质和基础的施工质量，有必要进一步丰富和完善地基原位测试技术和基础工程质量检测技术。

1.4.3 深基坑支护技术

一方面，现代城市中随着建筑物高度的增加，基坑的深度也相应增加；另一方面，深基坑周围建筑物和管线密集，通常施工场地比较狭窄，因此这给深基坑支护技术提出了更高的要求。在深基坑支护时，既要考虑支护的效果，同时还要考虑经济成本。单一的支护技术往往满足不了深基坑的复杂性要求，因此，未来的深基坑支护应向着多种支护技术配合使用的方向发展。

1.4.4 软弱地基处理技术

包含软弱土层的天然地基强度往往不能满足工程设计要求，不可避免地会遇到土体稳定性或者变形超限等问题。因此，需要采取针对性措施对软弱地基进行地基处理，以满足工程设计的要求。地基处理技术不仅要考虑地基承载或者变形的需求，还应考虑经济性方面的因素。

1.4.5 既有建筑地基基础加固技术

增层改造、纠倾加固、移位加固或者基础托换，对于需要修缮的既有建筑物而言，工程实践性很强。然而，由于调整过程中受力或者变形复杂，极具风险性，所以现阶段有必要针对施工过程数值模拟和技术措施进一步发展和完善。

习 题

1.1 在荷载传递过程中，基础起什么作用？

1.2 地基基础如何划分设计等级？

1.3 建筑物对地基的影响如何体现？

1.4 地基不均匀沉降可能产生的危害是什么？

1.5 在组成地基的各土层中，如何区分持力层和下卧层？

1.6 地基液化可能产生的问题有哪些？

1.7 为了保证建筑物的正常使用与安全，简述地基与基础设计的基本要求。

1.8 常见的基坑工程事故有哪几类？

1.9 地基有哪些分类方法？

1.10 在地基基础的设计过程中，除了考虑静力平衡条件外，仍需考虑什么问题？

1.11 浅基础和深基础除埋置深度不同外，在设计时受力分析有什么不同？

1.12 相对于上部结构，为什么地基基础的设计更重要？

1.13 常见的地基加固技术有哪些？

1.14 既有建筑地基基础加固有哪些措施？

1.15 简述基础工程研究的发展趋势。

第2章 地 基 勘 察

2.1 概 述

地基通过支承建筑物基础，承受上部结构荷载的影响。为满足建筑物正常使用和安全的需求，地基必须满足强度、变形和稳定性方面的要求。因此，在施工图设计阶段，需要按照专业规定，针对地基的承载力、沉降特征和失稳能力作出相应评价。地基勘察属于岩土工程勘察的一部分，目的是解决与地基基础方案有关的实际问题。本章首先介绍岩土工程勘察的一般知识，然后引入地基勘察部分内容。

岩土工程勘察是根据建设工程的要求，查明、分析和评估建设场地的地质条件、环境特征和岩土工程条件，进而编制勘察文件的活动。目的在于以各种勘察手段和方法，综合分析评估建筑场地和地基的工程地质条件，为设计和施工环节提供所必需的工程地质资料。岩土工程勘察的主要任务是查明建筑场地附近的工程地质和水文地质条件，为建筑物的场地选择、建筑平面布置、地基基础设计和施工提供必要的技术资料数据。在实际工程中，如果忽视岩土工程勘察的重要性，就可能导致发生工程事故。

1959年12月，法国马尔帕塞坝左端滑动，坝体溃决，洪流下泄，造成数百人死亡或失踪，并有邻近村庄被淹没。事故的主要原因是左岸坝座岩体断裂发育，包括片理、裂隙、节理和断层等尺度不一，产状不规则且有夹泥层存在，岩体抗剪强度低，质量很差。然而，工程建设前只有粗略的地质报告，未进行详细勘察，最终导致事故发生。

2007年3月，北京地铁10号线苏州街地铁站出入口处在施工过程中突然坍塌，造成6名工人被埋身亡。原因在于坍塌处地质及水文条件极差，土质疏松，并且存在厚约1m的淤泥质土，自稳性极差。然而工程勘察资料未能反映出事故地点的实际地质状况。

2011年11月，海口东站站前广场地下室在采用明挖法施工开挖过程中，基坑东侧约20m范围的边坡突然发生整体滑移，出现险情。事故原因在于滑动黏土层内存在粉细砂夹层，勘察资料未能准确地反映事故点附近的土层剖面信息。

此外，某工业用的筒形钢筋混凝土塔，直径为9m，高达64m，在采用滑模施工过程中，地基持续出现不均匀沉降，导致筒体不断倾斜，最终被迫停工。事后调查发现：勘察报告提供的地基承载力偏大，沉降较大一侧的地基实际承载力仅为设计承载力的50%～70%。四川省某铸铁车间在使用过程中发现山墙出现大量裂缝，调查后发现：山墙开裂的原因在于建筑物位于丘陵地区，地基中基岩面起伏变化较大，地基土层显著不均匀。然而这种情况在原始勘察资料中未能体现，结果导致上部结构发生损伤。

2.2 岩土工程勘察分级

考虑建筑工程规模的大小和特点，以及由于岩土工程问题可能造成的破坏或者影响正常使用的后果，可以针对岩土工程勘察进行相应分级，以便在勘察过程中采取不同详细程度的作业。

2.2.1 工程重要性等级

根据工程的规模、特征以及由于岩土工程问题造成工程破坏或影响正常使用的后果，可分为三个工程重要性等级：

（1）一级工程：重要工程，后果很严重；
（2）二级工程：一般工程，后果严重；
（3）三级工程：次要工程，后果不严重。

2.2.2 场地等级

根据场地的复杂程度，可按下列规定分为三个场地等级：一级场地（复杂场地）、二级场地（中等复杂场地）和三级场地（简单场地）。

符合下列条件之一者为一级场地（复杂场地）：①对建筑抗震危险的地段；②不良地质作用强烈发育；③地质环境已经或可能受到强烈破坏；④地形地貌复杂；⑤有影响工程的多层地下水，岩溶裂隙水或其他水文地质条件复杂，需专门研究的场地。

符合下列条件之一者为二级场地（中等复杂场地）：①对建筑抗震不利的地段；②不良地质作用一般发育；③地质环境已经或可能受到一般破坏；④地形地貌较复杂；⑤基础位于地下水位以下的场地。

符合下列条件者为三级场地（简单场地）：①抗震设防烈度等于或小于6度，或对建筑抗震有利的地段；②不良地质作用不发育；③地质环境基本未受破坏；④地形地貌简单；⑤地下水对工程无影响。

2.2.3 地基等级

根据地区的复杂程度，可按下列规定分为三个地基等级：一级地基、二级地基和三级地基。

符合下列条件之一者为一级地基（复杂地基）：地基岩土种类多，很不均匀，性质变化大，需特殊处理；严重湿陷、膨胀、盐渍、污染的特殊性岩土以及其他情况复杂，需做专门处理的岩土。

符合下列条件之一者为二级地基（中等复杂）：地基岩土种类较多，不均匀性质变化较大；除本条第一款规定以外的特殊性岩土。

符合下列条件者为三级地基（简单地基）：地基岩土种类单一，均匀，性质变化不大；无特殊性岩土。

2.2.4 岩土工程勘察等级

岩土工程勘察等级依据工程重要性等级、场地复杂程度等级和地基复杂程度等级确定，可分为三个等级。

（1）甲级：在工程重要性、场地复杂程度和地基复杂程度等级中，有一项或多项为一级；
（2）乙级：除勘察等级为甲级和丙级以外的勘察项目；
（3）丙级：工程重要性、场地复杂程度和地基复杂程度等级均为三级。

注：建筑在岩质地基上的一级工程，当场地复杂程度等级和地基复杂程度等级均为三级时，岩土工程勘察等级可定为乙级。

2.3 岩土工程勘察阶段

建筑物的岩土工程勘察宜分阶段进行：可行性研究勘察应符合选择场址方案的要求；初步勘察应符合初步设计的要求；详细勘察应符合施工图设计的要求；场地条件复杂或有特殊要求的工程，宜进行施工勘察。场地较小且无特殊要求的工程可合并勘察阶段。当建筑物平面布置已经确定，且场地或其附近已有岩土工程资料时，可根据实际情况，直接进行详细勘察。

选址勘察又称为可行性勘察，目的在于取得几个备选场址方案的主要工程地质资料，对拟选场地的稳定性和适宜性作出工程地质评价和方案比较，以便择优选址。选址勘察过程中侧重于收集和分析区域地质、地形地貌、地震、矿产和附近地区的工程地质资料以及当地的建筑经验，并应进行相应的技术经济分析，避开不利地段。一般可以把备选场址分为有利、一般、不利和危险四种情况，尽可能选用有利场址，不然就需要考虑采取一定的工程措施。

在进行选址勘察的基础上，可以进行初步勘察。初步勘察的目的是对场地内建筑地段的稳定性作出岩土工程评价，为确定建筑总平面布置和主要建筑物的地基基础设计方案提供资料，并对防治该区域内的不良地质现象提供相应的建议或对策。进行初步勘察，需要查明地层构造、岩土性质、地下水埋藏条件、冻结深度、不良地质现象的成因和分布、不良地质现象对场地稳定性的影响，以及地基土体的地震效应等。

详细勘察建立在初步勘察基础之上，详细勘察的目的是针对不同建筑物或建筑群提出详细的岩土工程资料和设计所需的岩土技术参数，对建筑地基作出岩土工程分析评价，对地基处理、基坑支护、工程降水等方案作出论证和建议，并对不良地质作用的防治作出论证和建议。详细勘察已经具体到施工图设计阶段，主要围绕地基进行，因此也称为地基勘察。进行详细勘察，需要查明建筑物范围内的地层结构、岩土的物理力学性质、地下水的埋藏条件和腐蚀性、地层的透水性和水位变化规律等情况。详细勘察的方法主要以现场勘探、原位测试和室内土工试验为主，必要时可补充一些物探、工程地质测绘和调查方面的工作。

施工勘察在较复杂的岩土工程中可能需要随时监测和检验设计的预期效果，以及进行施工质量控制。存在下列各种情况，有必要进行施工勘察，提供相应的勘察资料，以解决施工中的工程地质问题：

（1）进行多层或高层建筑施工验槽的过程中，出现异常问题，譬如发现电缆、局部存在积水地基。

（2）在基坑开挖后，发现局部古井、沟浜、暗河或者墓穴等。

（3）深基础施工出现异常，例如，沉井施工过程中沉井突然下沉或者倾斜，这时需要勘察井底地基土层的均匀性。

（4）软土地基处理后，需检验加固效果，实测地基土体物理力学性质指标变化并进行加固前后对比。

（5）地基存在岩溶或者土洞，需要进一步查明分布范围及考虑设计处理方案。

（6）施工过程中基槽边坡出现失稳滑动，这需要对滑坡土层进行勘察，分析滑坡发生的原因并进行加固处理。

2.4 地基勘察任务和勘探点布置

按照岩土工程勘察阶段划分,一般在完成选址勘察和初步勘察之后,就需要把重点放在地基勘察之上。地基勘察属于岩土工程勘察整个过程中的一个阶段,主要是指建筑总平面确定后施工图设计阶段的勘察,需要把勘察工作的主要对象缩小到具体建筑物的地基范围内。地基勘察必须遵守《岩土工程勘察规范》GB 50021—2001(2009年版)的有关规定。

2.4.1 地基勘察任务

地基勘察任务包括研究场地的地质条件,分析它与建筑物之间的相互作用,在此基础上对建筑物地基作出相应的岩土工程评价。

地基勘察应按单体建筑物或建筑群提出详细的岩土工程资料和设计、施工所需的岩土参数;对建筑地基作出岩土工程评价,并对地基类型、基础形式、地基处理、基坑支护、工程降水和不良地质作用的防治等提出建议。主要应进行下列工作:

(1) 搜集附有坐标和地形的建筑总平面图,场区的地面整平标高,建筑物的性质、规模、荷载、结构特点、基础形式、埋置深度、地基允许变形等资料;

(2) 查明不良地质作用的类型、成因、分布范围、发展趋势和危害程度,提出整治方案的建议;

(3) 查明建筑范围内岩土层的类型、深度、分布、工程特性,分析和评价地基的稳定性、均匀性和承载力;

(4) 对需进行沉降计算的建筑物,提供地基变形计算参数,预测建筑物的变形特征;

(5) 查明埋藏的河道、沟浜、基穴、防空洞、孤石等对工程不利的埋藏物;

(6) 查明地下水的埋藏条件,提供地下水位及其变化幅度;

(7) 在季节性冻土地区,提供场地土的标准冻结深度;

(8) 判定水和土对建筑材料的腐蚀性。

工程需要时,详细勘察应论证地基土和地下水在建筑施工和使用期间可能产生的变化及其对工程和环境的影响,提出防治方案、防水设计水位和抗浮设计水位的建议。

2.4.2 勘探点布置

地基勘察勘探点布置时,可先利用初步勘察阶段勘探工作所获得的勘探信息。初步勘察过程中,勘探工作具有下述特点:勘探线一般垂直于地貌单元、地质构造和地层界线布置;每个地貌单元均应布置勘探点,在地貌单元交接部位和地层变化较大的地段,勘探点应予加密;在地形平坦地区,按网格划分布置勘探点;对于岩质地基,勘探线和勘探点的布置、勘探孔的深度一般根据地质构造、岩体特性、风化情况等,按地方标准或当地经验确定;对于土质地基,勘探点、勘探线和勘探孔布置参考《岩土工程勘察规范》GB 50021—2001(2009年版)确定,局部异常地段应予以加密。

地基勘察阶段的勘探点布置和勘探孔深度,应根据建筑物特性和岩土工程条件确定。地基勘探点分为一般性勘探点和控制性勘探点,一般性勘探点应能控制地基的主要受力层,控制性勘探点则要求能控制地基压缩层的计算深度。详细勘察勘探点的间距:对岩质地基，应根据地质构造、岩体特性、风化情况等，结合建筑物对地基的要求，按地方标准或当地经验确定；对土质地基，应符合表2-1的规定。

详细勘察勘探点的间距　　　　　　表2-1

地基复杂程度等级	勘探点间距（m）
一级（复杂）	10～15
二级（中等复杂）	15～30
三级（简单）	30～50

勘探点布置应符合下列规定：

(1) 勘探点宜按建筑物周边线和角点布置，对无特殊要求的其他建筑物，勘探点可按建筑物或建筑群的范围布置；

(2) 同一建筑范围内的主要受力层或有影响的下卧层起伏较大时，应加密勘探点，查明其变化；

(3) 重大设备基础应单独布置勘探点；重大的动力机器和高耸构筑物基础，其勘探点不宜少于3个；

(4) 勘探手段宜采用钻探与触探相配合，在复杂地质条件、湿陷性土、膨胀岩土、风化岩和残积土地区，宜布置适量探井。

单栋高层建筑勘探点的布置，应满足对地基均匀性评价的要求，且不应少于4个；对密集的高层建筑群，勘探点可适当减少，但每栋建筑物至少应有1个控制性勘探点。

地基勘察中勘探孔深度自基础底面算起，应符合下列规定：

(1) 勘探孔深度应能控制地基主要受力层，当基础底面宽度不大于5m时，勘探孔的深度：对条形基础，不应小于3倍的基础底面宽度；对单独柱基，不应小于1.5倍的基础底面宽度且不应小于5m；

(2) 对高层建筑和需作变形验算的地基，控制性勘探孔的深度应超过地基变形计算深度；高层建筑的一般性勘探孔应达到基底下0.5～1.0倍的基础宽度，并深入稳定分布的地层；

(3) 对仅有地下室的建筑或高层建筑的裙房，当不能满足抗浮设计要求，需设置抗浮桩或锚杆时，勘探孔深度应满足抗拔承载力评价的要求；

(4) 当有大面积地面堆载或软弱下卧层时，应适当加深控制性勘探孔的深度；

(5) 在上述规定深度内遇基岩或厚层碎石土等稳定地层时，勘探孔深度可适当调整。

除此之外，勘探孔深度尚应符合下列补充规定：

(1) 地基变形计算深度，对于中、低压缩性土，可取附加压力等于上覆土层有效自重压力20%的深度；对于高压缩性土层，可取附加压力等于上覆土层有效自重压力10%的深度；

(2) 建筑总平面内的裙房或仅有地下室部分的控制性勘探孔的深度可适当减小，但应深入稳定的分布地层，且根据荷载和土质条件不宜少于基底下0.5～1.0倍的基础宽度；

(3) 当需进行地基整体稳定性验算时，控制性勘探孔深度应根据具体条件满足验算要求；

(4) 当需确定场地抗震类别而邻近无可靠的覆盖层厚度资料时，应布置波速测试孔，其深度应满足确定覆盖层厚度的要求；

（5）大型设备基础勘探孔深度不宜小于基础底面宽度的2倍；

（6）当需进行地基处理时，勘探孔的深度应满足地基处理设计与施工要求；当采用桩基时，勘探孔的深度应考虑桩长、沉降控制、地层条件和桩基承载特性等因素的影响。

2.5 地基勘探方法

在实际工程地质勘察中，可采取测绘与调查、勘探、原位测试与室内试验等勘察方法。当需查明岩土的性质和分布，采取岩土试样或进行原位测试时，可采用钻探、触探、坑探和地球物理勘探等方法。

测绘与调查的目的是通过对场地的地形地貌、地层岩性、地质构造、地下水与地表水、不良地质现象进行调查研究与必要的测绘工作，为评价场地工程条件及合理确定勘探工作提供依据。对建筑场地的稳定性进行研究是工程地质测绘和调查的重点问题。工程地质测绘与调查应该包括以下内容：土层的成因年代、埋藏条件、分布范围、应力历史等；场地地形、地貌特征和暗埋的塘、浜、沟、坑、故河道等的分布与埋深等；地下水类型、补给来源、排泄条件、水位变化幅度及其与地表径流及潮汐的水力联系；气象、水文、植被、土的标准冻结深度等；场区的地震烈度、震害、地震裂缝和软土震陷等；拟建场地附近已建建筑物的变形和软土地基处理经验。

勘探是地基勘察过程中查明地质情况的一种必要手段。它是在测绘和调查的基础上，进一步对场地的工程地质条件进行定量的评价。勘探方法的选取应该符合勘察目的和岩土的特性。为达到理想的技术经济效果，宜将多种勘探手段配合使用，如钻探加触探，钻探加地球物理勘探等。钻探和触探各有优缺点，二者有互补性，配合使用能取得良好的效果。触探的力学分层直观而连续，但单纯的触探容易造成误判，如以触探为主要勘探手段，除非有经验的地区，一般均应有一定数量的钻孔配合。

2.5.1 钻探

钻探是指采用一定规格型号的钻机在地层中钻孔，借以鉴别和划分地基岩层和土层。在钻进过程中，也可以考虑同时在孔内直接进行原位测试，以确定地基岩石和土层的物理力学性质；也可考虑沿孔深位置进行岩土取样，然后结合室内土工试验测定相关参数。选择钻探方法，应考虑地层特点、钻探深度和地下水的情况，尽量避免或减轻对取样段的扰动影响。

钻探过程中可以采用的钻机一般分为回转式钻机与冲击式钻机两种。回转式钻机是利用钻机的动力装置带动设有钻头的钻杆转动，由钻头切削孔底地层实现钻进。冲击式钻机是利用卷扬机收放钢丝绳，从而带动具有一定重量的钻具上下反复冲击，使钻头凿碎孔底地层而形成钻孔，然后以抽筒提取岩石碎块、扰动土样或通过击入取样器采取土样来识别地层。

常见的岩土试样取土器分为薄壁取土器、厚壁取土器和回转取土器，分别如图2-1～图2-3所示。

2.5.2 坑探

当钻探方法难以准确查明地下情况时，可采用坑探方法进行勘探。坑探是在建筑场地用人工方法开挖取得原状土样的一种勘探方法，主要包括槽探、井探和洞探等。它的优点

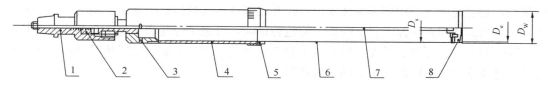

图 2-1 自由活塞薄壁取土器示意图

1—接头；2—锁卡总成；3—排浆孔；4—废土孔；
5—连接套；6—取样管；7—活塞杆；8—活塞

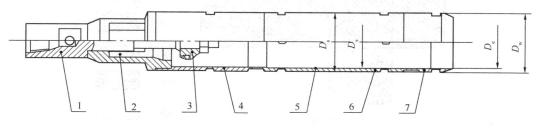

图 2-2 厚壁取土器示意图

1—接头；2—排浆孔；3—活塞；4—废土管；5—衬管；6—取样管；7—管靴

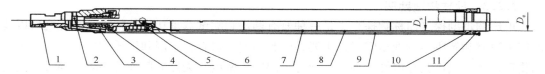

图 2-3 回转取土器（三重管单动）结构示意图

1—接头；2—排浆孔；3—冲水孔；4—弹簧；5—回转总成；6—钢球；
7—衬管；8—内管；9—外管；10—管靴；11—钻头

在于条件比较复杂时，可以直接观察地层的结构变化，不足在于可达的深度一般较浅，观察深度范围有限。

探槽一般采用与岩层走向近似垂直的方向，长度可根据用途和地质情况决定。断面形状一般呈梯形，槽底宽 0.6m，通常要求槽底应深入基岩约 0.3m，探槽最大深度一般不超过 3m。图 2-4 是探槽展开示意图，可以直接反映土层剖面的情况。

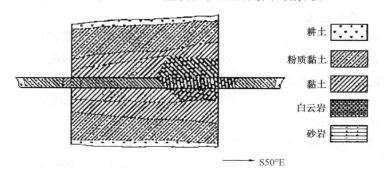

图 2-4 探槽展开示意图

探井的深度一般大于探槽可达到的深度，平面形状多为矩形或圆形。在土体较软或坑较深时，必要时应支护坑壁以保证安全。探井的深度不宜超过地下水位。在大型复杂岩土工程中，当需详细查明深部岩层性质、构造特征时，可采用竖井和平洞结合的方式进行勘探，竖井和平洞的深度、长度、断面按工程要求确定。图 2-5 是矩形探井展开示意图，也可以通过井壁观察不同深度土层的构成状况。

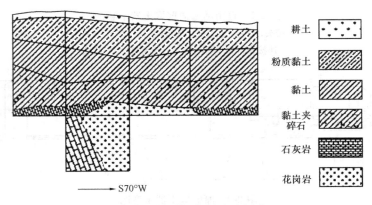

图 2-5 矩形探井展开示意图

2.5.3 地球物理勘探

地球物理勘探（简称物探）也是一种兼有勘探和测试双重功能的技术。物探之所以能够用来研究和解决各种地质问题，主要是因为不同的岩石、土层和地质构造往往具有不同的物理性质，利用其导电性、磁性、弹性、湿度、密度、天然放射性等差异，通过专门的物探仪器的量测，就可区别和推断有关地址问题。常用的物探方法主要有电阻率法、电位法、地震、声波、电视测井等。

2.6 原 位 试 验

原位测试是指在岩土体所处的位置，基本保持岩土原来的结构、湿度和应力状态，对岩土体进行的测试。原位测试方法包括平板荷载试验、触探试验、标准贯入试验、十字板剪切试验、旁压试验等。

2.6.1 平板荷载试验

平板荷载试验是一项应用最早、最为广泛的原位测试方法，特别适用于各种填土、砂土、软黏土和含碎石的土类。它是在一定尺寸的刚性承压板上分级施加荷载，观测各级荷载作用下天然地基土随压力而变形的原位试验。根据观测到的荷载-沉降关系曲线，平板荷载试验可用于测定承压板下应力主要影响范围内岩土的承载力和变形模量，估算建筑物的沉降量，并计算地基的基床系数。

平板荷载试验按照测试地基土层的深度，分为浅层平板荷载试验和深层平板荷载试验，分别如图 2-6 和图 2-7 所示。浅层平板荷载试验适用于浅层地基土，深层平板荷载试验适用于深层地基土和大直径桩的桩端土。浅层平板荷载试验应布置在基础底面标高处；深层平板荷载试验的试验深度不应小于 5m。浅层平板荷载试验的试坑宽度或直径不应小于承压板宽度或直径的 3 倍；深层平板荷载试验的试井直径应等于承压板直径，当试井直径大于承压板直径时，紧靠承压板周围土的高度不应小于承压板直径。

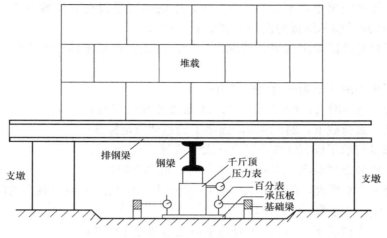

图 2-6 浅层平板荷载试验

荷载试验应布置在有代表性的地点，每个场地不宜少于 3 个测点，当场地内岩土体不均时，应适当增加。试坑或试井底的岩土应避免扰动，保持其原状结构和天然湿度，并在承压板下铺设不超过 20mm 的砂垫层找平。荷载试验宜采用圆形刚性承压板，根据土的

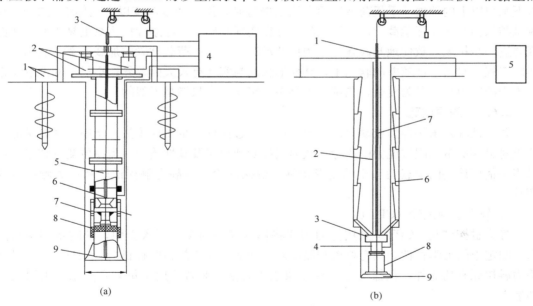

图 2-7 深层平板荷载试验
(a) 地锚反力法
1—反力梁；2—千斤顶；3—位移传感器；4—检测仪；5—传力杆；
6—位移杆；7—压力传感器；8—密封装置；9—承压板
(b) 井圈护壁反力法
1—位移传感器；2—塑料保温管；3—传力杆；4—压力传感器；
5—检测仪；6—井圈护壁；7—位移杆；8—千斤顶；9—承压板

软硬或岩体裂隙率选用合适的尺寸；土的浅层平板荷载试验承压板面积应小于 $0.25m^2$，对软土和粒径较大的填土，不应小于 $0.5m^2$；土的深层平板荷载试验承压板面积宜选用 $0.5m^2$；岩石荷载试验承压板的面积不宜小于 $0.07m^2$。

当浅层平板荷载试验出现下列情况之一时，可认为地基土体已经失效破坏，应终止试验：

（1）承压板周围的土明显地侧向挤出；
（2）沉降 s 急骤增大，荷载-沉降（p-s）曲线出现陡降段；
（3）在某一级荷载下，24h 内沉降速率不能达到稳定标准；
（4）沉降量与承压板宽度或直径之比大于或等于 0.06。

当深层平板荷载试验出现下列情况之一时，可终止加载：

（1）沉降 s 急剧增大，荷载-沉降（p-s）曲线上有可判定极限承载力的陡降段，且沉降量超过 $0.04d$（d 为承压板直径）；
（2）在某一级荷载下，24h 内沉降速率不能达到稳定标准；
（3）本级沉降量大于前一级沉降量的 5 倍；
（4）当持力层土层坚硬，沉降量很小时，最大加载量不小于设计要求的 2 倍。

平板荷载试验是一种较为可靠的试验方法，在提取原状土样困难时或者对于重要建筑物地基或复杂地基，均要求进行这种试验。它的缺点在于：一般仅适用于地表浅层地基和地下水位以上的地层，平板荷载试验在地表进行时，没有埋置深度以上土体引起的超载，测试结果会小于实际承载力；承压板的尺寸比实际基础小，在刚性板边缘更易于形成塑性区并进一步扩展，致使地基破坏，使预估的承载力偏小；荷载试验的加载速率一般远快于实际工程，对透水性较差的软黏土，其变形状况与实际有较大的差异；小尺寸刚性承压板下土中的应力状态极为复杂，测试结果存在一定误差，只能是近似的。

2.6.2 触探试验

触探试验是采用静力或动力加载的方法，通过探杆将金属探头贯入土中，并测量能反映土对触探头贯入阻抗能力的指标，从而间接判断土层及其性质的一类原位测试技术，可以用来估算地基的承载力和土的变形指标。触探试验分为静力触探试验和动力触探试验两种。

1. 静力触探试验（CPT）

静力触探试验（CPT）是用静力匀速将标准规格的探头压入土中，同时量测探头阻力，测定土的力学特性，具有勘探和测试双重功能。孔压静力触探试验（CPTU）除具有静力触探原有功能外，在探头上附加孔隙水压力量测装置，用于量测孔隙水压力增长与消散。

静力触探试验适用于软土、一般黏性土、粉土、砂土和含少量碎石的土。静力触探可根据工程需要采用单桥探头、双桥探头或带孔隙水压力量测的单、双桥探头，测定比贯入阻力（p_s）、锥头阻力（q_c）、侧壁摩阻力（q_s）和贯入时的孔隙水压力（u）。

静力触探设备中核心部分是触探头。触探杆将触探头匀速贯入土层时，触探头可以测得土层作用于探头的锥尖阻力和侧壁阻力。单桥探头所测到的是包括锥头总阻力 Q_c 和侧壁总摩阻力 Q_s 在内的总贯入阻力 Q，通常用比贯入阻力 p_s 表示，即

$$p_s = Q/A \tag{2-1}$$

式中 A——探头截面积。

双桥探头可测出锥尖总阻力 Q_c 和侧壁总摩阻力 Q_s。为便于分析，通常将两者除以相应的面积，定义为锥头阻力 q_c 和侧壁摩阻力 q_s，分别表示为：

$$q_c = Q_c/A \tag{2-2}$$

$$q_s = Q_s/A_d \tag{2-3}$$

式中 A_d——探头有效摩擦面积。

利用双桥探头现场实测的数据资料，可以分别绘出锥头阻力 q_c 和侧壁摩阻力 q_s 随深度变化的关系曲线，在此基础上可以得出摩阻比 R_f 随深度变化的关系曲线，如图 2-8 所示。摩阻比按下式确定：

$$R_f = q_s / q_c \tag{2-4}$$

利用这些参数，不仅可以估算地基土体的承载力、压缩性指标和单桩承载力，更细一步，还可以在桩基设计中分析是采用摩擦桩还是端承桩为宜。

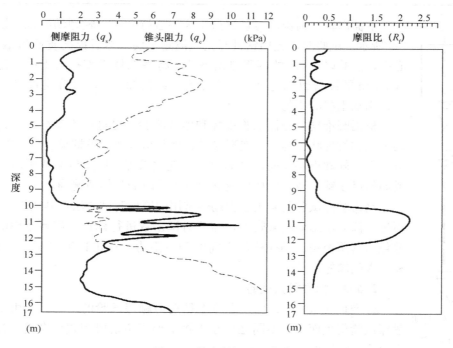

图 2-8 静力触探试验曲线

2. 动力触探试验（DPT）

动力触探试验一般采用圆锥形探头进行测试，因此也称为圆锥动力触探试验。它是用一定质量的重锤，以一定高度的自由落距，将标准规格的圆锥形探头贯入土中，根据打入土中一定距离所需的锤击数，判定土的力学特性，具有勘探和测试双重功能。圆锥动力触探分为轻型、重型、超重型三种类型，主要区别参见表 2-2。轻型动力触探的优点是轻便，对于施工验槽、填土勘察以及查明局部软弱土层、洞穴等分布，均有实用价值。重型动力触探是应用最广泛的一种，其规格标准与国际通用标准一致。超重型动力触探的能量指数（落锤能量与探头截面积之比）与国外的并不一致，但相近，适用于碎石土。

圆锥动力触探三种类型的主要区别　　　　　表 2-2

类型		轻型	重型	超重型
落锤	锤的质量（kg）	10	63.5	120
	落距（cm）	50	76	100
探头	直径（mm）	40	74	74
	锥角（°）	60	60	60
探杆直径（mm）		25	42	50～60
指标		贯入 30cm 的读数 N_{10}	贯入 10cm 的读数 $N_{63.5}$	贯入 10cm 的读数 N_{120}
主要适用的岩土		浅部的填土、砂土、粉土、黏性土	砂土、中密以下的碎石土、极软岩	密实和很密的碎石土、软岩、极软岩

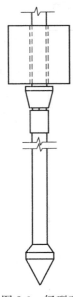

图 2-9 轻型动力触探设备

下面以轻型圆锥动力触探试验为例进行介绍，轻型动力触探设备如图 2-9 所示。试验时，先用钻具开孔至被测土层，然后提高质量为 10kg 的穿心锤，使其以 50cm 的落距自由下落，将触探杆垂直打入土中，记录每打入 30cm 的锤击数称为 N_{10}。参考锤击数指标 N_{10}，可确定被测土的承载力，判别土层的均匀性。

根据圆锥动力触探试验指标和地区经验，可进行力学分层，评定土的均匀性和物理状态强度、变形参数、地基承载力、单桩承载力，查明土洞、滑动面、软硬土层界面，检测地基处理效果等。应用试验成果时是否修正或如何修正锤击数，应根据建立统计关系时的具体情况确定。

动力触探试验是岩土工程勘察常用的原位测试方法，其成果应用广泛。不过，该方法影响因素较多，需要对锤击数进行修正，需要考虑的因素主要包括落距控制、触探杆与土间的侧摩阻力、锤击速度（每分钟锤击数）和贯入间歇等。

2.6.3 标准贯入试验

标准贯入试验（SPT）本质上是动力触探试验的一种。它由重型圆锥触探试验衍生而来，不同之处在于将锥形探头换成管式标准贯入器，但工作原理是相同的。

标准贯入试验应与钻探工作相配合。其设备是在钻机的钻杆下端连接标准贯入器，将质量为 63.5kg 的穿心锤套在钻杆上端。试验时，穿心锤以 76cm 的落距自由下落，将标准规格的贯入器自钻孔底部垂直预打入土层中 15cm（此时不计锤击数），随后记录打入土层 30cm 的锤击数 $N_{63.5}$，判定土的力学特性。标准贯入试验仅适用于砂土、粉土和一般黏性土，不适用于软塑～流塑软土。

标准贯入试验的设备主要由标准贯入器、触探杆和穿心锤三部分组成，它的基本构造如图 2-10 所示。触探杆一般用直径为 42mm 的钻杆，穿心锤重 63.5kg。

标准贯入试验锤击数 N 值可对砂土、粉土和黏性土的物理状态，土的强度、变形参数、地基承载力和单桩承载力，砂土和粉土的液化，地基成桩的可能性等作出评价。标准贯入试验的结果一般需要考虑进行修正。国外规范对 N 值修正考虑因素较多，包括饱和粉细砂、地下水位和土的上覆压力等因素，国内长期以来仅着重考虑杆长修正。

2.6.4 十字板剪切试验

十字板剪切试验可用于测定饱和软黏性土（$\varphi \approx 0$）的不排水抗剪强度和灵敏度。它是通过将十字板头由钻孔压入孔底软土中，匀速转动，通过测量其转动时所需要的力矩大小，直至土体破坏，从而计算出孔内土体的天然抗剪强度。根据十字板仪的不同，试验可分为普通十字板剪切试验和电测十字板剪切试验；根据贯入土体的不同方式，可分为预钻孔十字板剪切试验和自钻孔十字板剪切试验。普通十字板剪切试验示意图如图 2-11 所示。

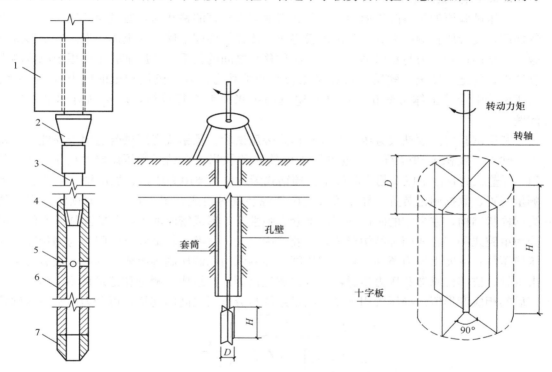

图 2-10　标准贯入试验装置　　图 2-11　普通十字板剪切试验示意图

1—穿心锤；2—锤垫；
3—触探杆；4—贯入器头；
5—出水孔；6—贯入器身；
7—贯入器靴

十字板剪切试验的主要技术要求应符合下列规定：
(1) 十字板板头形状宜为矩形，径高比为 1:2，板厚宜为 2~3mm；
(2) 十字板头插入钻孔底的深度不应小于钻孔或套管直径的 3~5 倍；
(3) 十字板插入至试验深度后，至少应静止 2~3min，方可开始试验；
(4) 扭转剪切速率宜采用（1°~2°）/10s，并应在测得峰值强度后继续测试 1min；
(5) 在峰值强度或稳定值测试完后，顺扭转方向连续转动 6 圈后，测定重塑土的不排水抗剪强度；

(6) 对开口钢环十字板剪切仪，应修正轴杆与土之间的摩阻力的影响。

十字板剪切试验的优点是构造简单，操作方便，原位测试时对土的结果扰动小，故在实际中得到广泛应用。实践证明，正常固结的饱和软黏性土的不排水抗剪强度是随深度增加的；室内抗剪强度的试验成果，由于取样扰动等因素，往往不能很好反映这一变化规律；利用十字板剪切试验，可以较好地反映不排水抗剪强度随深度的变化。但是，十字板剪切试验所测得的不排水抗剪强度峰值，一般认为是偏高的，土的长期强度只有峰值强度的 60%～70%。因此在工程中，需根据土质条件和当地经验对十字板测定值做必要的修正，以供设计采用。

2.6.5 旁压试验

旁压试验原理是将圆柱形的旁压器竖直地放入竖直的钻孔内，通过向旁压器内分级充气加压，使旁压膜侧向膨胀，并由该膜将压力传递给周围土体，使土体产生侧向变形直至破坏，从而得到压力与扩张体积（或径向位移）之间的关系。旁压试验主要用于原位测定黏性土、粉土、砂土、软质岩石和风化岩石的承载力、旁压模量和土的应力-应变关系。旁压试验中受荷土体可简化为圆柱孔壁侧向扩张模型进行分析，属于轴对称平面应变问题。

旁压试验包括预钻式旁压试验和自钻式旁压试验。预钻式旁压试验适用于黏性土、粉土、砂土、残积土和碎石土，也可用于极软岩和软岩；自钻式旁压试验适用于软土、软塑～可塑状的黏性土以及粉土和砂土。预钻式旁压仪主要由旁压器、加压稳压装置、变形测量装置、数据测记装置、导压管及高压气源装置等组成。图 2-12 所示的预钻式旁压仪为圆柱状结构，在中空的刚性圆筒体上套有弹性膜，形成密闭的可扩张的圆柱状空间，可分为单腔式和三腔式两种结构形式，三腔式中，上、下腔为辅助腔，中间腔为测量腔。加压稳压装置主要由压力源连接管、减压阀、控制阀门和调压阀等组成。变形测量装置主要由测管、位移传感器和压力传感器及数据测记仪等部件组成，测量和记录被测土体受压稳定后的相应变形值。导压管用于变形测量系统与旁压器之间的连接，可分为同轴高压软管

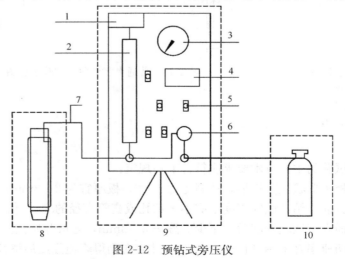

图 2-12 预钻式旁压仪

1—水箱；2—测管；3—精密压力表；4—数据测记装置；5—控制阀门；6—调压阀；
7—同轴导压管；8—旁压器；9—加压稳压、变形测量装置；10—高压气源装置

或多根单管。预钻式旁压仪成孔辅助设备可采用勺钻、管状提土器或钻机等机具。预钻式旁压试验是事先在土层中钻探成孔，再将旁压器放置到孔内试验深度进行试验，其结果很大程度上取决于成孔质量，一般用于成孔质量较好的地基土中。

自钻式旁压仪系统主要由可自钻的旁压探头、电子箱、压力控制面板、应变控制器和数据处理系统、导压管、多芯电缆、电瓶、气源等组成，如图 2-13 所示。旁压探头包括钻进器和旁压器。钻进器位于探头的下端，外部是圆筒状端靴，内部为切削钻头；旁压器为中空的刚性圆筒体上套有弹性膜，膜外罩有不锈钢窄条保护铠，膜内装有位移传感器和压力传感器。量测旁压器弹性膜膨胀时，径向位移量的位移传感器由贴有电阻应变片的悬臂弹簧和随轴转动的杠杆式应变臂组成。悬臂弹簧沿轴向均匀布置，与弹性膜保持接触，可测试多方向的径向位移量。压力传感器包括两个孔隙水压力传感器和总应力传感器。两个孔隙水压力传感器贴于弹性膜上，分布间隔应为 180°，并应与弹性膜一起扩张，保持与土体直接接触，以测量孔隙水压力；总应力传感器应安装在弹性膜内。应变控制器用以控制施加在旁压器上的气压速率，使旁压器以恒定的应变率或压力率膨胀，自动进行旁压试验。应变控制器可采用应变控制式或压力控制式，应变率可为每小时或每分钟 0.1%、0.2%、0.5%、1%、2%，并通过应变控制器上的上升、保持或下降开关控制应变方向；压力变化率可在每分钟 14～240kPa 之间分 5 挡进行控制。自钻式旁压试验（简称 SB-PMT）是在旁压器下端装置切削钻头和环形刃具，以静压力压入土中，同时，用钻头将进入刃具的土切碎，并用循环泥浆将碎土带到地面，到预定深度后进行测试。自钻式旁压试验在压入过程中对土有挤土效应，对试验结果有一定的影响。

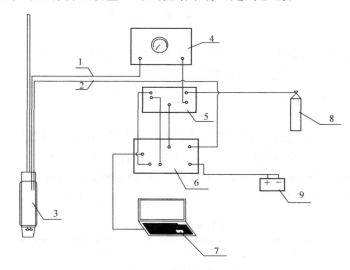

图 2-13 自钻式旁压仪

1—导压管；2—多芯电缆；3—旁压探头；4—压力控制面板；5—应变控制器；
6—电子箱；7—计算机；8—气源；9—电瓶

旁压试验所需的仪器设备主要由旁压器、变形测量装置和加压稳压装置等部分组成。测量所施加的压力 P 以及压力室的体积变化量 ΔV，可得到表征压力与体积变化关系的旁压曲线。典型的旁压曲线（压力 P-体积变化量 ΔV 曲线）如图 2-14 所示，可划分为三个阶段：第一阶段是弹性膜逐渐膨胀与孔壁接触的阶段，直至弹性膜与孔壁完全贴紧，贴紧

时的压力 P_0 相当于原位总的水平应力；第二阶段相当于弹性变形阶段，压力 P_f 为开始屈服的压力；第三阶段发生局部塑性流动，最后达到极限压力 P_u。根据获得的旁压曲线，可推导出土的径向变形模量：

$$E_m = 2(1+\nu)\left(V_c + \frac{\Delta V_0 + \Delta V_f}{2}\right)\frac{\Delta P}{\Delta V} \quad (2-5)$$

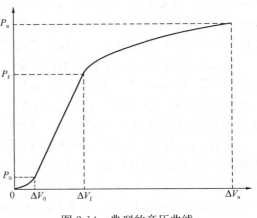

图 2-14 典型的旁压曲线

式中 ν——泊松比；
V_c——测量腔室初始体积；
ΔV_0——与初始压力 P_0 对应的扩张体积；
ΔV_f——与初始压力 P_f 对应的扩张体积；
$\frac{\Delta P}{\Delta V}$——旁压曲线直线段的斜率。

除了旁压模量以外，根据旁压曲线可以得到试验深度处地基土层的初始压力、临塑压力以及极限压力等有关土力学指标。利用旁压试验结果，可以区分土类及土的物理状态，确定土的强度参数、变形参数以及土的承载力。

2.7 地基岩土分类

地基岩土可分为岩石和土体两大类，土体又可细分为碎石土、砂土、粉土、黏性土和人工填土。因此，在《建筑地基基础设计规范》GB 50007—2011 中，将组成地基的岩土一共划分成岩石、碎石土、砂土、黏性土、粉土和人工填土六类。

2.7.1 岩石

岩石是指颗粒间牢固连接，呈整体或具有节理裂隙的岩体。作为建筑物地基，除应确定岩石的地质名称外，尚应按其坚硬程度和岩体完整程度进行划分。

岩石的坚硬程度应根据岩块的饱和单轴抗压强度标准值 f_{rk} 来确定。按照其坚硬程度，岩石可分为坚硬岩、较硬岩、较软岩、软岩和极软岩五类，见表 2-3。

岩石坚硬程度分类　　　　　　　　　表 2-3

坚硬程度类别	坚硬岩	软硬岩	较软岩	软岩	极软岩
饱和单轴抗压强度标准值 f_{rk}（MPa）	$f_{rk}>60$	$60 \geqslant f_{rk}>30$	$30 \geqslant f_{rk}>15$	$15 \geqslant f_{rk}>5$	$f_{rk} \leqslant 5$

岩石饱和单轴抗压强度是指岩石经过切割成标准圆柱体，并在水中吸水饱和（24h 以上）后的轴心抗压强度，对应的标准值可按下式计算：

$$f_{rk} = \psi f_{rm}$$
$$\psi = 1 - \left(\frac{1.704}{\sqrt{n}} + \frac{4.678}{n^2}\right)\delta \quad (2-6)$$

式中 f_m——岩石饱和单轴抗压强度平均值（kPa）；
f_{rk}——岩石饱和单轴抗压强度标准值（kPa）；
ψ——统计修正参数；
n——试样个数；
δ——变异系数。

在实际工程中，当缺乏饱和单轴抗压强度资料或不能进行该试验来测定其具体数值时，可在现场通过观察定性划分，划分标准参考《建筑地基基础设计规范》GB 50007—2011附录A.0.1执行。

岩石风化是指岩石在太阳辐射、大气、水和生物作用下出现破碎、疏松以及矿物成分次生变化的现象。导致上述现象的作用称为风化作用。岩石的风化程度可分为未风化、微风化、中风化、强风化和全风化五种。由于风化作用，岩体不可避免地存在着裂隙和节理，影响其完整程度。不同岩体的完整程度差别较大，参考完整性系数，可将岩石划分为完整、较完整、较破碎、破碎和极破碎五类，见表2-4。岩体完整性系数又称为裂隙系数，为岩体与岩石的纵波速度之比的平方，用动力法可以测定完整性系数。当缺试验数据时，可按《建筑地基基础设计规范》GB 50007—2011附录A.0.2执行。

岩石完整程度分类　　　　　　　　　　　　　表2-4

完整程度等级	完整	较完整	较破碎	破碎	极破碎
完整性系数	>0.75	0.75~0.55	0.55~0.35	0.35~0.15	<0.15

2.7.2 碎石土

碎石土为粒径大于2mm的颗粒含量超过全重50%的土。碎石土按粒径大小分为漂石、块石、卵石、碎石、圆砾和角砾，划分标准见表2-5。

碎石土的分类　　　　　　　　　　　　　　　表2-5

土的名称	颗粒形状	粒组含量
漂石 块石	圆形及亚圆形为主 棱角形为主	粒径大于200mm的颗粒含量超过全重的50%
卵石 碎石	圆形及亚圆形为主 棱角形为主	粒径大于20mm的颗粒含量超过全重的50%
圆砾 角砾	圆形及亚圆形为主 棱角形为主	粒径大于2mm的颗粒含量超过全重的50%

碎石土的密实度，可根据重型圆锥动力触探的锤击值，划分为松散、稍密、中密、密实四种，见表2-6。

碎石土的密实度分类　　　　　　　　　　　　表2-6

重型圆锥动力触探的锤击值	密实度
$N_{63.5} \leq 5$	松散
$5 < N_{63.5} \leq 10$	稍密
$10 < N_{63.5} \leq 20$	中密
$N_{63.5} > 20$	密实

2.7.3 砂土

砂土为粒径大于 2mm 的颗粒含量不超过全重 50%、粒径大于 0.075mm 的颗粒含量超过全重 50% 的土。砂土按粒组含量分为砾砂、粗砂、中砂、细砂和粉砂五类，见表 2-7。

砂土的分类　　　　　　　　　　　　　　　　　　　表 2-7

土的名称	粒组含量
砾砂	粒径大于 2mm 的颗粒含量占全重的 25%～50%
粗砂	粒径大于 0.5mm 的颗粒含量占全重的 50%
中砂	粒径大于 0.25mm 的颗粒含量占全重的 50%
细砂	粒径大于 0.075mm 的颗粒含量占全重的 85%
粉砂	粒径大于 0.075mm 的颗粒含量占全重的 50%

砂土的密实度，按标准贯入试验锤击数分为松散、稍密、中密、密实四种，见表 2-8。

砂土的密实度分类　　　　　　　　　　　　　　　　表 2-8

标准贯入试验锤击数 N	密实度
$N \leqslant 10$	松散
$10 < N \leqslant 15$	稍密
$15 < N \leqslant 30$	中密
$N > 30$	密实

2.7.4 黏性土

黏性土为塑性指数 I_p 大于 10 的土。土由可塑状态转到流动状态的界限含水量称为液限，土由半固态转到可塑状态的界限含水量称为塑限。塑性指数是指液限和塑限的差值。黏性土按塑性指数大小分为黏土或粉质黏土，见表 2-9。

黏性土的分类　　　　　　　　　　　　　　　　　　表 2-9

塑性指数 I_p	土的名称
$I_p > 17$	黏土
$10 < I_p \leqslant 17$	粉质黏土

液性指数是指黏性土的天然含水量与塑限的差值与塑性指数之比。黏性土的状态按液性指数大小分为坚硬、硬塑、可塑、软塑、流塑五种，见表 2-10。

黏性土的状态分类　　　　　　　　　　　　　　　　表 2-10

液性指数 I_L	状态
$I_L \leqslant 0$	坚硬
$0 < I_L \leqslant 0.25$	硬塑
$0.25 < I_L \leqslant 0.75$	可塑
$0.75 < I_L \leqslant 1$	软塑
$I_L > 1$	流塑

2.7.5 粉土

粉土是介于砂土与黏性土之间，塑性指数 $I_p \leqslant 10$ 且粒径大于 0.075mm 的颗粒含量不超过全重 50% 的土。粉土的性质介于砂土与黏性土之间，一般单列为一大类。粉土具有砂土和黏性土的某些特征，根据黏粒含量可将粉土分为砂质粉土和黏质粉土。

粉土的密实度应根据孔隙比 e 划分为密实、中密和稍密三类；其湿度应根据含水量 w 划分为稍湿、湿、很湿三类。具体分类分别见表 2-11、表 2-12。

粉土密实度分类　　　　　　　　　　　　　　　　　　　　表 2-11

孔隙比 e	密实度
$e < 0.75$	密实
$0.75 \leqslant e \leqslant 0.9$	中密
$e > 0.9$	稍密

粉土湿度分类　　　　　　　　　　　　　　　　　　　　表 2-12

含水量 w	湿度
$w < 20$	稍湿
$20 \leqslant w \leqslant 30$	湿
$w > 30$	很湿

粉土或者砂土在受到振动的情况下，会出现土内孔隙水压力上升和抗剪强度降低的情况，称之为液化现象。土体液化分为部分液化和完全液化，部分液化可保留一定的承载力，完全液化则不再具备承载特性。粉土是否会产生液化，取决于土本身的原始静应力状态及振动特性。通过大量地震震害调查与研究证明，如果存在土粒粗、级配好、密度大、排水条件好、上部静载大、振动时间短以及振动强度低等因素，均有利于提高土体的抗液化性能。

2.7.6 人工填土

人工填土根据其组成和成因，可分为素填土、压实填土、杂填土和冲填土。素填土是由碎石土、砂土、粉土、黏性土等组成的填土。经过压实或夯实的素填土为压实填土。杂填土是含有建筑垃圾、生活垃圾等杂物的填土。冲填土为冲填而形成的填土。

除以上 6 种地基土外，还有几种特殊土：淤泥是指在静水或缓慢的流水环境沉积，并经生物化学作用形成，其天然含水量大于液限，天然孔隙比大于或等于 1.5 的黏性土。天然含水量大于液限而天然孔隙比小于 1.5 但大于或等于 1.0 的黏性土或粉土称为淤泥质土。

红黏土是指碳酸盐岩系的岩石经红土化作用而形成的高塑性黏土。其液限一般大于 50。红黏土经再搬运后仍保存其基本特征，其液限大于 45 的土为次生红黏土。膨胀土是指土中黏粒成分主要由亲水性矿物组成，同时具有显著的吸水膨胀和失水收缩特性，其自由膨胀率大于或等于 40% 的黏土。

湿陷性土是指浸水后产生附加沉降，其湿陷系数大于或等于 0.015 的土。

2.8 室内土工试验

在地基勘察过程中，室内试验中的岩土常规试验是必需的，例如测定土的密度、含水率、土粒密度、液（塑）限，直接剪切试验、压缩试验以及岩土的单轴抗压强度试验等。考虑建筑物的重要性、基础类型以及土层性质，有可能还需要进行土的三轴剪切试验、动三轴试验、相对密度以及水质和土质分析试验等。试验项目和试验方法应根据工程要求和岩土性质的特点确定。当需要时应考虑岩土的原位应力场和压力历史，工程活动引起的新应力场和新边界条件，使试验条件尽可能接近实际；并应注意岩土的非均质性、非等向性和不连续性以及由此产生的岩土体与岩土试样在工程性状上的差别。

2.8.1 试验内容及常用方法

室内试验是在试验室内对从现场取回的土样进行物理力学性质试验。室内试验的优点是简便，试验条件（如试验的边界条件、排水条件等）明确，试验中的一些因素能够预先控制，所以得到普遍采用。缺点是采样的体积小，并且在取样、运输、保存和制样的过程中原状土体会受到不同程度的扰动，因此不能完全能代表原状土体的特性。

室内试验项目应按岩土类别、工程类别，考虑工程分析计算要求确定。

对黏性土、粉土，一般应进行天然密度、天然含水量、土粒相对密度、液限、塑限、压缩系数及抗剪强度（采用三轴仪或直接剪切仪）试验。对砂土，要求进行颗粒分析，测定天然密度、天然含水量、土粒相对密度及自然休止角等。对碎石土，必要时，可做颗粒分析；对黏性土较多的碎石土，宜测定黏性土的天然含水量、液限、塑限，必要时可做现场大密度体积试验。对岩石，一般可做饱和单轴抗压强度试验，必要时还需测定其他岩石物理、力学性质指标。

1. 直接剪切试验

直接剪切试验是采用直接剪切仪对土样做剪切试验，从而测定土抗剪强度指标的一种试验方法，简称直剪试验。直接剪切仪简称直剪仪，按施加剪力的方式不同，分为应变控制式和应力控制式两种。前者是等速推动试样产生位移，应用较多；后者则是对试件分级施加水平剪应力测定相应的位移。土样置于直剪仪的固定上盒和活动下盒内，试验时先在土样上盒施加垂直压力，然后对下盒施加水平推力，上、下盒之间的错动使土样受剪破坏。确定某一种土的抗剪强度通常采用4个土样，在不同的垂直压力作用下测出相应的抗剪强度指标，即内摩擦角和凝聚力。直剪试验按照土体受剪排水条件分为快剪（不排水剪）、慢剪（排水剪）和固结快剪（固结不排水剪）等。

2. 压缩固结试验

土的压缩固结试验是研究土在有侧限条件下压缩性能的一种室内试验。它是在侧限条件下进行的竖向单向压缩试验，出现压缩量的主要原因是土中的水和气体从孔隙中被挤出，同时土颗粒相应发生移动、重新排列和挤紧的结果。对于饱和土，主要是孔隙水的挤出。试验时，将土样放在刚性金属盒内，通过承压活塞对土样由小到大分级加压，根据各级压应力与相应孔隙比绘出土的压缩曲线，求出压缩系数及压缩模量等。

3. 三轴压缩试验

三轴压缩试验是土样在三轴压缩仪上进行剪切的试验，也称三轴剪切试验。三轴压缩仪由压力室、轴向加荷系统、施加周围压力系统和孔隙水压力量测系统等组成，其中压力室是三轴压缩仪的重要组成部分。试验时，将圆柱体试样用橡皮膜套住放入密闭的压力筒中，通过液体施加围压，并由活塞施加垂直方向压力，逐渐增大垂直压力直至剪坏。根据莫尔强度理论，利用应力圆做出极限应力圆的包络线，即为土的抗剪强度曲线，可以求得抗剪强度指标——内摩擦角 φ 和黏聚力 c。按剪切前受到周围压力的固结状态和剪切时的排水条件，三轴压缩试验分为不固结不排水试验、三轴压缩固结不排水试验和三轴压缩固结排水试验三种类型。目前，它是测定土抗剪强度相对较为完善的一种方法。

4. 无侧限抗压强度试验

无侧限抗压强度试验是将土样置于不受侧向限制的条件下进行的压力试验，相当于在三轴压缩仪中进行周围压力为0的不排水剪切试验，可视作是三轴压缩试验的一个特例。试验时，将圆柱形土样放在无侧限抗压试验仪中，在不加任何侧向压力的情况下施加垂直压力，直到使试件剪切破坏为止，剪切破坏时试样所能承受的最大轴向压力即为无侧限抗压强度。由于试样中间部分完全不受约束，因此当试样接近破坏时，往往被压成鼓形，这种情况下试样中的应力显然不是均匀分布的。

2.8.2 土性指标的整理统计

由于岩土本身的不均匀性，取样、运输、保存和制样过程的扰动，试验仪器以及操作方法的差异等，即使相同土层测得的土性指标值也往往是沿均值离散分布的。在取得足够多的数据样本之后，应按照数理统计的方法进行指标分析。地基勘察中所测的指标分为两类：一类直接用于计算土体强度和变形，如抗剪强度指标值 c、φ 等，另一类用于参考规范通过查表确定地基的承载力。当用室内物理、力学指标查取地基承载力时，常用数理统计方法求取有关指标平均值，再从有关表格查取地基承载力基本值，而地基承载力标准值则由基本值乘以回归修正系数求得。

2.9 地基勘察报告

2.9.1 勘察报告书的编制

地基勘察的最终成果是以报告书的形式提交的。勘察工作结束后，需要汇总现场工作和室内试验记录的数据，并对收集到的各种资料进行分析整理、检查校对和归纳总结，然后对建筑地基作出工程地质评价，最后要求以简洁准确的文字和必要的图表编成勘察报告书。

勘察报告书应包括如下内容：

（1）任务要求及勘察工作概况；

（2）场地位置、地形地貌、地质构造、不良地质现象及地震设防烈度；

（3）场地的地层分布、岩石和土的均匀性、物理力学性质、地基承载力和其他设计计算指标；

（4）地下水的埋藏条件和腐蚀性以及土层的冻结深度；

（5）对建筑场地及地基进行综合的工程地质评价，对场地的稳定性和适宜性作出结论，指出存在的问题和提出有关地基基础方案的建议。

所附的图表主要有下列几种：

（1）勘探点平面布置图；

（2）工程地质剖面图；

（3）地质柱状图或综合地质柱状图；

（4）土工试验成果表；

(5) 其他测试（如静荷载试验、标准贯入试验、静力触探试验、旁压试验等）成果表。

2.9.2 勘察报告的阅读和使用

阅读勘察报告时，首先应注意场地的稳定性，注意地质构造、地层成层条件是否有不良地质现象以及危害程度和发展趋势；其次，了解土层在深度方向的分层情况，水平方向的均匀程度，以及各种土的物理、力学性质指标，选择适合于上部结构特点和要求的土层作为持力层。此外，还需仔细复核勘察资料提供的土的物理、力学指标是否与土性相符。

2.9.3 勘察报告实例

1. 工程概况

拟对北京市房山区某安置房（4号地块）拟建场地进行岩土工程详细勘察工作。本次勘察的范围为4-1号楼～4-4号楼、4-6号楼、4-9号楼～4-12号楼、配套公建4号及地下车库。

拟建场地位于北京市房山区，场地现状为荒地，地面有残留建筑垃圾，局部有小范围堆土，2014年4月施工钻孔位于平整后场地，地形起伏不大。

依据《岩土工程勘察规范》GB 50021—2001（2009年版）第3.1.1～3.1.4条，委托单位提供的岩土工程勘察任务书及收集的周边场地区域地质资料，拟建工程重要性等级为二级，拟建场地复杂程度为中等复杂，场地地基复杂程度为中等复杂，本工程岩土工程勘察等级为乙级。

2. 勘察目的

根据委托单位提供的岩土工程勘察任务书、规范要求及场地情况，本次勘察的主要目的是：

（1）查明有无影响拟建场地稳定性的不良地质作用及其发展变化趋势；

（2）查明拟建场地工程影响范围内的土层性质、结构、成因年代及其分布规律；

（3）查明拟建场地建筑物基础影响范围内地下水的类型与埋藏分布特征，分析其对建筑物基础设计和施工的影响，判断地下水、土对建筑物主要基础结构材料的腐蚀性；

（4）确定场地类别，判定场地饱和粉土、砂土地震液化的可能性，为建筑物抗震设计提供依据；

（5）为拟建建筑物提供安全、经济、合理的地基方案以及拟建建筑物基础设计、施工所需的有关参数；

（6）对拟建建筑物涉及的其他岩土工程问题进行分析评价，并提供安全、经济、合理的方案建议及设计、施工所需的有关参数。

3. 技术规范、标准

以《北京地区建筑地基基础勘察设计规范》DBJ 11—501—2016 为主，相关技术规范、标准包括：

《建筑抗震设计规范》GB 50011—2010（2016年版）；

《岩土工程勘察规范》GB 50021—2001（2009年版）；

《建筑地基基础设计规范》GB 50007—2011；

《高层建筑岩土工程勘察标准》JGJ/T 72—2017；

《建筑地基处理技术规范》JGJ 79—2012；

《建筑基坑支护技术规程》JGJ 120—2012；
《建筑基坑支护技术规程》DB 11/489—2016；
《建筑桩基技术规范》JGJ 94—2008；
《土工试验方法标准》GB/T 50123—2019；
《中国地震动参数区划图》GB 18306—2015；
《建筑地基基础工程施工质量验收标准》GB 50202—2018；
《房屋建筑和市政基础设施工程勘察文件编制深度规定》（2010年版）。

4. 场地工程地质条件

（1）地形现状、地物条件

拟建场地位于北京市门头沟区，地貌上属于山前冲洪积平原，地势整体西高东低，地形起伏不大。场地现状为已经过人工平整后的场地，局部有小范围堆土。本工程场区西侧部分地段分布有军用光缆，但距离拟建建筑物较远。

（2）地层岩性及分布

根据野外钻探、原位测试及室内土工试验成果的综合分析，本次勘探深度（43.0m）范围内的地层划分为人工填土层和一般第四纪坡洪积层，报告中各地层编号方式见表2-13。

地层编号说明表　　　　表2-13

成因年代	地层编号	岩性名称	地层编号	岩性名称
人工填土层（Q^{ml}）	①	杂填土	①$_1$	粉质黏土素填土
一般第四纪坡洪积层（Q^{dl+pl}）	②	粉质黏土	②$_1$	黏质粉土
	②$_2$	碎石		
	③	碎石	③$_1$	粉质黏土
	③$_2$	黏质粉土		
	④	粉质黏土	④$_1$	重粉质黏土
	⑤	碎石	⑤$_1$	粉质黏土

（3）各土层地基承载力

杂填土①层、粉质黏土素填土①$_1$层因土质结构松散，均匀性差，不经处理不宜作为天然地基持力层，其他各土层地基承载力标准值可按测试确定。

（4）特殊性岩土分布及其物理力学性质

本工程拟建场地特殊性岩土主要为人工填土。拟建场地人工填土堆积年代不明，厚度为0.6~7.3m，场地内均有分布。杂填土①层，杂色，稍密，稍湿，以碎石块、碎砖块、灰渣土、建筑垃圾为主，充填少量粉土和粉砂。粉质黏土素填土①$_1$层，褐黄色，稍密，稍湿，以粉质黏土为主，含少量碎砖块、碎石块、灰渣等。人工填土不经处理不宜作为天然地基持力层。

5. 土的腐蚀性评价

本次勘察在D3号、D7号、D9号、D35号、D63号、D67号钻孔，共取土试样8件，室内进行了土的腐蚀性测试。按《岩土工程勘察规范》GB 50021—2001（2009年版）第

12.2.1～12.2.4条进行判定,该场地内地下水位以上土层对混凝土结构及钢筋混凝土结构中的钢筋均具有微腐蚀性。

6. 地下水情况

地下水类型为上层滞水,以管线渗漏、绿化灌溉、大气降水等为主要补给方式,以蒸发为主要排泄方式,地下水位变化无规律,受人为活动影响较大。

7. 场地抗震设计条件

根据《中国地震动参数区划图》GB 18306—2015,拟建场地位于地震动峰值加速度 $0.15g$ 与 $0.20g$ 分界线附近。根据《建筑抗震设计规范》GB 50011—2010（2016年版）,拟建场地的抗震设防烈度为7度,设计地震分组为第二组,设计基本地震加速度值为 $0.15g$。根据《北京地区建筑地基基础勘察设计规范》DBJ 11—501—2016附录P,拟建场区位于设计基本地震加速度 $0.15g$ 与 $0.20g$ 的过渡带范围内。

综合以上资料,建议拟建场地按抗震设防烈度为8度,设计基本地震加速度值为 $0.20g$ 考虑,建设单位及设计单位也可根据本工程安全等级进行安全复核。拟建场地无不良地质作用,从地质、地形、地貌上综合判定为建筑抗震一般地段。

8. 场地稳定性、适宜性评价

根据本次勘察钻探成果及收集的区域地质资料,拟建场地无不良地质作用,场地稳定,适宜建造建筑物。根据勘察结果,拟建的各建筑物基底持力层及地基均匀性判定结果见表2-14。

各建筑物基底持力层及地基均匀性判定结果表　　　　表 2-14

建筑物名称	室内地坪绝对标高(m)	预计基底埋深(m)	基底持力层	地基均匀性
4-1号楼	96.00	8.0	粉质黏土②层、碎石②$_2$层	均匀地基
4-2号楼	96.00	8.0	粉质黏土②层	均匀地基
4-3号楼	96.00	8.0	粉质黏土②层,局部为杂填土①层	人工填土换填后可视为均匀地基
4-4号楼	96.00	8.0	粉质黏土②层	均匀地基
4-6号楼	96.00	8.0	粉质黏土②层	均匀地基
4-9号楼	97.50	8.0	粉质黏土②层、黏质粉土①$_1$层	均匀地基
4-10号楼	98.00	8.0	粉质黏土②层、黏质粉土①$_1$层	均匀地基
4-11号楼	96.20	8.0	粉质黏土②层	均匀地基
4-12号楼	96.20	8.0	粉质黏土②层	均匀地基
配套公建	98.94	2.0	填方地基	人工填土换填或处理后可视为均匀地基
地下车库	95.90	12.0	粉质黏土②层、黏质粉土①$_1$层	均匀地基

9. 结论与建议

根据本次勘察的地层情况、室内土工试验成果及收集的区域地质资料,提出以下结论及建议:

（1）拟建场地内无不良地质作用，场地稳定，适宜建造建筑物，为建筑抗震的一般地段。

（2）本工程场地类别为Ⅲ类，建议拟建场地按抗震设防烈度为 8 度，设计基本地震加速度值为 0.20g 考虑，建设单位及设计单位也可根据本工程安全等级进行安全复核。在抗震设防烈度为 8 度，设计基本地震加速度值为 0.20g，地下水位接近自然地面时，场地地基土不液化。

（3）如采用 CFG 桩复合地基或桩基方案，参考各土层主要物理力学性质指标。

（4）根据《北京地区建筑地基基础勘察设计规范》DBJ 11—501—2016 附录 E，拟建场地处于标准冻结深度 0.8m 与 1.0m 的分界线附近，考虑工程安全性及拟建场地气候特点，建议拟建场地标准冻结深度按 1.0m 考虑。

（5）场地地基土对混凝土结构及钢筋混凝土结构中的钢筋均具有微腐蚀性。场地内上层滞水对混凝土结构具有微腐蚀性，对钢筋混凝土结构中的钢筋在长期浸水条件下具有微腐蚀性，在干湿交替条件下具有弱腐蚀性。

（6）本场地仅存在上层滞水，其稳定水位远低于基坑开挖深度，基础施工可不考虑其影响。如采用 CFG 桩复合地基或桩基，当桩端位于上层滞水水位以下时，需考虑其对施工的影响。

（7）拟建地下车库若存在抗浮问题，建议采用增加配重或调整覆土厚度等抗浮措施。

（8）基础结构完成后应及时回填肥槽，回填土不得用腐殖土、冻土、生活垃圾等，回填施工质量控制应满足《建筑地基基础工程施工质量验收标准》GB 50202—2018 有关要求。

10. 具有代表性的工程地质剖面如图 2-15 所示，在此基础上，以钻孔 D153 为例，给出钻孔柱状图（图 2-16），以揭示该处的土层信息。

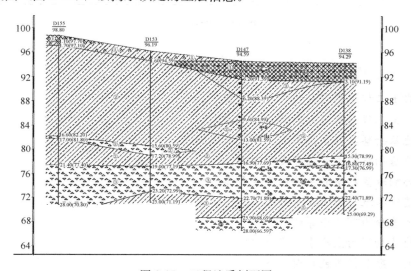

图 2-15 工程地质剖面图

 素填土　 粉质黏土　 杂填土　 碎石

勘察编号	×××	钻孔柱状图	孔口标高	96.19m
工程名称	×××			
钻孔编号	D153		钻探日期	2014年4月6日

地质代号	层底高程	分层深度	层序号	地质柱状 1:100	工程地质简述
Q^{ml}	94.59	1.6	①₁		粉质黏土素填土：褐黄色，稍密，稍湿，以粉质黏土为主，含少量砖碎块、碎石块等
Q^{dl+pl}	80.59	14	②		粉质黏土：褐黄色，湿~稍湿，含氧化铁，夹粉土薄层、粉砂薄层和碎石薄层
	78.99	1.6	②₂		碎石：以棱角形为主，粒径为3~5cm，最大粒径10cm，以黏性土充填。母岩以砂岩为主
	77.19	1.8	②		粉质黏土：褐黄色，湿~稍湿，含氧化铁，夹粉土薄层、粉砂薄层和碎石薄层
	72.99	4.2	③		碎石：杂色，中密~密实，湿，以次棱角形为主，一般粒径为3~5cm，最大粒径14cm，含量约60%，以黏性充填，局部含角砾、块石，级配较好
	71.19	1.8	③₁		粉质黏土：褐黄色，很湿，可塑，含氧化铁、氧化锰和少量角砾

图 2-16　钻孔柱状图

习　题

2.1　岩土工程勘察可分为哪几个等级？

2.2　岩土工程勘察可分为哪几个阶段？

2.3　地基勘察与岩土勘察的区别是什么？

2.4　地基勘察的主要任务是什么？

2.5　影响地基勘察的主要因素是什么？

2.6　建筑场地分为哪几个等级？

2.7　地基分为哪几个等级？

2.8　地基勘察的主要手段有什么？

2.9　地基勘察报告包括哪些内容？

2.10　岩土工程勘察技术方法主要有几种？

2.11　什么是工程地质测绘？

2.12　工程地质测绘的研究内容主要有哪些？

2.13　岩土工程勘探的任务有哪些？

2.14 岩土工程勘探中查明不良地质现象，主要包括哪些？
2.15 岩土工程勘探的手段主要有哪些？
2.16 物探的最大特点是什么？
2.17 岩土工程中常用的钻探方法有哪些？
2.18 岩土工程钻探中的复杂地质体主要指哪些？
2.19 什么情况下钻探结束后要对钻孔进行处理？
2.20 基坑开挖中可能出现哪些岩土工程问题？

第3章 浅 基 础

3.1 概 述

埋置在地基中的基础根据其埋置深度，可分为深基础和浅基础。通常，将埋置深度较浅（一般在数米以内）且施工简单的基础称为浅基础；若浅层土质不良，需将基础置于较深的良好土层上，且施工较复杂时，这称为深基础。浅基础一般不考虑侧壁摩擦力；而深基础的埋置深度大于5m或者大于基础宽度，在计算基础时应该考虑基础侧壁摩擦力的影响。此外，一些基础在土层内埋置较浅，但在水下部分埋置较深，如深水中桥墩基础，这称为深水基础。在设计和施工中，有些基础需要作为深基础考虑。

在地基基础设计过程中，地基基础类型选择必须根据建筑物的用途和安全等级、平面布置和上部结构类型，充分考虑建筑场地和地基岩土条件，结合施工条件以及工期、造价等各方面要求，在此基础上可进一步选择地基基础方案，以保证建筑物的安全和正常使用。在进行地基基础类型选择时，特别要考虑建筑物的性质和地基的地质情况。

可以选择的地基基础方案包括天然地基上的浅基础、人工地基上的浅基础以及天然地基上的深基础。通常较少考虑人工地基上的深基础这种方案，因为既要进行地基处理，又要采取深基础，导致工程造价高，所以除非特殊情况，否则不予考虑。下面结合图3-1分

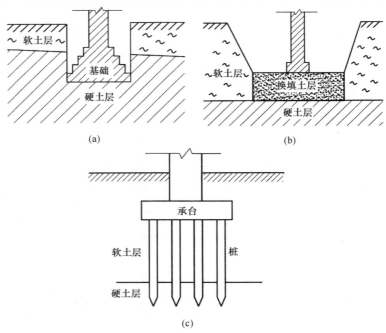

图 3-1 常见的地基基础方案
(a) 天然地基上的浅基础；(b) 人工地基上的浅基础；(c) 天然地基上的深基础

别介绍常见的三种地基基础方案。

1. 天然地基上的浅基础

地基未进行任何处理，仍为原状的天然地基，基础埋置深度小于5m的一般基础（如柱基或墙基）；或者埋置深度虽超过5m，但小于基础宽度的大尺寸基础（如箱形基础），计算时基础的侧面摩擦力不必考虑。

2. 人工地基上的浅基础

这种情况通常是由于地基土层承载力或地基变形不能达到使用要求，需要对地基土层进行加固处理，以提高承载力，再把基础修筑在这种经过人工加固后的土层上。

3. 天然地基上的深基础

深基础以桩基础最具代表性。这种情况下，地基为原状的天然地基，但需要采用桩基础才可满足上部结构的承载和变形控制要求。建筑物支承在群桩承台上，承台将荷载按一定原则分配到基桩之后，最终上部荷载由桩传到地基深处土层。

3.2 浅基础的类型

浅基础的分类方法是多种多样的，例如，可以按照材料、构造形式、受力特点进行分类，下面分别进行阐述。

1. 按材料分类

（1）砖基础

砖基础是一种刚性基础，各部分尺寸应符合砖的模数。砖基础一般做成台阶式，俗称"大放脚"。其砌筑方式有两种，分别为两皮一收、两皮一收和一皮一收相间，如图3-2所示。

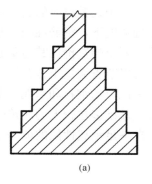 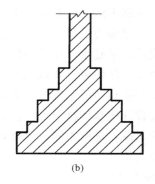

图 3-2 砖基础
(a) 两皮一收；(b) 两皮一收和一皮一收相间

施工中顶层砖和底层砖必须是两皮砖，即120mm，使得局部都能保证符合刚性角的要求。

由于砖的使用对农田不利，实际中采用砖基础越来越少。国家在2005年正式推行禁止使用实心黏土砖的政策，以开发、推广新型墙体材料为手段，进而达到推进建筑节能的目标。并要求截至2010年底，所有城市城区禁止使用实心黏土砖。

（2）毛石基础

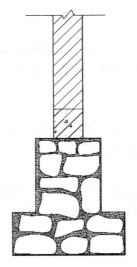

图 3-3 毛石基础

毛石是指未经加工整平的石料。在山区可以就地取材，应用较多。采用毛石基础时，要注意对石材厚度要求及对材料（石材和砂浆）强度等级要求，毛石强度等级不低于 MU30，砂浆强度不低于 M5。毛石基础如图 3-3 所示。

(3) 灰土基础

灰土基础是由石灰（熟石灰粉）、土和水按比例配合，经分层夯实而成的基础。石灰和土的体积比通常为 3∶7 或 2∶8。灰土干重度大于等于 $14.5\sim15.5kN/m^3$，容许承载力可达 $250\sim300kPa$。灰土基础具有施工简便、造价便宜、可节约水泥和砖石材料等优点；缺点是在水中硬化慢，早期强度低，抗水性差，抗冻性差，因此一般只用于冰冻线以下，地下水位以上。灰土作为建筑材料，在中国有悠久历史。南北朝公元 6 世纪时，南京西善桥的南朝大墓封门前地面就是灰土夯成的，北京明代故宫也大量应用灰土基础。

(4) 三合土基础

三合土基础中，石灰、砂、骨料体积比为 1∶2∶4～1∶3∶6，骨料可以是矿渣、碎砖和河卵石。

(5) 素混凝土和毛石混凝土基础

混凝土的强度、耐久性和抗冻性都比较好，是一种较好的基础材料。有时为了节约水泥，可以在混凝土中掺入毛石，配成毛石混凝土。虽然强度有所降低，但仍比砖石砌体高，所以也得到了广泛使用。

(6) 钢筋混凝土基础

与素混凝土基础不同，钢筋混凝土基础是在混凝土中设置对应的受力钢筋，这样基础的受力性能和抗变形能力都得以提高。在相同的基础宽度下，钢筋混凝土基础的高度远比素混凝土基础或砖石基础小。尽管单位体积的钢筋混凝土的造价比其他基础材料要高，但总的基础高度较小，从而可以实现宽基浅埋，由此可以节省大量土方开挖引起的费用在某些情况下反而比其他材料的基础造价更低。但是，考虑节约钢材和水泥，所以还不能用钢筋混凝土全部代替其他基础材料。目前，钢筋混凝土基础多在较大的建筑中或地基土层软弱时采用。总的来说，选取不同建筑材料的基础，在满足承载性能的前提下应注意因地制宜，以节省工程造价。

2. 按构造形式分类

结合基础构造形式，可进一步将其分为独立基础和联合基础（图 3-4）。独立基础是指在基础上部只支撑一个单一的承重构件，而联合基础是指该基础上部可能支撑两个或多个受力构件。联合基础又可进一步分为条形基础、交叉梁基础、筏形基础、箱形基础、壳体基础。

(1) 独立基础

独立基础也称为单独基础，其上一般仅支

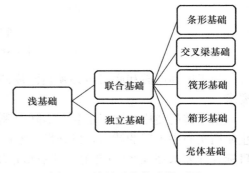

图 3-4 浅基础的构造类型图

撑单一的承重构件,例如图 3-5 所示的柱下独立基础和图 3-6 所示的墙下独立基础。

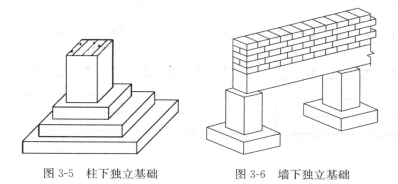

图 3-5　柱下独立基础　　　　　图 3-6　墙下独立基础

(2) 条形基础

条形基础是指长度远大于宽度的基础,呈现典型的长条形。最常见的包括墙下条形基础和柱下条形基础,分别如图 3-7 和图 3-8 所示。

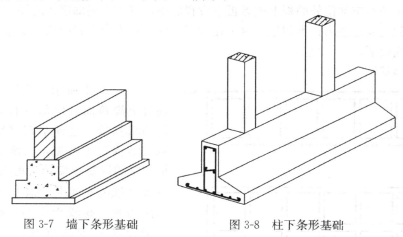

图 3-7　墙下条形基础　　　　　图 3-8　柱下条形基础

(3) 交叉梁基础

交叉梁基础实际是将不同方向的基础浇筑在一起,形成平面网格状,以便于联合受力。交叉梁基础可以使不同方向的条形基础协同工作,以提高承载能力。交叉梁基础以正十字交叉梁基础最为常见,即纵、横向基础夹角为 90°。除去边缘处条形基础节点外,其余内部节点均为十字状,如图 3-9 所示。

(4) 筏形基础

在交叉梁基础上,可以设想:假如在十字网格内也浇筑混凝土,这样就形成了筏形基础。目前在城市高层建筑中,筏形基础可以兼作地下室底板,应用非常广泛。筏形基础可以分为平板式和梁板式两种类型,如图 3-10 所示。根据上部传递荷载和下

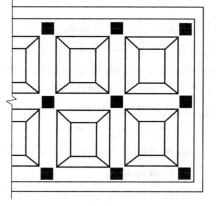

图 3-9　正十字交叉梁基础

37

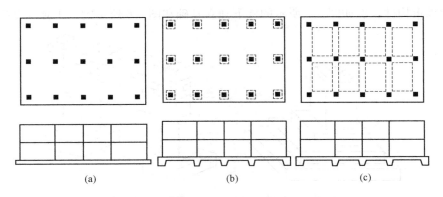

图 3-10 筏形基础
(a) 和 (b) 为平板式；(c) 为梁板式，其中肋梁也可设于板上

部基础条件的不同，实际工程中同一建筑结构不同部位处的筏板厚度可以是变化的；对于不同建筑结构，筏板厚度差异更大。目前，筏板的厚度可以多达数米。在平板式筏形基础中，可以在柱子对应部位处的板上或者板下设置底座，以增大局部筏板的厚度，以提高板的承载能力和抗变形能力；类似地，也可在柱下沿纵、横方向设置肋梁，肋梁可根据需要设置于板上或板下。

（5）箱形基础

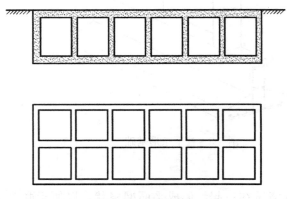

图 3-11 箱形基础

如图 3-11 所示，箱形基础是采用混凝土浇筑而且内部具有大体积空腔的箱状基础。这种基础以单层结构和双层结构较为常见，内部通常设置纵横交错的混凝土墙体，可兼作地下室。箱形基础的特点是整体刚度大，抗变形能力强。相较于筏形基础，可以进一步提高基础的抗变形能力和承载能力。

（6）壳体基础

壳体基础是采取钢筋混凝土壳体结构形式并主要承受轴向力的一类空间薄壁基础，适用于小偏心荷载作用下一般工业与民用建筑的柱下基础和筒形构筑物的基础。筒形构筑物主要包括水塔、烟囱、料仓和高炉等高耸构筑物。壳体基础一般有三种形式，即正圆锥壳、M形组合壳和内球外锥组合壳，如图 3-12 所示。这种构造可以使内力由弯矩为主变为轴力（压力）为主，相较于一般梁式、板式的基础，可以节省多达 50% 左右的混凝土。

3. 按受力特点分类

根据基础受力特性，浅基础可分为刚性基础和柔性基础。

（1）刚性基础

刚性基础通常是指受压强度较大而抗变形能力较差的无筋扩展基础。这类基础包括前面介绍的砖石基础和素混凝土基础，具有较强的受压承载能力，但抗弯、抗剪能力较差，

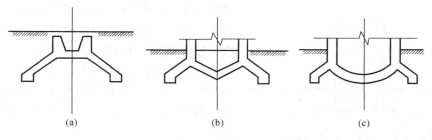

图 3-12 壳体基础
(a) 正圆锥壳；(b) M 形组合壳；(c) 内球外锥组合壳

适用于多层民用建筑和轻型厂房。

刚性基础的砌筑材料为砖、毛石、片石混凝土和灰土，其抗压性能好，但抗拉、抗剪强度不高，基本无挠曲变形，具有稳定性好、施工简便、能承受较大荷载等诸多优点；但缺点是自重大。刚性基础在构造上应满足刚性角的要求。刚性角是指可以保证这类基础基本上不发生挠曲变形的极限角度，如图 3-13 中 α 所示，可通过限制（每一级）基础台阶的外伸宽度与台阶高度的比值加以保证。

按照刚性角进行设计，可以保证基础具有足够的刚度，几乎不发生挠曲变形，从而避免基础因拉应力或者剪应力过大而出现破坏。如图 3-14 所示。

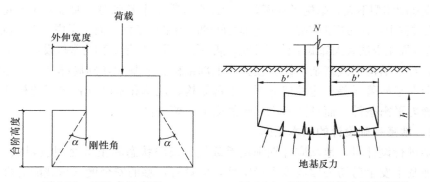

图 3-13 刚性角示意图　　图 3-14 刚性基础受力破坏简图

关于刚性角的含义，可以借用古代抬轿子的事例来进行解释。轿子包括轿厢和轿杆，整体相当于一个刚性基础，如图 3-15 所示。现作如下假设：①假设坐轿者不变，相当于刚性基础上部所受荷载是一定的；②与坐轿者关联，假设轿夫抬轿时给轿厢提供的向上支

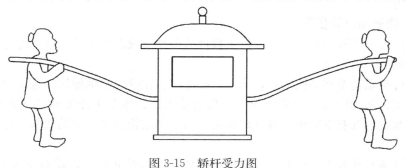

图 3-15 轿杆受力图

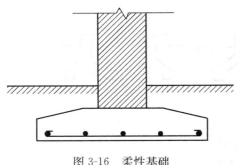

图 3-16　柔性基础

承力也不变,相当于刚性基础底面地基反力的合力一定,那么两侧轿杆越长,轿厢下沉越严重,轿杆挠曲变形越大,更容易折断。由此可知:在基础截面高度一定的情况下,刚性基础外伸宽度越大,更容易发生挠曲破坏。因此,在刚性基础的设计过程中,刚性角的限制是必要的。

(2) 柔性基础

柔性基础即钢筋混凝土扩展基础(图 3-16),由于设置了钢筋,通常具有较好的抗变形能力,常见的有柱下钢筋混凝土扩展基础和墙下钢筋混凝土扩展基础。柔性基础材料为钢筋混凝土,其抗弯、抗剪性能均很好,可承受较大的竖向荷载和弯矩,且不受台阶宽高比限制,易于实现宽基浅埋,减少土方开挖量。柔性基础一般适用于上部荷载较大,存在偏心荷载或承受弯矩、水平荷载的建筑物;或者表层土质较好、下层土质软弱,利用表层好土质进行宽基浅埋的场合。

3.3　浅基础的设计原则和设计步骤

通常浅基础体型不大、结构形式简单,因此在计算单个基础时,通常采用简化计算的方法。在简化过程中,仅考虑上部结构与基础之间的静力平衡条件,而不考虑三者之间的变形协调条件。这种简化方法大大降低了计算难度,减少了计算工作量,称为常规设计方法。

但是,对于结构形式复杂、体型较大或上部结构、地基和基础局部高度变异较大的情况,可能会引起显著误差。这种情况下,上部结构、地基和基础三者之间的相互作用,不仅要考虑静力平衡条件,而且要考虑三者的变形协调条件。

3.3.1　地基基础设计的基本原则

浅基础进行设计时,地基应分别满足承载能力极限状态和正常使用极限状态的要求:①为防止地基土发生剪切失效或丧失稳定性,应具有足够的安全度(承载能力极限状态);②应控制地基的变形量,使其不超过建筑物地基特征变形的允许值(正常使用极限状态)。

如同上部构件一样,浅基础需要具有足够的强度、刚度以及耐久性,能够保证基础在上部荷载作用下不发生过大的变形或断裂;常用混凝土基础不会因环境而受到过多的腐蚀;浅基础下部地基不会出现剪切失效或丧失稳定性;能够控制地基的变形量,使其保持在合理范围内。

3.3.2　浅基础设计步骤

(1) 阅读岩土工程勘察报告,分析工程地质条件以及地下水的贮存条件可能对基础设计产生的影响。

(2) 进行基础选型和平面布置,确定基础埋深。在确定基础埋深的过程中,需要考虑建筑物的类型、基础构造、上部荷载、工程地质条件、地基土冻融和场地条件等多项因素。通常,基础埋深有下限值,基础埋深需要与上部结构满足一定的比值,才能保障其安全性。

(3) 计算地基承载力。地基承载力可根据力学中的公式计算,但通常也会存在误差,因此对重要工程可进行原位测试。如果拟建工程有类似建筑物且场地情况变化不大，可参照临近场地的地基承载力进行取值。

（4）确定基础地面尺寸。初步确定地基持力层承载力之后，可据此进行基础地面尺寸的计算，然后进行相应的软弱下卧层承载力的验算。必要时进行地基稳定性验算。

（5）地基变形的验算。地基变形可采用分层总和法进行计算分析。

（6）针对基础结构进行内力分析和截面配筋设计，绘制施工图。

3.4 基础的埋置深度

3.4.1 概述

基础埋置深度是指基础底面至设计地面的距离。基础的埋置深度首先对建筑物的安全性、稳定性和耐久性具有重大影响。其中，对安全性的影响具体体现在以下几个方面：对高层建筑稳定性和滑移的影响；对地基强度和变形的影响；调整或消除冻胀、地下水对基础的影响。其次，基础埋置深度对工程造价也有影响。因此，在能够保证建筑物安全和正常使用的前提下，应尽量减小基础埋置深度，通过浅埋以减少工程造价。除基岩外，基础埋置深度一般不宜小于0.5m，基础顶面应低于室外设计地面100mm以上，以避免基础外露。此外，基础埋置深度的选择对基础的施工技术措施和施工工期等方面，也会带来一定的影响。

3.4.2 影响基础埋深的因素

1. 建筑物类型及基础构造

建筑物类型主要考虑高层与非高层的影响，由于上部荷载存在差异，自然会影响下部基础的埋置深度。如同小草和参天大树要求与其匹配的树的根部深度不一样，不同高度的建筑物需要的基础深度阈值是不一样的。通常埋深越大，越安全，从经验角度来看，基础埋置深度与建筑高度是成正比的。埋深只有超过一定深度，才可保证上部结构安全；否则，就可能引发工程事故。

另外，不同基础构造也会对埋深产生影响。比如箱形基础，由于本身基础尺寸较大，相比于其他基础，即使都能满足要求，但也应埋得更深一些。

2. 上部结构施加的荷载类型及大小

由于上部结构施加的荷载类型不一样，也可能对基础埋深产生不同的影响。例如，对承受动力荷载的基础，在反复振动的情况下，饱和、疏松状态的砂土或粉土容易液化，因此不宜选作持力层。

建筑物承受竖向荷载与水平荷载的比例也会对建筑物埋深产生影响。例如，以水平荷载为主的建筑物基础埋深应大一些；否则，容易出现倾覆问题。

3. 工程地质条件

在实际的工程场地中，由于工程场地条件不同，基础埋深可能会有较大变化。应尽可能保证基础采用同一埋深，以减轻地基处理的难度。当地基土层参数差异较大时或地基持力层顶面倾斜时，地基可分段采用不同埋深，即将基础设计成台阶状（图3-17），要求由浅到深逐渐过渡。由于地基表层的承载性质差异较大，所以通常首先要保证对应持力层有较好的承载力，以保证建筑物的安全性。

对修筑于稳定边坡坡顶上的基础（图 3-18），假设坡角小于 45°且坡高小于 8m，其埋深 d 应满足下式：

$$d \geqslant (xb - a)\tan\beta \tag{3-1}$$

式中　a——基础底面外边缘线至坡顶的水平距离（m）；
　　　b——垂直于坡顶边缘线的基础底面边长（m）；
　　　d——基础埋置深度（m）；
　　　β——边坡坡角（°）；
　　　x——取 3.5（条形基础）或 2.5（矩形基础）。

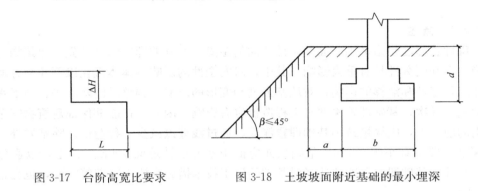

图 3-17　台阶高宽比要求　　　　图 3-18　土坡坡面附近基础的最小埋深

当满足上述条件时，则土坡坡面附近修筑基础所引起的附加应力不会影响土坡的稳定性。

（1）水文地质条件

在地下水位以下施工非常困难，修筑的基础也很容易受到地下水腐蚀，导致出现耐久性问题。因此，基础一般应置于地下水位以上，同时要求地基中防止出现涌土或流砂等不良地质现象。

地下水通常包括潜水、滞水和承压水，其中，对基础埋深影响最大的是承压水，如图 3-19 所示。当基坑开挖过程中上部土体被挖除之后，坑底土中的竖向应力因开挖卸荷迅速减小，导致坑底土层发生快速反弹变形现象，出现隆起甚至开裂。在有承压水的情况下，一旦移除基坑底面至地面这部分覆土，承压水上部隔水层底部的有效应力就会相应减小。因此，为防止隔水层开裂导致水涌入基坑，应控制承压水上部隔水层底面的有效应力 σ' 大于 0，即

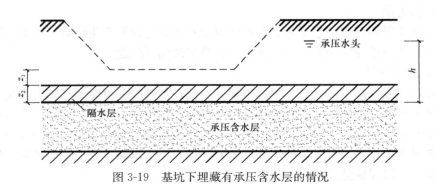

图 3-19　基坑下埋藏有承压含水层的情况

$$\sigma' = \gamma_1 z_1 + \gamma_2 z_2 - \gamma_w h > 0 \tag{3-2}$$

式中 γ_1、γ_2——分别为坑底土、隔水层土的重度（kN/m³）；

z_1、z_2——分别为坑底土、隔水层土的厚度（m）；

h——换算的承压水头（m）。

(2) 土的冻胀和融陷

根据物理学中对于毛细现象的解释，在碗中插入一根细小的塑料吸管，通常吸管中自由水面的高度会大于碗中自由水面的高度，两者存在一定高度差。在地基土中也存在着类似现象，这种高度差的存在导致了即使基础在地下水位以上，也可能受地基冻胀现象的影响。当冬季气温逐渐变冷时，土体中冻结土与非冻结土的临界面从地面向地基内部不停推进。土体中的水冻结成冰之后，会产生体积膨胀。由于冰土之间的相互作用，土体也会发生膨胀。土体的膨胀包括侧向和竖向两个方向的膨胀，由于地表自由面提供的竖向约束弱于侧向约束，因此土体的膨胀以竖向向上膨胀为主。当土体中的冻结状态持续发展到一定深度，就可能因土的冻胀导致基础上移。与之相反，当气温逐渐升高时，冻结深度开始减小，原处于冻结状态的地基土持续解冻，土中的含水率快速增加，地基土的承载力明显降低，从而导致基础因地基土融陷而出现下沉现象。考虑基础上部承受荷载一般较大，因此设计时基础下部可允许保留一定厚度的残留冻土层，其影响将是有限可控的，同时减少了土方开挖量。如图 3-20 所示。

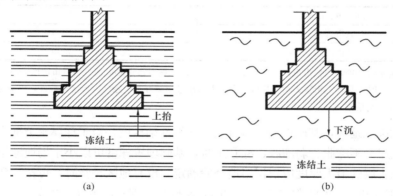

图 3-20 土的冻胀与融陷
(a) 冻胀；(b) 融陷

《建筑地基基础设计规范》GB 50007—2011 规定：季节性冻土地基的场地冻结深度应按下式进行计算：

$$z_d = z_0 \psi_{zs} \psi_{zw} \psi_{ze} \tag{3-3}$$

式中 z_d——场地冻结深度（m），当有实测资料时，按 $z_d = h' - \Delta z$ 计算；

h'——最大冻结深度出现时场地最大冻土层厚度（m）；

Δz——最大冻结深度出现时场地地表冻胀量（m）；

z_0——标准冻结深度（m）。当无实测资料时，按《建筑地基基础设计规范》GB 50007—2011 的推荐值选取；

ψ_{zs}——土的类别对冻结深度的影响系数，按表 3-1 确定；

ψ_{zw}——土的冻胀性对冻结深度的影响系数,按表 3-2 确定;
ψ_{ze}——环境对冻结深度的影响系数,按表 3-3 确定。

土的类别对冻结深度的影响系数　　　　表 3-1

土的类别	影响系数 ψ_{zs}
黏性土	1.00
细砂、粉砂、粉土	1.20
中、粗、砾砂	1.30
大块碎石土	1.40

土的冻胀性对冻结深度的影响系数　　　　表 3-2

冻胀性	影响系数 ψ_{zw}
不冻胀	1.00
弱冻胀	0.95
冻胀	0.90
强冻胀	0.85
特强冻胀	0.80

环境对冻结深度的影响系数　　　　表 3-3

周围环境	影响系数 ψ_{ze}
村、镇、旷野	1.00
城市近郊	0.95
城市市区	0.90

注：环境影响系数一项，当城市市区人口为 20 万～50 万时，按城市近郊取值；当城市市区人口大于 50 万或小于等于 100 万时，只计入市区影响；当城市市区人口超过 100 万时，除计入市区影响外，尚应考虑 5km 以内的郊区近郊影响系数。

在季节性冻土地区，基础埋置深度宜大于场地冻结深度。对于深厚季节冻土地区，当建筑基础底面土层为不冻胀、弱冻胀、冻胀土时，基础埋置深度可以小于场地冻结深度，基础底面下允许冻土层的最大厚度应根据当地经验确定。没有地区经验时，可按《建筑地基基础设计规范》GB 50007—2011 附录查取。此时，基础最小埋置深度 d_{min} 可按下式计算：

$$d_{min} = z_d - h_{max} \tag{3-4}$$

式中　h_{max}——基础底面下允许的冻土层最大厚度（m），具体取值可参考《建筑地基基础设计规范》GB 50007—2011。

(3) 环境条件

在城市中由于土地成本高，因此建设场地一般比较狭窄，毗邻的建筑物可能距离较近。在这种情况下，选择基础埋深时，必须考虑可能对周围建筑物或者基础设施带来的不利影响。新建建筑物基础在土中引起的附加应力扩散之后，可能会危及原有建筑设施的安全。

3.5　地基承载力计算

3.5.1　地基承载力的确定

地基承载力是指在保证地基稳定的前提下，满足建筑物受力变形所要求的承载能力。

它可用单位面积上所能承受的荷载大小进行度量，通常用地基承载力特征值进行描述。

地基承载力的确定方法通常有三种：①根据土的抗剪强度理论通过计算确定；②根据现场静荷载平板试验的方法确定；③根据条件相似的相邻建筑物经验确定。

本质上而言，地基承载力是通过地基极限荷载/安全系数获取的，即

$$f = p_u/K \tag{3-5}$$

式中　p_u——地基极限荷载；

　　　K——安全系数。

地基极限荷载是地基在外荷作用下产生的应力达到极限平衡时的荷载。作用在地基上的荷载较小时，土体处于弹性平衡状态，地基处于逐渐压密的状态。随着荷载的进一步增大，地基开始产生局部剪切破坏，塑性区越来越大。当荷载很大时，地基中的塑性区将发展为连续贯通的滑动面，地基丧失整体稳定而破坏。这时，地基所能承受的荷载达到极限值。

由式（3-5）可知，一旦获得了地基极限荷载 p_u，即可获得地基承载力特征值。对于如何确定地基极限荷载，太沙基、斯凯普顿等人做了大量研究，在此基础上得出地基极限荷载的一般计算公式为：

$$p_u = \frac{1}{2}\gamma b N_\gamma + c N_c + q N_q \tag{3-6}$$

式中　p_u——地基极限荷载（kPa）；

　　　γ——基础底面以下地基土的天然重度（kN/m³）；

　　　b——基础宽度；

　　　c——基础底面以下地基土的黏聚力（kPa）；

　　　q——基础的旁侧荷载，其值为基础埋深 d 范围内土的自重压力 γd（kPa）；

N_γ、N_c、N_q——均为地基承载力系数，为 $\tan\alpha = \tan\left(45° + \frac{\varphi}{2}\right)$ 的函数，即 φ 的函数，可直接计算或查表确定。

1. 地基承载力的计算方法

（1）按土的抗剪强度理论确定

当偏心距 e 小于或等于 0.033 倍的基础底面宽度时，根据土的抗剪强度指标确定地基承载力特征值，其值按下式计算，并应满足变形要求：

$$f_a = M_b \gamma b + M_d \gamma_m d + M_c c_k \tag{3-7}$$

式中　f_a——由土的抗剪强度指标确定的地基承载力特征值；

M_b、M_d、M_c——均为承载力系数，按表 3-4 确定；

　　　b——基础底面宽度，大于 6m 时按 6m 取值；对于砂土，小于 3m 时按 3m 取值；

　　　c_k——基底下一倍短边宽深度内土的黏聚力标准值；

　　　γ——基础底面以下土的重度，地下水位以下取浮重度；

　　　γ_m——基础底面以上土的加权平均重度，地下水位以下取浮重度；

　　　d——基础埋置深度（m），一般自室外地面标高算起。在填方整平地区，可自填土地面标高算起，但填土施工在上部结构施工结束后才进行时，应从天然地面标高算起；对于地下室，如采用箱形基础或筏形基础时，基础埋置深度自室外地面标高算起；当采用独立基础或条形基础时，应从室内地面标高算起。

承载力系数 M_b、M_d、M_c 表 3-4

土的内摩擦角标准值 φ_k	M_b	M_d	M_c
0	0	1.00	3.14
2	0.03	1.12	3.32
4	0.06	1.25	3.51
6	0.10	1.39	3.71
8	0.14	1.55	3.93
10	0.18	1.73	4.17
12	0.23	1.94	4.42
14	0.29	2.17	4.69
16	0.36	2.43	5.00
18	0.43	2.72	5.31
20	0.51	3.06	5.66
22	0.61	3.44	6.04
24	0.80	3.87	6.45
26	1.10	4.37	6.90
28	1.40	4.93	7.40
30	1.90	5.59	7.95
32	2.60	6.35	8.55
34	3.40	7.21	9.22
36	4.20	8.25	9.97
38	5.00	9.44	10.80
40	5.80	10.84	11.73

注：φ_k——基底下一倍短边宽深度内土的内摩擦标准角。

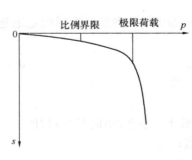

图 3-21 荷载-沉降曲线

理论计算需要注意几点：地基承载力计算精度与参数选择关系很大；基底下一倍短边宽深度内土的内摩擦标准角在取值选用时，如果涉及多层土，需按土层厚度进行加权计算，折算出相应的内摩擦标准值；如果土层处于地下水位以下，需要采用浮重度参与计算。

（2）按地基平板荷载试验确定

在岩土工程勘察中，平板荷载试验是原位测试的一种方法，可以得出反映地基荷载 p 与沉降变形 s 之间关系的荷载-沉降曲线，如图 3-21 所示。参考荷载-沉降曲线，即可确定地基承载力。

地基承载力特征值的确定方法（图 3-22）：当 $p\text{-}s$ 曲线上有比例界限时，取该比例界限所对应的荷载值；当极限荷载小于对应比例界限的荷载值的 2 倍时，取极限荷载值的一半；当不能按上述两点确定时，如压板面积为 $0.25\sim0.50\text{m}^2$，可取 $s/b=0.01\sim0.015$ 所对应的荷载，但其值不应大于最大加载量的一半。对低压缩性土：$f_0=p_1$ 或 $f_0=p_u/2$

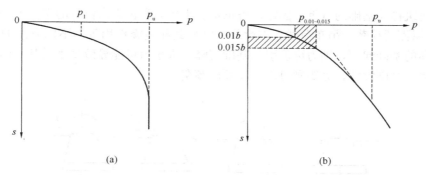

图 3-22 地基承载力特征值的取值
(a) 低压缩性土；(b) 高压缩性土

(当 $p_u<2.0p_1$)；对高压缩性土：$f_0 = p_{0.01\sim0.015}$。

对同一层土，选取三个以上的试验点，如所得实测值的极差不超过平均值的 30%，则取平均值作为地基承载力特征值。极差用来表示统计数据的变异程度，为数据最大值与最小值之间的差距，又称范围误差。

2. 地基承载力特征值的修正

通过平板荷载试验确定的地基承载力尚未考虑基础高度和基础埋深的影响，并不能直接作为地基承载能力，需要进行一定的修正。计算公式如下：

$$f_a = f_{ak} + \eta_b \gamma (b-3) + \eta_d \gamma_m (d-0.5) \tag{3-8}$$

式中　f_a——修正后的地基承载力特征值；

　　　f_{ak}——地基承载力特征值；

　　　η_b、η_d——分别为基础宽度和埋深的地基承载力修正系数，见附录4；

　　　γ——基础底面以下土的重度，地下水位以下取浮重度；

　　　γ_m——基础底面以上土的加权平均重度，地下水位以下取浮重度；

　　　d——基础埋置深度（m），一般自室外地面标高算起；

　　　b——基础底面宽度（m），当基宽小于3m，按3m考虑；大于6m，按6m考虑。

【例题 3-1】某中学教学楼为 8 层框架结构。已知该地基土为黏性土，孔隙比 $e=0.741$，液性指数 $I_L=0.69$。基底以上土的加权平均重度为 16.6kN/m^3。岩土工程勘察报告中地基承载力特征值 $f_{ak}=169\text{kPa}$。设计基础宽度为 1.5m，埋深 4.5m，试求修正后的地基承载力特征值。

解： 因为基础宽度 1.5m<3.0m，所以只需进行基础深度修正。

查表得 $\eta_d=1.6$，故

$$f_a = f_{ak} + \eta_d \gamma_m (d-0.5) = 169 + 1.6 \times 16.6 \times (4.5-0.5) = 275.24\text{kPa}$$

3.5.2 基础底面尺寸的确定

基础底面尺寸的确定，需进行以下三个环节的计算方可完成：①基础底面尺寸初步确定后，持力层承载力的验算；②软弱下卧层承载力的验算；③地基变形的验算。

1. 作用在基础上的荷载

基础所承受的荷载一般可以分为四种情况，如图 3-23 所示。无论是轴力、水平力还是力矩，都是由永久荷载和可变荷载两部分组成。永久荷载长期作用是引起沉降的主要因素,包括建筑物及基础的自重、固定设备重量、土压力和正常水位时的水压力等;可变荷载包括楼/屋面活荷载、吊车荷载、雪荷载、风荷载和地震作用等。不同方向的荷载可能会带来不同的基础问题,轴力可能引起基础沉降,水平力可能导致基础沿其底面或者在地基内部滑动、基础倾斜,力矩则可能引起基础倾覆。

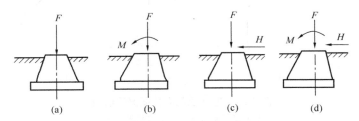

图 3-23 基础所受荷载
(a) 轴力;(b) 轴力和力矩;(c) 轴力和水平力;(d) 轴力、水平力和力矩

进行地基基础计算时,随着所需解决问题的不同,需要纳入计算的荷载以及采取的荷载组合也会发生变化。

(1) 按地基承载力确定基础底面积及埋深时

传至基础底面上的荷载应按正常使用极限状态下荷载效应的标准组合,相应的抗力应采用地基承载力特征值。标准组合是指正常使用极限状态计算时,采用标准值或组合值为荷载代表值的组合。

标准组合的形式为:

$$S = S_{Gk} + S_{Q1k} + \sum_{i=1}^{n} \psi_{ci} S_{Qik} \tag{3-9}$$

注:组合中的设计值仅适用于荷载与荷载效应为线性的情况。

式中 S_{Gk}——按永久荷载标准值 G_k 计算的荷载效应值;

S_{Q1k}——按可变荷载标准值 Q_{1k} 计算的荷载效应值;

ψ_{ci}——可变荷载 Q_i 的组合值系数。

(2) 计算地基变形时

传至基础底面上的荷载应按正常使用极限状态下荷载效应的准永久组合,不计入风荷载和地震作用。准永久组合的形式为

$$S = S_{Gk} + \sum_{i=1}^{n} \psi_{qi} S_{Qik} \tag{3-10}$$

注:组合中的设计值仅适用于荷载与荷载效应为线性的情况。

式中 S_{Gk}——按永久荷载标准值 G_k 计算的荷载效应值;

ψ_{qi}——可变荷载 Q_i 的准永久值系数;

S_{Qik}——按可变荷载标准值 Q_{ik} 计算的荷载效应值。

(3) 计算挡土墙的土压力、地基稳定及滑坡推力时

荷载应按承载力极限状态下荷载效应的基本组合,但其分项系数均取 1.0。基本组合形式包括两类:

一类是由永久荷载效应起主要控制:

$$S = \gamma_G S_{Gk} + \sum_{i=1}^{n} \gamma_{Qi} \psi_{ci} S_{Qik} \tag{3-11}$$

式中 γ_G——永久荷载的分项系数；
S_{Gk}——按永久荷载标准值 G_k 计算的荷载效应值；
γ_{Qi}——可变荷载的分项系数；
ψ_{ci}——可变荷载 Q_i 的组合值系数；
S_{Qik}——按可变荷载标准值 Q_{ik} 计算的荷载效应值。

另一类是由可变荷载效应起主要控制：

$$S = \gamma_G S_{Gk} + \gamma_{Q1} S_{Q1k} + \sum_{i=2}^{n} \gamma_{Qi} \psi_{ci} S_{Qik} \tag{3-12}$$

式中 γ_G——永久荷载的分项系数；
S_{Gk}——按永久荷载标准值 G_k 计算的荷载效应值；
γ_{Q1}——起主导作用的可变荷载的分项系数；
S_{Q1k}——按起主导作用的可变荷载标准值 Q_{1k} 计算的荷载效应值；
γ_{Qi}——可变荷载的分项系数；
ψ_{ci}——可变荷载 Q_i 的组合值系数；
S_{Qik}——按可变荷载标准值 Q_{ik} 计算的荷载效应值。

2. 按持力层承载力计算基础底面尺寸

设计时，先选定埋深 d，并初步选择基底尺寸，求得持力层承载力设计值 f_a，再按承载力条件验算并调整尺寸，直至满足设计要求。按照实际荷载的不同组合，基础底面尺寸设计按中心荷载作用与偏心荷载作用两种情况分别进行。

(1) 中（轴）心荷载作用下的基础

中（轴）心荷载作用下的基础（图 3-24），按承载力特征值计算，应满足如下公式的要求：

$$p_k \leqslant f_a \tag{3-13}$$

式中 p_k——相应于荷载效应标准组合时，基础底面处的平均压力值；
f_a——修正后的地基承载力特征值。

即要求作用在持力层（直接承受基础的地基土层）上的平均基底压力不超过该土层的承载能力（地基承载力特征值）。

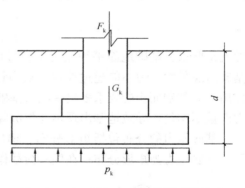

图 3-24 中（轴）心荷载作用下的基础

基础形式不同，中心荷载作用下基础底面处的平均压力值的计算方法不同。

1) 矩形基础：

$$p_k = \frac{F_k + G_k}{A} \quad (G_k = \gamma_G A d = 20 A d) \tag{3-14}$$

由式 (3-13) 和式 (3-14) 可得：

$$A \geqslant \frac{F_k}{f_a - \gamma_G d} \tag{3-15}$$

式中 F_k——相应于荷载效应标准组合时，上部结构传至基础顶面的竖向荷载；
G_k——基础自重和基础上的土重之和；
γ_G——基础及回填土的平均重度，可取 20kN/m^3；
A——基础底面面积。

2) 条形基础：

条形基础计算基底平均压力时，取 1m 长的基础为计算单元，即有底面积 $A=1\times b$。

$$p_k = \frac{F_k + G_k}{A} \quad (G_k = \gamma_G A d = 20 A d) \tag{3-16}$$

由式（3-13）和式（3-15）可得

$$b \geqslant \frac{F_k}{f_a - \gamma_G d} \tag{3-17}$$

式中 F_k——相应于荷载效应标准组合时，上部结构传至每延米基础顶面上的竖向荷载；

G_k——基础自重和基础上的土重之和；

γ_G——基础及回填土的平均重度，可取 $20kN/m^3$；

A——基础底面面积。

用上述公式计算得到的基础宽度（指短边）大于 3m 时，需要修正承载力，再重新计算，求得比较准确的基础面积。

(2) 偏心荷载作用下的基础

偏心荷载作用下，基础底面的尺寸一般采用先按中心荷载作用下试算，然后调整思路。先按中心荷载作用下的公式初步确定基础底面积 A，然后考虑偏心的不利影响，加大基底面积 10%～40%，如果偏心小时取 10%，偏心大时取 40%。初估面积调整后的基础面积，应保证在偏心荷载作用下的基底压力满足下述条件：

$$\left.\begin{array}{l} p_k \leqslant f_a \\ p_{kmax} \leqslant 1.2 f_a \end{array}\right\} \tag{3-18}$$

即就是要求：基础地面平均压力不超过该土层的承载能力（地基承载力特征值）；同时，基础边缘最大应力不能超过地基承载力设计值的 20%。相对于中心荷载作用，偏心荷载作用下对基础面积的要求多出一项对基础边缘最大压力的限制条件，目的在于防止基底应力严重不均匀，导致地基出现不均匀沉降，基础发生倾斜。

基底压力的分布包括矩形分布、梯形分布和三角形分布三种情况。在中心荷载作用下，基底压力为矩形分布；在偏心荷载作用下，基底的压力分布图按照荷载偏心距的大小有两种分布形式，分别为小偏心下的梯形分布和大偏心下的三角形分布。基底边缘最大压力的计算会随基底压力分布的不同而发生变化。在计算基底边缘最大压力之前，先要确定基础上荷载的偏心距 e，计算公式为：

$$e = \frac{M_k}{F_k + G_k} \tag{3-19}$$

式中 M_k——相应于荷载效应标准组合时，作用于基础底面的力矩值。

当 $e \leqslant b/6$ 时，属于小偏心，基底压力分布为梯形分布，如图 3-25 所示。

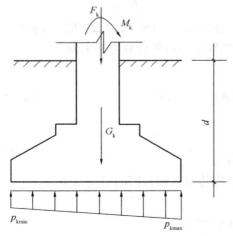

图 3-25 $e \leqslant b/6$ 时的基底压力分布

这种情况下，基底最大压力与最小压力按下

式计算：

$$p_{kmin}^{kmax} = \frac{F_k + G_k}{A} \pm \frac{M_k}{W} \quad (3\text{-}20)$$

式中　F_k——上部传来的竖向荷载；

　　　G_k——基础自重和基础上的土重之和；

　　　W——基础底面的抗弯截面系数。

由式（3-18）和式（3-19）整理得：

$$p_{kmin}^{kmax} = p_k\left(1 \pm \frac{6e}{b}\right) \quad (3\text{-}21)$$

当 $e > b/6$ 时，$p_{kmin} < 0$，属于大偏心，基底压力分布为三角形分布，如图 3-26 所示。此时，由于偏心过大，在最小基底压力对应的一侧基础底面与地基土脱离，存在地基零应力区。这种情况下，基底边缘最大压力的计算也发生变化，如图 3-27 所示。

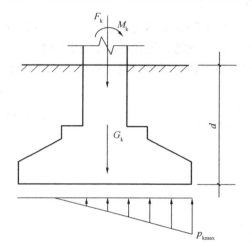 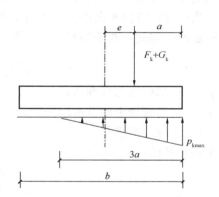

图 3-26　$e > b/6$ 时的基底压力分布　　图 3-27　偏心荷载（$e > b/6$）作用下的基底压力计算简图

基底最大压力按下式计算：

$$p_{kmax} = \frac{2(F_k + G_k)}{3la} \quad (3\text{-}22)$$

式中　l——垂直于力矩作用方向的基础底面边长；

　　　a——合力作用点至基础底面最大压力边缘的距离。

3. 软弱下卧层承载力验算

在地基持力层以下，可能存在承载力明显低于持力层的土层，称为软弱下卧层。如果软弱下卧层的埋深较浅，基底的附加应力扩散传递到下卧层处时，即使扩散后有所衰减，仍可能大于软弱下卧层的承载力，这是不允许的。因此，有必要对软弱下卧层进行承载力验算，如图 3-28 所示。

（1）基本原理

针对地基受力层范围内的软弱下卧层进行承载力验算时，取软弱下卧层顶部平面作为验算位置：

$$p_z + p_{cz} \leqslant f_{az} \quad (3\text{-}23)$$

式中　p_z——软弱下卧层顶面处的附加应力设计值，由基底处地基土的附加应力设计值 p_0 按照扩散衰减规律计算得出；

　　　p_{cz}——软弱下卧层顶面处土的自重应力设计值；

　　　f_{az}——软弱下卧层顶面处考虑深度修正的地基承载力特征值。

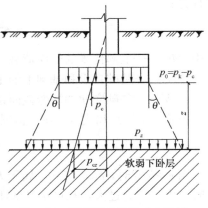

图 3-28　软弱下卧层承载力验算

（2）基本计算

欲按照式（3-23）进行验算，必须先由基底处地基土的附加应力 p_0 求得软弱下卧层顶面处的附加应力设计值 p_z，这一过程涉及地基土中附加应力的扩散规律。地基土中的附加应力由浅向深扩散时，附加应力的合力恒定，即附加应力的强度与承载面积的乘积保持不变。土中的附加应力沿深度方向的传播可参考均匀弹性体中的应力扩散规律，荷载的扩散程度一般随深度的增加而增加。当沿深度方向承载面积增大时，由于附加应力的合力保持恒定，对应的承载强度自然有所衰减。据此，对于矩形基础可得：

$$p_z = \frac{lb(p_k - p_c)}{(l + 2z\tan\theta)(b + 2z\tan\theta)} \quad (3-24)$$

式中　p_k——基底压力标准值；

　　　p_c——基底处土的自重压力值；

　　　θ——应力扩散角。

对于条形基础：

$$p_z = \frac{b(p_k - p_c)}{b + 2z\tan\theta} \quad (3-25)$$

式中　p_k——基底压力标准值；

　　　p_c——基底处土的自重压力值；

　　　θ——应力扩散角。

式（3-24）和式（3-25）中的计算涉及地基压力扩散角 θ。对于双层地基土，如果持力层与下卧层的压缩模量比值越大，应力越扩散，即扩散角 θ 越大，可参考表 3-5。

地基压力扩散角 θ　　　　　表 3-5

E_{s1}/E_{s2}	z/b	
	0.25	0.50
3	6°	23°
5	10°	25°
10	20°	30°

注：1. E_{s1} 为上层土压缩模量；E_{s2} 为下层土压缩模量。

　　2. $z/b < 0.25$ 时，取 $\theta = 0°$，必要时，宜由试验确定；$z/b > 0.50$ 时，θ 值不变。

【例题 3-2】某柱基础作用在设计地面处的柱荷载、基础埋深及地基条件如图 3-29 所示，试设计基础尺寸。

解：（1）按轴心受压初步估算基底面积

$$A = \frac{F}{f_k - \gamma_G d} = \frac{1600}{205 - 20 \times 2.4} = 10.19 \text{m}^2$$

（2）将初估基底面积提高40%

$$A_1 = 1.4A = 1.4 \times 10.19 = 14.27 \text{m}^2$$

设 $n = \dfrac{l}{b} = 1.5$，则

$$lb = 1.5b^2 = 1.4 \times 10.19 = 14.27 \text{m}^2$$
$$b = 3.08 \text{m}$$

于是

$$l = 1.5b = 1.5 \times 3.08 = 4.63 \text{m}$$

设计取 $b = 3\text{m}$，$l = 4.8\text{m}$

（3）持力层承载力修正

因 $e = 0.82 < 0.85$，$I_L = 0.75 < 0.85$，所以查表，有 $\eta_b = 0.3$，$\eta_d = 1.6$

$$\gamma_0 = \frac{17 \times 1.8 + 19.2 \times 0.6}{2.4} = 17.55 \text{kN/m}^3$$

因 $b=3\text{m}$，$d=2.4\text{m}$，故持力层承载力只有深度修正，则

$$f = f_k + \eta_d \gamma_0 (d - 0.5) = 205 + 1.6 \times 17.55 \times (2.4 - 0.5) = 258.35 \text{kPa}$$

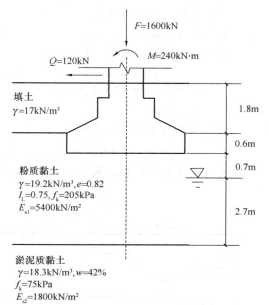

图 3-29 例题 3-2 图

（4）持力层承载力验算

$$F + G = 1600 + 20 \times 3 \times 4.8 \times 2.4 = 2291.2 \text{kN}$$
$$\Sigma M = 240 + 120 \times 2.4 = 528 \text{kN} \cdot \text{m}$$
$$e = \frac{\Sigma M}{F + G} = \frac{528}{2291.2} = 0.23 \text{m} < \frac{4.8}{6} = 0.8 \text{m}$$

基底平均压力为

$$p = \frac{F + G}{A} = \frac{2291.2}{3 \times 4.8} = 159.11 \text{kPa} < 258.35 \text{kPa（满足）}$$

基底最大压力为

$$p_{\max} = \frac{F+G}{A} + \frac{\Sigma M}{W} = 159.11 + \frac{528}{3 \times 4.8^2 / 6} = 204.94 \text{kPa} < 1.2f =$$
$$1.2 \times 258.35 = 310.02 \text{kPa}$$

（满足）

故所设计的基础底面尺寸满足要求。

（5）下卧层顶部承载力计算

因为下卧层系淤泥质土，所以 $\eta_b = 0$，$\eta_d = 1.0$

下卧层顶面埋深 $d' = d + z = 2.4 + 3.4 = 5.8\text{m}$，

土的平均重度为

$$\gamma_0 = \frac{17 \times 1.8 + 19.2 \times 1.3 + (19.2 - 10) \times 2.7}{5.8} = \frac{70.7}{5.8} = 13.86 \text{kN/m}^3$$

$$f = f_k + \eta_d \gamma_0 (d' - 0.5) = 75 + 1.0 \times 13.86 \times (5.8 - 0.5) = 148.46 \text{kPa}$$

(6) 下卧层顶面处应力

自重应力计算：$\sigma_{cz} = 17 \times 1.8 + 19.2 \times 1.3 + (19.2 - 10) \times 2.7 = 80.4 \text{kPa}$

附加应力计算：因 $E_{s1}/E_{s2} = 3$，$z/b = 3.4/3 = 1.13 > 0.5$。查表，得 $\theta = 23°$。

$$\sigma_z = \frac{(p - \sigma_c)bl}{(b + 2z\tan\theta)(l + 2z\tan\theta)} = \frac{[159.11 - (17 \times 1.8 + 19.2 \times 0.6)] \times 3 \times 4.8}{(3 + 2 \times 3.4 \times \tan 23°)(4.8 + 2 \times 3.4 \times \tan 23°)}$$
$$= 37.23 \text{kPa}$$

作用在软弱下卧层顶面处的总应力为：

$$\sigma_z + \sigma_{cz} = 37.23 + 80.4 = 117.63 \text{kPa} < f = 148.46 \text{kPa （满足）}$$

所以，软弱下卧层地基承载力也满足要求。

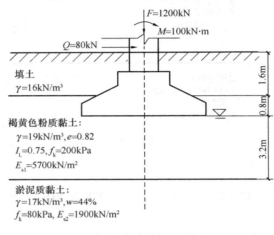

图 3-30 例题 3-3 图

【例题 3-3】某柱基础，作用在设计地面处的柱荷载、埋深及地基土层剖面条件如图 3-30 所示，基础尺寸长宽为 3.5m（平行纸面）× 2.7m（垂直纸面），试验算持力层和软弱下卧层的强度。

解：（1）持力层承载力验算

因 $e = 0.82$，$I_L = 0.75$，所以查表，有 $\eta_b = 0.3$，$\eta_d = 1.6$

$$\gamma_0 = \frac{16 \times 1.6 + 19 \times 0.8}{2.4} = 17 \text{kN/m}^3$$

因 $b = 2.7 \text{m}$，$d = 2.4 \text{m}$，故持力层承载力只有深度修正，有

$$f = f_k + \eta_d \gamma_0 (d - 0.5)$$
$$= 200 + 1.6 \times 17 \times (2.4 - 0.5)$$
$$= 251.68 \text{kPa}$$

基底平均压力为

$$p = \frac{F + G}{A} = \frac{1200 + 2.7 \times 3.5 \times 2.4 \times 20}{2.7 \times 3.5} = 174.98 \text{kPa} < f = 251.68 \text{kPa （满足）}$$

基底最大压力为

$$\Sigma M = 100 + 80 \times 2.4 = 292 \text{kN} \cdot \text{m}$$

$$p_{\max} = \frac{F + G}{A} + \frac{\Sigma M}{W} = 174.98 + \frac{292}{2.7 \times 3.5^2/6} = 227.95 \text{kPa} < 1.2f =$$
$$1.2 \times 251.68 = 302.02 \text{kPa （满足）}$$

所以，持力层地基承载力满足。

（2）软弱下卧层承载力验算

1）下卧层承载力计算

因为下卧层系淤泥质土，所以 $\eta_b = 0$，$\eta_d = 1.0$

下卧层顶面埋深 $d' = d + z = 2.4 + 3.2 = 5.6 \text{m}$

土的平均重度为 $\gamma_0 = \dfrac{16 \times 1.6 + 19 \times 0.8 + (19 - 10) \times 3.2}{2.4 + 3.2} = 12.43 \text{kN/m}^3$

$$f = f_k + \eta_d \gamma_0 (d' - 0.5) = 80 + 1.0 \times 12.43 \times (5.6 - 0.5) = 143.4 \text{kPa}$$

2) 下卧层顶面处应力

自重应力计算：$\sigma_{cz} = 16 \times 1.6 + 19 \times 0.8 + (19-10) \times 3.2 = 69.6 \text{kPa}$

附加应力计算：因 $E_{s1}/E_{s2} = 3$，$z/b = 3.2/2.7 = 1.2 > 0.5$，查表，得 $\theta = 23°$

$$\sigma_z = \frac{(p-\sigma_c)bl}{(b+2z\tan\theta)(l+2z\tan\theta)} = \frac{[174.98-(16 \times 1.6 + 19 \times 0.8)] \times 2.7 \times 3.5}{(2.7+2 \times 3.2 \times \tan23°)(3.5+2 \times 3.2 \times \tan23°)}$$

$$= 37.66 \text{kPa}$$

作用在软弱下卧层顶面处的总应力为：

$$\sigma_z + \sigma_{cz} = 37.66 + 69.6 = 107.26 \text{kPa} < f = 143.4 \text{kPa （满足）}$$

所以，软弱下卧层地基承载力也满足要求。

3.5.3 地基特征变形验算

在确定地基承载力之后，即可进行相应的地基底面积计算。然而，仅考虑地基承载力并不能保证建筑正常服役的要求，尚应考虑地基变形控制。为此，需要进行对应的地基特征变形验算。

1. 地基变形的特征

地基变形的类型按照特征一般分为地基沉降量、沉降差、倾斜以及局部倾斜四种。对不同的建筑物或构筑物，这四种变形的敏感程度是不同的。不同建筑物或构筑物需关注的地基变形种类有所差别，下面结合表3-6来分别说明沉降量、沉降差、倾斜以及局部倾斜这四个基本变形特征。

地基基本变形特征　　　　　　　表3-6

地基变形特征	图　例	计算方法
沉降量 （基础某点的沉降值，通常是指基础中心的沉降量）		s
沉降差 [相邻两个单独（独立）基础的沉降量之差，比如相邻两柱基中点的沉降量之差]		$\Delta_s = s_1 - s_2$
倾斜 （基础倾斜方向两端点的沉降差与其距离的比值）		$\tan\theta = \dfrac{s_1-s_2}{b}$

续表

地基变形特征	图 例	计算方法
局部倾斜 （砌体承重结构沿纵向 6～10m 内基础两点的沉降差与其距离的比值）	外纵墙立视图	$\tan\theta_i = \dfrac{s_1 - s_2}{L}$

2. 变形的控制

为满足建筑正常使用需求，应该对地基变形进行验算，即地基变形计算值应该小于地基变形允许值。地基变形的计算方法包括分层总和法、弹性分析法和有限单元法等，可参考土力学教材。关于地基变形允许值，参考表 3-7。

建筑物的地基变形允许值　　　　　　　　表 3-7

变形特征		地基土类别	
		中、低压缩性土	高压缩性土
砌体承重结构基础的局部倾斜		0.002	0.003
工业与民用建筑相邻柱基的沉降差	框架结构	$0.002l$	$0.003l$
	砌体墙填充的边排柱	$0.0007l$	$0.001l$
	当基础不均匀沉降时不产生附加应力的结构	$0.005l$	$0.005l$
单层排架结构（柱距为 6m）柱基的沉降量（mm）		(120)	200
桥式吊车轨面的倾斜 （按不调整轨道考虑）	纵向	0.004	
	横向	0.003	
多层和高层建筑的整体倾斜	$H_g \leq 24$	0.004	
	$24 < H_g \leq 60$	0.003	
	$60 < H_g \leq 100$	0.0025	
	$H_g > 100$	0.002	
体型简单的高层建筑基础的平均沉降量（mm）		200	
高耸结构基础的倾斜	$H_g \leq 20$	0.008	
	$20 < H_g \leq 50$	0.006	
	$50 < H_g \leq 100$	0.005	
	$100 < H_g \leq 150$	0.004	
	$150 < H_g \leq 200$	0.003	
	$200 < H_g \leq 250$	0.002	
高耸结构基础的沉降量（mm）	$H_g \leq 100$	400	
	$100 < H_g \leq 200$	300	
	$200 < H_g \leq 250$	200	

注：1. 本表数值为建筑物地基实际最终变形允许值。
　　2. 有括号者仅适用于中压缩性土。
　　3. l 为相邻柱基的中心距离（mm）；H_g 为自室外地面起算的建筑物高度（m）。
　　4. 倾斜是指基础倾斜方向两端点的沉降差与其距离的比值。
　　5. 局部倾斜是指砌体承重结构沿纵向 6～10m 内基础两点的沉降差与其距离的比值。

由于不同建筑结构的受力特点不一样，所以对不同建筑物起控制作用的地基变形类型也不一样。一般而言，砖混结构应该以控制局部倾斜值为主；排架结构应控制柱基的沉降量和沉降差；框架结构应控制相邻柱基的沉降差；多、高层建筑应控制倾斜值；高耸结构物应控制倾斜和沉降量。

3.6 无筋扩展基础设计

无筋扩展基础属于刚性基础。这种基础内未配置钢筋，基础底面尺寸随深度增加有向侧向扩大增加的趋势，一般大于上部承载构件底部的尺寸。常见的无筋扩展基础包括由砖、毛石、混凝土或毛石混凝土、灰土和三合土等材料组成的墙下条形基础或者柱下独立基础。由于这些刚性材料的特点，基础剖面尺寸必须满足刚性条件的要求，即对基础的出挑宽度和高度之比进行限制，以保证基础不因受弯和受剪而破坏，可以通过刚性角的限制条件加以实现。在图 3-31 中，这一比值可以通过刚性角 α 的正切值 $\tan\alpha$ 加以度量。由于 α 和 $\tan\alpha$ 在取值范围内成正比，因此也可以直接通过 α 的大小判定是否满足刚性条件。

设计时，除基础底面积或宽度（对应条形基础）应满足地基承载力的要求外，还需保证基础的刚性角 α 满足要求。

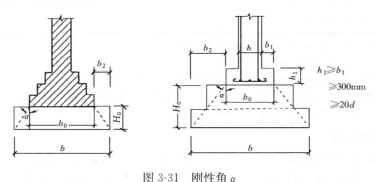

图 3-31 刚性角 α

3.6.1 刚性角设计

根据地基承载力条件，按照基础底面积确定的方法，可以确定出基础的宽度。然后，根据刚性角限制条件，可以确定出基础高度 H_0。

$$\frac{b-b_0}{2H_0} \leqslant \tan\alpha = \left[\frac{b_2}{H_0}\right] \tag{3-26}$$

或

$$H_0 \geqslant \frac{b-b_0}{2\tan\alpha} \tag{3-27}$$

式中　b——基础底面宽度；
　　　b_0——基础顶面的砌体宽度；
　　　H_0——基础高度；
　　　b_2——基础台阶宽度；

tanα——基础台阶宽高比的允许值，α 为刚性角，tan$\alpha = \left[\dfrac{b_2}{H_0}\right]$ 可按表 3-8 选用。

无筋扩展基础台阶宽高比的允许值　　　　　表 3-8

基础材料	质量要求	台阶宽高比的允许值		
		$p_k \leqslant 100$	$100 < p_k \leqslant 200$	$200 < p_k \leqslant 300$
混凝土基础	C15 混凝土	1∶1.00	1∶1.00	1∶1.25
毛石混凝土基础	C15 混凝土	1∶1.00	1∶1.25	1∶1.50
砖基础	砖不低于 MU10、砂浆不低于 M5	1∶1.50	1∶1.50	1∶1.50
毛石基础	砂浆不低于 M5	1∶1.25	1∶1.50	—
灰土基础	体积比为 3∶7 或 2∶8 的灰土，其最小干密度：粉土配 1550kg/m³；粉质黏土配 1500kg/m³；黏土配 1450kg/m³	1∶1.25	1∶1.50	—
三合土基础	体积比为 1∶2∶4～1∶3∶6（石灰∶砂∶骨料），每层约虚铺 220mm，夯至 150mm	1∶1.50	1∶2.00	—

注：1. p_k 为作用的标准组合时基础底面处的平均压力值（kPa）。
　　2. 阶梯形毛石基础的每阶伸出宽度不宜大于 200mm。
　　3. 当基础由不同的材料叠合组成时，应对接触部分作抗压验算。
　　4. 混凝土基础单侧扩展范围内基础底面处的平均压力值超过 300kPa 时，尚应进行抗剪验算，对基底反力集中于立柱附近的岩石地基，应进行局部受压承载力验算。

3.6.2　应用问题

按照刚性角的理论进行设计时，要求对基础的每一级台阶宽高比进行限制。然而，如果直接套用这一条件进行判定时，却可能得出错误的结论。例如，对于图 3-32 反映的各种情况，很容易得出第五种情况是不安全的，因为其第一个台阶就已经超出刚性角的限制范围。实际真是如此吗？

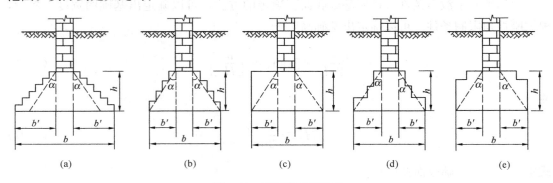

图 3-32　不同基础刚性角

第一种情况由于外伸宽度超限，直接可以判定是不合理的。其余四种情况，则需要审慎判定。首先可以发现，第三种和第二种情况是满足刚性角要求的；然后，在此基础上可以判定第四种情况不正确，因为基础的台阶凹角处于刚性角的外轮廓包络线以内，说明至少部分截面高度不足。第五种情况正确与否呢？可以将它视作由第三种情况衍生而来，按照连续性变化的原则，可知只要第一个台阶的凹角不进入刚性角的外轮廓包络线以内，就是正确的。

因此，关于刚性角判定在设计过程中的应用，归纳如下两点：①在基础每一级台阶宽高比均须限制以确定台阶分级时，由同一材料构成的几级相邻台阶可视为同一级台阶进行设计；②由不同材料构成的台阶需分级进行设计。

【例题 3-4】 某承重砖墙基础的埋深为 1.5m（图 3-33），相应于荷载效应标准组合时的竖向中心荷载值 $F=200$kN/m。基础做法为素混凝土，持力层为粉质黏土，承载力特征值为 $f_{ak}=150$kPa。基础顶面宽度为 24cm，试设计此基础。

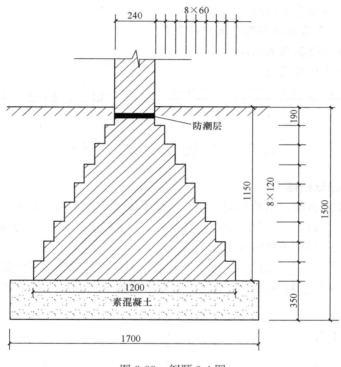

图 3-33　例题 3-4 图

解：（1）预估基础宽度

$$b = \frac{F}{f_{ak} - \gamma_G d} = \frac{200}{150 - 20 \times 1.5} = 1.67\text{m}$$

（2）取 $b=1.7$m，求修正后地基土承载力值 f_a

当 $b<3$m，但 $d>0.5$m 时，需深度修正。

$$f_a = f_{ak} + \eta_d \gamma_m (d - 0.5), \eta_d = 1.1$$
$$f_a = 150 + 1.2 \times 18 \times (1.5 - 0.5) = 171.6\text{kPa}$$

（3）根据承载力特征值 f_a 确定

$$b = \frac{F}{f_a - \gamma_G d} = \frac{200}{171.6 - 20 \times 1.5} = 1.41\text{m}$$

$b<3\mathrm{m}$，不需再调整。

最后取 $b=1.7\mathrm{m}$。

(4) 采用C15素混凝土和砖混合刚性基础：基底压力 p 为 $100\sim 200\mathrm{kPa}$，查表得台阶的允许宽高比 $b_1/H_0=2$（砖基础），$b_1/H_0=1.0$（混凝土基础）。

初步素混凝土基础高度 $H_0=0.35\mathrm{m}$，则素混凝土基础顶面与砖交界处的宽度 b_0 为：
$$b_0 \geqslant b-2H_0\tan\alpha = 1.7-2\times 0.35\times 1.0 = 1.0\mathrm{m}$$

承重墙宽为一砖墙，标准砖墙宽为0.24m，大放脚采用标准砖砌筑，每皮宽度为0.06m，高度为0.12m，共砌8皮，则大放脚的底面宽度为：
$$b_0 = 0.240+2\times 8\times 0.06 = 1.2\mathrm{m}>1.0\mathrm{m}$$

符合素混凝土基础刚性角的要求。

素混凝土和砖混合基础的总高度：$H=H_0+0.12\times 8=0.35+0.96=1.31\mathrm{m}$，小于基础埋深1.5m，符合基础顶部埋在土中的要求。

(5) 混凝土顶面接触压力验算

混凝土顶面压力计算式为
$$p'_k = \frac{F+G'}{b'} = \frac{200+20\times 1.2\times 0.96}{1.2} = 185.87\mathrm{kPa}<200\mathrm{kPa}（满足要求）$$

3.7 扩展基础设计

3.7.1 扩展基础概述

按照基础的受力特性，钢筋混凝土扩展基础就属于柔性基础。钢筋混凝土扩展基础由于采用钢筋混凝土材料，所以抗拉和抗弯性能好，可承受很大的竖向荷载和弯矩，而且设计时不受刚性角的限制，可以实现宽基浅埋。

常见的钢筋混凝土扩展基础分为柱下钢筋混凝土扩展基础和墙下混凝土扩展基础，如图3-34和图3-35所示。柱下钢筋混凝土扩展基础包括阶形基础、锥形基础和杯口基础三种类型。

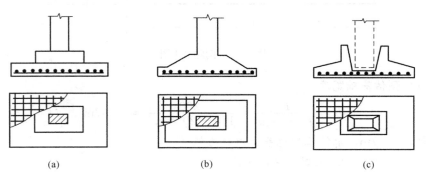

图 3-34 柱下钢筋混凝土扩展基础
(a) 阶形基础；(b) 锥形基础；(c) 杯口基础

墙下钢筋混凝土扩展基础（图3-35）又可分为有肋基础和无肋基础两种类型。一般采用无肋基础，当地基受力不均匀时，为增强基础的整体性和抗弯能力，这时可采用有肋基础，即在肋部配置足够的纵筋和箍筋，以承受不均匀沉降引起的弯曲应力。

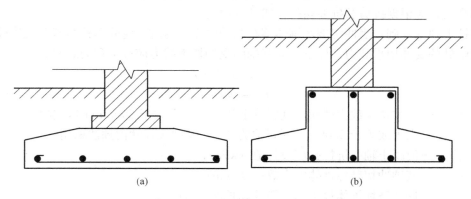

图 3-35　墙下钢筋混凝土扩展基础
(a) 无肋基础；(b) 有肋基础

扩展基础的设计遵循以下原则：一是埋置深度和平面尺寸的确定方法与刚性基础相同；二是由于采用钢筋承担弯曲所产生的拉应力，可不满足刚性角要求，高度可以较小；三是设计时需满足抗弯、抗剪和抗冲切破坏的要求。

3.7.2　柱下钢筋混凝土独立基础设计

柱下钢筋混凝土阶梯形基础、锥形基础和杯口基础都属于独立基础。这类基础设计时，需要考虑进行如下几个方面的计算。

1. 确定基础尺寸

通过荷载组合计算荷载效应，然后根据地基承载力确定基础尺寸，与上述无筋扩展基础设计基本相同，但无需考虑刚性角限制。

2. 进行抗冲切验算和抗剪验算，设计基础高度

进行抗剪和抗冲切验算时，确定基础不同部位的高度，包括各截面突变处的台阶高度和整体基础高度。

当基础承受其上支承的柱子传来的荷载时，若柱周边处的基础高度不足，就可能发生如图 3-36 中所示的冲切破坏，即从柱子周边起，沿着 45°的斜面拉裂而形成如图 3-37 中虚线所示的冲切角锥体，此即为冲切破坏现象。冲切破坏现象是由于在基础冲切角锥体以外，由地基反力产生的冲切荷载 F 大于基础冲切面上的抗冲切强度。冲切破坏主要发生

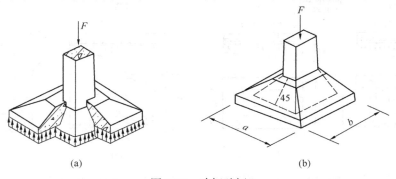

图 3-36　冲切破坏
(a) 冲切破坏特征；(b) 冲切破坏锥体示意图

于柱与基础交接处或者基础变阶处。基础不同部位的高度，包括各截面突变处的台阶高度和基础高度，应根据抗剪及抗冲切的公式计算确定。

对柱下独立基础，当冲切破坏锥体落在基础底面以内时，应验算柱与基础交接处以及基础变阶处的受冲切承载力。柱下独立基础的受冲切承载力应按下列公式验算：

$$F_l \leqslant 0.7\beta_{hp}f_t b_m h_0 \tag{3-28}$$

$$F_l = p_j A_l \tag{3-29}$$

式中 β_{hp}——受冲切承载力截面高度影响系数，当 h 不大于 800mm 时，取为 1.0；当 h 大于或等于 2000mm 时，取为 0.9，其间按线性内插法取用；

f_t——混凝土轴心抗拉强度设计值（kPa）；

h_0——基础冲切破坏锥体的有效高度（m）；

b_m——冲切破坏锥体最不利一侧计算长度（m），$b_m = (b_t + b_b)/2$；

b_t——冲切破坏锥体最不利一侧斜截面的上边长（m），当计算柱与基础交接处的受冲切承载力时，取柱宽；当计算基础变阶处的受冲切承载力时，取上阶宽；

b_b——冲切破坏锥体最不利一侧斜截面在基础底面积范围内的下边长（m），当冲切破坏锥体的底面落在基础底面以内，计算柱与基础交接处的受冲切承载力时，取柱宽加两倍基础有效高度；当计算基础变阶处的受冲切承载力时，取上阶宽加两倍该处的基础有效高度；

p_j——扣除基础自重及其上土重后相应于作用基本组合时的地基土单位面积净反力（kPa），对偏心受压基础可取基础边缘处最大地基土单位面积净反力；

A_l——冲切验算时取用的部分基底面积（m²，图 3-37 中的阴影面积 ABCDEF）；

F_l——相应于作用的基本组合时，作用在 A_l 上的地基土净反力设计值（kPa）。

对基础底面短边尺寸小于或等于柱宽加两倍基础有效高度的柱下独立基础，以及墙下条形基础，应验算柱（墙）与基础交接处的基础受剪切承载力。柱（墙）与基础交接处的截面受剪承载力验算如下：

$$V_s \leqslant 0.7\beta_{hs}f_t A_0 \tag{3-30}$$

式中 V_s——相应于作用的基本组合时，柱与基础交接处的剪力设计值（kN）；图 3-38 中阴影面积乘以基底平均净反力；

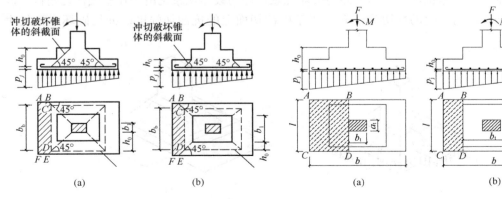

图 3-37 计算阶梯形基础冲切强度截面位置图
(a) 柱与基础交接处；(b) 基础变阶处

图 3-38 验算阶梯形基础受剪切承载力示意
(a) 柱与基础交接处；(b) 基础变阶处

β_{hs} ——受剪切承载力截面高度影响系数,按 $(800/h_0)^{1/4}$ 计算,当 h_0<800mm 时,取为 800mm;当 h_0>2000mm 时,取为 2000mm;

A_0 ——验算截面处基础的有效截面面积（m²）。

3. 对基础的截面尺寸变化处进行内力计算,确定基础配筋

（1）内力计算

柱下钢筋混凝土独立基础承受荷载后,如同平板那样,基础底板沿着柱子四周产生弯曲,当弯曲应力超过基础抗弯强度时,基础底板将发生弯曲破坏。一般单独基础的长、宽尺寸较为接近,故基础底板为双向弯曲板,其内力计算常采用简化计算方法。可将单独基础的底板视为固定在柱子周边的四面挑出的悬臂板,近似地将地基反力按对角线划分（图 3-39）,沿基础长、宽两个方向的弯矩等于梯形基底面积上地基净反力所产生的力矩。

当矩形基础在轴心或单向偏心荷载作用下（图 3-40）,基础台阶的宽高比 $\tan\alpha \leqslant 2.5$ 和偏心距 $e \leqslant a/6$ 时,底板任意截面 I—I 及 II—II 的弯矩可按下列公式计算:

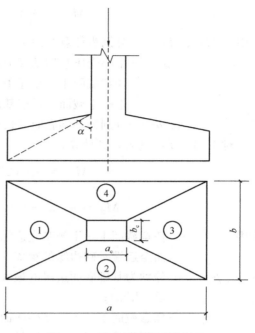

图 3-39 基础板悬挑区域划分

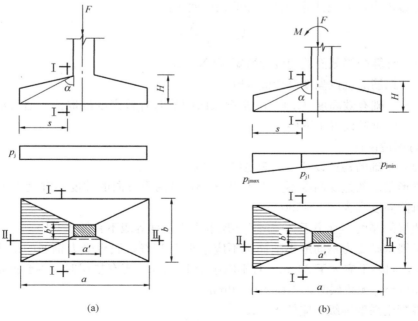

图 3-40 矩形基础底板的计算图示
(a) 中心受压；(b) 偏心受压

对于中心受压基础，则

$$M_{\mathrm{I}} = \frac{1}{6}s^2(2b+b')p_j \tag{3-31}$$

$$M_{\mathrm{II}} = \frac{1}{24}(b-b')^2(2a+a')p_j \tag{3-32}$$

式中 M_{I}、M_{II}——分别为任意截面Ⅰ—Ⅰ、Ⅱ—Ⅱ处的弯矩（kN·m）；

p_j——中心受压基础基底平均净反力（kPa）；

s——任意截面Ⅰ—Ⅰ至基底边缘最大净反力处的距离，中心受压时为Ⅰ—Ⅰ截面至近端基础边缘的距离（m）；

a、b——分别为基础底面的长边长和短边长（m）。

对于偏心受压基础，其计算式为：

$$M_{\mathrm{I}} = \frac{1}{12}s^2(2b+b')(p_{j\max}+p_{j\mathrm{I}}) \tag{3-33}$$

$$M_{\mathrm{II}} = \frac{1}{48}(b-b')^2(2a+a')(p_{j\max}+p_{j\min}) \tag{3-34}$$

式中 s——任意截面Ⅰ—Ⅰ至基底边缘最大净反力处的距离，中心受压时为Ⅰ—Ⅰ截面至近端基础边缘的距离（m）；

$p_{j\max}$、$p_{j\min}$——分别为基础底面边缘的最大和最小净反力（不包括基础自重和基础上的土重，kPa）；

$p_{j\mathrm{I}}$——任意截面Ⅰ—Ⅰ处基础底面的净反力（kPa）；

a、b——分别为基础底面的长边长和短边长（m）。

（2）配筋计算

根据底板内力，分别计算截面所需的钢筋面积：

$$A_s = \frac{M}{0.9h_0 f_y} \tag{3-35}$$

式中 M——计算配筋截面处的设计弯矩（kN·m）；

f_y——钢筋的抗拉强度设计值（kPa）；

h_0——基础有效高度（m），应注意双向配筋时有效高度的取值，通常沿基础长向的钢筋设置于下层。

4. 进行构造设计

柱下独立基础的构造设计，应满足以下要求：

（1）锥形基础的边缘高度不宜小于200mm，且两个方向的坡度不宜大于1：3；阶梯形基础的每阶高度宜为300~500mm。

（2）垫层的厚度不宜小于70mm，垫层混凝土强度等级不宜低于C10。

（3）扩展基础受力钢筋最小配筋率不应小于0.15%，底板受力钢筋的最小直径不应小于10mm，间距不应大于200mm且不应小于100mm。当有垫层时，钢筋保护层的厚度不应小于40mm；无垫层时，不应小于70mm。

（4）混凝土强度等级不应低于C20。

（5）当柱下钢筋混凝土独立基础的边长大于或等于2.5m时，底板受力钢筋的长度可取边长或宽度的0.9倍，并宜交错布置（图3-41）。

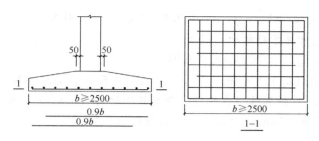

图 3-41 柱下独立基础底板受力钢筋布置

5. 进行地基强度和变形验算

由于这方面的计算分析是基础设计中的共性问题，对于浅基础，可以参考第 3.5 节的内容，在此就不再赘述。

【例题 3-5】某单层工业厂房的柱基础，采用台阶形基础。相应于荷载效应的基本组合时，作用于台阶顶面的荷载 $F=2000\text{kN}$，$M=800\text{kN·m}$，$V=80\text{kN}$，预制钢筋混凝土柱的断面为 500mm×600mm。基础采用 C20 混凝土，钢筋采用 HRB335，基础埋深 $d=1.8\text{m}$，基础宽度为 3.5m，长度为 4.0m，试进行台阶形基础结构的设计和计算。

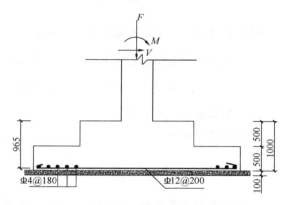

图 3-42 例题 3-5 图

解：（1）冲切验算

台阶形基础的外形尺寸如图 3-42 所示。

基础材料采用 C20 混凝土，钢筋采用 HRB335，$f_t=1.10\text{N/mm}^2$，$f_y=300\text{N/mm}^2$。

进行冲切计算时，需要对冲切角锥体的四个侧面进行验算，这些侧面均位于沿柱脚起 45° 的斜面上。

基础底面的最大压力 p_{max} 及最小压力 p_{min} 为：

$$p_{min}^{max}=\frac{F+G}{A}\pm\frac{M}{W}=\frac{2000+20\times 4\times 3.5\times 1.8}{4\times 3.5}\pm\frac{800}{4^2\times 3.5/6}=\frac{239}{67}\text{kPa}$$

基底净反力为

$$p_{jmax}=p_{max}-\gamma_G d=239-20\times 1.8=203\text{kPa}$$

$$p_{jmin}=p_{min}-\gamma_G d=67-20\times 1.8=31\text{kPa}$$

1) 利用式（3-29）计算作用在基础上的冲切荷载，取 $p_{jmax}=203\text{kPa}$，取基础有效高度 $h_0=1000-35=965\text{mm}$，这时冲切荷载作用面积为

$$A=\left(\frac{a}{2}-\frac{a_c}{2}-h_0\right)b-\left(\frac{b}{2}-\frac{b_c}{2}-h_0\right)^2$$

$$=\left(\frac{4}{2}-\frac{0.6}{2}-0.965\right)\times 3.5-\left(\frac{3.5}{2}-\frac{0.5}{2}-0.965\right)^2=2.3\text{m}^2$$

$$F_l = p_{jmax}A = 2.3 \times 203 = 466.9 \text{kN}$$

利用式（3-28）计算基础抗冲切强度：

$$F_l = 0.7\beta_h f_t b_m h_0 = 0.7 f_t (b_c + h_0) h_0$$
$$= 0.7 \times 1.1 \times 10^3 \times (0.5 + 0.965) \times 0.965 = 1088.57 \text{kN} > 466.9 \text{kN}$$

2）利用式（3-29）计算作用在基础变阶处的冲切荷载，取 $p_{jmax} = 203\text{kPa}$，取基础有效高度 $h_0 = 500 - 35 = 465\text{mm}$，这时冲切荷载作用面积为：

$$A = \left(\frac{a}{2} - \frac{a_c}{2} - h_0\right)b - \left(\frac{b}{2} - \frac{b_c}{2} - h_0\right)^2$$
$$= \left(\frac{4}{2} - \frac{2.2}{2} - 0.465\right) \times 2 - \left(\frac{3.5}{2} - \frac{2}{2} - 0.465\right)^2 = 0.79 \text{m}^2$$

$$F_l = p_{jmax}A = 0.79 \times 203 = 162.74 \text{kN}$$

利用式（3-28）计算基础抗冲切强度：

$$F_l = 0.7\beta_h f_t b_m h_0 = 0.7 f_t (b_c + h_0) h_0$$
$$= 0.7 \times 1.1 \times 10^3 \times (2 + 0.465) \times 0.465 = 882.6 \text{kN} > 162.74 \text{kN}$$

（2）基础底板配筋计算：

按直线比例关系求：

$$p_{jI} = p_{jmin} + (p_{jmax} - p_{jmin})\frac{a + a_c}{2a} = 67 + (203 - 67) \times \frac{4 + 0.6}{2 \times 4} = 145.2 \text{kPa}$$

沿柱边截面处的弯矩，可按式（3-33）和式（3-34）计算：

$$M_I = \frac{1}{48}(a - a_c)^2(2b + b_c)(p_{jmax} + p_{jI})$$

$$= \frac{1}{48} \times (4 - 0.6)^2 \times (2 \times 3.5 + 0.5) \times (203 + 145.2)$$

$$= 628.9 \text{kN} \cdot \text{m}$$

$$M_{II} = \frac{1}{48}(b - b_c)^2(2a + a_c)(p_{jmax} + p_{jmin})$$

$$= \frac{1}{48} \times (3.5 - 0.5)^2 \times (2 \times 4 + 0.6) \times (203 + 67)$$

$$= 435.4 \text{kN} \cdot \text{m}$$

配筋按式（3-35）计算：

$$A_{sI} = \frac{M_I}{0.9 h_{0I} f_y} = \frac{628900000}{0.9 \times 965 \times 300} = 2413.7 \text{ mm}^2$$

选用 $\Phi 14@180\text{mm}$，共 18 根（$A_{sI} = 2764.8 \text{mm}^2$）

$$A_{sII} = \frac{M_{II}}{0.9 h_{0II} f_y} = \frac{435400000}{0.9 \times (965 - 14) \times 300} = 1695.7 \text{mm}^2$$

选用Φ12@200mm，共16根（$A_{sII} = 1809.6\text{mm}^2$），如图3-43所示。

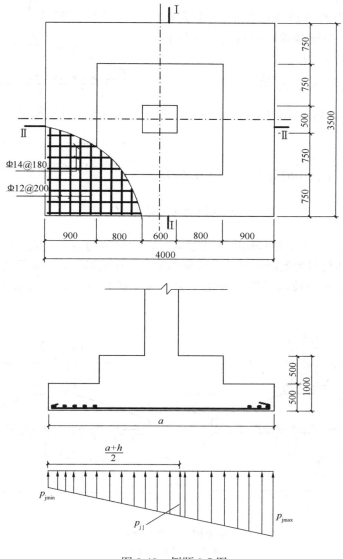

图 3-43 例题 3-5 图

3.7.3 墙下钢筋混凝土条形基础设计

墙下钢筋混凝土条形基础的内力计算一般可按平面应变问题处理，在长度方向可取单位长度进行计算。截面设计验算的内容主要包括基础底面宽度 b、基础的高度 h 及基础底板配筋等。墙下钢筋混凝土条形基础在设计时应遵循以下原则：一是基底宽度应根据地基承载力和对沉降的要求确定；二是基础高度由混凝土的抗剪切条件确定；三是基础底板的受力钢筋配筋由基础验算截面的抗弯能力确定。

在确定基础底面尺寸或计算基础沉降时，应考虑设计地面以下基础及其上覆土重力的作用，而在进行基础截面设计（如基础高度的确定、基础底板配筋）时，应采用不计基础与其上覆土重力作用时的地基净反力计算。

1. 地基净反力计算

仅由基础顶面的荷载所产生的地基反力，称为地基净反力。条形基础底面根据图 3-44 的地基净反力 p_j（kPa）为

$$p_{jmin}^{jmax} = \frac{N}{b} \pm \frac{6M}{b^2} \quad (3-36)$$

式中：荷载 N（kN/m）、M（kN·m/m）均为单位长度数值。

2. 基础高度的确定

基础验算截面 I—I 的剪力 V_I（kN/m）为

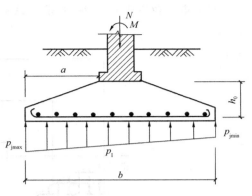

图 3-44 墙下钢筋混凝土条形基础

$$V_I = \frac{b_1}{2b}\left[(2b-b_1)p_{jmax} + b_1 p_{jmin}\right] \quad (3-37)$$

式中：b_1 为验算截面 I—I 距基础边缘的距离（m），砖墙与混凝土墙规定有所不同，如图 3-45 所示。当墙体材料为混凝土时，验算截面 I—I 在墙脚处，b_1 等于基础边缘至墙脚的距离 a；当墙体材料为砖墙且墙脚伸出不大于 1/4 砖长时，验算截面 I—I 在墙面处，$b_1 = a + 0.06$。

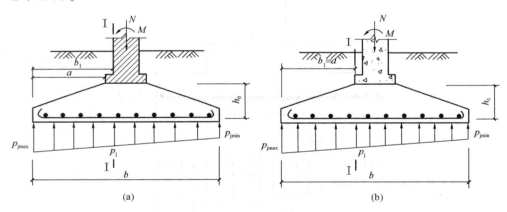

图 3-45 墙下钢筋混凝土条形基础计算
(a) 砖墙情况；(b) 混凝土墙情况

基础有效高度 h_0（mm）由混凝土的抗剪切条件确定，即

$$h_0 \geqslant \frac{V_I}{0.7\beta_{hs} f_t} \quad (3-38)$$

式中　f_t——混凝土轴心抗拉强度设计值（MPa），β_{hs} 参考式（3-30）中说明。

基础高度 h 为有效高度 h_0 加上混凝土保护层厚度。设计时，可初选基础高度 $h = b/8$。

3. 基础底板的配筋

基础验算截面 I—I 的弯矩 M_I（kN·m/m）可按下式计算：

$$M_I = \frac{1}{2}V_I b_1 \quad (3-39)$$

每延米墙长的受力钢筋截面面积为

$$A_s = \frac{M_I}{0.9 f_y h_0} \tag{3-40}$$

式中　A_s——钢筋面积（m^2）；

　　　f_y——钢筋抗拉强度（MPa）。

除上述计算之外，进行墙下钢筋混凝土条形基础设计时，构造设计方面应考虑以下要求：

(1) 垫层的厚度不宜小于 70mm，垫层混凝土强度等级不宜低于 C10。

(2) 墙下钢筋混凝土条形基础纵向分布钢筋的直径不应小于 8mm；间距不应大于 300mm；每延米分布钢筋的面积不应小于受力钢筋面积的 15%。当有垫层时，钢筋保护层的厚度不应小于 40mm；无垫层时，不应小于 70mm。

(3) 混凝土强度等级不应低于 C20。

(4) 当墙下钢筋混凝土条形基础的宽度大于或等于 2.5m 时，底板受力钢筋的长度可取边长或宽度的 0.9 倍，并宜交错布置。

(5) 钢筋混凝土条形基础底板在 T 形及十字形交接处，底板横向受力钢筋仅沿一个主要受力方向通长布置，另一方向的横向受力钢筋可布置到主要受力方向底板宽度的 1/4 处；在拐角处底板横向受力钢筋应沿两个方向布置（图 3-46）。

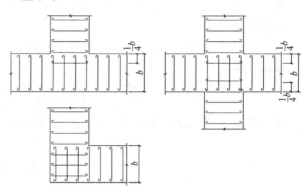

图 3-46　墙下条形基础纵横交叉处底板受力钢筋布置

【例题 3-6】 某居住建筑砖墙承重，底层墙厚为 37cm，相应于荷载效应基本组合时，作用于基础顶面上的荷载 $F=145$kN/m，基础平均埋深 $d=0.7$m，条形基础宽度 b 为 2.0m，试确定钢筋混凝土条形基础的配筋。

解： 基础材料采用 C20 混凝土，钢筋采用 HPB235。$f_t=1.10$ N/mm^2，$f_y=210$ N/mm^2。

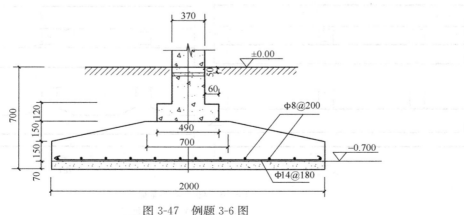

图 3-47　例题 3-6 图

地基净反力 $p_j = \dfrac{F}{b} = \dfrac{145}{2} = 72.5\text{kPa}$

基础断面尺寸如图3-47所示。

计算基础悬臂部分最大弯矩 M 和剪力 V 值为：

$$M = \frac{1}{2}p_j s^2 = \frac{1}{2} \times 72.5 \times \left(1.0 - \frac{0.37}{2}\right)^2 = 24.1\text{kN}\cdot\text{m}$$

$$V = p_j s = 72.5 \times \left(1.0 - \frac{0.37}{2}\right) = 59.1\text{kN}$$

确定基础高度：基础高度一般先按 $h = b/8$ 的经验值选取，然后再进行验算。

$$h = b/8 = 200/8 = 25\text{cm}$$

取 $h = 30\text{cm}$，$h_0 = 30 - 3.5 = 26.5\text{cm}$

抗剪验算：

$$0.7 b_1 h_0 f_t = 0.7 \times 100 \times 26.5 \times 110 = 204.1\text{kN} > V = 59.1\text{kN}$$

配筋计算：

$$A_s = \frac{M}{0.9 h_0 f_y} = \frac{5910000}{0.9 \times 26.5 \times 21000} = 11.80\text{cm}^2$$

选用 φ14@180mm（$A_s = 12.3\text{cm}^2$），分布筋选用 φ8@200mm。

3.8 柱下条形基础

3.8.1 柱下条形基础概述

条形基础是指长度方向尺寸远大于宽度方向尺寸的长条状基础。常见的柱下条形基础由一个方向的基础梁或由两个方向交叉的基础梁组成，横截面一般呈倒T形。柱下钢筋混凝土条形基础由单根梁及其伸出的底板所组成（图3-48）。一般情况下，柱下应尽量采用独立基础，但当地基承载力较低、各柱荷载差值过大、地基土质变化较多而采用独立柱下基础无法满足设计要求时，则可考虑采用柱下条形基础。

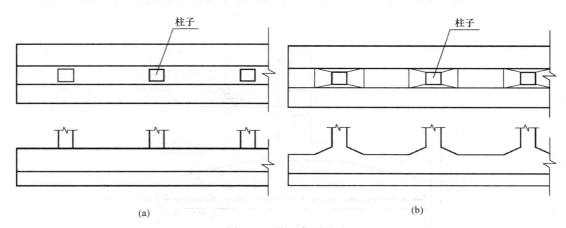

图3-48 柱下条形基础
(a) 等截面；(b) 柱位处加腋

3.8.2 构造要求

柱下条形基础应满足下列构造要求：

（1）在基础平面布置允许的情况下，条形基础梁的两端应伸至边柱之外 $0.25l_1$（l_1 为边跨柱距）；基础的底板宽度应由计算确定［图 3-49（a）］。

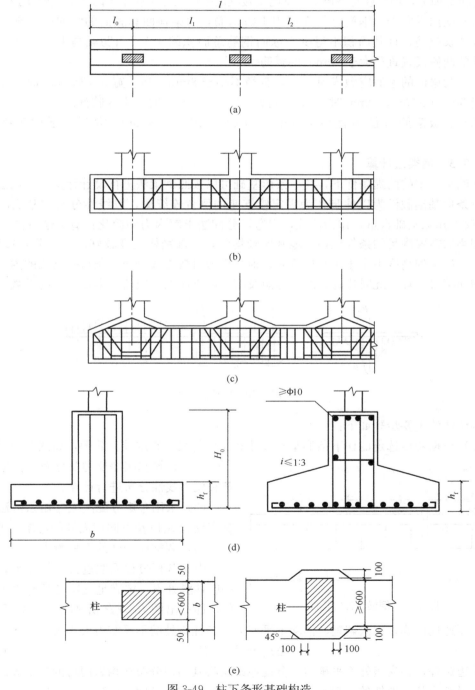

图 3-49 柱下条形基础构造

(2) 肋梁高度 h 应由计算确定，宜为柱距的 1/4～1/8。翼板厚度 h_f 也应由计算确定，一般不宜小于 200mm；当 $h_f=200～250$mm 时，宜取等厚度板，当 $h_f>250$mm 时，宜用变厚度翼板，板顶坡面 $i<1:3$ [图 3-49 (d)]。

(3) 一般柱下条形基础沿梁纵向取等截面。当柱截面边长大于或等于肋宽时，可仅在柱位处将肋部加宽，现浇柱与条形基础梁的交接处的平面尺寸不应小于图 3-49 (e) 的要求。

(4) 梁内纵向受力钢筋宜优先选用 I 级钢筋，肋梁顶面和底面的纵向受力钢筋应有 2～4 根通长配筋，且其面积不得少于纵向钢筋总面积的 1/3。当肋梁高大于 700mm 时，应在梁的两侧设置直径大于 10mm 的腰筋。

(5) 肋梁内的箍筋应做成封闭式，直径不小于 8mm。当梁宽 $b≤350$mm 时，用双肢箍；当 300mm$<b≤800$mm 时，用 4 肢箍；当 $b>800$mm 时，用 6 肢箍。

(6) 底板钢筋直径不宜小于 8mm，间距为 100～200mm。混凝土强度等级不低于 C20。

3.8.3 倒梁法计算

在满足一定的前提条件下，柱下条形基础可以按照倒梁法进行设计计算。倒梁法是指将柱下条形基础假设为以柱脚作为固定铰支座的倒置连续梁，以线性分布的基底净反力（基底反力扣除基础自重）作为荷载，用弯矩分配法求解内力的简化计算方法（图 3-50）。应用倒梁法需要满足的条件包括：地基比较均匀，上部结构刚度较好，荷载分布较均匀，且条形基础梁的高度不小于 1/6 柱距时，地基反力可按直线分布，条形基础梁的内力可按倒置的连续梁计算，此时边跨、跨中弯矩及第一内支座的弯矩值宜乘以 1.2 的系数。

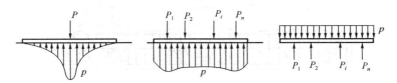

图 3-50 倒梁法

倒梁法的主要步骤如下：

(1) 根据初步选定的柱下条形基础尺寸和作用荷载，确定计算简图，如图 3-51 所示。

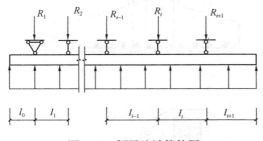

图 3-51 倒梁法计算简图

(2) 计算基底净反力及分布，按刚性梁基底反力线性分布进行计算。

(3) 采用弯矩分配法或弯矩系数法计算支座反力 R_i 以及不同截面处的弯矩、剪力。

(4) 调整柱脚处的不平衡力。

由于分析过程采取近似计算模型，因此一般柱脚处不一定满足支座处的静力平衡条件，即得出的 R_i 与 P_i 并不相等，需要进行多次反复迭代计算，逐次调整、消除不平衡力。各柱脚处的不平衡力大小为

$$\Delta P_i = P_i - R_i \tag{3-41}$$

除边跨外，各支座处不平衡力的分配原则是将其均匀分布在相邻两跨的各 1/3 跨度范围内；对于边跨，外伸的一侧按出挑长度进行均匀分配。结合图 3-52，调整后的均布荷

载 Δq_i 按如下方法计算：

对边跨支座：

$$\Delta q_1 = \frac{\Delta P_1}{\left(l_0 + \frac{1}{3}l_1\right)} \quad (3-42)$$

对中间支座：

$$\Delta q_i = \frac{\Delta P_i}{\left(\frac{1}{3}l_{i-1} + \frac{1}{3}l_i\right)} \quad (3-43)$$

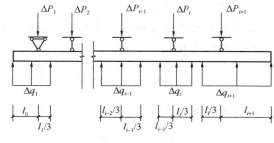

图 3-52 倒梁法调整荷载计算简图

(5) 重复步骤 (4)，直至精度在许可的范围内。

通过反复迭代，计算构件内力和支座处的不平衡力。当不平衡力不超过柱荷载的 20%，停止计算。

(6) 将逐次计算结果叠加，得到最终内力分布。

【例题 3-7】 柱下条形基础的荷载分布图如图 3-53 所示，基础埋深为 1.6m，地基承载力 $f = 150$kPa，试确定其底面尺寸并用倒梁法计算基础梁的内力。

解：(1) 基础底面尺寸确定

$$b = \frac{\sum N}{l(f - 20d)} = \frac{2 \times (800 + 1600)}{20 \times (150 - 20 \times 1.6)} = 2.03\text{m}$$

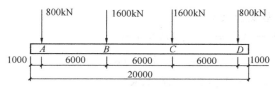

图 3-53 例题 3-7 柱下条形基础的荷载分布图

取基础宽度 $b = 2.1$m。

(2) 计算基础沿纵向的地基净反力。

$$q = bp_j = \frac{\sum N}{l} = \frac{4800}{20} = 240.0\text{kN} \cdot \text{m}$$

采用倒梁法，将条形基础视为 q 作用下的三跨连续梁。

(3) 用弯矩分配法计算梁的初始内力和支座反力（图 3-54）

弯矩：$M_A^0 = M_D^0 = 120$kN·m $M_B^0 = M_C^0 = 843.757$kN·m

剪力：$V_{A左}^0 = -V_{D右}^0 = 240$kN $V_{A右}^0 = -V_{D左}^0 = -599.37$kN

$V_{B左}^0 = -V_{C右}^0 = 843.757$kN $V_{B右}^0 = -V_{C左}^0 = -720$kN

支座反力：

$$R_A^0 = R_D^0 = 839.37\text{kN} \qquad R_B^0 = R_C^0 = 1563.76\text{kN}$$

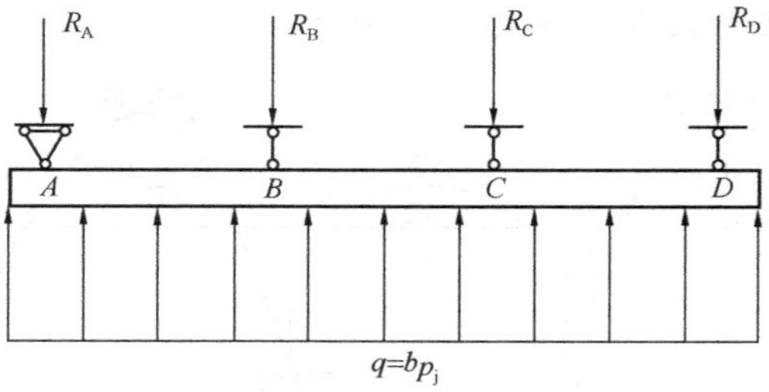

图 3-54 柱下条形基础顶部支座反力和底部地基反力分布

(4) 计算调整荷载。

由于支座反力与原柱荷载不相等，需要进行调整，如图3-55所示。

对于边跨支座：

$$\Delta q_1 = \frac{\Delta P_1}{(l_0 + l_1/3)} = \frac{800 - 839.37}{1 + 6/3} = -13.12 \text{kN/m}$$

对于中间支座：

$$\Delta q_2 = \frac{\Delta P_2}{(l_1/3 + l_2/3)} = \frac{1600 - 1563.76}{6/3 + 6/3} = 9.06 \text{kN/m}$$

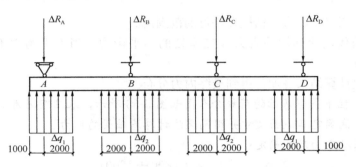

图3-55 支座处不平衡反力的调整

(5) 计算调整荷载作用下的连续梁内力与支座反力

弯矩：$M_A^1 = M_D^1 = -6.56 \text{kN} \cdot \text{m}$ $M_B^1 = M_C^1 = -70.24 \text{kN} \cdot \text{m}$

剪力：$V_{A左}^1 = -V_{D右}^1 = -13.12 \text{kN}$ $V_{A右}^1 = -V_{D左}^1 = -29.57 \text{kN}$

$V_{B左}^1 = -V_{C右}^1 = -70.24 \text{kN}$ $V_{B右}^1 = -V_{C左}^1 = -18.12 \text{kN}$

支座反力：

$R_A^1 = R_D^1 = -16.45 \text{kN}$ $R_B^1 = R_C^1 = 52.12 \text{kN}$

两次计算结果叠加：

$R_A = R_D = 822.92 \text{kN}$ $R_B = R_C = 1615.88 \text{kN}$

与柱荷载比较非常接近，故不需要再作调整。

(6) 梁内弯矩和剪力也为上述两次计算的叠加

弯矩：$M_A = M_D = 113.44 \text{kN} \cdot \text{m}$ $M_B = M_C = 773.52 \text{kN} \cdot \text{m}$

剪力：$V_{A左} = -V_{D右} = 226.9 \text{kN}$ $V_{A右} = -V_{D左} = -628.94 \text{kN}$

$V_{B左} = -V_{C右} = 773.52 \text{kN}$ $V_{B右} = -V_{C左} = -738.12 \text{kN}$

最终弯矩图和剪力图如图3-56和图3-57所示。

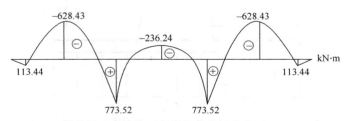

图3-56 柱下条形基础弯矩分布图

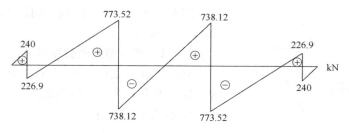

图 3-57 柱下条形基础剪力分布图

3.9 交叉条形基础

如果柱网下地基软弱、土的压缩性或者柱荷载分布不均匀时，可以进一步扩大基础底面积，将柱下条形基础沿纵、横向同时布置，形成交叉条形基础，如图 3-58 所示。柱下交叉条形基础以十字正交条形基础最为常见，基础刚度较大，可以调整基础的不均匀沉降，适用于小柱距的框架结构基础。

与交叉条形基础相对应，有一种连梁式条形基础，如图 3-59 所示。在工程应用中，如果单向条形基础已经能满足承载力的要求，仅需要增强基础的刚度以调整不同部位处的沉降差时，可采用连梁式条形基础。如果这种基础中将连梁梁高增大直至落地，就变成交叉条形基础。

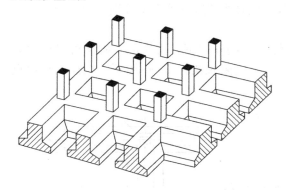

图 3-58 交叉条形基础

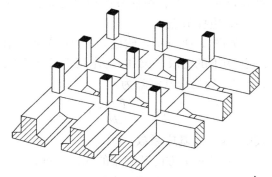

图 3-59 连梁式条形基础

3.9.1 基础节点荷载的分配原理

十字交叉条形基础的节点承受由上部柱子传下来的荷载。计算时，需要将柱子传来的荷载基于变形协调关系分配给两个方向上的条形基础梁，即分配后的荷载分别作用于纵向及横向基础梁上时，两个方向上的条形基础在各节点处的位移应相等。经过荷载分配后的纵向与横向基础，各形成一组条形基础。对于每一个单一的条形基础，可按柱下条形基础的计算方法来进行基础的内力计算和配筋。

在任一节点 i 处，需要分配的节点荷载包括竖向荷载 F_i、纵向力矩 M_{Li} 和横向力矩 M_{Bi}。在分配时，纵向力矩 M_{Li} 既要分配给纵向基础梁一部分 M_{bi}，性质上相当于弯矩；又要分配给横向基础梁一部分 M_{ti}，性质上相当于扭矩。横向力矩 M_{Bi} 分配时情况类似。为计算简便起见，假设纵向梁和横向梁的抗扭刚度均为 0，认为纵向力矩 M_{Li} 完全由纵梁承

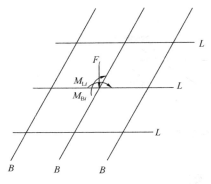

图 3-60 十字交叉条形基础节点受力图

担，即 $M_{Li}=M_{bi}$；横向力矩类似，完全由横梁承担。如图 3-60 所示。

3.9.2 节点荷载的分配公式

节点荷载分配时，可采用文克尔地基模型，要求满足静力平衡及变形协调条件。

1. 静力平衡条件

$$F_i = F_{ix} + F_{iy} \tag{3-44}$$

式中 F_i——任一节点 i 上作用的集中荷载；

F_{ix}、F_{iy}——分别为分配于 x 方向和 y 方向基础上的荷载。

2. 变形协调条件

纵、横向基础梁在节点 i 处的竖向位移和转角应相同，且要与该处地基的变形相协调。假设在交叉点处纵梁和横梁之间为铰接，即一个方向的条形基础有转角时，在另一方向的条形基础内不引起内力，节点上两个方向的力矩分别由相应的纵梁和横梁承担。因此，只考虑节点处的竖向位移协调条件。

$$\omega_{ix} = \omega_{iy} = s \tag{3-45}$$

3.9.3 节点荷载的分配方法

十字交叉条形基础中的节点分为三种类型，分别是十字节点、T 字节点和 L 字节点，对应着内柱节点、边柱节点和角柱节点。荷载分配时按照这三种类型分别介绍。

1. 边柱节点

如图 3-61 所示，假设 i 为边柱节点，在荷载 F_i 的作用下，交叉的基础梁可以分解为 F_{ix} 作用下的无限长梁和 F_{iy} 作用下的半无限长梁。无限长梁在 F_{ix} 作用下，在荷载作用点 ($x=0$) 处的地基沉降为：

$$\omega_{ix} = \frac{F_{ix}\lambda_x}{2kb_x} = \frac{F_{ix}}{2kb_x s_x} \tag{3-46}$$

式中 k——基床系数；

b_x——x 方向基础梁的底面宽度；

s_x——x 方向基础梁的刚度特征值，由下式计算：

$$s_x = \frac{1}{\lambda_x} = \sqrt[4]{\frac{4EI_x}{kb_x}}$$

EI_x——x 方向基础梁的弯曲刚度。

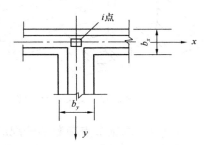

图 3-61 边柱节点

同理，对于半无限长梁，当集中力 F_{iy} 作用于梁端时，在荷载作用点（$y=0$）处的地基沉降为：

$$\omega_{iy} = \frac{2F_{iy}}{kb_y s_y} \tag{3-47}$$

式中 b_y——y 方向基础梁的底面宽度；

s_y——y 方向基础梁的刚度特征值，由下式计算：

$$s_y = \frac{1}{\lambda_y} = \sqrt[4]{\frac{4EI_y}{kb_y}}$$

EI_y ——y 方向基础梁的弯曲刚度。

由变形协调条件 $\omega_{ix} = \omega_{iy}$，得

$$\frac{F_{ix}}{2kb_x s_x} = \frac{2F_{iy}}{kb_y s_y}$$

又由平衡条件可得：

$$F_i = F_{ix} + F_{iy}$$

由以上两式得：

$$\left. \begin{array}{l} F_{ix} = \dfrac{4b_x s_x}{4b_x s_x + b_y s_y} F_i \\ F_{iy} = \dfrac{b_y s_y}{4b_x s_x + b_y s_y} F_i \end{array} \right\} \quad (3\text{-}48)$$

2. 内柱节点

图 3-62 为交叉条形基础的内柱节点。作用在节点处的集中荷载 F_i 也可分解成 F_{ix} 和 F_{iy}，然后按两个方向的无限长梁计算。

$$\left. \begin{array}{l} F_{ix} = \dfrac{b_x s_x}{b_x s_x + b_y s_y} F_i \\ F_{iy} = \dfrac{b_y s_y}{b_x s_x + b_y s_y} F_i \end{array} \right\} \quad (3\text{-}49)$$

3. 角柱节点

图 3-63 为交叉条形基础的边柱节点。作用在节点处的集中荷载 F_i 可以分解成 F_{ix} 和 F_{iy}，然后按两个方向的半无限长梁计算，得出的公式同式（3-49）。

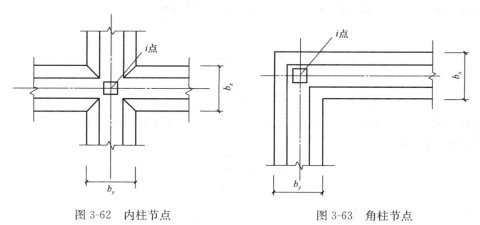

图 3-62　内柱节点　　　　　图 3-63　角柱节点

3.9.4　节点荷载分配后的调整

节点荷载分配后，对于两组条形基础中的每一个条形基础，可按柱下条形基础的计算方法来进行基础的内力计算和配筋。但是需要注意，由于纵、横向梁在节点处基础底面积存在重叠部分，分配荷载时将重叠面积在节点荷载对应的面积中计算了两次，结果导致分配后的基底压力小于实际值。为与实际值保持一致，在不扣除重叠面积的前提下，可相应增大纵、横向梁的分配荷载。

调整的办法是先计算因有重叠面积引起基底压力的变化量 Δp，然后增补荷载 ΔF，

要求提供的荷载增量恰恰能抵消基底压力的变化量，使得基底压力能保持恒定。

调整前，基底压力的平均值为

$$p = \frac{\sum_{i=1}^{n} F_i}{A + \sum_{i=1}^{n} \Delta A_i} \tag{3-50}$$

式中　$\sum_{i=1}^{n} F_i$——作用在各节点上的集中力之和；

　　　A——基础实际底面积；

　　　$\sum_{i=1}^{n} \Delta A_i$——交叉基础各节点的基底重叠面积之和。

调整后，消除基底重叠面积影响的实际基底压力为

$$p' = \frac{\sum_{i=1}^{n} F_i}{A} \tag{3-51}$$

调整前、后基底压力值的变化值 Δp 是由于基底重叠面积 $\sum_{i=1}^{n} \Delta A_i$ 所引起的，其值为

$$\Delta p = p' - p = \frac{\sum_{i=1}^{n} \Delta A_i}{A} p \tag{3-52}$$

显然，基础梁由于基底重叠面积 $\sum_{i=1}^{n} \Delta A_i$ 重复参与计算，使得基底压力减小 Δp，故应该在基底补充荷载增量 ΔF，使其引起的基底压力增量等于 Δp。

$$\frac{\Delta F}{A} = \Delta p = \frac{\sum_{i=1}^{n} \Delta A_i}{A} p$$

$$\Delta F = p \sum_{i=1}^{n} \Delta A_i \tag{3-53}$$

参照原来各节点荷载在总和中的占比，将 ΔF 按比例分配给所有节点，节点 i 应补充的荷载增量 ΔF_i 为

$$\Delta F_i = \frac{F_i}{\sum_{i=1}^{n} F_i} \Delta F \tag{3-54}$$

式中　F_i——各节点集中力；

　　　$\sum_{i=1}^{n} F_i$——各节点集中力总和。

类似地，可将节点 i 的荷载增量 ΔF_i 再进一步按比例分配给纵、横向基础梁，有

$$\Delta F_{ix} = \frac{F_{ix}}{F_i} \Delta F_i = \frac{F_{ix}}{\sum_{i=1}^{n} F_i} \Delta F \tag{3-55}$$

$$\Delta F_{iy} = \frac{F_{iy}}{F_i} \Delta F_i = \frac{F_{iy}}{\sum_{i=1}^{n} F_i} \Delta F \tag{3-56}$$

经过调整后，i 节点纵、横向基础梁上的荷载为：

$$\Delta F'_x = F_{ix} + \Delta F_{ix} \quad (3-57)$$

$$\Delta F'_y = F_{iy} + \Delta F_{iy} \quad (3-58)$$

如图 3-64 所示，对应各个节点处基础板带的重叠面积按下式计算：

(1) 内柱和带悬臂的板带

$$\Delta A_i = b_{ix} \times b_{iy} \quad (3-59)$$

(2) 边柱的无伸出悬臂板带与边缘横向板带交叉，认为只交叉到后者宽度的一半：

$$A_1 = \frac{b_{1x} \times b_{1y}}{2} \quad (3-60)$$

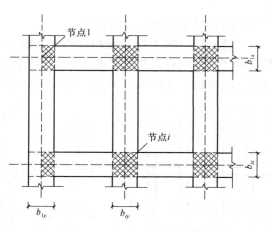

图 3-64 交叉面积计算简图

3.10 筏 形 基 础

3.10.1 筏形基础概述

筏形基础是埋置于地基内部，形如板状的一种基础形式，简称筏基。通常筏基的材料为钢筋混凝土，底部面积和厚度可能变化较大，视上部结构的荷载和地基承载力而定。通过拓展十字交叉条形基础的结构形式，可以衍生出筏形基础。当双向正交的十字交叉条形基础的宽度逐渐增大，直至填满内部的空隙从而彼此接触连成一片时，就可构成筏形基础。

当上部结构荷载较大，而地基承载力又偏低时，这种情况下可以考虑采用筏形基础，即将整个建筑结构支承在一个大尺寸的钢筋混凝土板上。由于底板的面积较大，基底的平均压力较小，地基承载力就容易满足要求。

筏形基础与上部楼盖在结构设计方面可以互相参考，原因在于两者的传力路线涉及的构件基本相同，而在方向上互逆。在上部楼盖结构的传力过程中，荷载首先由楼盖传递给梁，然后由梁传递给柱。在筏板基础的传力过程中，与之正好相反，由柱传来的荷载经梁传递给筏板。因此，若将地基反力视为作用于筏基底板上的荷载，则筏形基础相当于倒置在地基上的钢筋混凝土平面楼盖。

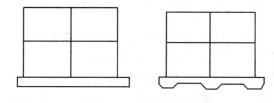

图 3-65 平板式筏形基础

筏形基础在实际工程中应用较多，通常按照是否设置附属梁分为平板式和梁板式两种，其选型应根据地基土质、上部结构体系、柱距、荷载大小、使用要求及施工条件等因素确定。

图 3-65 是典型的平板式筏形基础。由于没有设置附属梁，通常平板式筏基为了满足冲切要求，需要在柱子和筏板交接处增加局部板厚，或者增加整体板厚，这可以通过在筏基底部或上部设置凸台实现。若凸台设在板顶部，这可采取截面为矩形的正锥台形式，

在板下时可以采取倒锥台的形式。

与之对应，图 3-66 为梁板式筏形基础。对于梁板式筏形基础，如果设置了附属肋梁，其抗冲切性能就好。与设置有凸台的平板式筏基类似，肋梁既可以设置在筏板底部，也可以设置在顶部，如图 3-67 所示，具体视施工便利性而定。

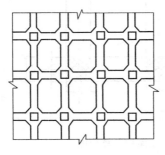 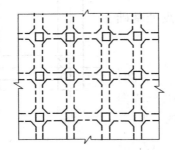 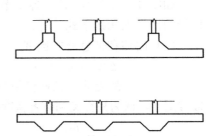

图 3-66　梁板式筏形基础　　　　　　图 3-67　梁板式筏形基础的肋梁位置

在实际工程中，筏形基础是较为常见的一种基础形式。它的厚度和底面积一般较大，因而刚度和整体性很好，可以有效地减少基底压力，因而易于满足上部结构对地基承载力和沉降变形的要求，特别适用于高层建筑物。筏基可与桩基联合使用，既能满足承载力要求，也易于控制地基沉降，具有较好的承载能力和抗变形性能。

现代城市高层建筑中应用筏形基础的实例较多，筏板可以兼作地下室底板。例如，天津 117 大厦的建筑高度为 597m，它的基础筏板为正方形，边长 86.2m，厚度 6.5m；上海金茂大厦，其主基础是一块 64m×64m 的方形筏板，其厚度为 4.0m，位于地下 19.65m 处；位于北京东城区的中国电信通信指挥楼，地下共有四层作为机房和车库，采用了变厚度的平板式筏基。

3.10.2　筏形基础设计

1. 埋置深度与平面尺寸

建筑基础的埋置深度通常需要结合安全性和经济性两方面的因素综合考虑，通常考虑安全性的要求，高层建筑物基础的埋置深度不宜小于建筑物高度的 1/15，必要时需进行建筑物的抗滑移、抗倾覆和地基的稳定性验算，以确定筏基是否有足够的埋置深度。在此基础上，筏形基础还要争取宽基浅埋，这样做的好处在于减少开挖量，降低工程造价。

在一些情况下，如考虑设置地下室的要求或地下土层的分布情况，基础埋深可以进行必要的调整，以满足地基承载力的需求，包括对持力层和软弱下卧层进行承载力验算。

2. 筏板形状及平面尺寸

筏板按形式可分为平板式和梁板式，如前所述。具体筏基的形状与上部结构是密切相关的，宜做成规则对称。考虑荷载偏心受力问题，尽量让筏基形心与竖向作用力点相重合。筏基的底面面积是由上部结构传下来的荷载所决定的。当上部结构过大，或合力偏心过大时，可适当将筏板向外延伸，悬挑出结构的底面。基础梁截面尺寸初估时，基础梁高按跨度的 1/10～1/5 估算，梁宽可取梁高的 1/3～1/2。

筏形基础的平面尺寸，需要根据工程地质条件、上部结构的布置、地下结构底层平面以及荷载分布等因素来确定。对于单幢建筑物，在地基土比较均匀的条件下，基础平面形心宜与结构竖向永久荷载重心重合。当不能重合时，在作用的准永久组合下，偏心距 e 宜符合下式规定：

$$e \leqslant 0.1W/A \tag{3-61}$$

式中　W——与偏心距方向一致的基础底面边缘抵抗矩（m^3）；

　　　A——基础底面积（m^2）。

3. 筏板的厚度

由于上部结构荷载通常很大，因此导致作用在筏基上的地基反力也很大，因此筏板需要有足够的厚度以满足刚度的需求，且把筏板的变形控制在一定范围内。《高层建筑筏形基础与箱形基础技术规范》JGJ 6—2011 中规定：梁板式筏基底板的厚度应符合受弯、受冲切和受剪承载力的要求，且不应小于 400mm；板厚与最大双向板格的短边净跨之比尚不应小于 1/14；梁板式筏基的高跨比不宜小于 1/6。

无论是平板式筏基还是梁板式筏基，只有厚度超过一定下限值后，才有可能具有较好的抗冲切和抗剪切承载力。必要时，应通过增设柱墩、局部增加板厚、加配钢筋以提高抗冲切承载力。

4. 构造要求

（1）筏形基础的混凝土强度等级不应低于 C30，当有地下室时，应采用防水混凝土。

（2）采用筏形基础的地下室，钢筋混凝土外墙厚度不应小于 250mm，内墙厚度不宜小于 200mm。墙的截面设计除满足承载力要求外，尚应考虑变形、抗裂及外墙防渗等要求。墙体内应设置带肋钢筋，钢筋不宜采用光面圆钢筋，水平钢筋的直径不应小于 12mm，竖向钢筋的直径不应小于 10mm，间距不应大于 200m。

5. 承载力验算

（1）平板式筏基

平板式筏基进行抗冲切验算时，应考虑作用在冲切临界面重心上的不平衡弯矩产生的附加剪力。对基础的边柱和角柱进行冲切验算时，其冲切力应分别乘以 1.1 和 1.2 的增大系数。距柱边 $h_0/2$ 处冲切临界截面的最大剪应力 τ_{max} 应按式（3-62）~式（3-64）进行计算（图 3-68）。板的最小厚度不应小于 500mm。

$$\tau_{max} = \frac{F_l}{u_m h_0} + \alpha_s \frac{M_{unb} c_{AB}}{I_s} \tag{3-62}$$

$$\tau_{max} \leqslant 0.7(0.4 + 1.2/\beta_s)\beta_{hp} f_t \tag{3-63}$$

$$\alpha_s = 1 - \frac{1}{1 + \frac{2}{3}\sqrt{(c_1/c_2)}} \tag{3-64}$$

式中　F_l——相应于作用基本组合时的冲切力（kN）；对内柱，取轴力设计值减去筏板冲切破坏锥体内的基底净反力设计值；对边柱和角柱，取轴力设计值减去筏板冲切临界截面范围内的基底净反力设计值；

　　　u_m——距柱边缘不小于 $h_0/2$ 处冲切临界截面的最小周长（m）；

　　　h_0——筏板的有效高度（m）；

　　　M_{unb}——作用在冲切临界截面重心上的不平衡弯矩设计值（kN·m）；

　　　c_{AB}——沿弯矩作用方向，冲切临界截面重心至冲切临界截面最大剪应力点的距离（m）；

　　　I_s——冲切临界截面对其重心的极惯性矩（m^4）；

　　　β_s——柱截面长边与短边的比值，当 $\beta_s<2$ 时，β_s 取 2，当 $\beta_s>4$ 时，β_s 取 4；

β_{hp}——受冲切承载力截面高度影响系数,当$h \leqslant 800$mm时,取$\beta_{hp}=1.0$;当$h \geqslant 2000$mm时,取$\beta_{hp}=0.9$,其间按线性内插法取值;

f_t——混凝土轴心抗拉强度设计值(kPa);

c_1——与弯矩作用方向一致的冲切临界截面的边长(m);

c_2——垂直于c_1的冲切临界截面的边长(m);

α_s——不平衡弯矩通过冲切临界截面上的偏心剪力来传递的分配系数。

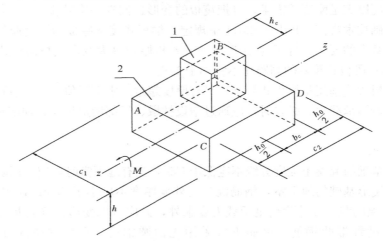

图 3-68 内柱冲切临界截面示意
1—柱;2—筏板

当柱荷载较大,等厚度筏板的抗冲切承载力不能满足要求时,可在筏板上面增设柱墩或在筏板下局部增加板厚或采用抗冲切钢筋等措施满足抗冲切承载能力要求。平板式筏基内筒下的板厚应满足抗冲切承载力的要求,并应符合下列规定:

1) 受冲切承载力应按下式进行计算:

$$F_l/(u_m h_0) \leqslant 0.7\beta_{hp} f_t/\eta \tag{3-65}$$

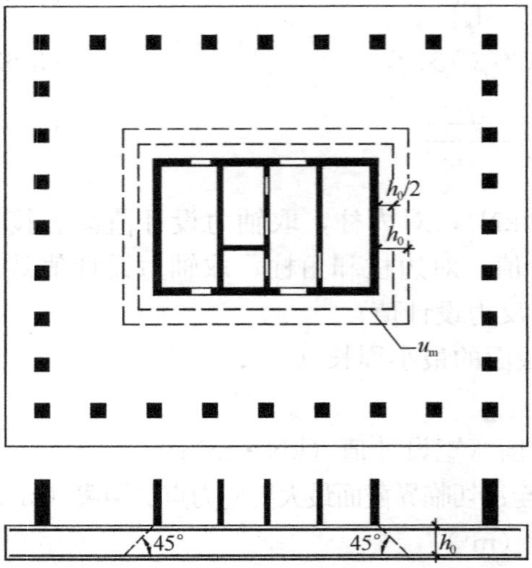

式中 F_l——相应于作用的基本组合时,内筒所承受的轴力设计值减去内筒下筏板冲切破坏锥体内的基底净反力设计值(kN);

u_m——距内筒外表面$h_0/2$处冲切临界截面的周长(m)(图 3-69);

h_0——距内筒外表面$h_0/2$处筏板的截面有效高度(m);

η——内筒冲切临界截面周长影响系数,取 1.25。

2) 当需要考虑内筒根部弯矩的影响时,距内筒外表面$h_0/2$处冲切临界截面的最大剪应力可按式(3-62)计算,此时 $\tau_{max} \leqslant 0.7\beta_{hp} f_t/\eta$。

图 3-69 筏板受内筒冲切的临界截面位置

平板式筏基除满足抗冲切承载力外，尚应验算距内筒和柱边缘 h_0 处截面的抗剪承载力。当筏板变厚度时，尚应验算变厚度处筏板的抗剪承载力。

平板式筏基抗剪承载力应按式（3-66）验算，当筏板的厚度大于 2000mm 时，宜在板厚中间部位设置直径不小于 12mm、间距不大于 300mm 的双向钢筋网。

$$V_s \leqslant 0.7\beta_{hs}f_t b_w h_0 \tag{3-66}$$

式中 V_s——相应于作用的基本组合时，基底净反力平均值产生的距内筒或柱边缘 h_0 处筏板单位宽度的剪力设计值（kN）；

b_w——筏板计算截面单位宽度（m）；

h_0——距内筒或柱边缘 h_0 处筏板的截面有效高度（m）。

（2）梁板式筏基

梁板式筏基底板除计算正截面受弯承载力外，其厚度尚应满足抗冲切承载力、抗剪切承载力的要求。

梁板式筏基底板受冲切、受剪切承载力计算应符合下列规定：

1）梁板式筏基底板受冲切承载力应按下式进行计算：

$$F_l \leqslant 0.7\beta_{hp}f_t u_m h_0 \tag{3-67}$$

式中 F_l——作用的基本组合时，图 3-70 中阴影部分面积上的基底平均净反力设计值（kN）；

u_m——距基础梁边 $h_0/2$ 处冲切临界截面的周长（m）。

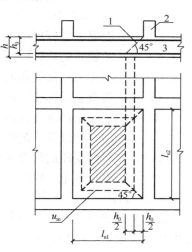

图 3-70 底板的冲切计算示意
1—冲切破坏锥体的斜截面；
2—梁；3—底板

2）当底板区格为矩形双向板时，底板受冲切所需的厚度 h_0 应按式（3-68）进行计算，其底板厚度与最大双向板格的短边净跨之比不应小于 1/14，且板厚不应小于 400mm。

$$h_0 = \frac{(l_{n1}+l_{n2})-\sqrt{(l_{n1}+l_{n2})^2-\dfrac{4p_n l_{n1} l_{n2}}{p_n+0.7\beta_{hp}f_t}}}{4} \tag{3-68}$$

式中 l_{n1}、l_{n2}——分别为计算板格的短边和长边的净长度（m）；

p_n——扣除底板及其上填土自重后，相应于作用的基本组合时的基底平均净反力设计值（kPa）。

3）梁板式筏基双向底板斜截面受剪承载力应按下式进行计算：

$$V_s \leqslant 0.7\beta_{hs}f_t(l_{n2}-2h_0)h_0 \tag{3-69}$$

式中 V_s——距梁边缘 h_0 处，作用在图 3-71 阴影部分面积上的基底平均净反力产生的剪力设计值（kN）。

当底板板格为单向板时，底板厚度不应小于 400mm。

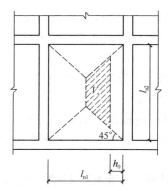

图 3-71 底板剪切计算示意

(3) 局部受压承载力验算

柱下筏基设计，还需考虑局部受压问题。根据《混凝土结构设计规范》GB 50010—2010（2015 年版），其局部受压区的截面尺寸应符合下列要求：

$$F_l \leqslant 1.35\beta_c\beta_l f_c A_{ln} \tag{3-70}$$

$$\beta_l = \sqrt{\frac{A_b}{A_l}} \tag{3-71}$$

式中 F_l——局部受压面上作用的局部荷载或局部压力设计值；

f_c——混凝土轴心抗压强度设计值；在后张法预应力混凝土构件的张拉阶段验算中，可根据相应阶段的混凝土立方体抗压强度 f'_{cu} 值按《混凝土结构设计规范》GB 50010—2010（2015 年版）的规定以线性内插法确定；

β_c——混凝土强度影响系数，按《混凝土结构设计规范》GB 50010—2010（2015 年版）的规定取用；

β_l——混凝土局部受压时的强度提高系数；

A_l——混凝土局部受压面积；

A_{ln}——混凝土局部受压净面积；对后张法构件，应在混凝土局部受压面积中扣除孔道、凹槽部分的面积；

A_b——局部受压的计算底面积。混凝土局部受压区的计算面积可根据《混凝土结构设计规范》GB 50010—2010（2015 年版）来确定，通常会适度增大。

6. 内力计算

筏形基础的内力计算有各种不同的计算方法可以考虑采用，但首先必须考虑在计算过程中是否考虑上部结构、基础与地基之间的相互作用。如果考虑上部结构，计算就可能比较复杂，为求得准确的结果，至少要考虑地基与基础之间的相互作用。显然，一旦考虑地基、基础和上部结构之间的相互作用，计算就会相对复杂，不得不采用数值模拟的方法求解。在实际计算中，为便于求解，可以作出一些适当的假定，以简化计算。

筏板在地基作用下的变形可以分为整体变形和局部变形两种类型，不论是整体挠曲变形还是局部挠曲变形，都会在筏板中产生相应的应力。在筏形基础简化计算中，通常假设基础为绝对刚性，基底反力呈直线分布，这样可以很好地按照力学方法求出地基反力。

（1）倒楼盖法

如果上部结构的刚度较大，柱距基本相同，对应柱荷载相差不大，这种情况下可认为筏板的变形以局部挠曲变形为主，可按倒楼盖法进行内力分析。用倒楼盖法计算梁的内力，即假定上部结构是绝对刚性的，各柱之间没有沉降差异，把柱脚视为条形基础的铰支座，将基础梁按照倒置的普通连续梁计算。

筏板则被基础梁分割为不同条件的双向板或单向板，根据各个板块的支承条件，筏板可分为四种板块。各板块的内力计算可以参照钢筋混凝土楼盖设计。

对于每个区格板块，沿 45°分角线划分荷载归属范围，则可由板块荷载确定纵横方向基础梁上的荷载。基础梁上的荷载除均布荷载以外，尚需叠加一系列三角形或梯形荷载，图 3-73 为图 3-72 中基础梁 JL3 所承受的荷载。

基础梁上的荷载确定后，即可采用倒梁法进行梁的内力计算。用倒梁法计算梁的内力时，假定上部结构是绝对刚性的，各柱之间没有沉降差异，把柱脚视为条形基础的铰支

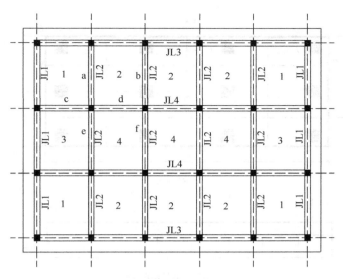

图 3-72 筏板按支撑条件进行划分

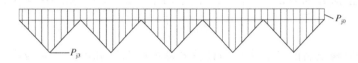

图 3-73 筏底反力在基础梁 JL3 的分配

座,基础梁按照倒置的普通连续梁计算。

(2) 刚性条带法

如果上部结构的刚度较小,可沿柱网的跨端至跨中划分若干条带,可将柱荷载和直线分布的地基反力视作直接作用在每一条带上的外荷载,然后可直接求解该条带的内力,称为刚性条带法。

当筏形基础刚度与地基基础刚度相比,前者为绝对刚性时,可采用绝对刚性法。这种情况下地基受力后,基底仍保持为平面,并假定地基反力仍按线性分布。分别沿纵横方向将筏板划分为互相垂直的板带,条带的界限取在柱列中央。纵向和横向条带的计算可分开进行,不考虑纵横向彼此之间的分担作用。如果柱距相同,而相邻柱荷载差异不超过 20% 时,那么也可不考虑相邻条带之间的传递影响。由于忽略了条带之间的剪力传递影响,导致条带上的荷载与地基反力不满足平衡条件,必要时需调整地基反力进行计算。

以计算简图 3-74 中的 $ABCH$ 板带为例,柱荷载总和为 $\Sigma F = F_1 + F_2 + F_3 + F_4$,基底净反力的平均值为 $\overline{p_j} = (p_{jA} + p_{jB})/2$,式中,$p_{jA}$ 和 p_{jB} 为 A 点和 B 点的基底净反力。如果该板带的宽度为 b,则基底净反力的总和为 $\overline{p_j}bL$,其值不等于柱荷载总和 ΣF,两者的平均值为:

$$\overline{F} = \frac{1}{2}(\Sigma F + \overline{p_j}bL) \tag{3-72}$$

$$\alpha = \frac{\overline{F}}{\Sigma F} \tag{3-73}$$

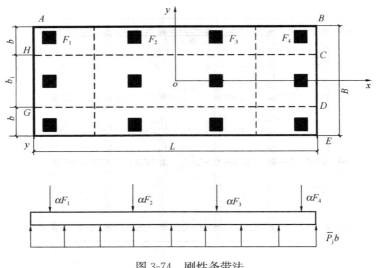

图 3-74 刚性条带法

各荷载的修正值分别为 αF_1、αF_2、αF_3、αF_4，修正后的基底平均净反力为

$$\overline{p}'_j = \frac{\overline{F}}{bL} \tag{3-74}$$

最后可按条带修正后的基底净反力计算各截面的弯矩和剪力，完成内力计算。

对于一般工程，采用倒楼盖法或刚性条带法都是可行的。但是，筏形基础属于有限刚度板，上部结构、基础和地基土之间是相互作用的，进一步可以按照弹性地基上矩形板理论进行计算，实际受力情况可参考有限差分法或有限单元法等数值分析方法。

3.11 箱 形 基 础

3.11.1 概述

如果高层建筑的基础土质较好，这种情况下可以考虑采用箱形基础。箱形基础埋深大，有利于满足地震区对基础埋深和建筑稳定性的要求。箱形基础是由顶板、底板和纵横交错的内墙组成的空心结构，整体性较好，而尺寸较大。基坑开挖量小，基础自重小于土重，因此，基础自重与挖出土重两者的差值可以部分抵消上部建筑物自重和荷载，有利于减少相应的箱形基础的基底压力，具有一定的荷载补偿性。如果高层建筑的地基土质较软，这时可采用箱桩基础，即在箱形基础底板上施作桩基础。但有一些情况下，箱形基础已经能满足承载力要求，但下部还采用桩基础，这是为满足地基变形控制的要求，这时桩基础可以起到变形控制的作用。

与一般的浅基础相比，箱形基础主要有以下优点：

（1）箱形基础的整体性好，刚度大。可以有效地调整基础的不均匀沉降，因此常用于上部荷载较大而地基土质不良的情况，必要时可考虑与桩基础连用，即箱桩基础。

（2）稳定性较好，能够满足高层建筑抗震的要求。箱形基础作为建筑物基础时，通常埋置深度较深，一般最小埋深为 3~5m，而很多高层建筑的埋深已经超过了 20m。这种情况下，基础深埋于地基之中，对减小地基变形、增加地基稳定性和防止建筑物倾覆都是十分有利的。

(3) 荷载补偿性好。箱形基础底面积大，而且可以做成多层，例如三至四层。这种情况下，大尺寸箱形基础的自重明显小于所挖出的同体积土重，可以在相当程度上抵消上部建筑的荷载，降低基底反力。

(4) 箱形基础的内腔可以作为地下室，用作人防工程或设备层。

当然，箱形基础也存在一定的不足：箱形基础的钢筋、水泥用量大，造价高，施工技术复杂；尤其是进行深基坑开挖时，要考虑坑壁支护和止水（或人工降低地下水位）及对邻近建筑的影响等问题，因此，选型时必须慎重。

3.11.2 箱形基础的构造要求

(1) 箱形基础的高度应满足结构承载力和刚度的要求，不宜小于箱形基础长度（不包括底板悬挑部分）的1/20，且不宜小于3m。

(2) 高层建筑同一结构单元内，箱形基础的埋置深度宜一致，且不得局部采用箱形基础。

(3) 箱形基础的底板厚度应根据实际受力情况、整体刚度及防水要求确定，底板厚度不应小于400mm，且板厚与最大双向板格的短边净跨之比不应小于1/14。

(4) 当地基压缩层深度范围内的土层在竖向和水平方向较均匀，且上部结构为平、立面布置较规则的剪力墙、框架、框架-剪力墙体系时，箱形基础的顶、底板可仅按局部弯曲计算，计算时地基反力应扣除板的自重。顶、底板钢筋配置除满足局部弯曲的计算要求外，跨中钢筋应按实际配筋全部连通，支座钢筋尚应有1/4贯通全跨，底板上下贯通钢筋的配筋率均不应小于0.15%。

(5) 箱形基础的内、外墙应沿上部结构柱网和剪力墙纵横均匀布置，当上部结构为框架或框架-剪边墙结构时，墙体水平截面总面积不宜小于箱形基础水平投影面积的1/12；当基础平面长宽比大于4时，纵墙水平截面面积不宜小于箱形基础水平投影面积的1/18。在计算墙体水平截面面积时，可不扣除洞口部分。

(6) 箱形基础的墙身厚度应根据实际受力情况、整体刚度及防水要求确定。外墙厚度不应小于250mm；内墙厚度不宜小于200mm。墙体内应设置双面钢筋，竖向和水平钢筋的直径均不应小于10mm，间距不应大于200mm。除上部为剪力墙外，内、外墙的墙顶处宜配置两根直径不小于20mm的通长构造钢筋。

(7) 底层柱与箱形基础交接处，柱边和墙边或柱角和八字角之间的净距不宜小于50mm，并应验算底层柱下墙体的局部受压承载力；当不能满足时，应增加墙体的承压面积或采取其他有效措施。

(8) 底层柱纵向钢筋伸入箱形基础的长度应符合下列规定：柱下三面或四面有箱形基础墙的内柱，除四角钢筋应直通基底外，其余钢筋可终止在顶板底面以下40倍钢筋直径处；外柱、与剪力墙相连的柱及其他内柱的纵向钢筋应直通到基底。

(9) 箱形基础上的门洞宜设在柱间居中部位，洞边至上层柱中心的水平距离不宜小于1.2m，洞口上过梁的高度不宜小于层高的1/5，洞口面积不宜大于柱距与箱形基础全高乘积的1/6。墙体洞口周围应设置加强钢筋，洞口四周附加钢筋面积不应小于洞口内被切断钢筋面积的一半，且不应少于两根直径为14mm的钢筋，此钢筋应从洞口边缘处延长40倍钢筋直径。

（10）当箱形基础兼作人防地下室时，箱形基础的设计和构造尚应符合《人民防空地下室设计规范》GB 50038—2005 的规定。

3.11.3 基础承载力验算

1. 地基强度验算

1) 当受轴心荷载作用时

$$p_k \leqslant f_a \tag{3-75}$$

式中 p_k——相应于荷载效应标准组合时，基础底面处的平均压力值（kPa）；

f_a——修正后的地基承载力特征值（kPa）。

2) 当受偏心荷载作用时，除应符合式（3-75）规定外，尚应符合下式规定：

$$p_{kmax} \leqslant 1.2 f_a \tag{3-76}$$

式中 p_{kmax}——相应于荷载效应标准组合时，基础底面边缘的最大压力值（kPa）。

3) 对于非抗震设防的高层建筑筏形、箱形基础，除应符合式（3-75）、式（3-76）的规定外，尚应符合下式规定：

$$p_{kmin} \leqslant 0 \tag{3-77}$$

式中 p_{kmin}——相应于荷载效应标准组合时，基础底面边缘的最小压力值（kPa）。

4) 对于抗震设防的建筑，筏形与箱形基础的底面压力尚应按下列公式验算地基抗震承载力：

$$p_{kE} \leqslant f_{aE} \tag{3-78}$$

$$p_{kEmax} \leqslant 1.2 f_{aE} \tag{3-79}$$

$$f_{aE} = \zeta_a f_a \tag{3-80}$$

式中 p_{kE}——相应于地震作用效应标准组合时，基础底面的平均压力值（kPa）；

p_{kEmax}——相应于地震作用效应标准组合时，基础底面边缘的最大压力值（kPa）；

f_{aE}——调整后的地基抗震承载力（kPa）特征值；

ζ_a——地基抗震承载力调整系数，按表 3-9 确定。

在地震作用下，对于高宽比大于 4 的高层建筑，基础底面不宜出现零应力区；对于其他建筑，当基础底面边缘出现零应力时，零应力区的面积不应超过基础底面面积的 15%；与裙房相连且采用天然地基的高层建筑，在地震作用下主楼基础底面不宜出现零应力区。

地基抗震承载力调整系数 ζ_a 表 3-9

岩土名称和性状	ζ_a
岩石，密实的碎石土，密实的砾、粗中砂，$f_{ak} \leqslant 300$kPa 的黏性土和粉土	1.5
中密、稍密的碎石土，中密和稍密的砾、粗、中砂，密实和中密的细、粉砂，150kPa$\leqslant f_{ak} <300$kPa 的黏性土和粉土	1.3
稍密的细、粉砂，100kPa$\leqslant f_{ak} <150$kPa 的黏性土和粉土，新近沉积的黏性土和粉土	1.1
淤泥，淤泥质土，松散的砂，填土	1.0

2. 地基变形计算

《建筑地基基础设计规范》GB 50007—2011 推荐的分层总和法。按照这种方法计算箱形基础的沉降（图 3-75），最终的沉降计算公式如下：

$$s = \psi_s \sum_{i=1}^{n} \frac{p_0}{E_{si}}(z_i \bar{\alpha}_i - z_{i-1} \bar{\alpha}_{i-1}) \tag{3-81}$$

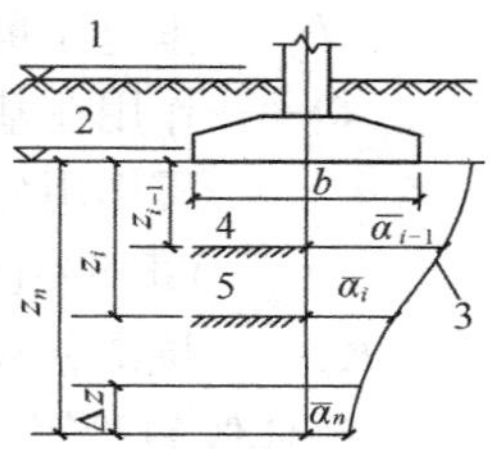

式中 s——箱形基础中心点沉降（mm）；
ψ_s——沉降计算经验系数，对于箱形基础可参照表 3-10 确定，或根据地区经验确定；
n——地基变形计算深度范围内所划分的土层数；
p_0——相应于荷载效应的准永久组合时基础底面处的附加压力，应扣除浮力（kPa）；
E_{si}——基础底面下第 i 层土的压缩模量（MPa），按实际应力范围取值；
z_i、z_{i-1}——分别为基础底面至第 i 层土、第 $i-1$ 层土底面的距离（m）；
$\bar{\alpha}_i$、$\bar{\alpha}_{i-1}$——分别为基础底面计算点至第 i 层土、第 $i-1$ 层土底面范围内平均附加应力系数，可按《建筑地基基础设计规范》GB 50007—2011 采用。

图 3-75 基础沉降计算的分层示意
1—天然地面标高；2—基底标高；
3—平均附加应力系数 $\bar{\alpha}$ 曲线；
4—$i-1$ 层；5—i 层

箱形基础沉降计算经验系数 ψ_s　　　　　　表 3-10

土的类别	基底附加压力 p_0 (kPa)					
	<40	40~60	60~80	80~100	100~150	150~200
淤泥或淤泥质土	0.5~0.7	0.7~1.0	1.0~1.2			
粉土			0.6~0.9	0.6~0.9		
一般第四纪土				0.3~0.5	0.5~0.7	0.7~0.9

箱形基础的允许沉降量到目前还没有明确、统一的规定。因此，箱形基础的允许沉降量应根据建筑物的使用要求和可能产生的对相邻建筑物的影响按地区经验确定，建议对中、低压缩性土不宜超过 200mm，对高压缩性土不宜超过 350mm。

3. 抗滑移验算

高层建筑在承受地震作用、风荷载或其他水平荷载时，筏形基础与箱形基础的抗滑移稳定性（图 3-76）均应符合下式的要求：

$$K_s Q \leqslant F_1 + F_2 + (E_p - E_a)l \tag{3-82}$$

式中 F_1——基底摩擦力合力（kN）；
F_2——平行于剪力方向的侧壁摩擦力合力（kN）；
E_a、E_p——分别为垂直于剪力方向的地下结构外墙面单位长度上的主动土压力合力、被动土压力合力（kN/m）；

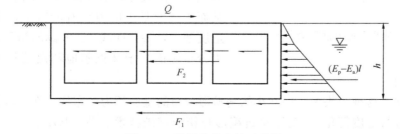

图 3-76 抗滑移稳定性示意图

l——垂直于剪力方向的基础边长（m）；

Q——作用在基础顶面的风荷载、水平地震作用或其他水平荷载（kN）。风荷载、地震作用分别按《建筑结构荷载规范》GB 50009—2012、《建筑抗震设计规范》GB 50011—2010（2016年版）确定，其他水平荷载按实际发生的情况确定；

K_s——抗滑移稳定性安全系数，取1.3。

4. 整体倾斜验算

$$K_r M_c \leqslant M_r \qquad (3-83)$$

式中 M_r——抗倾覆力矩（kN·m）；

M_c——倾覆力矩（kN·m）；

K_r——抗倾覆稳定性安全系数，取1.5。

在箱形基础设计中整体倾斜问题应引起足够重视，当整体倾斜超过一定数值时，会使上部结构产生过大的附加应力，直接影响建筑物的稳定性。此外，还会影响建筑物的正常使用，如偏斜将影响电梯沿导轨正常运行、导致非结构构件坠落等。目前还没有统一的整体倾斜的计算方法。一般情况下，主要控制横向整体倾斜 α_T，应满足下式要求：

$$\alpha_T \leqslant \frac{B}{100 H_g} \qquad (3-84)$$

式中 α_T——基础两侧纵向边缘中点的沉降值之差除以基础宽度；

B——基础宽度（m）；

H_g——建筑物高度，指室外地面至檐口（不包括凸出屋面的电梯间、水箱间等局部附属建筑）的高度（m）。

3.11.4 箱形基础基底压力分布

在计算箱形基础内力之前，首先必须明确基底压力分布。箱形基础的基底反力分布是十分复杂的，取决于上部结构、基础和地基三者之间的共同作用情况。简单来说，与三者的刚度有密切关系。在实际过程中，为简化计算，可进行必要的近似处理。箱形基础本身的刚度大，即使在软弱地基中，挠度变形也很小。如果用文克尔地基梁模型，基底反力就能接近于直线分布。特别是当荷载的合力通过底板的形心时，基底反力可视为均匀分布。

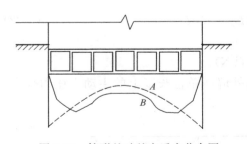

图3-77 箱形基础基底反力分布图

如果按照弹性半空间地基模型，由于刚性基础具有将荷载向极边缘传递的特性，那么箱形基础可等效为大刚度的厚板基础，基底压力呈现为边缘大、中间小的情况，如图3-77中曲线A所示。当然，如果边缘地基土的应力超限，就会发生塑形破坏，引起地基土中的应力重分布，从而边缘地基土应力会有所减小，中间的压力适度增加，参见曲线B。实际的箱形基础基底应力分布应该介于文克尔地基模型和弹性半无限空间模型之间。

无论如何，这种两头大、中间小的马鞍形分布的基底压力分布样式在工程设计中很难应用，必须进行适度简化。《高层建筑筏形与箱形基础技术规范》JGJ 6—2011通过收集各种资料，制定了一套箱形基础基底反力分布的计算表格，可供应用。在规范中，将箱形基础底面按纵横方向，划分成区格，每个区格给出相应的基底反力系数 K_i，该系数表示第 i 个区格内的反力 P_i 与整个箱形基础平均基底反力 P 的比值，见下式。

$$K_i = \frac{P_i}{P} = \frac{P_i A}{\Sigma F + G} \tag{3-85}$$

式中　ΣF——作用于箱形基础上的全部竖向荷载的设计值（kN）；
　　　G——箱形基础自重及其上填土的自重之和（kN）；
　　　A——箱形基础底面积（m²）。

3.11.5 箱形基础内力计算

箱形基础的内力计算是十分复杂的问题，在内力计算的过程中，涉及箱形基础整体弯曲变形和局部弯曲变形的程度。对于整体弯曲变形的情况，箱形基础可看作是一个空腔的大厚板，在上部荷载和地基反力作用下，可以按照静力分析的方法，计算任意一个截面的弯矩和剪力，弯矩主要由顶板和底板承受，剪力主要由内部纵墙和横墙承受。如果换一个角度，由于上部的柱结构、剪力墙和箱形基础内部纵横墙的约束作用，箱形基础的顶板和底板也会发生局部挠曲变形，这种情况下顶、底板内力计算可按周边连续板进行内力分析。

由于箱形基础内力计算比较复杂，必须按照不同的情况进行分析，分别把上部结构按照现浇剪力墙体系和框架结构体系分别进行考虑。

1. 上部结构为现浇剪力墙体系

这种情况比较简单，可以只考虑局部挠曲变形，即就是顶、底板可以分别按照周边固定的连续板进行分析。对于整体弯曲变形的影响，可以采取相应的构造措施进行处理。考虑整体弯曲变形可能带来的影响，顶底板钢筋配置量除符合局部弯曲计算要求外，纵横方向支座钢筋尚应有 1/4 贯通全跨，底板上下贯通钢筋的配筋率均不应小于 0.15%，跨中钢筋按实际配筋率全部连通。

2. 上部结构为框架结构体系

当上部结构为框架结构体系时，由于整体刚度较小，箱形基础必须同时考虑整体弯曲变形和局部挠曲变形的影响。这种情况下，可采取等效刚度法计算出上部框架结构的等效刚度，将其引入箱形基础的内力计算。

上部框架结构的等效、刚度见下式：

$$E_B I_B = \sum_{i=1}^{n} \left[E_b I_{bi} \left(1 + \frac{K_{ui} + K_{li}}{2K_{bi} + K_{ui} + K_{li}} m^2 \right) \right] + E_w I_w \tag{3-86}$$

式中　　　E_b——梁、柱的混凝土弹性模量；

K_{ui}、K_{li}、K_{bi}——分别为第 i 层上柱、下柱和梁的线刚度（m³），其值分别为 $\frac{I_{ui}}{h_{ui}}$、$\frac{I_{li}}{h_{li}}$ 和 $\frac{I_{bi}}{l}$；

I_{ui}、I_{li}、I_{bi}——分别为第 i 层上柱、下柱和梁的截面惯性矩（m⁴）；

　h_{ui}、h_{li}——分别为第 i 层上柱、下柱的高度（m）；

　　　　m——在弯曲方向的节间数，$m=L/l$，其中 L 为上部结构弯曲方向的总长度（m），l 为上部结构弯曲方向的柱距；

　　　　n——建筑物层数，大于 5 层时取 5，小于等于 5 时取实际层数；

E_w、I_w——分别为在弯曲方向与箱形基础相连的墙体的弹性模量和惯性矩；$I_w = \frac{bh^3}{12}$

（b、h 分别为在弯曲方向与箱形基础相连的墙体厚度总和以及高度）。

从整个体系来看，上部结构和基础是共同作用的，因此，箱形基础所承担的弯矩 M_g 可以将整体弯曲产生的弯矩 M 按基础刚度占总刚度的比例分配，即

$$M_g = M \frac{E_g I_g}{E_g I_g + E_B I_B} \tag{3-87}$$

式中　M_g——箱形基础所承担的整体弯曲弯矩；

　　　M——由整体弯曲产生的弯矩，可按静定梁分析或采用其他有效方法计算；

　　　E_g——箱形基础的混凝土弹性模量；

　　　I_g——箱形基础横截面的惯性矩，按工字形截面计算，上、下翼缘宽度分别为箱形基础顶、底板全宽，腹板厚度为箱形基础在弯曲方向的墙体厚度总和；

　　　$E_B I_B$——框架结构的等效抗弯刚度。

综上所述，箱形基础的内力计算是与其变形情况紧密相关的，分为整体弯曲、局部弯曲或二者兼而有之三种情况，计算结果应能考虑最不利的情况。

习　题

3.1　常见的地基基础方案有哪些？

3.2　为什么通常较少考虑人工地基的深基础方案？

3.3　浅基础有哪几种分类方法？

3.4　确定地基基础埋置深度的影响因素有哪些？

3.5　毛石基础在应用时需考虑什么因素？

3.6　灰土基础应用时应注意什么？

3.7　筏形基础在柱的位置处为什么要设置肋梁？

3.8　壳体基础的优点有哪些？适用于什么结构？

3.9　刚性基础在构造上应满足什么要求？原因是什么？

3.10　刚性基础一般基础高度较大的原因是什么？

3.11　柔性基础为什么易于实现"宽基浅埋"？

3.12　浅基础设计的一般步骤是什么？

3.13　地基承载力有哪几种确定方法？

3.14　地基承载力修正时主要考虑哪些因素？

3.15　在什么情况下地基土层中的承压水会涌入基坑？

3.16　土的冻融对基础有什么危害？

3.17　基础下允许保留部分冻土层吗？需满足什么条件？

3.18　考虑土层冻结时，如何确定基础埋置深度最小值？

3.19　什么是地基承载力特征值？如何根据荷载沉降曲线确定承载力特征值？

3.20　根据地基承载力确定基础底面积及埋深时，需要采用什么极限状态与相应的荷载效应组合？

3.21　计算地基变形时，需要采用什么极限状态与相应的荷载效应组合？

3.22　分析地基稳定性时，需要采用什么极限状态与相应的荷载效应组合？

3.23 在对偏心荷载作用下的基础进行设计时，为什么计算偏心距和最小基底压力？
3.24 随着基础上作用荷载的偏心距逐渐增加，对应基底反力的分布将会按什么顺序发生变化？
3.25 软弱下卧层不与基础接触，为什么还要对软弱下卧层进行验算？
3.26 简述基底附加应力的扩散规律。
3.27 地基变形的类型按其特征可分为哪几种？
3.28 砌体结构需要控制什么变形？高耸结构呢？
3.29 基础抗冲切验算不满足要求时，应调整什么尺寸？
3.30 按倒梁法设计时应满足什么条件？
3.31 柱下基础的冲切破坏有什么特征？原因是什么？可以采取什么措施？
3.32 筏形基础有哪几种类型？选型时应考虑哪几种因素？
3.33 筏形基础的厚度如何确定？
3.34 箱形基础有什么优缺点？
3.35 箱形基础基底压力的分布有什么特点？
3.36 图3-78为无筋扩展基础5种不同的设计方案，其中α为允许刚性角的上限值，请根据无筋扩展基础设计原理思考下列方案的合理性，说明图中哪几个不安全，并说明理由。

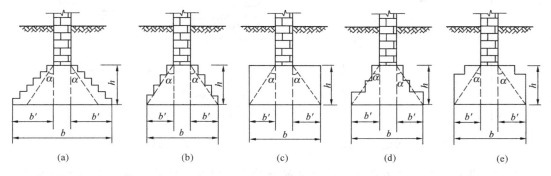

图3-78 习题3.36图

3.37 某中学宿舍楼为8层框架结构。已知该地基土为黏性土，孔隙比$e=0.75$，液性指数$I_L=0.62$。基底以上土的加权平均重度为$16.0kN/m^3$。岩土工程勘察报告中地基承载力特征值$f_{ak}=137kPa$。设计基础宽度为1.2m，埋深4.0m，试求修正后的地基承载力特征值。

3.38 某大型综合商场为6层框架结构。已知该地基土为黏性土，孔隙比$e=0.79$，液性指数$I_L=0.63$。基底以上土的加权平均重度为$15.80kN/m^3$。岩土工程勘察报告中地基承载力特征值$f_{ak}=119kPa$。设计基础宽度为2.7m，埋深5.0m，试求修正后的地基承载力特征值。

3.39 某住宅的筏形基础宽度21m，长54m，埋深3.3m。地基土为黏性土，黏聚力标准值$c_k=10kPa$，内摩擦角标准值为18°，土的重度为$17.7kN/m^3$，地下水位为3m，试确定该地基的地基承载力特征值。

3.40 某承重砖墙基础的埋深为1.6m，上部结构传来的轴向压力$N=170kN/m$。持力层为粉质黏土，其天然重度$r=16kN/m^3$，孔隙比$e=0.8$，液性指数$I_L=0.7$，承载力

f_k 为 150kPa，地下水位在基础底面以下。试设计此基础。

3.41 北京某大学的教学楼独立基础，基础尺寸长为 3.9m，宽为 3.0m，基底平均压力为 170kPa，埋深 2.4m，第一层填土厚 1.6m，重度为 16kN/m³；第二层粉质黏土厚 4m，重度为 19kN/m³，孔隙比为 0.8，液性指数为 0.7，地基承载力标准值为 200kPa，E_{s1}=5600kN/m³；第三层淤泥质土重度 16.8kN/m³，地基承载力标准值为 80kPa，E_{s2}=1900kN/m³。地下水位 2.4m。请验算软弱下卧层的承载力。

3.42 根据图 3-79 的 p-s 曲线确定地基承载力。

3.43 某厂房独立基础，作用在设计地面处的柱荷载、基础埋深及地基条件如图 3-80 所示，试设计基础尺寸。

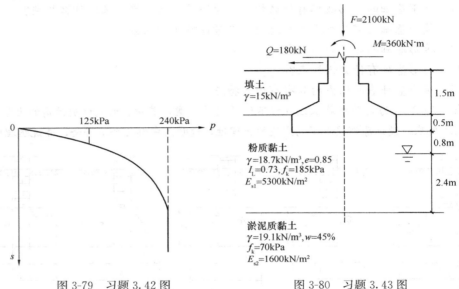

图 3-79 习题 3.42 图　　　图 3-80 习题 3.43 图

3.44 某柱基础，作用在设计地面处的柱荷载、埋深及地基土层剖面条件如图 3-81 所示，基础尺寸：长、宽分别为 3.4m（平行纸面）、2.6m（垂直纸面），试验算持力层和软弱下卧层的强度。

3.45 郑州市某中学教学楼为框架结构，基础形式为柱下独立基础。作用在基础顶面的竖向荷载标准值为 3600kN，弯矩为 810kN·m，水平力 Q 为 100kN。基础埋深 2.5m，基础顶面距离地面 1.7m。第一层地基土为 2.5m 的素填土，天然重度为 18.3kN/m³；第二层土为 5.4m 的黏性土，天然重度为 18.7 kN/m³，孔隙比为 0.85，液性指数为 0.5，地基承载力标准值为 270kPa。试确定基础底面尺寸。

3.46 设计如图 3-82 所示的柱下独立基础，作用在柱底的荷载效应基本组合设计值 F=1000kN，M=100kN·m，预制钢筋混凝土柱的断面为 400mm×500mm。基础采用 C20 混凝土，钢筋采用 HRB335，基础埋深 d=1.5m，基础宽度为 2.4m，长度为 3.2m，试进行台阶形基础结构的设计和计算。

3.47 某承重砖墙基础的埋深为 1.5m，相应于荷载效应标准组合时的竖向中心荷载值为 190kN/m。基础持力层为粉质黏土，承载力特征值为 f_k=153.2kPa。基础顶面为宽度 38cm，厚度 45cm 的 3∶7 灰土。试设计此基础。

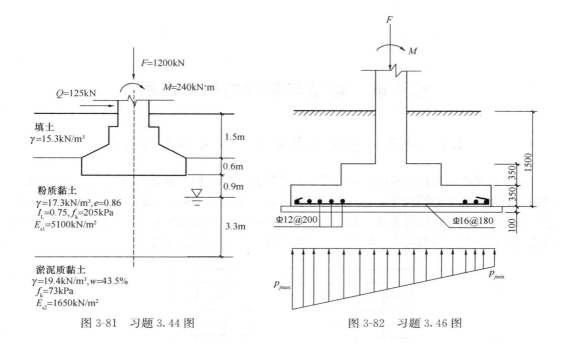

图 3-81 习题 3.44 图   图 3-82 习题 3.46 图

3.48 某砖混结构，砖墙为 37 墙，基础为条形基础。作用于基础顶面的荷载为 183kN/m，基础埋深为 1.2m。地基为淤泥质土，天然含水量 $\omega=40\%$，天然重度为 18.9 kN/m^3，$f_{ak}=87kPa$。试设计此基础。

3.49 某农村砖混结构住宅，采用条形基础，墙厚 370mm，基础埋深为 1.5m，基础顶面荷载为 210kN/m。地基表层为 1.2m 厚的杂填土，$\gamma_1=16.1kN/m^3$，第二层为 3m 厚的黏性土，天然重度为 17.5kN/m^3，孔隙比为 0.843，液性指数为 0.75。试设计此基础。

3.50 用倒梁法计算柱下条形基础的内力（图 3-83）。基础长 18m，基础埋深为 1.5m，地基承载力为 $f=170kPa$，试确定其底面尺寸并用倒梁法计算基础梁的内力。

3.51 某职工宿舍的柱下交叉梁基础，x、y 轴为基底平面和柱荷载的对称轴，如图 3-84 所示。x、y 方向梁的宽度为 $b_x=1.2$，$b_y=0.6$，截面抗弯刚度分别为 $EI_x=1000MPa\cdot m^4$，$EI_y=700MPa\cdot m^4$，基床系数 $k=4MN/m^3$。竖向荷载 $F_1=1MN$，$F_2=2MN$，$F_3=1.5MN$。试将各荷载分配到纵、横向梁上。

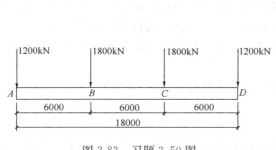

图 3-83 习题 3.50 图

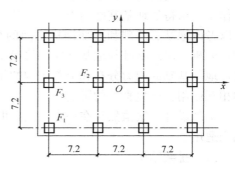

图 3-84 习题 3.51 图

第 4 章　地基与基础的相互作用

4.1　地基、基础与上部结构相互作用的概念

在地基基础的设计计算中，常规设计方法是把上部结构、基础与地基三者分开考虑，视作彼此相互独立的结构单元进行静力平衡分析，如图 4-1 所示。显而易见，常规设计方法具有一定的缺陷，即将地基、基础和上部结构沿接触面分割开来后，虽然分析过程中满足静力平衡条件，但却完全忽略了三者之间受载前后的变形协调性。

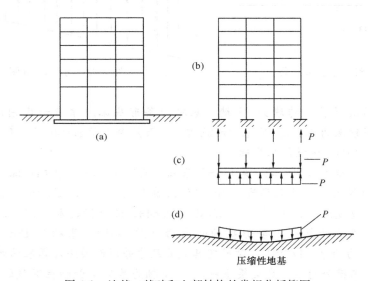

图 4-1　地基、基础和上部结构的常规分析简图

实际上，地基、基础和上部结构三者是互不分割的整体，共同承担荷载而发生协调变形，各部分之间按各自的刚度对变形产生相互制约作用。如果按常规设计方法忽略这种相互作用，求得的地基基础内力和变形就会和实际相差较大。因此，合理的分析方法原则上应以考虑地基、基础和上部结构之间的相互作用为前提。在此基础上，通过相互作用原理，分析、确定基础与地基之间的接触压力和分布形式，进而求得基础的结构内力。简言之，地基基础的内力分布和上部结构的相对刚度有关，相对刚度的大小本质上对彼此之间的相互作用会产生直接的影响。

常规设计方法虽然存在一定缺陷，但是计算简便易行，对于一些特殊情况下的地基基础仍适用。

（1）排架结构

由于屋架铰接于柱顶，整个承重体系对基础的不均匀沉降有很大的顺从性，故基础的沉降差不会引起主体结构的附加应力，传给基础的柱荷载也不会因此而有所变动。结构与

地基变形之间并不存在彼此制约、相互作用的关系。这类结构最适合按常规方法设计。

（2）高耸结构物

烟囱、水塔、高炉、筒仓这类高耸结构物之下整体配置的独立基础与上部结构的一体性很好，使整个体系具有很大的刚度。当地基不均匀时，基础转动倾斜，但几乎不会发生相对挠曲。这类结构也可采用常规设计方法。

4.2 地基计算模型

实际工程中的基础刚度大多介于绝对柔性基础和绝对刚性基础两种极端情形之间。因此，这些基础底面的地基反力分析是比较复杂的。事实上，梁和板下的地基反力并不一定是直线分布的，必须通过共同作用分析求得。为了求得地基反力分布，需要了解地基土的应力-应变关系，表达这种关系的模式称为地基计算模型。由于影响地基土应力-应变关系的因素很多，比较复杂，因此不论哪一种模型都难以完全反映地基的实际工作性状，具有一定的局限性。本节将介绍常用的三种线性计算模型。

4.2.1 文克尔地基模型

文克尔地基模型（图 4-2）假定地基是由许多独立的且互不影响的弹簧组成，即假定地基任一点所受的压力强度 p 只与该点的地基变形 s 成正比，而 p 不影响该点以外的变形，这种关系的表达式为：

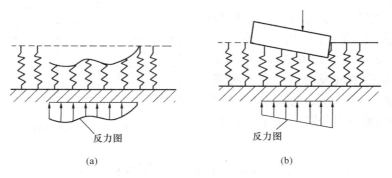

图 4-2 文克尔地基模型
(a) 弹簧模型；(b) 绝对刚性基础

$$p = ks \tag{4-1}$$

式中　k——地基基床系数，表示产生单位变形所需的压力强度（kN/m³）；

p——地基上任一点所受的压力强度（kN/m² 或 kPa）；

s——p 作用点位置上的地基变形（m）。

这个假定是文克尔于 1867 年提出，故称为文克尔地基模型。该模型计算简便，只要选择 k 值得当，可获得较为满意的结果。文克尔地基模型忽略了地基中的剪应力，按这一计算模型，地基变形只发生在基底范围内，基底范围之外没有地基变形，这是与实际情况不符的。

地基基床系数 k 可根据不同地基的特点，分别采用现场试验、荷载平板试验、室内三轴试验或室内固结试验成果获得。

4.2.2 弹性半空间地基模型

弹性半空间地基模型将地基视为均质的线性变形半空间无限体,并用弹性力学公式求解地基中的附加应力或位移。此时,地基上任意点的沉降与整个基底反力以及邻近荷载的分布均有关。

根据布辛奈斯克解,在弹性半空间表面上作用一个竖向集中力 P 时,半空间表面上离竖向集中力作用点距离为 r 处的地基表面沉降 s 为:

$$s = \frac{P(1-\mu^2)}{\pi E_0 r} \tag{4-2}$$

式中 E_0、μ——分别为地基土的变形模量和泊松比。

对于均布矩形荷载 p_0 作用下矩形面积中心点的沉降,可以通过对式(4-2)积分求得:

$$s = \frac{2(1-\mu^2)}{\pi E_0}\left[l\ln\frac{b+\sqrt{l^2+b^2}}{l} + b\frac{l+\sqrt{l^2+b^2}}{l} \right]p_0 \tag{4-3}$$

式中 l、b——分别为矩形荷载面的长度和宽度。

设地基表面作用有任意分布的荷载,可考虑把基底平面划分为 n 个矩形网格(图4-3)。假定作用于各网格面积(f_1,f_2,…,f_n)上的基底压力(p_1,p_2,…,p_n)是近似均布的,如果以沉降系数 δ_{ij} 表示网格 i 的中点由作用于网格 j 上的均布压力 $p_j = 1/f_j$(此时面积 f_j 上的总压力 $R_j = 1$,$R_j = p_j f_j$ 称为集中基底反力)引起的沉降,则按叠加原理,网格 i 中点的沉降应为所有 n 个网格上的基底压力分别引起的沉降之总和,即

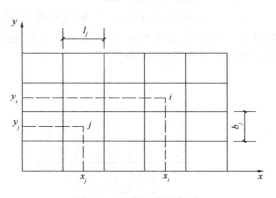

图 4-3 基底网格的划分

$$s_i = \delta_{i1}p_1 f_1 + \delta_{i2}p_2 f_2 + \cdots + \delta_{in}p_n f_n = \sum_{j=1}^{n}\delta_{ij}R_j \quad (i=1,2,3,\cdots,n)$$

对于整个基础,上式可用矩阵形式表示:

$$\begin{Bmatrix} s_1 \\ s_2 \\ \vdots \\ s_n \end{Bmatrix} = \begin{bmatrix} \delta_{11} & \delta_{12} & \cdots & \delta_{1n} \\ \delta_{21} & \delta_{22} & \cdots & \delta_{2n} \\ \vdots & \vdots & \vdots & \vdots \\ \delta_{n1} & \delta_{n2} & \cdots & \delta_{nn} \end{bmatrix} \begin{Bmatrix} R_1 \\ R_2 \\ \vdots \\ R_n \end{Bmatrix}$$

简写为: $\{s\} = [\boldsymbol{\delta}]\{R\}$ (4-4)

式中 $[\boldsymbol{\delta}]$——地基柔度矩阵。

δ_{ij} 可按作用于 j 网格上的均布荷载 $p_j = 1/f_j$,以式(4-3)计算,而对 δ_{ij}($i \neq j$),则可近似地按作用于 j 点上的单位集中地基压力 $R_j = 1$ 以式(4-2)计算,整理可得:

$$\delta_{ij} = \frac{1-\mu^2}{\pi E_0} \begin{cases} 2\left(\frac{1}{b_j}\ln\frac{b_j+\sqrt{l_j^2+b_j^2}}{l_j} + \frac{1}{l_j}\ln\frac{l_j+\sqrt{l_j^2+b_j^2}}{b_j}\right) & (i=j) \\ \dfrac{1}{\sqrt{(x_i-x_j)^2+(y_i-y_j)^2}} & (i\ne j) \end{cases} \quad (4\text{-}5)$$

弹性半空间地基模型能够考虑扩散应力的影响,可以反映邻近荷载对沉降的影响,但它的扩散程度往往超过地基的实际情况,所以计算所得的沉降量和地表的沉降范围均大于实测结果,当然该模型还存在考虑的地基土层单一以及只适用于均质性土的缺点。

4.2.3 有限压缩层地基模型

有限压缩层地基模型以规范中推荐的用以计算地基沉降的分层总和法最具代表性。按照分层总和法,地基沉降等于压缩层范围内各计算分层在完全侧限条件下的压缩量之和(图4-4)。整个基底压力与变形的表达式可写成:

$$\{s\} = [\boldsymbol{\delta}]\{\boldsymbol{P}_0\} \quad (4\text{-}6)$$

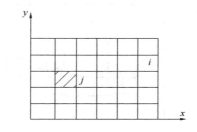

图 4-4 分层压缩地基模型

式中 $\{\boldsymbol{P}_0\}$ ——基底集中附加压力列向量;

$[\boldsymbol{\delta}]$ ——地基柔度矩阵,δ_{ij} 柔度系数按下式计算:

$$\delta_{ij} = \sum_{k=0}^{m} \frac{\sigma_{ijk}}{E_{sik}} h_{ik} \quad (4\text{-}7)$$

其中 m ——压缩层厚度内的分层数;

h_{ik} —— i 网格中点下第 k 土层的厚度(m);

E_{sik} —— i 网格中点下第 k 土层的压缩模量(kPa);

σ_{ijk} —— j 网格中点作用单位集中附加压力引起 i 网格中点下第 k 土层中点的附加应力(kPa)。

这一模型能较好地反映地基土中应力扩散和分层压缩变形的特性,能考虑土层沿深度变化的非均质性和土层分层。计算分析表明:这一模型的计算结果比较符合实际情况,但是该模型为弹性模型,无法考虑土的非线性和过大的基底压力引起地基土的塑性变形。

地基计算模型的选用是地基上梁板分析的关键性问题,一般宜根据荷载的大小和地基的实际情况选用合适的地基计算模型。

4.3 文克尔地基模型梁的计算

在弹性地基上梁的解法中,如果假定地基为文克尔地基,则计算显著简化,对应的方法就属于文克尔地基模型上梁的计算方法,简称基床系数法。这种方法涉及的具体计算有解析法、有限差分法和有限单元法三种，下面通过解析法说明计算的基本原理。

假设图 4-5 中梁上作用有各种荷载，其中梁上作用有线荷载 q，梁下作用有地基反力对应的面荷载 p，梁宽为 b。梁上任取一微段 dx，进行受力平衡分析，有

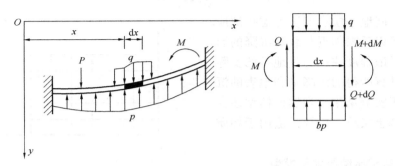

图 4-5 文克尔地基模型梁计算

$$Q - (Q + dQ) + bp\,dx - q\,dx = 0 \tag{4-8}$$

$$\frac{dQ}{dx} = bp - q \tag{4-9}$$

梁的挠曲微分方程为：

$$EI\frac{d^2w}{dx^2} = -M$$
$$EI\frac{d^4w}{dx^4} = -\frac{d^2w}{dx^2} \tag{4-10}$$

式中　w——梁的挠度，即 y 方向的位移；
　　　EI——地基梁的弯曲刚度。

根据截面剪力与弯矩的相互关系，即 $\frac{d^2w}{dx^2} = \frac{dQ}{dx}$，则 $EI\frac{d^4w}{dx^4} = -bp + q$。引入文克尔地基模型及地基沉降 s 与地基梁的挠曲变形协调条件 $s = w$，可得 $p = ks = kw$。由此，可得文克尔地基梁的挠曲微分方程为

$$EI\frac{d^4w}{dx^4} + bkw = q \tag{4-11}$$

假设地基反力 $q=0$，对应的齐次微分方程为：

$$EI\frac{d^4w}{dx^4} + bkw = 0$$

令 $\lambda = \sqrt[4]{\frac{kb}{4EI}}$，则齐次微分方程可整理为

$$\frac{d^4w}{dx^4} + 4\lambda^4 w = 0 \tag{4-12}$$

式中：λ 与地基的基床系数和梁的抗弯刚度有关，量纲为【长度】$^{-1}$，λ 的倒数 $\frac{1}{\lambda}$ 称之为特征长度。λ 值越小，则基础相对地基的刚度越大。

齐次微分方程的通解为：

$$w = e^{\lambda x}(C_1\cos\lambda x + C_2\sin\lambda x) + e^{-\lambda x}(C_3\cos\lambda x + C_4\sin\lambda x) \tag{4-13}$$

式中 C_1、C_2、C_3、C_4——积分后的待定系数，可根据荷载及边界条件确定；

λx——无量纲系数，当 x 取基础梁长 L 时，λL 称为梁的柔度指数，λL 值越大，表示梁的柔性越大。

弹性地基梁按照 λL 值的大小，可分为下列三种类型：

(1) $\lambda L \leqslant \dfrac{\pi}{4}$，为短梁（刚性梁）；

(2) $\dfrac{\pi}{4} < \lambda L < \pi$，为有限长梁（有限刚度梁）；

(3) $\lambda L \geqslant \pi$，为长梁（柔性梁）。

对于 $\lambda \leqslant \dfrac{\pi}{4}$ 的短梁即刚性梁，可按一般的条形基础进行内力分析，即假定基底反力为直线分布，基础的内力按倒梁法或静力平衡分析法来计算。至于无限长梁、半无限长梁以及有限长梁在文克尔地基上受到集中力或集中力矩作用时如何计算内力，下面则需要分别进行讨论。

4.3.1 无限长梁解

梁的挠度随加载点的距离增加而减少，当梁端离加载点距离为无限远时，梁端挠度为零。在实际应用时，只要 $\lambda L > \pi$，即可将其当作无限长梁处理，认为梁端挠度为零。

(1) 无限长梁受集中力 P_0 的作用（向下为正）

设集中力作用点为坐标原点 O，当 $x \to \infty$ 时，$\omega \to 0$，从通解式可得：$C_1 = C_2 = 0$。于是梁的挠度方程为

$$w = e^{-\lambda x}(C_3 \cos\lambda x + C_4 \sin\lambda x) \tag{4-14}$$

当 $x = 0$ 时，$\left(\dfrac{\mathrm{d}w}{\mathrm{d}x}\right)_{x=0} = 0$，由此可得：$-(C_3 - C_4) = 0$，即 $C_3 = C_4 = C$，有

$$w = Ce^{-\lambda x}(\cos\lambda x + \sin\lambda x) \tag{4-15}$$

假设 ε 为无穷小，则在 O 点紧邻的右侧截面 $0+\varepsilon$ 处将地基梁截断，则梁右半段该位置处的剪力 Q 等于地基总反力的一半，即 $P_0/2$，并指向下方，即

$$Q = EI\dfrac{\mathrm{d}^3\omega}{\mathrm{d}x^3}\bigg|_{x=0+\varepsilon} = -\dfrac{P_0}{2} \tag{4-16}$$

对式（4-16）中 w 取三阶导数后带入式（4-17），可得

$$C = \dfrac{P_0\lambda}{2kb} \tag{4-17}$$

这样，得到受集中力 P_0 作用时无限长梁的挠度公式（$x \geqslant 0$）：

$$w = \dfrac{P_0\lambda}{2kb}e^{-\lambda x}(\cos\lambda x + \sin\lambda x) \tag{4-18}$$

根据梁截面的转角 $\theta = \dfrac{\mathrm{d}w}{\mathrm{d}x}$，弯矩 $M = -EI\dfrac{\mathrm{d}^2w}{\mathrm{d}x^2}$，剪力 $Q = -EI\dfrac{\mathrm{d}^3w}{\mathrm{d}x^3}$，对于无限长梁的右半部分（$x \geqslant 0$），上述公式归纳如下：

$$\omega = \dfrac{p_0\lambda}{2kb}A_x$$

$$\theta = \dfrac{-P_0\lambda^2}{kb}B_x$$

$$M = \frac{P_0}{4\lambda} C_x \tag{4-19}$$

$$Q = \frac{-P_0}{2} D_x$$

$$p = k\omega = \frac{P_0 \lambda}{2b} A_x$$

式中　　$A_x = \mathrm{e}^{-\lambda x}(\cos\lambda x + \sin\lambda x)$
$B_x = \mathrm{e}^{-\lambda x} \sin\lambda x$
$C_x = \mathrm{e}^{-\lambda x}(\cos\lambda x - \sin\lambda x)$
$D_x = \mathrm{e}^{-\lambda x} \cos\lambda x$

基础梁左半部分（$x \leqslant 0$）的对应解与右半部分的解存在正对称或反对称关系。两者汇总在一起后，无限长梁的挠度 ω、转角 θ、弯矩 M、剪力 Q 分布如图 4-6 所示。

（2）无限长梁受集中力偶 M_0 的作用（顺时针方向为正）

以集中力偶 M_0 作用点为坐标原点 O，当 $x \to \infty$ 时 $\omega \to 0$，从通解式可得：$C_1 = C_2 = 0$。地基反力对原点时反对称，所以 $x = 0$、$\omega = 0$，得到 $C_3 = 0$，于是梁的挠度方程写成：

$$\omega = C_4 \mathrm{e}^{-\lambda x} \sin\lambda x \tag{4-20}$$

假设 ε 为无穷小，则在 O 点紧邻的右侧截面 $0+\varepsilon$ 处将地基梁截断，则梁右半段该位置处的弯矩 M 等于 M_0 的一半，即 $M_0/2$，并沿顺时针方向，即

$$M = -EI \frac{\mathrm{d}^2 \omega}{\mathrm{d}x^2}\bigg|_{x=0+\varepsilon} = \frac{M_0}{2} \tag{4-21}$$

对式（4-20）中 W 取两阶导数后带入式（4-21），可得

$$C_4 = \frac{M_0 \lambda^2}{kb}$$

这样得到受集中力偶 M_0 作用时无限长梁的挠度公式（$x \geqslant 0$）：

$$\omega = \frac{M_0 \lambda^2}{kb} \mathrm{e}^{-\lambda x} \sin\lambda x \tag{4-22}$$

梁截面的转角 $\theta = \dfrac{\mathrm{d}\omega}{\mathrm{d}x}$，弯矩 $M = -EI \dfrac{\mathrm{d}^2 \omega}{\mathrm{d}x^2}$，剪力 $Q = -EI \dfrac{\mathrm{d}^3 \omega}{\mathrm{d}x^3}$

对于无限长梁的右半部分（$x \geqslant 0$），公式归纳如下：

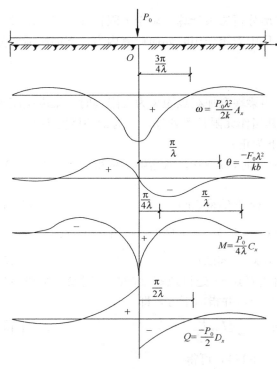

图 4-6　集中力作用下无限长梁的挠度 ω、转角 θ、弯矩 M、剪力 Q 分布图

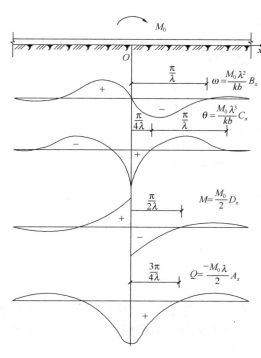

图 4-7 集中力偶作用下无限长梁的挠度 ω、转角 θ、弯矩 M、剪力 Q 分布图

$$\left.\begin{aligned} \omega &= \frac{M_0\lambda^2}{kb}B_x \\ \theta &= \frac{M_0\lambda^3}{kb}C_x \\ M &= \frac{M_0}{2}D_x \\ Q &= \frac{-M_0\lambda}{2}A_x \\ p &= k\omega = \frac{M_0\lambda^2}{b}B_x \end{aligned}\right\} \quad (4\text{-}23)$$

基础梁左半部分（$x\leqslant 0$）的对应解与右半部分的解存在正对称或反对称关系。两者汇总在一起后，无限长梁的挠度 ω、转角 θ、弯矩 M、剪力 Q 分布如图 4-7 所示。

4.3.2 半无限长梁

在实际生活中，还存在一端为有限梁端，另一端为无限长的基础梁，称之为半无限长梁。假设半无限长梁的梁端作用有集中力 P_0 和集中力偶 M_0，如图 4-8 所示。将坐标原点取在受力端，可知：当 $x\to\infty$ 时，该点对应的沉降 $\omega\to 0$，根据式（4-13）由通解表达式可得 $C_1=C_2=0$；当 $x=0$ 时，$M=M_0$，$Q=-P_0$。

根据已知条件，可知

$$M = -EI\frac{\mathrm{d}^2w}{\mathrm{d}x^2} = M_0 \tag{4-24}$$

$$Q = -EI\frac{\mathrm{d}^3w}{\mathrm{d}x^3} = -P_0 \tag{4-25}$$

将式（4-14）分别代入式（4-24）、式（4-25），可求得：

$$C_3 = \frac{2\lambda}{kb}P_0 - \frac{2\lambda^2}{kb}M_0 \tag{4-26}$$

$$C_4 = \frac{2\lambda^2}{kb}M_0 \tag{4-27}$$

根据梁截面内力与变形之间的关系表达式，即转角 $\theta=\dfrac{\mathrm{d}w}{\mathrm{d}x}$，弯矩 $M=-EI\dfrac{\mathrm{d}^2w}{\mathrm{d}x^2}$ 和剪力 $Q=-EI\dfrac{\mathrm{d}^3w}{\mathrm{d}x^3}$，并将 C_3、C_4 系数

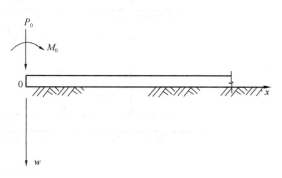

图 4-8 文克尔地基上半无限长梁

返回代入式（4-13），汇总可得文克尔地基上半无限长梁的变形和内力计算公式，公式如下：

$$\left.\begin{aligned}w &= \frac{2\lambda}{kb}(P_0 D_x - M_0\lambda C_x) \\ \theta &= \frac{-2\lambda^2}{kb}(P_0 A_x - 2M_0\lambda D_x) \\ M &= -\frac{1}{\lambda}(P_0 B_x - M_0\lambda A_x) \\ Q &= -(P_0 C_x + 2M_0\lambda B_x) \\ p &= kw = \frac{2\lambda}{b}(P_0 D_x - M_0\lambda C_x)\end{aligned}\right\} \quad (4-28)$$

其中
$$A_x = e^{-\lambda x}(\cos\lambda x + \sin\lambda x)$$
$$B_x = e^{-\lambda x}\sin\lambda x$$
$$C_x = e^{-\lambda x}(\cos\lambda x - \sin\lambda x)$$
$$D_x = e^{-\lambda x}\cos\lambda x$$

4.3.3 有限长梁

实际过程中无限长梁是不存在的，基础梁一般都是有限长梁。有限长梁具有一定的刚度，这时荷载作用对梁端的影响是不可忽略的。求解有限长梁的变形和内力，可以参考无限长梁求解的结果，并利用叠加原理施行。

对于图 4-9 所示受有荷载的有限长梁 I，假设由两端 A、B 分别向外无限延，就可得到无限长梁 II。在外荷载作用下，可分别求得无限长梁 II 分别在截面 A 和截面 B 处的内力，即弯矩 M_a 和 Q_a、M_b 和 Q_b。然而，真实梁 I 的 A、B 两端是自由边界，不存在任何内力，为利用无限长梁 II 求得相应于原有限长梁 I 的解答，就必须设法消除虚拟梁 II 中 A、B 两截面处的弯矩和剪力。

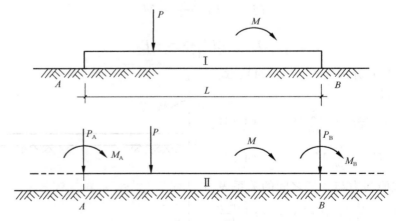

图 4-9 叠加法有限长梁

为此，可在梁 II 的 A、B 两点外侧，分别施加一对虚拟的集中荷载 M_A、P_A 和 M_B、P_B（其正向如图 4-9 所示），并要求这两对附加荷载在 A、B 两截面中产生的内力分别等于 $-M_a$、$-Q_a$ 和 $-M_b$、$-Q_b$，以抵消 A、B 两处的内力。根据内力抵消条件，结合式（4-19）、式（4-23），可列出方程组：

$$\begin{cases} \dfrac{P_A}{4\lambda} + \dfrac{P_B}{4\lambda}C_L + \dfrac{M_A}{2} - \dfrac{M_B}{2}D_L = -M_a \\ -\dfrac{P_A}{2} + \dfrac{P_B}{2}D_L - \dfrac{\lambda M_A}{2} - \dfrac{\lambda M_B}{2}A_L = -Q_a \\ \dfrac{P_A}{4\lambda}C_L + \dfrac{P_B}{4\lambda} + \dfrac{M_A}{2}D_L - \dfrac{M_B}{2} = -M_b \\ -\dfrac{P_A}{2}D_L + \dfrac{P_B}{2} - \dfrac{\lambda M_A}{2}A_L - \dfrac{\lambda M_B}{2} = -Q_b \end{cases} \quad (4\text{-}29)$$

求解，可得

$$\begin{cases} P_A = (E_L + F_L D_L)Q_a + \lambda(E_L - F_L A_L)M_a - (F_L + E_L D_L)Q_b + \lambda(F_L + E_L A_L)M_b \\ M_A = -(E_L + F_L C_L)\dfrac{Q_a}{2\lambda} - (E_L - F_L D_L)M_a + (F_L + E_L C_L)\dfrac{Q_b}{2\lambda} - (F_L - E_L D_L)M_b \\ P_B = (F_L + E_L D_L)Q_a + \lambda(F_L - E_L A_L)M_a - (E_L + F_L D_L)Q_b + \lambda(E_L - F_L A_L)M_b \\ M_B = (F_L + E_L C_L)\dfrac{Q_a}{2\lambda} + (F_L - E_L D_L)M_a - (E_L + F_L C_L)\dfrac{Q_b}{2\lambda} + (E_L - F_L D_L)M_b \end{cases}$$

(4-30)

式中 $E_L = \dfrac{2e^{\lambda L}\,\text{sh}\lambda L}{\text{sh}^2\lambda L - \sin^2\lambda L}, F_L = \dfrac{2e^{\lambda L}\sin\lambda L}{\sin^2\lambda L - \text{sh}^2\lambda L}$

当无限长梁Ⅱ在 A、B 两截面外侧施加虚拟的附加荷载 P_A、M_A 和 P_B、M_B 之后，即可抵消无限长梁Ⅱ在外荷载作用下 A、B 两截面处的内力 M_A、Q_A 和 M_B、Q_B，其效果相当于在 A 和 B 处切断梁Ⅱ。这样，在外荷载作用下有限长梁Ⅰ的解就可与无限长梁Ⅱ在外荷载和附加荷载共同作用下的叠加结果保持一致。

4.3.4 基床系数的确定

在文克尔地基梁的计算过程中，无论无限长梁、半无限长梁还是有限长梁，都需要用到地基基床系数 k。k 值取决于多方面的因素，例如基底压力的大小及分布、土的压缩性、土层厚度、邻近荷载影响等，选择是否得当，对计算结果的精度影响很大。因此，在进行地基上梁或板分析之前，基床系数 k 的取值必须首先加以考虑。基床系数 k 可根据不同地基的特点，分别采用现场试验、荷载平板试验、室内三轴试验或室内固结试验成果获得。

1. 按基础的预估沉降量确定

对于某个特定的地基和基础条件，可用下式估算基床系数：

$$k = p_0 / s_m \quad (4\text{-}31)$$

式中 p_0——基底平均附加压力；

s_m——基础的平均沉降量，可按分层总和法计算。

对于厚度为 h 的薄压缩层地基，基底平均沉降 $s_m = \sigma_z h / E_s \approx p_0 h / E_s$，代入式（3-27）得：

$$k = E_s / h \quad (4\text{-}32)$$

式中 E_s——土层的平均压缩模量。

如薄压缩层地基由若干分层组成，则上式可写成：

$$k = \dfrac{1}{\sum \dfrac{h_i}{E_{si}}} \quad (4\text{-}33)$$

式中 h_i、E_{si}——分别为第 i 层土的厚度和压缩模量。

2. 按载荷平板试验确定

如果地基压缩层范围内的土质均匀,则可利用载荷试验成果来估算基床系数,即在 $p-s$ 曲线上取对应于基底平均反力 p 的刚性载荷板沉降值 s 来计算载荷板下地基的基床系数 $k_p=p/s$。根据《岩土工程勘察规范》的限定,要求承压板边长为 30cm。

3. 经验参考值

当不具备试验条件或者仅考虑进行加算分析时,基床系数 k 值可参考表 4-1 中的经验值。

基床系数参考值　　　　　　　　　表 4-1

地基土种类与特征	k(10^4 kN/m³)	地基土种类与特征	k(10^4 kN/m³)
淤泥质、有机质或新填土	0.1~0.5	黄土及黄土性粉质黏土	4~5
软弱黏土	0.5~1.0	紧密砾石	4~10
黏土及粉质黏土　软塑	1.0~2.0	硬黏土或人工夯实粉质黏土	10~20
可塑	2.0~4.0	软质岩石和中、强风化的坚硬岩石	20~100
硬塑	4.0~10.0	完好的坚硬岩石	100~1500
松砂	1.0~1.5	砖	400~500
中密砂或松散砾石	1.5~2.5	块石砌体	500~600
密砂或中密砾石	2.5~4.0	混凝土与钢筋混凝土	800~1500

4.3.5 文克尔地基模型梁解析方法的适用条件

(1) 由于文克尔地基模型中假定地基不能传递剪力,位移仅与竖向荷载有关,因此导致地基应力不存在扩散情况。满足这种条件的只有近似于液体状态的软弱土或者基础梁下的软弱土持力层很薄且其下为不可压缩地层的情况。

(2) 根据该计算模型的假定,基础梁外地基变形为零,这与实际情况不符,当需要考虑相邻荷载的影响时,无法适用。

(3) 在计算中将会出现地基反力为拉力的情况,实际上这是不可能的,因为基础与地基之间不可能存在拉力,承受拉力说明两者已经脱开,不再保持接触。这种情况是在计算中要求满足变形协调条件所引起的,但这对于荷载作用点附近的内力计算误差处于可接受的范围之内。

(4) 文克尔地基梁计算法与倒梁法的比较。在荷载均匀且柱距相等的条件下,同时 k 在 10000~5000kN/m³ 范围内,两者内力计算结果接近。当内柱荷载及柱距分布较均匀,基础梁无悬臂或有适当悬臂长度(如悬臂长度在第一跨距的 $\frac{1}{4} \sim \frac{1}{3}$ 范围内),且上部结构刚度较大,地基比较均匀且承载力较高,宜用倒梁法简化计算;若各柱荷载相差较大,柱距分布不等,宜采用文克尔地基模型对梁进行计算分析。

4.4 地基梁的数值分析

上一节阐述了文克尔地基模型梁的解析法,可以发现求解过程是相对比较复杂的。如果地基基床系数沿长度方向不是常量，或者地基梁的截面尺寸非恒定，解析法就难以胜任，这种情况下不得不寻求数值解法。数值解法主要包括有限差分法和有限单元法，前者是从数学角度出发寻求近似解，而后者则侧重从物理角度获取近似解。由于有限单元法在应用过程中具有压倒性的优势，下面主要介绍这一方法。

4.4.1 梁的刚度矩阵

对于图 4-10 所示的地基梁，尽管沿水平方向任一点的基床系数 $k(x)$ 和梁的截面尺寸是随坐标值 x 变化的，但是按照有限单元法中单元划分的原则，可以采取"以直代曲和以阶梯单元代替连续变截面构件"的思路进行处理，精度与划分单元的数量有关。基于此，可以将梁沿全长 L 划分为 $n-1$ 段，每一个梁段相当于一个单元。只要 n 足够大，即单元数量足够多，那么尽管沿梁的全长基床系数和某些截面尺寸参数是变化的，但是在同一单元内这些参数是恒定的。

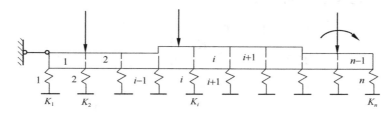

图 4-10　地基梁的有限单元法计算简图

对于第 1 个单元，进行如下符号规定：节点编号分别为 i 和 $i+1$，对应的节点位移和转角分别用 ω_i、θ_i 和 ω_{i+1}、θ_{i+1} 表示，该梁段的长度、宽度、弯曲刚度分别用 l_i（$i=1, 2, \cdots, n$）、b_i 和 EI_i 表示，地基基床系数用 k_i 表示；沿梁段全长作用的地基反力合力分别等效到单元节点处，采用 R_i、R_{i+1} 表示，可通过在节点 i 和 $i+1$ 分别施加弹簧 K_i、K_{i+1} 进行模拟。

在单元 i、$i-1$ 和 $i+1$ 内，地基基床系数分别用 k_i、k_{i-1}、k_{i+1} 表示；对应的节点等效集中荷载为

$$R_i = \frac{1}{2}(k_{i-1}l_{i-1}b_{i-1} + k_il_ib_i)\omega_i = K_i\omega_i, \quad R_{i+1} = \frac{1}{2}(k_il_ib_i + k_{i+1}l_{i+1}b_{i+1})\omega_{i+1} = K_{i+1}\omega_{i+1}.$$

注意：对任一节点 i 而言，实际上节点等效荷载是将左右相邻单元对应的地基反力合力各取一半归属到该节点处。

经过这样的单元划分处理之后，地基上的梁就变成分别支承在 n 个不同刚度（K_1, K_2, $\cdots$, K_n）的弹簧支座上的梁，而地基反力也就离散为 n 个集中反力（R_1, R_2, $\cdots$, R_n）。对于梁段 i，单元刚度矩阵 $[k]_i$ 为

$$[k]_i = \frac{EI_i}{l_i^3}\begin{bmatrix} 12 & 6l_i & -12l_i & 6l_i \\ 6l_i & 4l_i^2 & -6l_i & 2l_i^2 \\ -12 & -6l_i & 12 & -6l_i \\ 6l_i & 2l_i^2 & -6l_i & 4l_i^2 \end{bmatrix}$$

设结点 i 的竖向位移和转角分别为 ω_i 和 θ_i；结点力（竖向力和力矩）分别为 F_i 和 F_{mi}，则结点力与结点位移间的关系可以用矩阵形式表示为：

$$\{F\} = [K_b]\{s\} \tag{4-34}$$

式中　$\{F\}$——结点力列向量，$\{F\} = \{F_1, F_{m1}, F_2, F_{m2}, \cdots, F_n, F_{mn}\}^T$；

　　　$\{s\}$——结点位移列向量，$\{s\} = \{w_1, \theta_1, w_2, \theta_2, \cdots, w_n, \theta_n\}^T$；

　　　$[K_b]$——梁的总刚度矩阵，按对号入座原则由单元刚度矩阵组合而成。

4.4.2 地基上梁的刚度矩阵

地基上梁的刚度矩阵与梁结点的各个竖向位移和转角相对应，地基在任意结点 i 处要同时考虑沉降 ω_i 和基底倾斜角 θ_i 两个参量。由于模拟地基的一系列弹簧在与梁底接触处只能提供竖向集中反力 $R_i = K_i \omega_i$，而不能抵抗转动，因此基底反力偶 $R_{mi} = 0$。基底反力列向量 $\{R\} = \{R_1, R_{m1}, R_2, R_{m2}, \cdots, R_n, R_{mn}\}^T$ 和基底位移列向量 $\{s\} = \{\omega_1, \theta_1, \omega_2, \theta_2, \cdots, \omega_n, \theta_n\}^T$ 之间存在如下关系：

$$\{R\} = [K_s]\{s\} \tag{4-35}$$

式中　$[K_s]$——地基刚度矩阵，公式为：

$$[K_s] = \begin{bmatrix} K_1 & & & & & \\ & 0 & & 0 & & \\ & & K_2 & & & \\ & & & 0 & & \\ & 0 & & & \ddots & \\ & & & & & K_n \\ & & & & & & 0 \end{bmatrix} \tag{4-36}$$

根据梁上各结点的静力平衡条件，作用于任意结点 i 处的集中基底反力、结点力（竖向力 P_i 和集中力偶 M_i）和等效结点荷载之间应满足条件 $R_i + F_i = P_i$ 和 $R_{mi} + F_{mi} = M_i$，即

$$\{R\} + \{F\} = \{P\} \tag{4-37}$$

式中　$\{P\}$——结点荷载列向量：$\{P\} = \{P_1, M_1, P_2, M_2, \cdots, P_n, M_n\}^T$。

将式（4-34）与式（4-34）一起代入上式，可得

$$([K_b] + [K_s])\{s\} = \{P\} \tag{4-38}$$

令

$$[K] = [K_b] + [K_s] \tag{4-39}$$

则

$$[K]\{s\} = \{P\} \tag{4-40}$$

式中　$[K]$——地基上梁的刚度矩阵。

4.4.3 地基上梁的内力与变形

对于文克尔地基梁，由式（4-40）可解得基底位移列向量 $\{s\}$，然后通过式（4-35）可求出基底反力。在此基础上，梁任意截面上的弯矩和剪力即可按静定分析法计算。

4.5　地基基础和上部结构的相互作用

按照基础相对地基刚度的大小，可将基础分为柔性基础和刚性基础。这种相对刚度的大小对基底压力或地基反力的分布影响很大，而且直接影响上部结构荷载向地基传递的基本规律。最显著的特点是：柔性基础直接向地基传递荷载而不能侧向扩展；刚性基础存在跨越作用，可以把荷载由受载位置向基础底部边缘进行扩散。

4.5.1 地基基础的相互作用

如前所述，地基基础和上部结构在荷载作用下存在相互作用，常规的设计方法只考虑三者之间的静力平衡，而忽略彼此的变形协调，导致与实际情况有出入。因此，需要分析

三者之间或任意两者之间在荷载作用下的相互制约关系。

1. 地基基础相对刚度的影响

按照基础与地基之间的相对刚度大小，可以把基础分为柔性基础和刚性基础。

柔性基础的抗弯刚度很小。它好比放在地上的柔软薄膜，可以随着地基的变形而任意弯曲。基础上部荷载透过薄膜直接传递到对应的地基上而不能侧向扩散分布。基底压力（地基反力）与作用于基础上的荷载分布完全一致，就像荷载直接作用在地基上一样。假想在硬地面上放一张纸，一个人用脚掌直接踩上去，这种情况下纸相当于柔性基础，地表扮演硬地基的角色。根据常识，显然纸下或地面上仅在与脚掌相重合的地方存在荷载作用。

如图 4-11 所示，柔性基础上的荷载直接传递到地基上，即使上部为均布荷载也会引起地基的不均匀沉降，呈现出中部大、边缘小的特点。如果要改变这种情况，就要适当增加基础上部两侧的荷载，方可使沉降趋于均匀。由此可见柔性基础存在这样的缺点：①在荷载的作用位置可能造成局部超载，导致变形过大；②缺乏相应的整体刚度，不能调整基底的不均匀沉降。

刚性基础具有非常大的抗弯刚度，受载后基础不挠曲，因此，原来是平面的基底，沉降后仍然保持平面（图 4-12）。此处把刚性基础能跨越基底中部，将所承担的荷载相对集中地传至基底边缘的现象称为基础的"架越作用"。

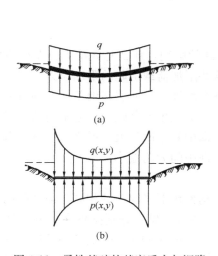

图 4-11 柔性基础的基底反力与沉降
(a) 均布荷载时，$p(x,y) =$ 常数；
(b) 沉降均匀时，$p(x,y) \neq$ 常数

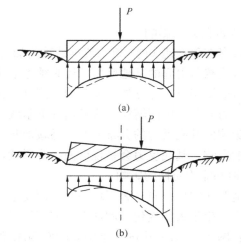

图 4-12 刚性基础的基底反力与沉降
(a) 中心荷载；(b) 偏心荷载

在实际工程中，绝对刚性或绝对柔性的基础是不存在的，基础的真实刚度必然介于两者之间。因此，分析基础与地基的相对刚度对基底压力的分布规律的影响，将很有现实意义。

为简便起见，假设上部结构和基础的参数不变，仅下部地基条件发生变化，下面分析这种变化可能对基底反力分布造成的影响。在淤泥质类地基中，由于基础的相对刚度偏大，基底反力可以按直线分布进行假设，基础对上部承担的荷载具有架越作用。反之，如果地基属于岩石、密实卵石一类坚硬地基时，上部基础的相对刚度就会自然偏小，更接近于柔性基础。相对柔性基础，地基仅在荷载作用点位置受力，远处基础和地基可能会脱离

接触，如图 4-13 所示。

结合基础相对地基的刚度大小，可汇总出如图 4-14 所示的基础上部荷载向地基传递的规律：基础相对刚度越大，架越作用越明显，基底压力分布与上部荷载分布越不一致。

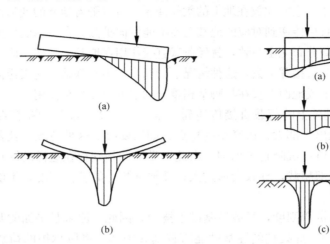

图 4-13　地基与基础脱离接触情况
(a) 相对刚性基础；(b) 相对柔性基础

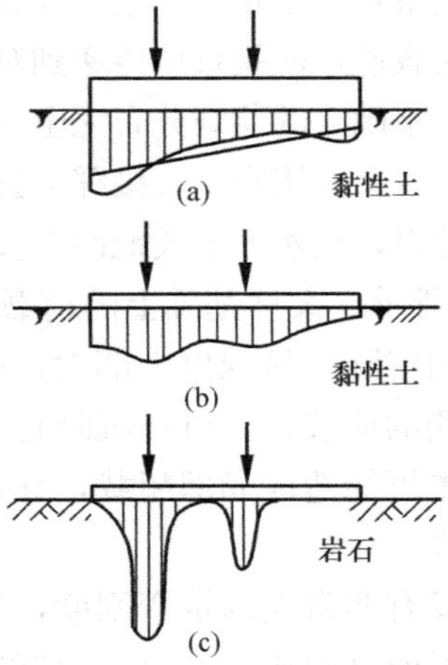

图 4-14　基础相对刚度对架越作用的影响
(a) 刚度大；(b) 刚度中等；(c) 刚度小

2. 邻近荷载的影响

如果存在邻近建（构）筑物或堆载等附加荷载的影响，那么基底反力分布就不能仅仅考虑自身受载所引起的基地反力，还必须考虑这些附加荷载引起的附加应力。当基础受到相邻荷载的影响时，邻近外部荷载的一侧沉降就会增加，从而引起地基反力的重分配，遂使地基反力向基础中间转移，这种情况下基底反力会发生显著改变。通常的情况是：无邻近荷载影响的基底反力的分布一般呈马鞍形状，即中间小两端大；反之，一旦两侧受到相邻荷载的影响，基底反力会呈现出抛物线形状，即中间大两端小。

3. 地基非均质性的影响

当地基压缩性分布显著不均匀时，即使上部构件传下来的荷载相同，但基础的内力和变形都会发生很大的变化。例如图 4-15 所示的长条形基础，分别搁置在下列两种不同的地基上：图 4-15 (a) 中的地基中间软而两端硬；图 4-15 (b) 中的地基中间硬而两端软，可以看出，图 4-15 (a) 中的地基上基础发生正向挠曲，而图 4-15 (b) 中的地基上基础发生反向挠曲，所受弯矩也不一样。

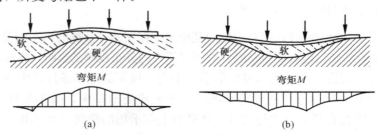

图 4-15　地基压缩性不均匀的影响
(a) 反向挠曲；(b) 正向挠曲

4. 荷载分布的影响

在下部地基条件一定的情况下，基础上部荷载分布的不同也会对基础的内力造成一定的影响。在图 4-16 中（a）下部地基中间硬两端软、（b）下部地基中间软两端硬。这种情况下应调整基础上部的荷载，使基础的内力弯矩幅值较小。在图 4-16 中（a）、（b）有利而（c）、（d）不利。

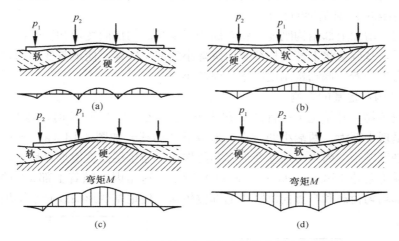

图 4-16 不均匀地基上条形基础柱荷载分布的影响

4.5.2 上部结构与地基基础的相互作用

除地基之外，建筑物上部结构的参数对基础受力性能的影响也很大，特别是上部结构的刚度参数对基础受力有着至关重要的影响。上部结构刚度可以反映上部结构对基础不均匀沉降或挠曲变形的抵抗能力。为说明这一问题，下面分别以绝对刚性和完全柔性两种截然不同的上部结构对条形基础的受力影响进行对比分析。如图 4-17（a）所示，假设上部结构为绝对刚性，当地基变形时各柱同时下沉，条形基础虽然可以变形，但在柱脚处受柱提供的若干不动铰支座限制，在地基反力的作用下如同倒置的连续梁，仅在各支座之间的基础部分发生局部弯曲。假设图 4-17（b）中上部结构为完全柔性，除了传递荷载以外，对条形基础的变形无任何制约作用，即上部结构不参与相互作用；这种条件下基础不仅因

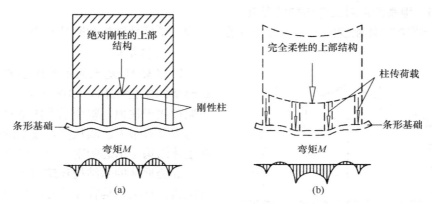

图 4-17 上部结构与地基基础的相互作用
(a) 上部结构绝对刚性；(b) 上部结构绝对柔性

跨间受地基反力而发生局部弯曲，同时还要随上部结构变形而产生整体弯曲；两者叠加后将会产生较大的内力与变形。

实际上，上部结构的刚度是介于两者之间的，没有绝对刚性的结构，也没有完全柔性的结构。剪力墙和筒体结构接近绝对刚性结构；单层排架和静定结构接近完全柔性结构。绝大多数建筑物的实际刚度介于两者之间，只能定性判断相对偏向于哪种极端情况。

1. 上部结构刚度对基础的影响

研究表明，增加上部结构刚度，将有助于减少基础的挠曲变形和所受内力。上部结构刚度增大以后，基础会将上部结构荷载向沉降小的部位转移，使地基变形的差异减小；同时底板的内力也随着上部结构刚度的增大而减小。

2. 上部结构对地基的影响

当高层建筑物刚开始施工并且高度 H 与长度 L 之比小于 0.25 时，地基的变形沿纵、横两方向均呈现中部大、两端小的特点，形成下凹曲线，如图 4-18（a）所示。因为此时上部结构的刚度还小，尚未对地基变形起制约作用。当楼层高度增加之后，地基中部与两端的沉降差异将会趋于减小，如图 4-18（b）所示。这是因为随着上部结构的刚度增大，自动地将上部均匀荷载和自重向沉降小的部位传递，使地基变形曲线趋于平坦。

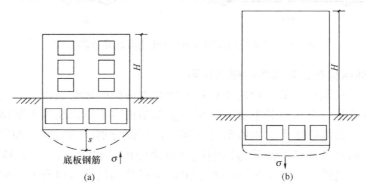

图 4-18 上部结构对地基的影响

(a) $\frac{H}{L}<0.25$；(b) $\frac{H}{L}>0.25$

4.5.3 地基变形对上部结构的影响

上部结构按整体刚度的大小，可分为柔性结构、敏感性结构和刚性结构

1. 柔性结构

以屋架-柱-基础为承重体系的排架体系是典型的柔性结构，如图 4-19 所示。由于屋架铰接于柱顶，整个承重体系对基础的不均匀沉降有很大的顺从性，故基础的沉降差在主体结构中引起的附加应力较小。除此之外，北美地区的木结构建筑物也是典型的柔性结构。这类结构存在这样的特点：上部柔性结构的变形与地基变形基本一致，上部结构没有调整地基不均匀变形的能力，因此地

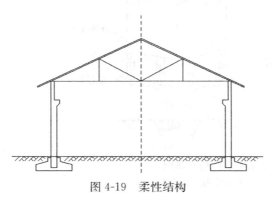

图 4-19 柔性结构

基的变形对上部结构不产生附加应力；上部结构对基础的挠曲也没有制约作用；上部结构也不参与地基与基础之间的相互作用。这类结构可按常规设计方法设计。

在实际工程中，高压缩性地基上的排架结构会因柱基不均匀沉降而导致围护结构的开裂损坏，或引起其他使用功能的问题。因此，这类结构的地基变形可以适当放宽。

2. 敏感性结构

如果地基不均匀沉降在上部结构中会引起较大的附加应力，那么这类结构称之为敏感性结构。常见的砖石砌体承重结构和钢筋混凝土框架结构就属于这类结构。敏感性结构对基础间的沉降差比较敏感，较小的沉降差就会引起明显的次应力。如果结构本身强度储备不足，结构就很容易发生开裂现象。这类结构需要考虑彼此之间的相互作用，然后进行分析设计。

通常上部结构刚度越大，调整不均匀沉降的能力就越强。因此，可以通过增强结构的整体刚度以及在建筑、结构和施工等方面采取适当措施来防止不均匀沉降对建筑的损坏。例如，采用条形基础或者筏形基础的框架结构，相对于采用独立柱基础，能更好地提高上部结构的刚度，从而有效地减少基础间的不均匀沉降。

基础刚度越大，同样受载情况下它的挠曲变形就越小，对应上部结构的附加应力也越小。因此，对高压缩性地基上的框架结构，其基础刚度宜大不宜小。反之，柔性结构在满足允许沉降值的前提下，基础刚度宜小不宜大，而且可以不采用连续基础。

3. 刚性结构

刚性结构是指烟囱、水塔、高炉、筒仓这类刚度很大的高耸建筑物，其下常为整体配置的独立结构，如图 4-20 所示。这类结构也可采用常规设计方法进行设计。

在实际工程中，上部结构、基础和地基之间的共同作用的影响因素很多，这是一个非常复杂的问题。结合工程特点，有时可以采取前述的简化方法，但一些情况下则必须考虑地基、基础和上部结构之间的相互作用，视具体情形而定。

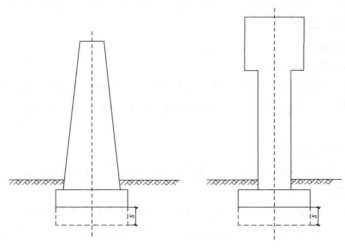

图 4-20 刚性结构

4.6 补偿性基础

在深厚的软土地基上建造高层或多层建筑物时，因地基强度低、压缩性大且具有流变性，采取建筑、结构或者施工措施不能很好地解决地基沉降问题时，可采用补偿性基础设计。

参考基于分层总和法的地基沉降计算公式 3-81 可知，当基础底面的附加应力 $p_0 = p - p_{cd} = 0$ 时，地基沉降量 $s = 0$。

若在软土地基上采用空心的箱形基础，使基坑开挖移去的土的自重应力 p_{cd} 恰好与新加的建筑物荷载 p 相等，即 $p = p_{cd}$，则 $p_0 = 0$。理论上，此软土地基不会发生沉降。当然，实际工程情况比较复杂。开挖基坑卸去自重应力 p_{cd} 后，基坑将发生回弹。建造基础与上部结构是卸荷后再加荷的过程，地基中的应力状态也发生变化。

这种利用卸除大量地基土的自重应力，以抵消建筑物荷载的设计方法，称为补偿性设计，对应的空心基础称为补偿性基础。

按照补偿的程度，补偿性基础设计可分为如下三类：
(1) 全补偿性设计，对应补偿性基础底面实际平均压力等于原有土的自重压力；
(2) 超补偿性设计，对应补偿性基础底面实际平均压力小于原有土的自重压力；
(3) 欠补偿性设计，对应补偿性基础底面实际平均压力大于原有土的自重压力。如地基的压缩性不很高，可采用这种欠补偿性设计，或称部分补偿性设计。

4.7 减少建筑物不均匀沉降危害的措施

建筑不均匀沉降将可能对建筑产生多种危害，如墙体开裂、梁板拉裂、构配件损坏或影响正常使用等。减少建筑不均匀沉降的方法有：采用筏形基础或箱形基础；采用深基础；进行地基处理；在建筑、结构和施工方面采取措施。前三种方法造价较高，同时需要具备一定的施工条件。如能在建筑、结构和施工方面采取一些措施，可减少对地基的处理，收到经济、技术效果。

4.7.1 建筑措施

1. 建筑物的体型应力求简单

平面形状复杂的建筑物，在纵横单元交接处的基础密集，地基中附加应力相互叠加，导致该部分的沉降大于其他部分。竖向形状高低起伏或者荷载差异大时，也会增加地基的不均匀沉降程度。

2. 控制建筑物的长高比

建筑物长高比越小，刚性越好，对地基不均匀沉降的调节作用也越强。

3. 设置沉降缝

设置沉降缝，可以避免不同部位之间的沉降互相影响，彼此可以割裂开来，单独沉降。沉降缝一般设置在以下位置：长高比过大的建筑物的适当部位；平面形状复杂的建筑物转折部位；地基土的压缩性有显著变化处；建筑物的高度或荷载有很大差别处；建筑物结构（包括地基）类型截然不同处；分期建造房屋的交界处。

4. 控制相邻建筑物之间的距离

根据地基中土应力扩散原理，如果相邻建筑物距离较小土应力就会从一个地基扩散至另一个地基，形成叠加，影响该处沉降。

4.7.2 结构措施

1. 减轻建筑物的自重

建筑物自重会在地基土中引起附加应力从而导致地基产生变形。因此，在实际工程中调整建筑物高度即自重可调整地基沉降变形。

2. 增强建筑物的整体刚度和强度

可以设置圈梁将砖混结构与构造柱连为一体，以提高整体性，但需注意应连成闭合系统。

3. 减小或调整基底附加压力

减小或调整基底附加压力的方式主要是设置地下室（补偿性基础设计）和调整基础底面尺寸。

4. 采用对沉降具有非敏感性的结构

上部结构采用静定结构，如以屋架—柱—基础为承重体系的木结构或排架结构、三铰拱结构等。

5. 施工措施

在开挖基坑时，应避免扰动基底土；在施工顺序上，应先重后轻、先高后低；施工时需特别注意，减少基础开挖时，由于井点降水、施工堆载等可能对相邻建筑物造成的附加沉降。

4.7.3 地基措施

(1) 进行地基加固预处理，降低土体的压缩性。

(2) 建筑结构不同部分之间采用不同埋深，通过调整地基附加应力，改善不均匀沉降。

习　题

4.1　地基基础常规设计方法的缺陷是什么？

4.2　地基基础常规设计方法适用哪类结构？

4.3　什么是地基计算模型？

4.4　常见地基计算模型有哪几种？

4.5　弹性半空间模型的特点是什么？

4.6　什么是文克尔模型？

4.7　有限压缩层地基模型的特点是什么？

4.8　文克尔地基模型梁的计算分为哪几类？

4.9　简述文克尔地基模型梁解析方法的适用条件。

4.10　柔性和刚性基础传递荷载有什么不同？

4.11　什么是基础的"架越作用"？

4.12　柔性结构、敏感性结构和刚性结构的特点分别是什么？

4.13　在地基基础设计时，影响基底压力分布的主要因素有哪些？

4.14　在图 4-21 中，考虑地基基础弯矩的相对影响时，下列哪两个是有利的？

4.15　什么是地基的整体弯曲？什么是局部弯曲？

4.16　补偿性基础的设计原理是什么？

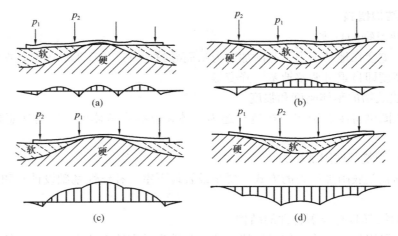

图 4-21 习题 4.14 图

4.17 补偿性基础的设计分为哪几类？

4.18 减少建筑物不均匀沉降的措施有哪些？

4.19 某建筑物的设计立面图如图 4-22 所示，设计时未充分考虑地基的非均匀沉降。请针对此建筑物说明可采取哪些措施以减少不均匀沉降？

图 4-22 习题 4.19 图

4.20 "小小竹排江中游，巍巍青山两岸走…"是电影《闪闪的红星》中的插曲。当游击队员潘冬子（图 4-23 中儿童）和老船工（长者）在江中被凶残的敌人追赶时，两人划着竹排来到岸边，准备钻入岸边的一大片树林之中避开敌人。但是当两人刚一上岸，就发现要进入树林之前，必须想办法穿越一片沼泽。现有如下假设条件：沼泽无限长，宽度为 8m，深度 1.5m 下为坚硬土层；竹排长 7m、宽 1.2m；划水的竹竿长 3m，有一定弹性而且足够结实；两人有充分体力进行各种必要操作，但不能直接跳过沼泽区。请利用现有道具，帮助两人设计脱困方案，可绘出简图，并参考本课程所学知识说明设计方案所依据的原理。

图 4-23 竹排江中划水示意图

第 5 章 桩 基 础

5.1 概 述

5.1.1 桩的概念

桩是垂直或倾斜埋置于岩土内部的细长杆状构件。它可以穿越软弱的或不利的土层以及水流，将上部结构的荷载传递到地基内部坚硬的、低压缩性的岩石或土层之中，并可有效控制上部结构的下沉，保证其能正常的服役。

桩基础由设置在岩土中的桩和连接于桩顶端的承台共同组成。承台与承台之间一般用连梁相互连接。参考桩基础中承台底面与地面两者之间的相对高度，桩基础可分为高承台桩基础和低承台桩基础。如果桩身部分露出地面，即承台底面高于地面，则属于高承台桩基础；如果桩身全部埋入土体内部，承台底面与土体保持接触，则属于低承台桩基础。与之对应的桩基承台分别称之为高桩承台或低桩承台。高承台桩基础和低承台桩基础的示意图分别如图 5-1(a) 和图 5-1(b) 所示，在高承台桩示意图中，桩基础包括垂直桩和斜桩。

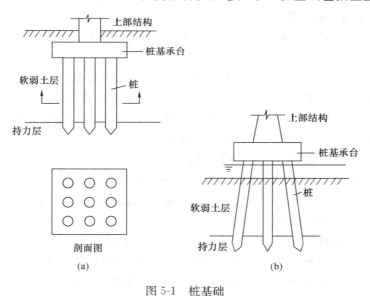

图 5-1 桩基础
(a) 低承台桩基础；(b) 高承台桩基础

一般建筑物的桩基础多采用低承台桩基础，而桥梁工程中高承台桩基础应用较多。桩基础究竟采用高承台方案还是低承台方案，一般需要结合工程现场地质条件、环境影响以及受载情况综合考虑。

在实际工程中，若只用一根桩来传递和承受上部荷载，对应的桩基础就属于单桩基础；如果桩基础中包含若干根单桩，则属于群桩基础，群桩基础中每一根单桩称之为基桩。

5.1.2 桩的适用范围

与浅基础相比，桩基础属于深基础，造价较高，因此在选用过程中需考虑桩基础的必要性，主要应用场合如下：

（1）高层建筑、高耸构筑物以及重型厂房，由于上部结构荷载很大，通常对基础沉降与不均匀沉降有严格限制，需要考虑采用桩基础。

（2）体型巨大并含有内部空腔的地下基础，地下水上浮作用明显，需抵抗水的浮力。

（3）建筑结构物存在较大的水平荷载。

（4）地基上部土层不稳定，例如，地基表层土地震时存在液化可能，以及水流对表层岩土冲刷严重的情形，均危及一般基础的稳定性。

（5）地基表层存在特殊性岩土，例如，湿陷性黄土、膨胀土和冻土。

（6）在陆域和水域施工过程中，由于地形地貌条件多变，受限于施工技术经济条件以及工期延误，无法进行地基处理的，可灵活调整相关桩基参数以满足结构设计要求。

5.2 桩的分类及选用

桩基的分类标准很多，可以分别按照桩身材料、施工方法、受载方向、承载性状、挤土情况、桩径大小等进行分类。

5.2.1 按桩身材料分类

按桩身材料主要可分为木桩、素混凝土桩、钢筋混凝土桩、钢桩和组合材料桩。

1. 木桩

木桩在我国古代就开始应用，距今至少有两千多年的历史。选作木桩的材料要求坚韧、耐久，因此，一般多采用杉木、松木、橡木和柏木等优质木材。木桩的优点包括制作容易，储运方便，价格相对低廉；缺点则是承载力较低，需进行防腐处理，否则使用寿命较短。考虑木桩防虫、防腐的需要，通常事先将木桩在水里泡一段时间，然后出来晾干，最后在其表面涂沥青、油漆后，方可投入使用。

木桩直径一般为15~30cm，桩长为3~10m。木桩顶部应保持平整并设置金属箍强化，以保证桩顶在打桩时不受到损伤。为了避免木材反复吸水、脱水导致干燥变形或者开裂，木桩一般适用于常年处于地下水位以下的地基。

木桩便于就地取材，不需要复杂的施工技术，因此在古代就有可能被应用。在历史上，现在西安市以东的灞桥是一座很有名的古桥。据史料记载，灞桥最早修建于春秋时期，后因战乱毁坏，在隋唐时期，在其下游300m处复建，直至元代废弃。1994年，当地居民在灞河取沙时意外发现灞桥遗址。它是我国迄今发现规模最大的多孔桥。该桥的桥墩下以石条铺成长方形底座，其下布满由木桩构成的拱桥基础。

2. 素混凝土桩

木桩具有资源限制、易于腐蚀、不易接长等缺点，在现代工程中应用越来越少。在木桩的基础上发展起来一种素混凝土简易桩，简称素混凝土桩。素混凝土桩造价较低，可用作中小型工程的承压桩。素混凝土桩通常采用强度等级为C20的混凝土，不设置受力筋，必要时可配置构造钢筋。桩身直径通常保持在30~50cm，桩长不超过30m。与钢筋混凝土桩施工相比，素混凝土桩施工简便，经济性较高；但由于不需配置受力筋，因此对混凝土灌注质量的要求较高，需要防止颈缩、断桩、局部夹土或混凝土离析等情况发生。

3. 钢筋混凝土桩

素混凝土桩通常仅适用于桩体抗压的场合，而钢筋混凝土桩能够同时胜任抗压、抗拔、抗弯以及承受水平荷载等较复杂的情况。因此，它在各类建筑工程中应用最为广泛。钢筋混凝土桩包括预制桩和灌注桩两大类，预制桩又可分为现场预制和工厂预制两种。根据是否施加预应力，预制桩还可分为预应力桩和非预应力桩。预制桩通常批量生产，因此质量可控，但需考虑运输问题。与之对应的灌注桩一般在建筑工地现场施工，避免了这一问题，但在实际灌注过程中需保证混凝土的灌注质量。

4. 钢桩

钢材质地均匀，不仅强度高，而且延性好。因此，在重要的大中型建筑工程中可考虑采用钢桩。钢桩包括常见的钢管桩以及工字形钢桩、异形钢板桩。钢桩的主要优点是强度高，抗压和抗弯强度很大，贯入能力强，能穿越较硬的原始土层，施工方便，易于搭接，工艺质量相对稳定，施工周期也比较短；缺点在于钢材成本高，易腐蚀，需要采取专门防腐措施，例如，需要在外表涂刷防腐层或者采取阴极保护等措施。

5. 组合材料桩

组合材料桩是指桩身至少含有两种不同材料的桩体。在混凝土中插入型钢、在钢管桩内填充混凝土或采取上部为钢管桩下部为混凝土桩，均可形成组合桩。组合桩的目的在于改善基材的承载或变形性能，以充分发挥其潜力。

5.2.2 按施工方法分类

1. 预制桩

预制桩是指在施工前已经预制成型，在施工时只需将其运送到指定位置，然后借助机械设备将其沉入至地基设计标高处的桩体。预制桩常用的材料包括钢筋混凝土、木材或者钢材。预制桩又可分为现场预制和工厂预制两种。如果在工厂预制，存在需要运输至现场的问题，而且大型构件还需考虑在运输过程中防止桩体损伤的问题，成本会相应增加；但是，在工厂预制条件更好一些，质量更容易控制。简言之，现场预制可能需要注重质量控制，工厂预制需要考虑控制运输成本。

预制桩的沉桩方法主要有以下 3 种：

（1）锤击法

锤击法是指利用重锤自由下落产生的冲击力直接作用在桩顶之上，将桩体打入土中直至设计深度。采用锤击法打预制桩，在施工过程中会产生明显的挤土效应，形成较强的冲击振动，并引起环境噪声。采取锤击法沉桩一般适用于较松软的土质条件和较空旷的地区，原因在于：这种施工方法，一方面可能危及周围的建筑物或者地下管线；另一方面噪声可能会干扰居民的正常生活与工作，在城市中应用受限较多。

（2）静压法

静压法是指利用压桩机将预制桩挤压入地基中。采用静压法施工几乎不存在振动和噪声问题，但沉桩能力不如锤击法。它主要适用于匀质软土地基，包括可塑、软塑的黏性土地基，但不适用于砂土及其他坚硬的土层。

(3) 振动下沉法

顾名思义，振动下沉法是指借助振动使预制桩沉入地基的一种施工方法，简称振沉法。它的工作原理是：先在桩顶安装振动器，然后诱发桩身振动，从而使周围土体受到扰动，直至振动液化，液化后土体的强度和阻力将显著降低，导致桩体可以借助自重和振动荷载下沉至设计深度。振沉法主要适用于砂土或者粉土地基，尤其是地下水位以下的砂土地基。在此情况下，砂土地基易发生液化，从而有利于桩身下沉。与之对应，黏土地基一般不会发生液化现象，因此振沉法不适用于黏土地基。

2. 灌注桩

灌注桩是指在施工现场成孔，然后在孔内设置钢筋笼并浇筑混凝土形成的桩体。灌注桩的横截面以圆形居多，可以做成大直径桩或扩底桩。在成桩的过程中，应采取可靠的措施，以确保桩身混凝土的浇筑质量。

灌注桩根据成孔工艺和所用机具的不同，通常可分为钻（冲）孔灌注桩、沉管灌注桩和挖孔灌注桩三种。

(1) 钻孔灌注桩

钻孔灌注桩是指在地面利用回旋钻机或冲击钻机进行机械成孔，然后在孔内浇筑混凝土成桩的方法。对应的施工顺序主要包括成孔、安放钢筋笼和浇筑混凝土三个环节。在成孔过程中，必要时需利用泥浆护壁或下钢套管，以免孔壁坍塌。

钻孔灌注桩可采用长杆螺旋钻机或短杆螺旋钻机成孔，适用于地下水位以上的黏性土、粉土、黄土、膨胀土和各种人工填土。前者成孔直径小于1m，最大钻深可达10余米；后者效率低一些，但成孔直径可达3m，最大成孔深度接近50m。

如果需要在水下作业，可采用潜水钻机或回旋钻机，深度可达50m，适用于黏性土、粉土、砂土和淤泥土。当桩身直径在1200mm以下时，可采用泥浆护壁的方法在水下浇筑混凝土；如果灌注桩直径较大，可采用大直径钻机，利用钢套管护壁防止塌孔，不仅适用于一般土质，而且还可在碎石中成孔。

冲孔灌注桩利用冲击钻头成孔，成孔径大小与冲击能量有关，孔深可达50m。成孔过程中多采用泥浆护壁方法，以防孔壁坍塌，适用于地下水位以上的各类土体。

(2) 沉管灌注桩。

沉管灌注桩采用锤击法、振动法或静压法沉管，然后在钢管内的无水环境中放置钢筋笼和浇筑混凝土。锤击沉管灌注桩的直径一般为300～500mm，振动沉管灌注桩的直径一般为400～500mm，桩长通常在20m以内，可打入硬质黏土层和中、粗砂层。沉管灌注桩一般主要包括四个步骤，即沉管、放笼、灌注和拔管。锤击法和振沉法的施工工艺分别如图5-2和图5-3所示。

无论采取何种工艺，必须注意以下几点：①拔管速度的影响，拔管速度过快，可能会造成缩颈夹泥，甚至桩身断裂，影响灌注桩的成桩质量；②沉管过程中产生明显的挤土效应，还可能使相邻尚未凝结的灌注桩桩身被剪断，影响桩身质量。

根据土质情况的不同，沉管灌注桩可分为单打法、复打法和反插法。复打法是指在第一次浇筑混凝土，并拔出套管之后，立即在原位安放预制桩尖，并再次沉管及浇筑混凝土的成桩方法。复打法成桩时，可采取局部复打和全长复打。初打桩轴线与复打应保持重合，这样复打后桩身横截面积将进一步增加，承载力也随之提高。反插法是指在浇筑混凝

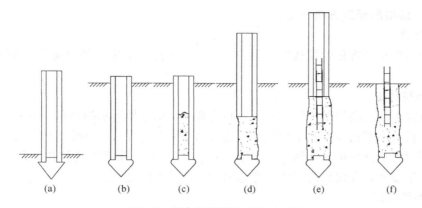

图 5-2 锤击沉管灌注桩施工工艺
(a) 就位；(b) 沉入套管；(c) 开始浇筑混凝土；(d) 边锤击边拔管，并继续浇筑混凝土；(e) 下钢筋笼，并继续浇筑混凝土；(f) 成型

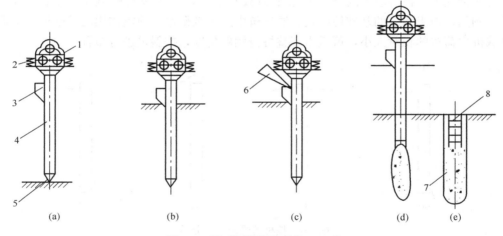

图 5-3 振动沉管灌注桩施工工艺
(a) 桩机就位；(b) 沉管；(c) 上料；(d) 拔出桩管；(e) 在桩顶部混凝土内插入短钢筋并灌满混凝土
1—振动锤；2—加压减振弹簧；3—加料口；4—桩管；5—活瓣桩尖；6—上料斗；7—混凝土桩；8—短钢筋骨架

土后先振动拔管，每上升 0.5~1m，随之反向下插 0.3~0.5m。

(3) 挖孔灌注桩

挖孔灌注桩可以采用人工打孔和机械挖掘成孔的方法，沿深度方向逐段边开挖边支护，达到设计深度后进行扩孔，然后安放钢筋笼及浇筑混凝土而成。人工挖孔桩施工时要先降低地下水位，每沿深度挖 0.9~1m，应现浇或喷射一圈混凝土护壁。人工挖孔桩的直径不应小于 800mm，深度可达 30m。

挖孔灌注桩主要是用于黏性土和地下水位较低的条件，应避免在含水砂中施工，以避免出现流砂、塌孔风险。挖孔桩的优点在于可直接观察地层的情况，而且孔底土渣容易清理，设备简单，场地内可多桩同时作业；缺点是必须注重安全性，特别是在进行人工挖孔作业时风险较高。

5.2.3 按桩的受载方向分类

1. 竖向承压桩

竖向承压桩是最常见的受载桩，用于承受上部结构传下来的竖向荷载。如图5-4（a）所示

2. 竖向抗拔桩

例如抗浮桩以及高耸结构物中部分偏心受载桩，由于地下水的存在，会引起迫使建筑物（特别是具有大型密闭空腔结构的地下建筑物）上升的浮力，导致基础有向上运动的趋势，这时可设置抗浮桩抵御上浮力，如图5-4（b）所示。由于桩的抗拔承载力的和承压承载力的差别显著，在设计时应注意考虑两者之间的不同之处。

3. 水平受载桩

这种情况下，桩主要承受水平荷载，如图5-4（c）所示。例如，基坑支护过程中的排桩，边坡加固过程中的抗滑桩。

4. 复合受载桩

有些情况下，桩身承受的竖向和水平荷载都很大，属于复合受载桩，如图5-4（d）所示。例如，挡土墙下的基础桩以及高层建筑中用于抵御水平地震作用的基础桩。根据复合受载桩中荷载的相对大小，可适当调整桩身倾斜角度，按斜桩进行布置。

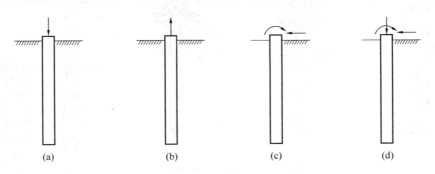

图5-4 按桩的受载方向分类
(a) 竖向承压桩；(b) 竖向抗拔桩；(c) 水平受载桩；(d) 复合受载桩

5.2.4 按承载性状分类

桩基础在使用过程中以竖向承压桩最为常见。在竖向荷载下，根据承压桩与周围土体之间相互作用的特点以及桩侧与桩端阻力的发挥程度和分担荷载的比例差异，可以将承压桩进一步划分为摩擦型桩和端承型桩两类。

1. 摩擦型桩

在竖向荷载下，桩顶荷载全部或主要由桩侧阻力来承担。根据桩侧阻力分担竖向荷载的比例大小，摩擦型桩又可细分为摩擦桩和端承摩擦桩两个子类。

（1）摩擦桩

在承载能力极限状态下，桩顶竖向荷载由桩侧阻力承担，桩端阻力可忽略不计。例如出现下列情形的工程桩：桩长径比很大，桩顶荷载只通过桩身压缩产生的桩侧阻力传递给桩周土，桩端土层分担荷载很小；桩端下无较坚实、可靠的持力层；桩底残留虚土或不实沉渣的灌注桩；由于后期桩施工的影响，导致前期打入桩出现脱空。

（2）端承摩擦桩

桩顶竖向荷载绝大部分由桩侧阻力承担，但桩端阻力也占有一定的比例，尽管较小但不宜忽略。在实际工程中，当桩的长径比不是很大，桩端持力层为较坚实的黏性土、粉土或砂类土时，即为这种情况。

2. 端承型桩

在竖向荷载下，桩顶荷载全部或主要由桩端阻力承担。根据桩端阻力分担荷载比例，又可细分为端承桩和摩擦端承桩两个子类。

（1）端承桩

在承载能力极限状态下，桩顶竖向荷载主要由桩端阻力承担，桩侧阻力可忽略不计。当桩长径比较小（一般小于10），桩端持力层为密实砂类土、碎石类土或轻度风化、未风化的基岩时，这种桩就属于该类型。

（2）摩擦端承桩

在承载能力极限状态下，桩顶竖向荷载主要由桩端阻力承担，但桩侧阻力也占有一定比例，尽管很小，也不能忽略不计。通常桩端进入中密以上的砂类、碎石类土层中或位于中、微风化及新鲜基岩顶面，这种桩就属于这种类型。

在竖向承压桩的设计过程中，端承桩和摩擦桩是常见的两种承载类型，应用较多。端承桩的关键是持力层必须是较为坚硬的密实土层或基岩，否则就不能提供足够的抵御上部荷载的支承力。摩擦桩底部一般不需要有较硬的持力层，主要依靠桩侧阻力抵御上部荷载，桩径一般较大，常置于软土层中，对土质条件有一定的要求。

除此之外，工程中还存在一种嵌岩桩，要求在施工过程中将桩端嵌入岩层一定深度。当桩端嵌入微风化或中等风化岩石中时，最小深度不应小于0.5m。对于嵌岩桩，桩的长径比不是影响荷载分担的唯一因素，桩侧阻力与桩端阻力的分担比例还与孔底沉渣及桩端进入基岩的深度有关。在嵌岩桩设计过程中，要避免这样的认识误区，即嵌岩桩必须为端承桩。将嵌岩桩一律视为端承桩，这样会导致桩端嵌岩深度不必要的加大，施工周期延长，造价增加。

以上四种分类方法如图 5-5 所示。

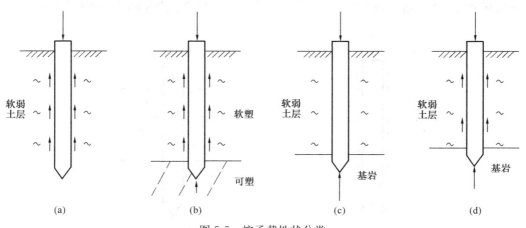

图 5-5 按承载性状分类

(a) 摩擦桩；(b) 端承摩擦桩；(c) 端承桩；(d) 摩擦端承桩

（3）其他分类方法

除上述分类方法外，还可按成桩过程中是否引起挤土效应，划分为挤土桩、部分挤土桩和非挤土桩。预制桩在施工过程中，挤土效应明显，因此属于挤土桩；沉管灌注桩存在部分挤土效应；钻孔灌注桩由于在土中预先成孔，挤土效应几乎可以忽略不计，属于非挤土桩。

如果按照桩径大小进行分类，可分为：小桩，直径为 $d \leqslant 250mm$；中等桩，$250mm < d < 800mm$；大桩，直径 $d \geqslant 800mm$。桩的直径与桩的承载力直接关联，通常承载力越大，桩径越大。

5.3 竖向荷载下单桩的受力分析

5.3.1 抗力组成

桩基础的作用是将上部结构的荷载传递到下部土层，可以通过桩与土（桩周土、桩端土）之间的相互作用实现，根据端承桩和摩擦桩的受力特点，桩侧土和桩端土可分别给竖向承压桩提供桩侧阻力和桩端阻力，从而平衡上部荷载，维持桩的稳定。在竖向荷载作用下，桩身除受力以外，还会产生相应的位移。桩的位移涉及桩顶和桩端的沉降以及桩身的压缩变形。桩顶竖向压力由桩侧阻力和桩端阻力共同承担，计算如式（5-1）：

$$Q = Q_s + Q_p \tag{5-1}$$

式中 Q_s——桩侧阻力；
  Q_p——桩端阻力。

桩周土体的沉降与桩身的位移基本保持一致。桩侧毗邻桩身的土体，距离桩身越近，沉降越大，受桩影响越明显。

5.3.2 竖向荷载传递

在竖向荷载作用下，单桩的荷载传递是通过桩土之间的相互作用实现的。桩体将荷载传递给桩周土、桩端土，根据作用与反作用原理，土即可对桩提供一定的支持力，由桩侧阻力和桩端阻力两部分组成。能够实现竖向荷载传递的前提是桩身和桩周土体均能可靠工作，未出现破坏或失效的情况。桩的抗力组成和桩周土体沉降趋势分别如图 5-6 和图 5-7 所示。

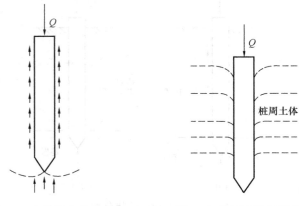

图 5-6 土的抗力构成　　图 5-7 桩周土体沉降趋势

当施加在竖向桩顶的荷载较小时，桩身的混凝土受到弹性压缩而产生相对于土的向下位移，桩侧土因而会产生抵抗桩侧表面下移的桩侧阻力，方向向上。此时桩顶荷载通过桩侧阻力传递到桩周土体中，导致桩身的轴力和桩身的压缩变形会随深度逐渐减小，这种情况下由于桩顶承受荷载较小，因此，通常桩身混凝土的压缩仅限在桩的上部，上部桩周土的摩阻力已得到了足够的发挥，但在桩身中下部桩土相对位移等于0处，桩侧的阻力尚未发挥作用而等于0。在竖向荷载作用下，当单桩桩侧土可以承受的阻力极限已充分发挥，桩端土承受的支承力达到极限时，所对应的桩顶荷载即为单桩的极限承载力。

随着桩顶荷载增加，桩身压缩量和桩土相对位移会逐渐增大，桩侧中下部土层的阻力逐步开始发挥。桩底土层也因桩端受力被压缩而逐渐产生桩端阻力。如果此时的荷载进一步增加，桩顶传递到桩端的荷载也逐渐增加，导致桩顶土层进一步被压缩，而随着桩端土层压缩量和桩身压缩量的增加，会进一步增大桩土相对位移，从而可使桩侧摩阻力进一步发挥出来。当桩侧摩阻力全部发挥出来达到极限之后，若继续增加荷载，则荷载全部由桩端承担。

综合竖向荷载作用下单桩桩土之间相互作用的特点，可总结分析得出以下规律：

（1）在不同桩顶荷载下，桩侧阻力与桩端阻力分担的相对比例是变化的，二者的发挥增长比例关系不同步；

（2）桩侧摩阻力是自上而下逐渐发挥的，桩端位移达到一定程度才会产生桩端阻力；

（3）桩侧阻力不仅源自于桩身的压缩量，还与桩端位移有关，桩端位移可使桩侧阻力进一步发挥作用；

（4）当桩土位移大于各类土体的极限位移后，桩土之间会产生滑移导致桩侧土产生软化现象，即抗剪强度将会明显降低；

（5）随着荷载的增加，桩的沉降会持续增大，桩侧阻力和桩端阻力逐渐发挥到极限状态直至达到极限承载力。但是发挥桩侧极限摩阻力和桩端阻力要求沉降量往往是不同的，前者相对较小，后者一般更大一些。

5.3.3 受力计算

单桩在竖向荷载的受力计算主要是用于分析桩侧摩阻力、轴力以及桩身位移之间的相互关系。如图5-8所示，尝试建立单桩在竖向荷载作用下的平衡微分方程。

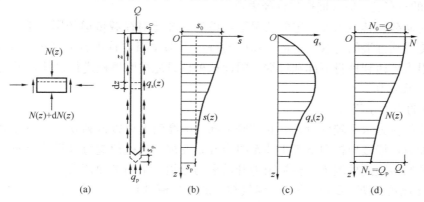

图 5-8 单桩轴向荷载传递规律分析
（a）传力示意；（b）沉降分布；（c）摩擦力分布；（d）轴力分布

当桩顶作用竖向荷载 Q 时，假设桩侧和桩端的阻力分别用 Q_s 和 Q_p 表示，对应的单位桩侧和桩端阻力分别用 q_s 和 q_p 表示。这种情况下桩顶的位移 s_0 将由两部分组成：一部分是桩端的下沉量 s_p；另一部分是桩身在轴力作用下产生的变形。除此之外，其余的参数分别表示为：单桩任一横截面轴力为 $N(z)$，桩身任意截面位移为 $s(z)$，桩身材料的弹性模量为 E，直径为 d，桩身长度为 l，截面积为 A，桩身的截面周长为 u。沿桩身方向任取长度为 dz 的微小单位，不考虑桩单元自重，按竖向受力平衡条件可得：

$$N(z) - u \cdot q_s(z)dz - N(z) - dN(z) = 0 \tag{5-2}$$

由此式可得：

$$q_s(z) = -\frac{1}{u}\frac{dN}{dz} \tag{5-3}$$

式中 $N(z)$——z 深度处桩身轴力（kN）；

u——桩身断面周长（m）；

$q_s(z)$——桩侧摩阻力（kPa）。

由此可见，桩侧单位摩阻力 q_s 的大小与该位置处对应截面处轴力的变化程度成正比。通常 q_s 的最大值一般出现在桩身的某一部位，其取值在桩顶处最小。

桩身任意截面处的竖向位移 $s(z)$ 可以根据微桩单元 dz 轴向压缩变形 $ds(z)$ 与对应轴力 $N(z)$ 之间的关系求得，如下：

$$N(z) = -EA\frac{ds(z)}{dz} \tag{5-4}$$

对上式进行积分：

$$s(z) = s_0 - \frac{1}{EA}\int_0^z N(z)dz \tag{5-5}$$

上式中，当 $z=0$ 时，$s(z)=s_0$，为桩顶沉降；$z=l$，$s(l)=s_0-\frac{1}{EA}\int_0^l N(z)dz=s_p$，为桩端沉降。

5.3.4 单桩竖向荷载传递的影响因素

在竖向荷载作用下，影响单桩竖向、荷载传递的因素比较多，主要包括以下几个方面：

1. 桩的长径比 l/d（桩长与桩径之比）

在竖向荷载和其他条件一定的情况下，桩的长径比对荷载传递的影响很大。随着 l/d 的增加，传递到桩端的荷载会降低，相应的桩身下部摩阻力越不容易发挥。对于超长桩，由于荷载很难传递到桩身下部和桩端，因此这种桩只能按摩擦桩进行设计，无法利用桩端阻力来提高承载力。

2 桩顶的应力水平

当桩顶的应力水平较低时，只有桩侧上部土的摩阻力可以得到发挥；当桩顶应力水平进一步增加时，慢慢地桩顶下部土体摩阻力开始发挥；当桩顶应力水平持续增加时，那么桩身阻力开始传递到桩端土，桩端阻力开始参与分担、平衡桩顶荷载。

3. 桩土刚度比 E_p/E_s（桩的弹性模量与土的压缩模量）

桩端刚度与桩侧刚度之比越大，桩端阻力所分担的荷载比例也就越大。在实际工程中，对于 E_p/E_s 较小的中长桩，桩端阻力对单桩承载力的贡献几乎可以忽略不计。因此，对于碎石桩、灰土桩这种低刚度桩组成的结构，应按复合地基进行计算。

4. 桩端土与桩侧土的刚度比

在单桩设计过程中必须考虑桩端土与桩侧土的刚度比 E_b/E_s。（桩端土的压缩模量/桩侧土的压缩模量）当 $E_b/E_s \to 0$ 时，荷载几乎全部由桩侧摩阻力承担，因此应按摩擦桩进行设计；当 $E_b/E_s \to \infty$ 时，荷载几乎全部由桩端阻力承担，应按端承桩进行设计。

此外，单桩荷载传递的因素还与桩底的扩大程度、桩的施工方式、桩身表面的粗糙程度以及桩端形状等因素有关。当桩底扩大程度越大时，一般桩端阻力分担竖向荷载的比例也越大。在施工过程中，如果采取打桩施工的方式，桩的挤土效应也会对桩身荷载的传递产生显著影响。

5.3.5 桩侧阻力

在竖向荷载作用下，桩基中桩身混凝土会产生压缩变形，与之对应，桩侧土将抵抗其向下移动，从而在桩身产生向上的摩阻力，这种摩阻力一般称之为正摩擦力。但是在有些情况下，桩身可能产生向上的运动位移，导致桩侧土抵抗其向上移动，从而在桩侧产生向下的摩擦力，称之为负摩擦力。与之对应，单桩有正摩擦桩和负摩擦桩的区分。

不管是正摩擦桩还是负摩擦桩，在桩侧均存在极限摩阻力，即桩侧土体到达极限状态所发挥的摩阻力。根据单桩的荷载传递规律，桩侧土的摩阻力是由上到下逐渐发展的。因此，桩侧出现极限摩阻力时，必然是全部桩侧土发挥出了最大摩阻力，即峰值阻力。

随着桩顶荷载的增加，桩侧极限摩阻力出现的过程是非常复杂的。特别需要强调的是：并不是在桩侧摩阻力达到极限之后，单桩才会出现桩端阻力。实际上在桩侧极限摩阻力出现之前，桩端阻力已发挥作用。按照桩侧摩阻力出现的特点，对这一过程可做如下解释：当桩基上部桩土界面位移大于桩土极限位移（黏性土为 6～12mm；砂性土为 8～15mm）后，桩身上部土体的摩阻力已发挥到最大值，开始出现桩身的滑移（伴随着土体抗剪强度有一定的衰减，由峰值强度变为残余强度），这时下部桩侧土的摩阻力将进一步发挥，桩端阻力随桩端土压缩量的增加而逐渐增加。根据桩侧摩阻力出现的过程，可以发现它的大小与桩侧土性质、桩径桩端土性质、桩土界面粗糙度、加载速率和深度等因素有关。具体阐述如下：

1. 桩侧土性质

通常来说，桩侧土的性质是影响桩侧阻力最直接的因素，主要体现在桩侧土的类型和力学参数上。桩侧土的强度越高，相应桩侧阻力就越大。桩侧摩阻力是通过桩侧土的剪切变形来传递的，因而它与土的剪切模量密切相关。正常固结的黏性土由于固结硬化，桩侧阻力会随桩顶荷载的增加而增大，但是超压密黏性土可能会出现应变软化现象，使得桩侧阻力随位移的增加而减小。松砂产生剪切变形时，可能出现剪缩现象，导致桩侧阻力会随桩顶荷载的增加而增大；密砂发生剪切变形时，存在剪胀现象，使桩侧阻力随位移的增加而减小。

2. 桩径

很明显，桩侧的极限摩阻力与桩的侧表面积是有关联的。对于大直径单桩，桩侧极限摩阻力的计算公式如下：

$$Q_{sk} = u \sum \psi_{si} q_{sik} l_i \tag{5-6}$$

式中 q_{sik}——桩侧第 i 层土极限摩阻力标准值；

ψ_{si}——大直径桩侧阻力尺寸效应系数；
u——桩身周长；
l_i——桩周第 i 层土的厚度。

根据已有的实验研究，单桩侧摩阻力存在明显的尺寸效应：在钻孔或挖孔时，由于孔壁土的应力松弛，桩径越大，桩侧土层的黏聚力就越小，桩侧阻力衰减得就越明显；与之相反，利用桩径的尺寸效应也可以提高桩侧阻力，例如，挤扩支盘桩或竹节桩。

3. 桩端土性质

根据实验研究，桩端支撑条件不仅对桩端阻力还对桩侧阻力的发挥，都有直接的影响。在桩侧土条件相同的情况下，桩端持力层强度越高，桩端阻力越大，桩端沉降也越小，桩侧摩阻力越高，反之亦然。

4. 桩土界面粗糙度

提高桩土界面的粗糙度，可以提高桩侧阻力，因此，孔壁粗糙的竹节预制桩或各种类型的混凝土灌注桩，对提高桩侧阻力均有利。

5. 加载速率

在打桩过程中，淤泥质土或含水量较高的黏土层中孔隙水压力增长极快，瞬时阻力较小，此后孔隙水压力随着时间会逐渐消散，相应的有效应力会随之增长；而在砂土中（由于应力集中的原因），打桩瞬时（摩擦作用增强），桩侧阻力也随之加大，其后砂土会出现松弛。

6. 深度

土层深度越大，相应的密实度就越高，有利于增加桩侧阻力。因此，桩侧阻力存在深度效应。但是，当入土深度超过临界值（为桩径的5～10倍）时，桩侧阻力就不再随深度明显增加，而渐趋于平缓。

除上述因素以外，桩顶的荷载水平，桩土界面处滑移程度以及土体固结的时效问题，均对桩的阻力有不同程度的影响。与前面分析类似，不予赘述。

5.3.6 桩端阻力

桩端阻力是指桩顶荷载通过桩土传递后，由桩端土所承受的那一部分荷载，大直径单桩极限端阻力可按下式计算：

$$Q_{pk} = \psi_p q_{pk} A_p \tag{5-7}$$

式中 q_{pk}——桩径为800mm的极限桩端阻力标准值，对于干作业挖孔，可采用深层载荷平板确定；
ψ_p——大直径桩端阻力的尺寸效应系数，按表5-1取值；
A_p——桩端面积。

大直径桩端阻力的尺寸效应系数　　　　表5-1

土类型	黏性土	粉土
ψ_{si}	$(0.8/d)^{1/5}$	$(0.8/d)^{1/3}$
ψ_p	$(0.8/D)^{1/4}$	$(0.8/D)^{1/3}$

影响单桩桩端阻力的主要因素包括：桩顶的荷载水平、桩的尺寸、上部穿越土层、桩端持力层的临界深度、挤土效应以及加可载速率等。由于桩顶的荷载水平以及桩的长度对

桩侧和桩端分担竖向荷载的比例影响较大，可直接影响桩端阻力的大小。而桩基上部穿越的土层对桩端阻力有明显影响，将间接地影响桩端荷载，前面已作相应分析。其余因素的影响分析如下：

1. 持力层的影响

桩端下持力层土体的类别与性质直接影响桩端阻力的大小和沉降量。通常而言，低压缩性、高强度的砂、砾、基岩是理想的持力层，可以提供较高的桩端阻力，与之相反，高压缩、低强度的软土无法提供有效的桩端阻力，桩的沉降量和沉降的时间效应会显著增加。

2. 成桩工艺

如果在成桩工艺中松散的桩端土受到挤密，桩端阻力就会提高；反之，如果成桩过程中，桩端土不存在挤密，而是土体出现扰动，存在虚土现象或者桩底产生沉渣，均有可能使桩端阻力下降。

3. 深度效应

桩端阻力与桩侧阻力也存在深度效应，当桩端进入均匀持力层时，开始时桩端阻力会随深度线性增加，到达一定程度之后，桩端阻力基本上就保持不变了，即桩端阻力的增加存在一个临界深度。到达临界深度后，即使深度继续增加，桩端阻力的增加也会微乎其微。通常桩端阻力的临界深度随桩径的增加而增加。如果持力层是砂土，提高相对密度，临界深度也会相应增加。由此可见，桩端进入持力层的入土深度需予以重视。

5.3.7 单桩的破坏模式

单桩在竖向荷载作用下可能出现的破坏模式主要与桩的类型、尺寸和桩周土等有关，图 5-9 给出在竖向荷载下几种可能的破坏模式。

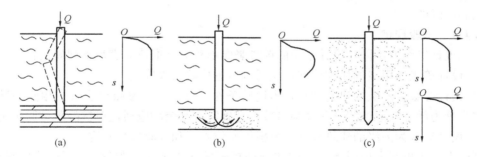

图 5-9 竖向荷载下单桩的破坏模式
(a) 屈曲破坏；(b) 整体剪切破坏；(c) 刺入破坏

1. 屈曲破坏

当桩底支承在坚硬的土层或基岩上而桩周土为软弱土时，土对桩身侧向的约束极小。这种情况下，桩相当于在轴向荷载作用下一根细长的受压杆件，容易因纵向受压出现挠曲破坏，可以按材料力学里的压杆稳定进行分析，如图 5-9（a）所示。这种情况下，桩的承载力取决于桩的强度。在工程中穿越厚淤泥土层的小直径端承桩或嵌岩桩以及桩身强度较低而又细长的木桩，一般失效时均属于这种破坏模式。

2. 整体剪切破坏

当具有一定强度的桩穿越抗剪强度低的土层而达到强度较高的土层时，如果桩长度不大，那么在轴向荷载作用下，由于桩底上部土层竖向应力较小，因而不能阻止土体的滑动,在桩底会出现滑动面而导致整体剪切破坏,如图 5-9(b)所示。这种情况下桩的沉降量较小,桩侧摩阻力无法有效发挥。承载力主要由桩端阻力承担,荷载-沉降曲线表现为陡降型。桩侧承载力主要取决于桩端土的支撑力,一般打入式短桩或钻孔式短桩均属于此种破坏形式。

3. 刺入破坏

当桩的入土深度较大而桩端土层强度较低时,桩在轴向荷载作用下将出现刺入破坏,如图 5-9(c)所示。这种情况下,荷载主要由桩侧阻力承受,桩端阻力很小,桩身沉降量较大。当桩周土质较软弱时,荷载-沉降曲线呈现出渐进破坏的缓变形特点,无明显的突变点。当桩周土的抗剪强度较高时,荷载-沉降曲线为陡降形,有明显的拐点。

5.4 单桩竖向承载力

单桩竖向承载力是桩土相互作用结果的具体体现,可能会涉及的因素很多,分别为桩侧阻力和桩端阻力。不过从大的方面来说,桩身的竖向承载力主要取决于土对桩的支撑能力、桩身材料强度和上部结构允许的桩顶沉降这三个方面。桩的竖向承载力不可能超过地基土实际所能承受的荷载。桩的承载力必须以地基土的支承力为前提进行设计。其次,即使地基土能提供可靠的支承力,如果桩身质量存在缺陷或不足以承受上部较大的荷载,那么在使用过程中,基桩可能会出现破坏,无法承受上部荷载。这种情况下,桩身的强度将起到控制作用。除此之外,上部的结构通常对桩基的沉降量有一定的要求。如果沉降量较大,可能对上部结构构件造成一定的破坏。因此在确定桩基的竖向承载力时,也必须考虑相对控制沉降的要求。

5.4.1 一般规定

考虑设计等级的不同,设计采用的单桩竖向承载力标准值应满足下列规定:

1) 设计等级为甲级的建筑桩基,应通过单桩静载试验确定;

2) 设计等级为乙级的建筑桩基,当地质条件简单时,可参照地质条件相同的试桩资料,结合静力触探等原位测试和经验参数综合确定;其余均应通过单桩静载试验确定;

3) 设计等级为丙级的建筑桩基,可根据原位测试和经验参数确定。

理论上,单桩竖向极限承载力应在合理折减的前提下为极限侧阻力和极限端阻力之和。关于竖向极限侧阻力和极限端阻力的标准值具体确定方法,参见以下规定:

1) 对于大直径端承型桩,可通过深层平板(平板直径应与孔径一致)荷载试验确定极限端阻力;

2) 对于嵌岩桩,可通过直径为 0.3m 岩基平板荷载试验确定极限端阻力标准值,也可通过直径为 0.3m 嵌岩短墩荷载试验确定极限侧阻力标准值和极限端阻力标准值;

3) 桩的极限侧阻力标准值和极限端阻力标准值宜通过埋设在桩身内的轴力测试元件由静载试验确定,并通过测试结果建立极限侧阻力标准值和极限端阻力标准值与土层物理指标、岩石饱和单轴抗压强度,以及与静力触探等土的原位测试指标间的经验关系,以经验参数法确定单桩的竖向极限承载力。

按照上述规定,根据试验可测得单桩竖向承载力的标准值,但在实际工程中需用到的是考虑安全系数之后予以折减的单桩竖向承载力特征值R_a,两者符合下述关系:

$$R_a = \frac{1}{K} Q_{uk} \tag{5-8}$$

式中 Q_{uk}——单桩竖向极限承载力标准值；

K——安全系数，取为2.0。

关于单桩竖向承载力的确定，在《建筑地基基础规范》GB 50007—2011中给出下述规定：

1) 单桩竖向承载力特征值应通过单桩竖向静载荷试验确定。在同一条件下的试桩数量，不宜少于总桩数的1%且不应少于3根；

2) 当桩端持力层为密实砂卵石或其他承载力类似的土层时，对单桩竖向承载力很高的大直径端承型桩，可采用深层平板荷载试验确定桩端土的承载力特征值；

3) 地基基础设计等级为丙级的建筑物，可采用静力触探及标贯试验，结合工程经验确定单桩的竖向承载力特征值；

4) 初步设计时，单桩竖向承载力特征值可按下式进行估算：

$$R_a = q_{pa} A_p + u \sum q_{sia} l_i \tag{5-9}$$

式中 A_p——桩底端横截面面积（m²）；

q_{pa}、q_{sia}——分别为桩端阻力特征值、桩侧阻力特征值（kPa），由当地静荷载试验结果统计分析算得；

u——桩身周边长度（m）；

l_i——第i层岩土的厚度（m）。

5) 桩端嵌入完整及较完整的硬质岩中，当桩长较短且入岩较浅时，可按下式估算单桩竖向承载力特征值：

$$R_a = q_{pa} A_p \tag{5-10}$$

式中 q_{pa}——桩端岩石承载力特征值（kN）。

5.4.2 按静荷载试验确定

静荷载试验是确定单桩竖向承载力的方法之一，被公认为是检测基桩竖向抗压承载力最直观、最可靠的传统方法。单桩竖向静荷载试验，是对桩体分级施加稳定的竖向荷载，并测量记录在不同荷载等级情况下桩顶的位移、沉降等参数，直到土对桩体的阻力达到极限状态，根据此确定单桩竖向极限承载力。

1. 单桩竖向静荷载试验装置与试验方法

虽然在实际工程中测定桩静荷载试验的装置有很多种形式，但锚桩式是最为常用的一种试验装置。单桩竖向承载力特征值应通过单桩竖向静荷载试验确定，在同一条件下的试桩数量不宜小于总桩数的1%，并不应小于3根。由于在打桩时土中产生的孔隙水压力还未消散，且土体因打桩扰动而降低的强度也有待恢复，因此，为了使试验能更加真实地反映桩的承载力，所需的间歇时间：预制桩在砂土中入土时间不得少于7d，粉土和黏性土不得少于15d，饱和软黏土不得少于25d。而灌注桩应在桩身混凝土达到设计强度后，才能进行。

试验装置主要由加荷稳压部分、提供反力和沉降观测三部分组成（图5-10）。桩顶的油压千斤顶可对桩顶施加静荷载，千斤顶的反力可由锚桩承担。安装在梁上的百分表可测量桩顶的沉降。根据试验记录可绘制各种试验曲线，如荷载-桩顶沉降（Q-s）曲线如图

5-11(a)所示和沉降-时间曲线（s-lg$t$）曲线如图 5-11(b) 所示。

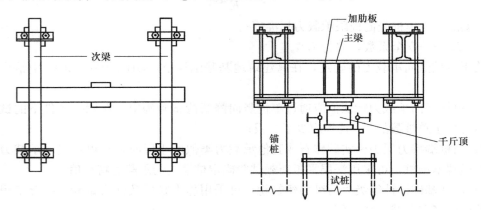

图 5-10　单桩竖向静荷载实验装置

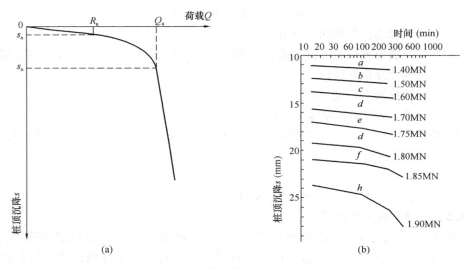

图 5-11　单桩静荷载试验曲线
(a) 单桩 Q-s 曲线；(b) 单桩 s-lg$t$ 曲线

2. 终止加载条件

当符合下列条件时，可终止加载。

（1）某级荷载作用下，桩顶沉降量大于前一级荷载作用下的沉降量的 5 倍，且桩顶总沉降量超过 40mm；

（2）某级荷载作用下，桩顶沉降量大于前一级荷载作用下的沉降量的 2 倍，且经 24h 尚未达到相对稳定标准，即每一小时内的桩顶沉降量不得超过 0.1mm，并连续出现两次（从分级荷载施加后的第 30min 开始，按 1.5h 连续三次每 30min 的沉降观测值计算）；

（3）已达到设计要求的最大加载值且桩顶沉降达到相对稳定标准；

（4）工程桩作锚桩时，锚桩上拔量已达到允许值；

（5）荷载-沉降曲线呈缓变型时，可加载至桩顶总沉降量为 60～80mm；当桩端阻力尚未充分发挥时，可加载至桩顶总沉降量超过 80mm。

5.4.3 经验参数法

当根据土的物理指标与承载力参数之间的经验关系确定单桩竖向极限承载力标准值时，宜按下式计算：

$$Q_{uk} = Q_{sk} + Q_{pk} = u\sum q_{sik}l_i + q_{pk}A_p \tag{5-11}$$

式中 q_{sik}——桩侧第 i 层土的极限侧阻力标准值，如无当地经验时，可按本书附录 1 取值；

q_{pk}——极限端阻力标准值，如无当地经验时，可按本书附录 1 取值。

但计算大直径桩时，考虑尺寸效应的影响，必须予以折减。根据土的物理指标与承载力参数之间的经验关系，确定单桩竖向极限承载力标准值时，宜按下式计算：

$$Q_{uk} = Q_{sk} + Q_{pk} = u\sum \psi_{si}q_{sik}l_i + \psi_p q_{pk}A_p \tag{5-12}$$

【例题 5-1】 某高层建筑地基土层分布如下：表层为中密状人工填土，厚度 1m；第二层为软塑粉质黏土，$I_L=0.87$，厚度 2m；第三层为流塑粉质黏土，$I_L=1.2$，厚度 3m；第四层为硬塑粉质黏土，$I_L=0.25$，厚度 2.5m；第五层为中密状的粗砂，厚度 3.5m；第六层为全风化软质岩石，厚度 1.5m；第七层为强风化软质岩，厚度大于 15m。钢筋混凝土预制方桩，桩长 14m，边长 400mm。试计算单桩竖向极限承载力标准值。

解： 由黏性土的液性指数查附录 1，单桩竖向极限承载力标准值为

$$\begin{aligned}Q_{uk} &= Q_{sk} + Q_{pk} = u\sum q_{sik}l_i + q_{pk}A_p \\ &= 1.6\times(2\times47.5 + 3\times30 + 2.5\times86 + 3.5\times80 + 1.5\times100) + 6250\times0.16 \\ &= 1328 + 1000 = 2328\text{kN}\end{aligned}$$

5.4.4 桩的抗拔承载力

桩的竖向承载力，除了前面讲过的抗压极限承载力外，还包括按抗拔桩设计的抗拔极限承载力。在实际工程中，承压桩应用的场合相对较多，但在竖向荷载作用下也可能会用到抗拔桩。譬如，考虑地震作用时高耸结构物（如高层建筑、输电塔、通信塔等）、承受上浮作用的地下密闭空腔结构（如地下室、地下油罐、取水泵房等）以及承受较大水平荷载的工程结构（如码头、桥墩台、挡土墙等）所用到的桩基础，部分或全部的桩基础将承受上拔力的作用，这种情况下需要验算桩基础的抗拔承载力，即就是在工程中抗浮桩、抗冻桩、侧向抗冲击桩均要考虑桩在荷载作用下的上拔问题。桩的抗拔承载力主要取决于桩身材料强度、桩土之间的抗拔侧阻力和桩身自重。有研究认为，在桩上拔时，桩端可能形成真空吸力，但其所占比例不大，而且可靠性不佳，一般不予考虑。目前，关于抗拔承载力的研究远不如抗压承载力充分。根据《建筑桩基技术规范》JGJ 94—2008，基桩及群桩的抗拔承载力结合桩基的设计等级可分别由试验理论估算获得，具体规定如下：

1. 抗拔承载力的确定

（1）对于设计等级为甲级和乙级的建筑桩基，基桩的抗拔极限承载力应通过现场单桩上拔静荷载试验确定。单桩上拔静荷载试验及抗拔极限承载力标准值取值可按现行行业标准《建筑基桩检测技术规范》JGJ 106—2014 进行。

（2）如无当地经验时，群桩基础及设计等级为丙级的建筑桩基础，基桩的抗拔极限载力取值可按下列规定计算：

1）群桩呈非整体破坏时，基桩的抗拔极限承载力标准值可按下式计算：

$$T_{uk} = \sum \lambda_i q_{sik} u_i l_i \tag{5-13}$$

式中 T_{uk}——基桩的抗拔极限承载力标准值；

u_i——桩身周长，对于等直径桩取 $u_i = \pi d$；对于扩底桩按表 5-2 取值；

q_{sik}——桩侧表面第 i 层土的抗压极限侧阻力标准值；

λ_i——抗拔系数，可按表 5-3 取值。

扩底桩破坏表面周长 u_i 表 5-2

自桩底起算的长度 l_i	$\leqslant (4\sim10)d$	$>(4\sim10)d$
u_i	πD	πd

注：l_i 对于软土取低值，对于卵石、砾石取高值；l_i 取值随内摩擦角增大而增加。

抗拔系数 λ_i 表 5-3

土类	λ_i 值
砂土	0.50～0.70
黏性土、粉土	0.70～0.80

注：桩长 l 与桩径 d 之比小于 20 时，λ_i 取小值。

2）群桩呈整体破坏时，基桩的抗拔极限承载力标准值可按下式计算：

$$T_{gk} = \frac{1}{n} u_l \sum \lambda_i q_{sik} l_i \tag{5-14}$$

式中 u_l——桩群外围周长。

2. 抗拔承载力验算

桩基的抗拔承载力破坏可能是单桩拔出，也可能是群桩整体拔出，即呈现为非整体破坏或整体破坏模式。对两种破坏模式中承受上拔力的桩基均应进行验算：

$$N_k \leqslant T_{gk}/2 + G_{gp} \tag{5-15}$$

$$N_k \leqslant T_{uk}/2 + G_p \tag{5-16}$$

式中 N_k——按荷载效应标准组合计算的基桩上拔力；

T_{gk}——群桩呈整体破坏时基桩的抗拔极限承载力标准值；

T_{uk}——群桩呈非整体破坏时基桩的抗拔极限承载力标准值；

G_{gp}——群桩基础所包围体积的桩土总自重除以总桩数，地下水位以下取浮重度；

G_p——基桩自重，地下水位以下取浮重度。

对于季节性冻土上轻型建筑的短桩基础，应按下列公式验算其抗冻拔稳定性：

$$\eta_f q_f u z_0 \leqslant T_{gk}/2 + N_G + G_{gp} \tag{5-17}$$

$$\eta_f q_f u z_0 \leqslant T_{uk}/2 + N_G + G_p \tag{5-18}$$

式中 η_f——冻深影响系数，按表 5-4 采用；

q_f——切向冻胀力，按表 5-5 采用；

z_0——季节性冻土的标准冻深；

T_{gk}——标准冻深线以下群桩呈整体破坏时基桩抗拔极限承载力标准值；

T_{uk}——标准冻深线以下单桩抗拔极限承载力标准值；

N_G——基桩承受的桩承台底面以上建筑物自重、承台及其上土重标准值。

η_f 值 表 5-4

标准冻深	$z_0 \leqslant 2.0$	$2.0 < z_0 \leqslant 3.0$	$z_0 > 3.0$
η_f	1.0	0.9	0.8

q_f (kPa) 值 表 5-5

冻胀性分类 土类	弱冻胀	冻胀	强冻胀	特强冻胀
黏性土、粉土	30～60	60～80	80～120	120～150
砂土、砾(碎)石(黏、粉粒含量>15%)	<10	20～30	40～80	90～200

注：1. 表面粗糙的灌注桩，表中数值应乘以系数 1.1～1.3。
2. 本表不适用于含盐量大于 0.5% 的冻土。

膨胀土上轻型建筑的短桩基础，应按下列公式验算群桩基础呈整体破坏和非整体破坏的抗拔稳定性：

$$\left. \begin{array}{l} u\sum q_{ei}l_{ei} \leqslant T_{gk}/2 + N_G + G_{gp} \\ u\sum q_{ei}l_{ei} \leqslant T_{uk}/2 + N_G + G_p \end{array} \right\} \tag{5-19}$$

式中 T_{gk}——群桩呈整体破坏时，大气影响急剧层下稳定土层中基桩的抗拔极限承载力标准值；

T_{uk}——群桩呈非整体破坏时，大气影响急剧层下稳定土层中基桩的抗拔极限承载力标准值；

q_{ei}——大气影响急剧层中第 i 层土的极限胀切力，由现场浸水试验确定；

l_{ei}——大气影响急剧层中第 i 层土的厚度。

5.4.5 桩身材料验算

根据现行国家标准《混凝土结构设计规范》GB 50010—2010（2015 年版）规定，同时考虑桩的长细比和压杆稳定问题。桩身材料强度的验算按下列公式进行：

$$\gamma_0 N \leqslant \phi(\varphi_c f_c A + f'_y A'_s) \tag{5-20}$$

式中 γ_0——建筑桩基重要性系数；

N——桩的竖向力设计值，即单桩竖向承载力设计值（kN）；

ϕ——构件稳定系数，取决于桩的长细比，即桩的计算长度与截面边长之比，$\phi \leqslant 1$；

f_c——混凝土轴心抗压强度设计值，按混凝土强度等级取值（N/mm²）；

A——桩的横截面面积（mm²）；

f'_y——钢筋抗压强度设计值，根据钢筋的种类与等级取值（N/mm²）；

A'_s——桩的全部纵向钢筋截面面积，按桩的纵向受力主筋计算（mm²）；

φ_c——基桩施工工艺系数，混凝土预制桩 $\varphi_c=1.0$，干作业非挤土灌注桩 $\varphi_c=0.9$，泥浆护壁和套管护壁非挤土灌注桩、部分挤土灌注桩、挤土灌注桩 $\varphi_c=0.8$。

对于预制桩，尚应进行运输、起吊和锤击等过程中的强度验算。

【例题 5-2】 承台底面下长度 10m 的预制桩截面为 400mm×400m，打穿厚度 $l_1=3.5$m 的淤泥质土，下部为硬塑黏土，设淤泥质土 $q_{sia}=4.5$kPa，硬塑黏土 $q_{sia}=33$kPa，$q_{pa}=1500$kPa，以此按照经验公式计算单桩承载力特征值。

解：根据经验公式：
$$\begin{aligned} R_a &= q_{pa}A_p + u_p\sum q_{sia}l_i \\ &= 1500\times 0.4^2 + 4\times 0.4\times(4.5\times 3.5 + 33\times 6.5) \end{aligned}$$

$$= 608.4 \text{kN}$$

故按照经验公式计算,单桩承载力特征值为 608.4kN。

【例题 5-3】 某高层建筑工程采用钢筋混凝土一级桩基础,桩的轴力设计值由现场静载试验测得 $N=2500$kN,混凝土强度为 C35,受力主筋采用 HPB235 级 18ϕ20。混凝土预制桩直径为 500mm。试验算桩身的抗压强度。

解: 根据《混凝土结构设计规范》GB 5010—2010(2015 年版)中桩身抗压强度验算公式:

$$\gamma_0 N \leqslant \varphi(\phi_c f_c A + f'_y A'_s)$$

$$\gamma_0 N = 1.1 \times 2500000 = 2750000 \text{N}$$

其中,取建筑桩基础重要系数 $\gamma_0=1.1$;基桩施工工艺系数,对预制桩取 $\phi_c=1.0$;因桩完全在地面以下,桩周有土压力作用,则取杆件稳定系数 $\varphi=1.0$;

A 为桩截面面积,$A=\dfrac{500^2 \times \pi}{4}=196300 \text{mm}^2$;

C35 混凝土 $f_c=16.7 \text{N/mm}^2$;

主筋采用 HPB235 级 18Φ20 钢筋,$f'_y=210 \text{N/mm}^2$,截面面积 $A'_s=5655 \text{mm}^2$。

将上述数值代入公式得:

$$\varphi(\phi_c f_c A + f'_y A'_s) = 1.0 \times (1.0 \times 16.7 \times 196300 + 210 \times 5655)$$
$$= 4465760 \text{N}$$

$$\gamma_0 N = 1.1 \times 2500000 = 2750000 \text{N} \leqslant 4465760 \text{N}$$

由此可知,此桩的抗压强度满足要求。

5.5 桩的负摩擦力问题

一般情况下,竖向承载桩的侧摩擦力如图 5-12 所示:承压桩受到的侧摩擦力方向向上,为正摩擦阻力(简称正摩阻力);抗浮桩和抗拔桩的侧摩擦力方向向下,为负摩擦阻力(简称负摩阻力)。但是在实际工程中,承压桩也可能会出现沿桩身向下的负摩阻力。同样是竖向承载桩出现负摩阻力,不同之处在于:抗浮桩和抗拔桩承受的荷载与设计荷载一致;承压桩一般是按受压承载力进行设计的,这种情况下考虑的桩身摩擦力为正摩阻力,一旦由于某些因素在桩身产生负摩阻力,与设计初衷相反,就可能会引起严重的问题。因此,下面主要阐述承压桩可能出现的负摩擦问题。

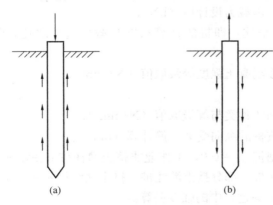

图 5-12 竖向承载桩侧的摩擦力
(a) 承压桩;(b) 抗浮/抗拔桩

5.5.1 承压桩负摩阻力的形成

在承压桩设计的过程中,一般情况下,都是按照正摩阻力进行考虑的,但是在有些情况下桩侧摩阻力的方向可能会出现变化,归根结底是由桩土之间的相对位移决定的。只要桩周土层相对桩身向下产生位移（桩身相对桩周土层产生向上位移），桩侧产生的摩阻力方向必然向下，则出现负摩阻力。通常下列情况下承压桩可能会遇到负摩阻力问题：

（1）位于桩周的欠固结软黏土或新近填土在其自重作用下产生新的固结；

（2）桩侧为自重湿陷性黄土、冻土层或砂土，冻土融化后或砂土液化后发生下沉时也会对桩产生负摩擦力；

（3）由于抽取地下水或深基坑开挖降水等原因引起地下水位全面降低，致使土的有效应力增加，产生大面积的地面沉降；

（4）桩侧表面土层因大面积地面堆载引起沉降带来的负摩阻力；

（5）周边打桩后挤土作用或灵敏度较高的饱水黏性土受打桩等施工扰动（如振动、挤压、推移等）影响，桩侧土结构被破坏后重新固结；

（6）打桩后，填土发生固结；

（7）长期交通荷载引起的沉降。

桩侧的负摩阻力可能使桩身轴向荷载增加，从而导致桩身的压缩量增加，桩的沉降有较明显的增加。

如果是摩擦桩，有可能桩的沉降有明显的增加，如果地基表层的填土沉降，可能使群桩的承台底部和土之间形成空隙，不再接触。这样作用在承台上的荷载将不再由地基表层土分担，而全部转移到桩身，致此承台和桩身的受力会发生较大的变化。

5.5.2 桩侧的负摩阻力分布

研究桩侧的负摩阻力分布，与正摩阻力分布的过程基本相同。首先需要确定桩土之间的相对位移，然后根据负摩阻力和相对位移之间的关系，就可了解桩侧负摩阻力以及桩身轴力和截面位移沿桩身的分布。

承压桩一般是按桩侧承受正摩阻力进行设计的，一旦出现负摩阻力，不但不能对桩的承载力有所贡献，反而相当于在桩上施加了一部分下拉荷载，必然会导致桩的承载力下降，桩基础的沉降会进一步加大。不过，桩侧负摩阻力并不是沿桩身全长分布的，存在一个转变点，该点称之为中性点。以中性点为界，在该点以上，土层产生相对桩身向下的位移，出现负摩阻力，桩身轴力随深度递增；在该点以下，土层产生相对向上的位移，因此在桩侧会出现正摩阻力。在中性点对应的截面处，桩、土之间不产生相对位移，因此相应的摩阻力为0。从桩端附近地面处算起，桩身的负摩阻力随深度递减，直到中性点处桩身的轴力达到最大值，其值等于桩顶荷载 Q 与下拉荷载 F_n 之和，即 $Q+F_n$；桩端阻力等于桩顶荷载、负摩阻力产生的下拉荷载以及正摩阻力产生的上提荷载 F_p 三者之和，即 $Q+(F_n-F_p)$。由此可见，中性点是桩身的重要转折点，该处有三个重要的指标特征：桩、土沉降位移相等，桩、土无相对位移；桩侧摩阻力为0；桩身截面轴力最大。由于中性点的存在，在该点处桩、土的相对位移和摩阻力的性质处于临界状态，并即将发生变化，如图5-13所示。

在桩顶竖向荷载 Q 的作用下，沿深度方向参考中性点 N 对应的截面位置：在 N 点以上，土的沉降大于桩的沉降，对应的桩侧摩阻力为负摩阻力 $q_n(z)$；在该点以下，土的沉降小于桩的沉降，对应的摩阻力为正摩阻力 $q_s(z)$。该点以上土的摩阻力为负摩阻力，由地面至中性点处，桩身受力不停增加，直至在该点处取得最大值，在该点以下则不断减小。

由上述分析可得，桩侧摩阻力的出现与桩的沉降和土的固结相关联。因此，在桩基施

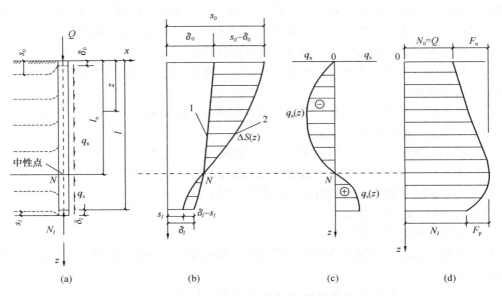

图 5-13 单桩在产生负摩阻力时的荷载传递
(a) 单桩；(b) 位移曲线；(c) 桩侧摩阻力分布曲线；(d) 桩身轴力分布曲线
1—土层竖向位移曲线；2—桩身截面位移曲线

工过程中，桩基沉降完成的时间，桩周土层固结完成的时间，桩基沉降速率、历时和桩周土层固结速率、历时对中性点的位置、摩阻力分布以及桩身轴力的影响很大，都将随时间而发生变化。在确定桩侧摩阻力的过程中，判断中性点的位置很重要，中性点深度 l_n 应按桩周土层沉降与桩沉降相等的条件计算确定，也可参照表 5-6 确定。

中性点深度 l_n 表 5-6

持力层性质	黏性土、粉土	中密以上砂	砾石、卵石	基岩
中性点深度比 l_n/l_0	0.5～0.6	0.7～0.8	0.9	1.0

注：1. l_n、l_0 分别为自桩顶算起的中性点深度和桩周软弱土层下限深度。
2. 桩穿过自重湿陷性黄土层时，l_n 可按列值增大 10%（持力层为基岩除外）。
3. 当桩周土层固结沉降与桩基固结沉降同时完成时，取 $l_n=0$。
4. 当桩周土层计算沉降量小于 20mm 时，l_n 应按列值乘以 0.4～0.8 折减。

在研究桩侧负摩阻力问题中，需注意中性点深度具有时间效应，即就是可能随着桩身的沉降和土层固结的情况而不停发生变化。除此之外，影响中性点深度的因素还包括：

（1）桩底持力层刚度。持力层越硬，中性点深度越深，相反持力层越软，则中性点深度越浅。所以在同样的条件下，端承桩的 l_n 大于摩擦桩的 l_n。

（2）桩周土的压缩性和应力历史。桩周土越软、欠固结度越高、湿陷性越强、相对于桩的沉降越大，则中性点也越深，而且在桩、土沉降稳定之前，中性点的深度 l_n 也是变动的。

（3）桩周土层上的外荷载。一般地面堆载越大或抽水使地表下沉越多，那么中性点 l_n 越深。

（4）桩的长径比。一般桩的长径比越小，则 l_n 越大。

5.5.3 负摩阻力的计算

1. 单桩负摩阻力的标准值

中性点以上单桩桩周第 i 层土负摩阻力标准值，可按下列公式计算：

$$q_{si}^n = \xi_{ni}\sigma_i' \tag{5-21}$$

当填土固结、自重湿陷性黄土湿陷、欠固结土层产生固结和地下水降低时：$\sigma_i' = \sigma_{\gamma i}'$。
当地面分布大面积荷载时：$\sigma_i' = p + \sigma_{\gamma i}'$。

$$\sigma_{\gamma i}' = \sum_{e=1}^{i-1} \gamma_e \Delta z_e + \frac{1}{2}\gamma_i \Delta z_i \tag{5-22}$$

式中 q_{si}^n——第 i 层土桩侧负摩阻力标准值；当按式（5-21）计算值大于正摩阻力标准值时，取正摩阻力标准值进行设计；

ξ_{ni}——桩周第 i 层土负摩阻力系数，可按表 5-7 取值；

$\sigma_{\gamma i}'$——由土自重引起的桩周第 i 层土平均竖向有效应力；桩群外围桩自地面算起，桩群内部桩自承台底算起；

σ_i'——桩周第 i 层土平均竖向有效应力；

γ_i、γ_e——分别为第 i 计算土层和其上第 m 土层的重度，地下水位以下取浮重度；

Δz_i、Δz_e——分别为第 i 层土、第 m 层土的厚度；

p——地面均布荷载。

负摩阻力系数 ξ_n　　　　　　　表 5-7

土类	ξ_n	土类	ξ_n
饱和软土	0.15～0.25	砂土	0.35～0.50
黏性土、粉土	0.25～0.40	自重湿陷性黄土	0.20～0.35

注：1. 在同一类土中，对于挤土桩，取表中较大值；对于非挤土桩，取表中较小值。
2. 填土按其组成取表中同类土的较大值。

2. 下拉荷载标准值

对单桩而言，桩侧向下的负摩阻力之和就形成作用于桩身的下拉荷载。由于在实际工程中，桩基的应用以群桩为主，群桩下拉荷载标准值可按下式计算：

$$Q_g^n = \eta_n u \sum_{i=1}^{n} q_{si}^n l_i \tag{5-23}$$

式中 n——中性点以上土层数；

l_i——中性点以上第 i 层土的厚度；

η_n——负摩阻力群桩效应系数；

u——桩身周长；

q_{si}^n——第 i 层土桩侧负摩阻力标准值。

3. 负摩阻力验算

桩侧的负摩阻力对桩基础而言是额外的附加荷载。当持力层较硬时，负摩阻力引起下拉荷载，桩身轴力增加，导致桩身压曲甚至断裂。当桩端持力层为可压缩性土时，又可能引起附加沉降，使桩基沉降超限。因此，应根据工程具体情况考虑进行必要的验算：

（1）对于摩擦型基桩，可取桩身计算中性点以上侧阻力为零，并可按下式验算基桩承载力：

$$N_k \leqslant R_a \tag{5-24}$$

（2）对于端承型基桩，除应满足上式要求外，尚应考虑负摩阻力引起基桩的下拉荷载 Q_g^n，并可按下式验算基桩承载力：

$$N_k + Q_g^n \leqslant R_a \tag{5-25}$$

（3）当土层不均匀沉降或建筑物对不均匀沉降较敏感时，尚应将负摩阻力引起的下拉荷载计入附加荷载，以验算桩基沉降。

5.6 桩的水平承载力

除去承压桩和抗拔桩等抵抗竖向力的受载桩以外，在实际工程中还存在承受水平力的桩，称之为水平受载桩或抗侧力桩。对于水平受载桩，可采取设置斜桩、水平桩来加以抵御，但常因施工场地条件限制，在很多情况下仍采用竖直桩加以抵御。竖直桩在桩顶承受水平荷载的来源可以是地震荷载、风荷载、土压力、水压力以及拱的水平推力等，因此有必要对水平受载桩进行受力分析，并确定其水平承载力。

5.6.1 单桩水平承载力的影响因素

从大的方面来说，单桩水平承载力主要取决于桩身受力特性、桩周土的支承条件以及桩顶允许的水平位移。如果进一步细分，单桩水平承载力主要取决于桩的材料、截面尺寸、入土深度、桩侧土质条件和桩顶嵌固程度等。对于低配筋率的灌注桩，一般抗弯性能较差，桩身易出现裂缝，导致断裂破坏，这种情况下单桩的水平承载力主要取决于桩身的受力特性；钢筋混凝土桩或钢桩抗弯性能好，水平承载力往往由桩侧土体的性质所决定，通常桩侧土体不允许出现明显的开裂和隆起。对于抗弯性能良好的基桩，如果在水平荷载作用下，即使桩身没有断裂而且桩周土仍可提供有效的侧向支承，但是一旦桩顶的水平位移超出上部结构的水平变形值，也应认为桩处于失效状态，不宜再进一步承受荷载。

5.6.2 水平荷载下桩的受力特性

在水平荷载作用下，桩会产生变形并挤压桩侧土体，导致桩侧土发生相应变形而产生水平抗力。通常单桩的水平承载力远低于其竖向承载力。

当水平荷载较小时，桩所承受的水平抗力主要由地面表层的土体提供，土的变形属于弹性压缩变形；随着水平荷载的增加，桩的变形相应增大，表层土会逐渐产生塑性屈服，无法提供足够的侧向抗力，因此单桩所承受的水平荷载会向更深土层进一步传递。

为说明单桩在水平荷载作用下的具体表现，一般可将其分为刚性桩和弹性桩。桩的刚度和入土深度不同，其受力和破坏特性也不同。这里桩的刚度并不是指绝对刚度，而是指桩土之间的相对刚度。刚性桩和弹性桩可根据桩的水平变形系数 α 与入土深度 h 的关系来划分，当 $\alpha h > 2.5$ 时，为刚性桩，当 $\alpha h \leqslant 2.5$ 时，为弹性桩，其中弹性桩可进一步细分：$2.5 < \alpha h < 4.0$，弹性中长桩；$\alpha h \geqslant 4.0$，弹性长桩。桩的水平变形系数 α 按下列公式计算：

$$\alpha = \sqrt[5]{\frac{mb_0}{EI}} \tag{5-26}$$

式中 m——桩侧土水平抗力系数的比例系数；

b_0——桩身的计算宽度（m）。

圆形桩：当直径 $d \leqslant 1m$ 时，$b_0 = 0.9(1.5d+0.5)$；
　　　　当直径 $d > 1m$ 时，$b_0 = 0.9(d+1)$；
方形桩：当边宽 $b \leqslant 1m$ 时，$b_0 = 1.5b+0.5$；
　　　　当边宽 $b > 1m$ 时，$b_0 = b+1$。

1. 刚性桩

当桩很短且桩周土比较软弱时，桩对应于土的相对刚度很大，在水平荷载作用下一般不考虑桩的挠曲变形。刚性桩一般入土深度较浅，桩的下端得不到充分的嵌固，因而桩顶自由的刚性桩将会发生绕靠近桩端的某一点作沿全桩长的刚性转动。在刚性桩沿全桩长的转动过程中，转动点上方和下方的土层分别产生了被动抗力，两者共同在桩顶水平荷载的作用下从而实现桩的受力平衡。与之对应，当桩顶受刚性承台约束时，桩顶嵌固的刚性桩无法产生转动，将与承台一起产生刚体平移。

由于地基表层土的性质一般较差，所以桩的刚度远远大于土层的刚度，桩周土体水平抗力较低。因此在水平荷载作用下，整个桩身易因桩的水平位移或倾斜超限而无法可靠承载。刚性桩的破坏一般只发生在桩周土中，而桩身不会发生破坏，桩的水平承载力主要由桩的水平位移和倾斜控制。

2. 弹性桩

弹性桩包括中长桩和长桩。相对于刚性桩，在水平荷载作用下，弹性桩的桩身可能发生挠曲变形，两者的破坏机理不同（图 5-14）。弹性桩由于入土深度较大，因此土的水平抗力也就相应较大，可认为桩身下端存在足够的长度嵌固于土中而不能转动。在水平荷载作用下，桩身将发生挠曲变形，可视作为一根下端嵌固并由桩侧土体提供水平抗力的"地基梁"。在弹性桩承受水平荷载的过程中，沿桩全长范围内水平方向上的地基土体不会同

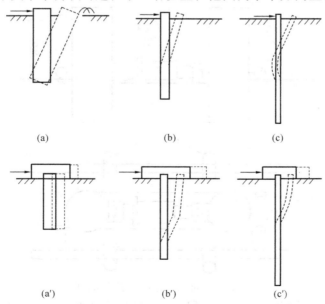

图 5-14 水平受力桩的破坏形式
(a) 刚性桩；(b) 弹性中长桩（半刚性桩）；(c) 弹性长桩（柔性桩）
(a′) 刚性桩；(b′) 桩顶嵌固弹性中长桩；(c′) 桩顶嵌固弹性长桩

时出现屈服,而是在屈服区逐渐由地表向下扩展,桩体中产生的内力随着桩周土体的逐渐屈服而增加。当桩周土体失去稳定或桩身最大弯矩超过其截面抵抗矩时,弹性桩便趋于破坏。此外,如果桩的水平位移过大超限时,也认为弹性桩处于失效状态。当弹性桩桩顶受刚性承台约束时,其破坏形态仍为挠曲变形而产生的弯曲破坏,但在桩顶有刚性嵌固条件存在,可能在嵌固处产生较大的弯矩而导致破坏。弹性桩的水平承载力由桩身的水平位移及材料的抗弯强度所控制。

承受水平荷载作用时,桩周土屈服区由上向下逐步扩展,桩身轴力最大弯矩截面也因上部土抗力的减小而向下转移。一般中长桩的桩身位移曲线只有一个位移零点,而长桩则可能有两个以上的位移零点或弯矩零点。

5.6.3 弹性桩水平静荷载试验

根据桩基规范,对于承受水平荷载较大的设计等级为甲级、乙级的建筑桩基,单桩水平承载力特征值应通过单桩水平静载试验确定。

1. 试验目的

(1) 确定单桩水平临界和极限承载力,推定土抗力参数;
(2) 判定水平承载力是否满足设计要求;
(3) 通过桩身内力及变形测试,测定桩身弯矩。

2. 试验装置

一般采用千斤顶施加水平力,力的作用线应通过工程桩基承台标高处,千斤顶与试桩接触处宜设置一球形铰座,以保证作用力能水平通过桩身轴线。桩的水平位移宜用大量程百分表量测。若需测定地面以上桩身转角时,在水平力作用线以上 500mm 左右,还应安装一或两只百分表,如图 5-15 所示。固定百分表的基准桩与试桩的净距不少于一倍试桩直径。

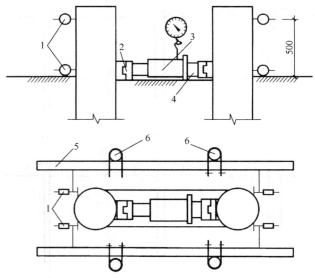

图 5-15 单桩水平静荷载试验示意图
1—百分表;2—球铰;3—千斤顶;4—垫块;5—基准梁;6—基准桩

3. 终止加载条件

当出现下列情况之一时,可终止加载:

(1) 桩身折断；
(2) 水平位移超过30～40mm（软土取40mm）；
(3) 水平位移达到要求的允许值；
(4) 水平荷载达到设计要求最大值。

4. 单桩水平极限荷载的确定

根据试验资料，如果采用单向多循环加载法，可绘制桩顶水平荷载-时间-桩顶水平位移（H_0-t-x_0）曲线，如图5-16所示。H_0-t-x_0曲线出现突变点的荷载对应临界荷载H_{cr}；曲线明显陡降点的荷载对应极限荷载H_u。除此之外，还可采用采用慢速维持荷载法，可绘制桩顶水平荷载-桩顶水平位移（H_0-x_0）曲线，类似地也可确定H_{cr}和H_u的取值。

将极限荷载除以安全系数（一般取2.0），即为水平承载力允许值。

当桩身钢筋上设置应变片时，可根据应变片数据计算得桩身应力，绘制钢筋应力沿桩身分布示意图以及水平力-最大弯矩截面钢筋拉应力（H_0-σ_g）曲线，如图5-17所示。

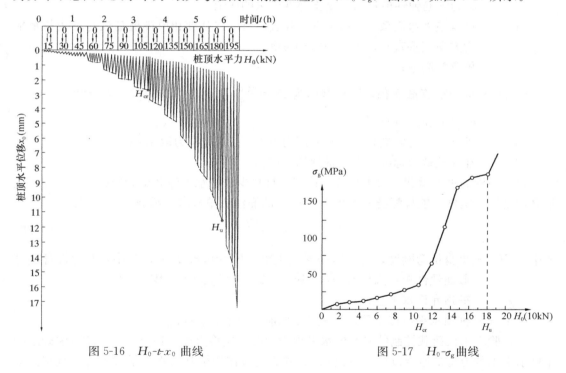

图5-16 H_0-t-x_0曲线 　　　　　图5-17 H_0-σ_g曲线

5.6.4 单桩水平承载力的确定

在水平静荷载试验的基础上，对于单桩的水平承载力可按下述规定进行确定：

(1) 对于钢筋混凝土预制桩、钢桩、桩身正截面配筋率不小于0.65%的灌注桩，可根据静载试验结果，取地面处水平位移为10mm（对于水平位移敏感的建筑物取水平位移6mm）所对应的荷载的75%为单桩水平承载力特征值。

(2) 对于桩身配筋率小于0.65%的灌注桩，可取单桩水平静载试验的临界荷载的75%为单桩水平承载力特征值。

(3) 当缺少单桩水平静载试验资料时，可按下列公式估算桩身配筋率小于0.65%的灌注桩的单桩水平承载力特征值：

$$R_{ha} = \frac{0.75\alpha\gamma_m f_t W_0}{\nu_M}(1.25 + 22\rho_g)\left(1 \pm \frac{\zeta_N N_k}{\gamma_m f_t A_n}\right) \tag{5-27}$$

式中 α——桩的水平变形系数；

R_{ha}——单桩水平承载力特征值，±号根据桩顶竖向力性质确定，压力取"+"，拉力取"-"；

γ_m——桩截面模量塑性系数，圆形截面$\gamma_m=2$，矩形截面$\gamma_m=1.75$；

f_t——桩身混凝土抗拉强度设计值；

W_0——桩身换算截面受拉边缘的截面模量，圆形截面为$W_0 = \frac{\pi d}{32}[d^2 + 2(\alpha_E - 1)\rho_g d_0^2]$，方形截面为$W_0 = \frac{b}{6}[b^2 + 2(\alpha_E - 1)\rho_g b_0^2]$，其中$d$为桩直径，$d_0$为扣除保护层厚度的桩直径；$b$为方形截面边长，$b_0$为扣除保护层厚度的桩截面宽度；$\alpha_E$为钢筋弹性模量与混凝土弹性模量的比值；

ν_M——桩身最大弯矩系数，按表5-8取值，当单桩基础和单排桩基纵向轴线与水平力方向相垂直时，按桩顶铰接考虑；

ρ_g——桩身配筋率；

A_n——桩身换算截面积，圆形截面为$A_n = \frac{\pi d^2}{4}[1 + (\alpha_E - 1)\rho_g]$，方形截面为$A_n = b^2[1 + (\alpha_E - 1)\rho_g]$；

ζ_N——桩顶竖向力影响系数，竖向压力取0.5；竖向拉力取1.0；

N_k——在荷载效应标准组合下桩顶的竖向力（kN）。

（4）当桩的水平承载力由水平位移控制，且缺少单桩水平静载试验资料时，可按下式估算预制桩、钢桩、桩身配筋率不小于0.65%的灌注桩单桩水平承载力特征值：

$$R_{ha} = 0.75\frac{\alpha^3 EI}{\nu_x}\chi_{0a} \tag{5-28}$$

式中 EI——桩身抗弯刚度，对于钢筋混凝土桩，$EI=0.85 E_c I_0$；其中，I_0为桩身换算截面惯性矩；圆形截面$I_0=W_0 d_0/2$；矩形截面$I_0=W_0 b_0/2$；

χ_{0a}——桩顶允许水平位移；

ν_x——桩顶水平位移系数，按表5-8取值，取值方法同ν_M。

（5）验算永久荷载控制的桩基的水平承载力时，应将上述（1）～（4）款方法确定的单桩水平承载力特征值乘以调整系数0.8；验算地震作用桩基的水平承载力时，宜将按上述（1）～（4）款方法确定的单桩水平承载力特征值乘以调整系数1.25。

桩顶（身）最大弯矩系数ν_M和桩顶水平位移系数ν_x 表5-8

桩顶约束情况	桩的换算埋深（αh）	ν_M	ν_x
铰接、自由	4.0	0.768	2.441
	3.5	0.750	2.502
	3.0	0.703	2.727
	2.8	0.675	2.905
	2.6	0.639	3.163
	2.4	0.601	3.526

续表

桩顶约束情况	桩的换算埋深（ah）	ν_M	ν_x
固接	4.0	0.926	0.940
	3.5	0.934	0.970
	3.0	0.967	1.028
	2.8	0.990	1.055
	2.6	1.018	1.079
	2.4	1.045	1.095

5.7 单桩在水平荷载作用下内力及位移分析

在水平荷载作用下，有必要对单桩进行内力及位移分析，以判断桩的受力状况和工作性能。目前，可采用的分析方法主要包括极限平衡法、p-x 曲线法、弹性地基反力法和数值计算方法等。

1. 极限平衡法（极限地基反力法）

该方法是按照土的极限静力平衡来求得桩的水平承载力。假定桩为刚性，不考虑桩身的变形，根据土体的性质预先设计一种地基反力形式，一般仅为深度的函数。作用于桩的外力同土的极限平衡可有多种地基反力分布假定，如抛物线形、三角形等。根据受力平衡条件，可直接求解桩身剪力、弯矩以及土体反力分布形式。极限地基反力法不考虑桩土变形特征，适用于刚性桩，即短桩。

2. p-x 曲线法

p-x 曲线法，也称复合地基反力系数法。该方法的基本思想就是沿桩深度方向，将桩周土应力-应变关系用一组曲线来表示，即 p-x 曲线，如图5-18(a)所示。

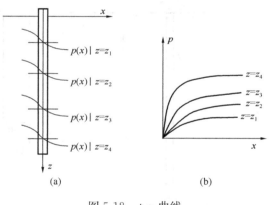

图 5-18　p-x 曲线

在深度 z 处，桩的横向位移 x 与单位桩长土反力合力之间存在一定的对应关系，如图 5-18（b）所示。

从理论上讲，p-x 曲线法是一种比较理想的方法，配合数值解法，可以计算桩的内力及位移。当桩身变形较大时，这种方法与地基反力系数法相比有更大的优越性。

3. 弹性地基反力法

根据文克尔地基模型，地基土在任一点处的地基变形与该点所承受的压力成正比，与其他点上的压力无关。对于水平受载桩，弹性地基反力法的思路是：假定土为弹性体，将桩视作竖直的弹性地基梁，就可按照梁的弯曲理论求解桩的受力与变形。如图 5-19 所示。

根据地基梁理论，桩的 p_x 因与桩在该点处的水平位移 x 成正比，不考虑桩土之间的摩阻力：

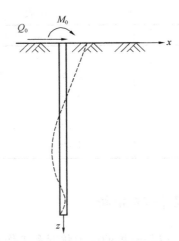

图 5-19 侧向受载桩的分析

$$p_x = k_h x b_0 \qquad (5\text{-}29)$$

式中 k_h——地基水平抗力系数,与深度有关可表示为 $k_h(z)$;

b_0——桩身计算宽度。

在弹性地基反力法中,地基土水平抗力系数的分布将直接影响桩的计算结果,土的水平抗力系数的假定有多种形式,一般可表示为:

$$k_h(z) = m z^n \qquad (5\text{-}30)$$

式中 m、n——均为待定系数或指数。

常见的主要包括桩侧土体可模拟作一系列水平弹簧,向桩身提供水平抗力,对应的水平抗力系数 k_h 的分布形式(图 5-20)主要包括以下几种:

① 常数法。假定地基水平抗力系数沿深度均匀分布,即 $n=0$。

② k 法。假定地基水平抗力系数在挠度曲线的第一零点 z_t 以上,沿深度按抛物线增加,其下则为常数,即 $n=0$。

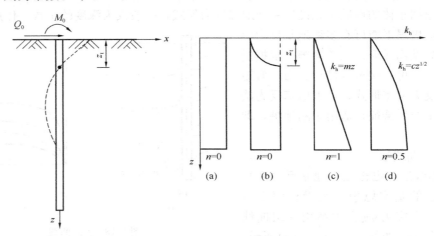

图 5-20 地基水平抗力系数的分布模式图
(a) 常数法;(b) k 法;(c) m 法;(d) c 法

③ m 法。假定地基水平抗力系数随深度呈线性增加,即 $n=1$。目前在国内应用最为广泛。

④ c 法。假定地基水平抗力系数随深度呈抛物线变化,即 $n=0.5$,$m=c$。

(1) 单桩挠曲微分方程

在 m 法的基础上,已知桩顶作用的水平荷载 Q_0 和弯矩 M_0,可建立微分方程如下:

$$EI \frac{\mathrm{d}^4 x}{\mathrm{d}z^4} = -p_x \qquad (5\text{-}31)$$

由式(5-29)和式(5-30)代入上式,可得微分方程:

$$\frac{\mathrm{d}^4 x}{\mathrm{d}z^4} + \frac{m b_0}{EI} z x = 0 \qquad (5\text{-}32)$$

根据桩的水平变形系数，上式可进一步整理为：

$$\frac{d^4x}{dz^4} + \alpha^5 zx = 0 \tag{5-33}$$

（2）计算参数简化处理

欲求解方程（5-33），必先确定相应的计算参数 m、b_0 和 EI。根据规范，为简化计算，桩的计算宽度可按表5-9确定。

桩身截面计算宽度b_0（m）　　　　　　　　　　　　　　　　表 5-9

截面宽度b或直径d（m）	圆　桩	方　桩
>1	0.9×（d+1）	b+1
≤1	0.9×（1.5d+0.5）	1.5b+0.5

对于桩身抗弯刚度：

$$EI = 0.85 E_c I_0 \tag{5-34}$$

式中　E_c——混凝土弹性模量；

I_0——桩身换算截面惯性矩；圆形截面$I_0 = \frac{W_0 d_0}{2}$，矩形截面$I_0 = \frac{W_0 b_0}{2}$。

桩的 m 值对于同一根桩并非定值，与荷载呈非线性关系，在低荷载水平下，m 值较高；随着荷载增加，由于桩侧土的塑性区逐渐扩展而 m 值有所降低。在具备条件的情况下，地基土水平抗力系数 m 可通过单桩水平静荷载试验确定。如果不具备试验条件或缺乏相应的资料时，可按表5-10进行确定。

地基土水平抗力系数 m 值　　　　　　　　　　　　　　　　表 5-10

序号	地基土类别	预制桩、钢桩		灌注桩	
		m (MN/m⁴)	相应单桩在地面处的水平位移（mm）	m (MN/m⁴)	相应单桩在地面处的水平位移（mm）
1	淤泥；淤泥质土；饱和湿陷性黄土	2～4.5	8	2.5～6	6～12
2	流塑（I_L>1）、软塑（0.75<I_L≤1）状黏性土；e>0.9粉土；松散粉细砂；松散、稍密填土	4.5～6.0	8	6～14	4～8
3	可塑（0.25<I_L≤0.75）状黏性土、湿陷性黄土；e=0.75～0.9粉土；中密填土；稍密细砂	6.0～8	8	14～35	3～6
4	硬塑（0<I_L≤0.25）、坚硬（I_L≤0）状黏性土、湿陷性黄土；e<0.75粉土；中密的中粗砂；密实老填土	8～22	8	35～80	2～5
5	中密、密实的砾砂、碎石类土	—	—	80～300	1.5～3

当基桩侧面由几种土层组成时，应求得主要影响深度$h_m=2(d+1)$范围内的 m 值作为计算值，如图5-21所示。

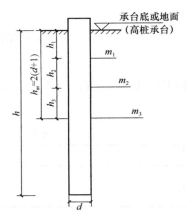

图 5-21　m 值作为计算值

当 h_m 深度内存在两层不同土时：

$$m = \frac{m_1 h_1^2 + m_2(2h_1 + h_2)h_2}{h_m^2} \quad (5-35)$$

当 h_m 深度内存在三层不同土时：

$$m = \frac{m_1 h_1^2 + m_2(2h_1 + h_2)h_2 + m_3(2h_1 + 2h_2 + h_3)h_3}{h_m^2} \quad (5-36)$$

(3) 求解地面处桩顶的水平位移 y_0 和转角 φ_0

对于桩头有水平力 H_0 和弯矩 M_0 共同作用的全埋入桩，由公式 (5-33) 导得弹性长桩的变位（位移 x_z 和转角 φ_z）、内力（弯矩 M_z 和剪力 Q_z）以及桩侧土抗力 σ_z 为：

$$\left. \begin{array}{l} x_z = x_0 A_1 + \dfrac{\varphi_0}{\alpha} B_1 + \dfrac{M_0}{\alpha^2 EI} C_1 + \dfrac{H_0}{\alpha^3 EI} D_1 \\[6pt] \dfrac{\varphi_z}{\alpha} = x_0 A_2 + \dfrac{\varphi_0}{\alpha} B_2 + \dfrac{M_0}{\alpha^2 EI} C_2 + \dfrac{H_0}{\alpha^3 EI} D_2 \\[6pt] \dfrac{M_z}{\alpha^2 EI} = x_0 A_3 + \dfrac{\varphi_0}{\alpha} B_3 + \dfrac{M_0}{\alpha^2 EI} C_3 + \dfrac{H_0}{\alpha^3 EI} D_3 \\[6pt] \dfrac{Q_z}{\alpha^3 EI} = x_0 A_4 + \dfrac{\varphi_0}{\alpha} B_4 + \dfrac{M_0}{\alpha^2 EI} C_4 + \dfrac{H_0}{\alpha^3 EI} D_4 \\[6pt] q_z = mzx = mz\left(x_0 A_1 + \dfrac{\varphi_0}{\alpha} B_1 + \dfrac{M_0}{\alpha^2 EI} C_1 + \dfrac{H_0}{\alpha^3 EI} D_1\right) \end{array} \right\} \quad (5-37)$$

式中：x_0 和 φ_0 分别为地面处桩身的水平位移和转角，A_1、B_1、…、C_4、D_4 分别为弹性长桩按 m 法计算所用的 16 个无量纲系数，可由无量纲换算深度 $\bar{z} = \alpha z$，查附录 2 附表 2-1 确定。

上式中的 x_0、φ_0 是未知的，可分别由下式计算：

$$\left. \begin{array}{l} x_0 = H_0 \delta_{HH} + M_0 \delta_{HM} \\ \varphi_0 = -(H_0 \delta_{MH} + M_0 \delta_{MM}) \end{array} \right\} \quad (5-38)$$

式中　δ_{HH}、δ_{HM}——分别为由于 $H_0 = 1$ 所引起的桩截面水平位移和转角，如图 5-22 (a) 所示；

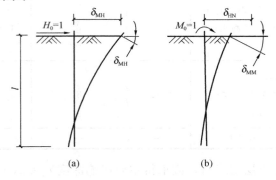

图 5-22　单位力和单位弯矩作用时的桩截面变形

δ_{MH}、δ_{MM}——分别为由于 $M_0=1$ 所引起的桩截面水平位移和转角，如图 5-22（b）所示。

$$\left.\begin{aligned}\delta_{HH} &= \frac{1}{\alpha^3 EI}\frac{(B_3D_4-B_4D_3)+K_h(B_2D_4-B_4D_2)}{(A_3B_4-A_4B_3)+K_h(A_2B_4-A_4B_2)}\\ \delta_{HM} &= \frac{1}{\alpha^2 EI}\frac{(B_3C_4-B_4C_3)+K_h(B_2C_4-B_4C_2)}{(A_3B_4-A_4B_3)+K_h(A_2B_4-A_4B_2)}\\ \delta_{MH} &= \frac{1}{\alpha^2 EI}\frac{(A_3D_4-A_4D_3)+K_h(A_2D_4-A_4D_2)}{(A_3B_4-A_4B_3)+K_h(A_2B_4-A_4B_2)}\\ \delta_{MM} &= \frac{1}{\alpha EI}\frac{(A_3C_4-A_4C_3)+K_h(A_2C_4-A_4C_2)}{(A_3B_4-A_4B_3)+K_h(A_2B_4-A_4B_2)}\end{aligned}\right\} \quad (5\text{-}39)$$

式中 $K_h = \dfrac{C_0 I_0}{\alpha EI}$。

当桩底支承于非岩石类土且 $\alpha h > 2.5$，或当桩底支承于基岩且 $\alpha h > 3.5$ 时，可以假定桩端转角 $\varphi_h = 0$，则式（5-39）可简化为：

$$\left.\begin{aligned}\delta_{HH} &= \frac{1}{\alpha^3 EI}\frac{(B_3D_4-B_4D_3)}{(A_3B_4-A_4B_3)} = \frac{1}{\alpha^3 EI}A_{x_0}\\ \delta_{HM} &= \frac{1}{\alpha^2 EI}\frac{(B_3C_4-B_4C_3)}{(A_3B_4-A_4B_3)} = \frac{1}{\alpha^2 EI}B_{x_0}\\ \delta_{MH} &= \frac{1}{\alpha^2 EI}\frac{(A_3D_4-A_4D_3)}{(A_3B_4-A_4B_3)} = \frac{1}{\alpha^2 EI}A_{\varphi_0}\\ \delta_{MM} &= \frac{1}{\alpha EI}\frac{(A_3C_4-A_4C_3)}{(A_3B_4-A_4B_3)} = \frac{1}{\alpha EI}B_{\varphi_0}\end{aligned}\right\} \quad (5\text{-}40)$$

式中：A_{x_0}、B_{x_0}、A_{φ_0}、B_{φ_0} 均为 αz 的函数，且根据结构力学互等原理有 $B_{x_0} = A_{\varphi_0}$，其值可由《公路桥涵地基基础设计规范》JTGD 63—2007 中相应表格查取。

同理，对于嵌固于基岩中的桩，可得：

$$\left.\begin{aligned}\delta_{HH} &= \frac{1}{\alpha^3 EI}\frac{(B_2D_1-B_1D_2)}{(A_2B_1-A_1B_2)} = \frac{1}{\alpha^3 EI}A_{x_0}^0\\ \delta_{HM} &= \frac{1}{\alpha^2 EI}\frac{(B_2C_1-B_1C_2)}{(A_2B_1-A_1B_2)} = \frac{1}{\alpha^2 EI}B_{x_0}^0\\ \delta_{MH} &= \frac{1}{\alpha^2 EI}\frac{(A_2D_1-A_1D_2)}{(A_2B_1-A_1B_2)} = \frac{1}{\alpha^2 EI}A_{\varphi_0}^0\\ \delta_{MM} &= \frac{1}{\alpha EI}\frac{(A_2C_1-A_1C_2)}{(A_2B_1-A_1B_2)} = \frac{1}{\alpha EI}B_{\varphi_0}^0\end{aligned}\right\} \quad (5\text{-}41)$$

式中：$A_{x_0}^0$、$B_{x_0}^0$、$A_{\varphi_0}^0$、$B_{\varphi_0}^0$ 也均为 αz 的函数，其中 $B_{x_0}^0 = A_{\varphi_0}^0$，同样可由《公路桥涵地基基础设计规范》JTGD 63—2007 中相应表格查取。

大量计算表明，当 $\alpha h > 4.0$ 时，桩端位移和转角极微小，其边界已相当于嵌固，故此时嵌岩桩与非嵌岩桩的边界条件一致，其计算公式可以通用。

将 x_0、φ_0 代入式（5-35），再由柱顶 H_0、M_0 即可求得桩在地面以下任一深度的内力、位移及桩侧土体抗力。

显然上述计算方法比较繁杂，当桩的支承条件及入土深度符合式（5-38）和式（5-39）条件时，可将 x_0、φ_0 代入式（5-37），并通过无量纲系数整理，可得地面以下桩身位移及内力的简捷计算方法，或称无量纲法，即对于 $\alpha h > 2.5$ 的摩擦桩、$\alpha h > 3.5$ 的端承桩，或

$\alpha h>2.5$ 的嵌岩桩，可按式（5-42）计算：

$$\begin{cases} x_z = \dfrac{H_0}{\alpha^3 EI}A_x + \dfrac{M_0}{\alpha^2 EI}B_x \\ \varphi_z = \dfrac{H_0}{\alpha^2 EI}A_\varphi + \dfrac{M_0}{\alpha EI}B_\varphi \\ M_z = \dfrac{H_0}{\alpha}A_m + M_0 B_m \\ Q_z = \dfrac{H_0}{\alpha}A_q + \alpha M_0 B_q \end{cases} \qquad (5\text{-}42)$$

其中，A_x、B_x、A_φ、B_φ、A_m、B_m、A_q 及 B_q 均为无量纲系数，为 αh 和 αz 的函数，由本书附录 2 查取。

上式中无量纲系数都是折算深度 αz 的函数。单桩的内力变形随深度而变化，如图 5-23 所示。

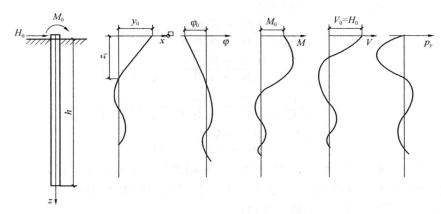

图 5-23　水平荷载下弹性长桩的内力与变形

（4）控制参数

1) 桩顶水平位移是控制单桩水平承载力的重要因素，与桩的入土深度、约束条件、桩土的相对刚度均有关联。表 5-11 分别给出了基桩在不同无量纲条件下的位移系数。

各类桩的桩顶位移系数 A_y $(z=0)$ 和 B_y $(z=0)$　　　　表 5-11

αh	桩端支撑在土上		桩端支撑在岩石上		桩端嵌固在岩石中	
	$A_y(z=0)$	$B_y(z=0)$	$A_y(z=0)$	$B_y(z=0)$	$A_y(z=0)$	$B_y(z=0)$
0.5	72.004	192.026	48.006	96.037	0.042	0.125
1.0	18.030	24.106	12.049	12.149	0.329	0.494
1.5	8.101	7.349	5.498	3.889	1.014	1.028
2.0	4.737	3.418	3.381	2.081	1.841	1.468
3.0	2.727	1.758	2.406	1.568	2.385	1.586
≥4.0	2.441	1.621	2.419	1.618	2.401	1.600

2) 桩身最大弯矩及位置

① 图解法。一般可将各深度 z 处的弯矩 M 值求出后,绘制 z-M_z 图,直接从图中寻取。

② 无量纲系数法。根据桩身最大弯矩截面剪力为零,即 $Q_z=0$。由式(5-42)可得

$$Q_z = H_0 A_q + \alpha M_0 B_q = 0$$

$$\left.\begin{array}{l} \dfrac{\alpha M_0}{H_0} = -\dfrac{A_q}{B_q} = C_q \\ \dfrac{H_0}{\alpha} = \dfrac{M_0}{C_q} \end{array}\right\} \tag{5-43}$$

显见,C_q 为无量纲系数,可制成相应表格,再由式(5-42)可得

$$M_{max} = \frac{M_0}{C_q} A_m + M_0 B_m = M_0 K_m \tag{5-44}$$

其中,K_m 为无量纲系数,同样可由附录 2 附表 2-9 查取。

应用时可先由 $C_q = \dfrac{\alpha M_0}{H_0}$ 查附表得 $\bar{z}$,再用表查得 K_m,则有 $z_{Mmax} = \bar{z}/\alpha$,$M_{max} = M_0 K_m$。

③ 直接计算法。根据桩身最大弯矩截面处剪力为零,由式(5-43)可得

$$\frac{Q_z}{\alpha^3 EI} = x_0 A_4 + \frac{\varphi_0}{\alpha} B_4 + \frac{M_0}{\alpha^2 EI} C_4 + \frac{H_0}{\alpha^3 EI} D_4 = 0 \tag{5-45}$$

若令

$$f(\bar{z}) = x_0 A_4 + \frac{\varphi_0}{\alpha} B_4 + \frac{M_0}{\alpha^2 EI} C_4 + \frac{H_0}{\alpha^3 EI} D_4 \tag{5-46}$$

显见 $f(\bar{z})$ 为关于 $\bar{z}$ 的高阶幂函数,采用牛顿法可求出该法大于零的第一个根,也即桩身距地面处第一个弯矩的极值点,其绝对值即为桩身入土部分的最大弯矩值。求导,得

$$f'(\bar{z}) = x_0 A_5 + \frac{\varphi_0}{\alpha} B_5 + \frac{M_0}{\alpha^2 EI} C_5 + \frac{H_0}{\alpha^3 EI} D_5 \tag{5-47}$$

式中:A_5、B_5、C_5 及 D_5 分别是由 A_4、B_4、C_4 及 D_4 对 $\bar{z}$ 求导而得,其计算方法同前。

由 $f'(\bar{z})=0$ 求得 $\bar{z}_{Mmax}$ 后,再将其代入式(5-37)或式(5-42),即可求得桩身最大弯矩值。

④ 查表法

最大弯矩截面对应的深度 z_0 为:

$$z_0 = \frac{h_0}{\alpha} \tag{5-48}$$

式中:h_0 为最大弯矩点的折算深度,对弹性桩,可在表 5-12 中,通过系数 C_I 查得 h_0。

$$C_I = \alpha \frac{M_0}{H_0} \tag{5-49}$$

最大弯矩值可用下式计算:

$$M_{max} = C_{II} M_0 \tag{5-50}$$

式中:系数 C_{II} 可根据 C_I 查表获得。

计算最大弯矩位置及弯矩系数 C_I 和 C_{II} 值　　　　表 5-12

$\bar{h}_0 = \alpha z_0$	C_I	C_{II}	$\bar{h}_0 = \alpha z_0$	C_I	C_{II}
0.0	∞	1.000	1.4	−0.145	−4.596
0.1	131.252	1.001	1.5	−0.299	−1.876
0.2	34.186	1.004	1.6	−0.434	−1.128
0.3	15.544	1.012	1.7	−0.555	−0.740
0.4	8.781	1.029	1.8	−0.665	−0.530
0.5	5.539	1.057	1.9	−0.768	−0.396
0.6	3.710	1.101	2.0	−0.865	−0.304
0.7	2.566	1.169	2.2	−1.048	−0.187
0.8	1.791	1.274	2.4	−1.230	−0.118
0.9	1.238	1.441	2.6	−1.420	−0.074
1.0	0.824	1.728	2.8	−1.635	−0.045
1.1	0.503	2.299	3.0	−1.893	−0.026
1.2	0.246	3.876	3.5	−2.994	−0.003
1.3	0.034	23.438	4.0	−0.045	−0.011

注：此表适用于 $\alpha h \geqslant 4.0$ 的情况，其他情况需另查相关资料。

当桩置于非岩石地基中时，已知桩露出地面长 l_0，桩顶自由，其上作用有水平力 H 及弯矩 M，则桩顶位移可应用叠加原理求得，如图 5-24 所示，可得桩顶位移 x_1 和转角 φ_1 为：

$$\left.\begin{array}{l} x_1 = x_0 + \varphi_0 l_0 + x_q + x_m \\ \varphi_1 = \varphi_0 + \varphi_q + \varphi_m \end{array}\right\} \quad (5\text{-}51)$$

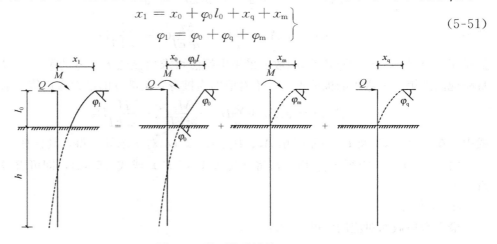

图 5-24　桩顶位移计算

其中，x_0、φ_0 可用前述方法求得，而 x_q、x_m、φ_q、φ_m 是将桩露出段视为下端嵌固、长度为 l_0 的悬臂梁来计算求得，即

$$\left.\begin{array}{ll} x_q = \dfrac{Ql_0^3}{3EI} & x_m = \dfrac{Ml_0^2}{2EI} \\ \varphi_q = -\dfrac{Ql_0^2}{2EI} & \varphi_m = -\dfrac{Ml_0}{EI} \end{array}\right\} \quad (5\text{-}52)$$

若将式（5-46）无量纲化，并整理可得：

$$\left.\begin{aligned} x_1 &= \frac{Q}{\alpha^3 EI} A_{x1} + \frac{M}{\alpha^2 EI} B_{x1} \\ \varphi_1 &= -\left(\frac{Q}{\alpha^2 EI} A_{\varphi 1} + \frac{M}{\alpha EI} B_{\varphi 1}\right) \end{aligned}\right\} \tag{5-53}$$

在基桩设计过程中必须确定桩身最大弯矩及其位置方可进行设计计算。根据最大弯矩截面剪力为零的条件，可求得桩身的最大弯矩 $M_{\max}$ 及其截面位置 z_0。

【例题 5-4】 现有断面为 $400\text{mm} \times 400\text{mm}$、入土 18m 的钢筋混凝土桩，桩顶与承台嵌固。传到桩顶的轴向力 $F_k = 600\text{kN}$，水平力 $H_0 = 15\text{kN}$，力矩 $M_0 = 72\text{kN·m}$。桩身混凝土等级为 C20，弹性模量 $E_c = 3 \times 10\text{MPa}$。桩周土为 $I_L = 0.6$ 的中密填土。以此试确定单桩的水平容许承载力、桩身的最大弯矩及其位置。

解： 桩截面惯性矩： $I = \dfrac{0.4^4}{12} = 0.002133 \text{mm}^4$

$$E_c I = 3000 \times 0.002133 = 6399\text{kN·m}^2$$

$$0.8 E_c I = 6399 \times 0.8 = 5119.2\text{kN·m}$$

截面计算宽度： $b_0 = 1.5b + 0.5 = 1.5 \times 0.4 + 0.5 = 1.1\text{m}(b = 0.4\text{m} < 1\text{m})$

根据钢筋混凝土桩桩周土为 $I_L = 0.6$ 的中密填土查表，可取：

$$m = 8\text{MPa} = 8000\text{kN/m}^2$$

$$\alpha = \sqrt[5]{\frac{mb_0}{E_c I}} = \sqrt[5]{\frac{8000 \times 1.1}{6399}} = 1.066\text{m}^{-1}$$

$$\frac{4.0}{\alpha} = 3.75\text{m} < 18\text{m} \text{ 属于弹性长桩}$$

$$C_{\text{I}} = \alpha \frac{M_0}{H_0} = 1.066 \times \frac{72}{15} = 5.1168$$

由 C_{I} 查表得：

$$h_0 = 0.52, C_{\text{II}} = 1.065$$

最大弯矩值：

$$M_{\max} = C_{\text{II}} M_0 = 1.065 \times 72 = 76.68\text{kN·m}$$

最大弯矩深度：

$$z_0 = \frac{h_0}{\alpha} = \frac{0.52}{1.066} = 0.487\text{m}$$

设桩顶水平位移允许值 $[x_0] = 0.01\text{m}$，且桩顶为刚接，则单桩水平容许荷载为：

$$[H_0] = 1.08\alpha^3 \times 0.8EI[x_0] = 1.08 \times 1.066^3 \times 5119.2 \times 0.01 = 67\text{kN} > H_0 = 15\text{kN}$$

5.8 群桩基础

在实际工程中，单桩很少独自用作桩基础，一般多为若干根桩联合工作的群桩基础。因此，在桩基础设计过程中，要优先考虑选用群桩基础，以防止单桩出现破坏失效的不利情况。

5.8.1 群桩基础的承载机理

在上部荷载作用下的群桩基础，由于承台、桩和土之间存在相互作用，其承载力和变形往往与相同土质条件下设置的单桩有明显区别,这一现象称之为群桩效应。群桩效应可以细化为承载力效应和变形效应。承载力效应可以通过群桩效应承载力综合系数来加以衡量;变形系数主要用于反映沉降方面的变化特征,可采用沉降比来度量。承载力效应系数定义如下:

$$\eta = \frac{基础承载力}{群桩基础中各单桩承载力之和} = \frac{Q_g}{\Sigma Q_i} \tag{5-54}$$

沉降比是群桩沉降量 S_g 与单桩沉降量 S_1 之比,即

$$\gamma_s = \frac{S_g}{S_1} \tag{5-55}$$

这主要是由于各桩引起的地基应力叠加而造成的。对于不同类型的群桩基础,群桩效应的程度可能存在差异。

1. 端承型群桩基础

对于端承型群桩基础,如果持力层比较坚硬,那么在竖向荷载作用下,桩顶沉降较小,即使承台底面接触地面,压力也很小。桩侧摩阻力不易发挥,桩顶的荷载直接通过桩身传递到桩端土层。由于在桩端处受压面积很小,桩端之间的压力彼此之间互不影响。在这种情况下,群桩基础中各根基桩的承载特性与单桩基本一致。基桩的变形很小,桩间土之间基本不承受荷载,群桩的沉降量可视为与单桩基本相同,群桩的承载力等于所有单桩的承载力之和,因此可不考虑群桩效应。

2. 摩擦型群桩基础

(1) 承台底面脱离地面(非复合桩基)

在竖向荷载作用下,摩擦型群桩通过基桩侧面的摩阻力将竖向荷载先传递给桩侧土,然后再传递给桩端土层。桩侧的摩阻力在土中会引起附加应力,附加应力将按一定的角度沿桩身向下扩散分布,直至桩端平面(图 5-25)。当桩数较少且桩间距 S_a 相对于桩径 d 较大时,$S_a > 6d$,承载力效应系数 $\eta \approx 1$。桩端平面处基桩传来的压力互不重叠或重叠程度有限,此时群桩中各基桩的承载特性类似于单桩。群桩的承载力等于各单桩承载力之和,但当基桩数量较多,而桩间距相对较小时,桩端平面处各桩传来的压力就会相互叠加,使得桩端处的地基土压力要比单桩时明显增大,桩端平面处地基土的有效受载面积增加,沿深度方向受压缩影响的土层厚度也相应增加。此时,群桩基础中存在各基桩的承载特性与单桩明显不同。群桩承载力将不等于各单桩承载力之和,沉降量大于单桩沉降量,存在明显的群桩效应。如果在桩端持力层下存在高压缩性土层,则可能由于沉降控制而明显减小桩的承载力,即 $\eta < 1$;对于端承摩擦桩或摩擦端承桩,由于桩侧摩阻力的扩散和相邻桩的端承压力,可提高桩端底面土体的密实度,从而相应提高桩端的端承力。那么这种情况下也可能出现 $\eta > 1$ 的情况。

实际的群桩效应比上述简化概念复杂得多,主要有以下几个方面:

1) 承台刚度的影响。在中心荷载作用下刚性承台在迫使各桩同步均匀沉降的同时,也使各桩的桩顶荷载由承台中部向外围的基桩转移。因此,刚性桩承台下的桩顶荷载分配不一致,一般是角桩最大,中间桩最小,边桩介于中间,并且桩数越多,桩顶荷载分配的差异性越大。如果承台的刚度有所减小,那么随着刚度的减小,各桩的桩顶荷载分配将逐渐与承台上部荷载的分配保持一致。

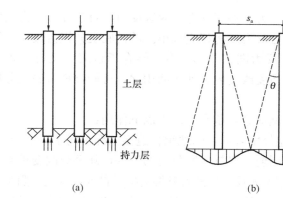 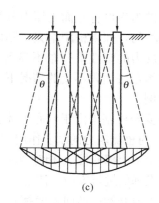

图 5-25 桩端平面压力分布
(a) 端承型群桩；(b) 摩擦型群桩，$S_a > 6d$；(c) 摩擦型群桩，$S_a = (3\sim4)d$

2) 地基土性质的影响。对较疏松的砂类土和粉土这类摩擦土，群桩入土过程中如果存在挤土效应，桩间土就会被挤密，导致桩侧和桩端阻力都有所提高；而同类土中的非挤土群桩在受载沉降过程中，桩类土会随之压密，导致桩侧法向应力增大，也会使桩侧摩阻力有所提高。这两种原因引起的摩阻力增加值都以中间桩最大，角桩最小，边桩介于中间。其分配趋势恰与承台的刚度影响相反，致使桩顶的荷载分配趋于均匀。

3) 桩距的影响。承台刚度和地基土性质的影响都是针对常用桩距（桩距 $S = 3d\sim 4d$）而言。如果桩距较小（$S < 3d$），则沿桩长范围内，桩端平面地基土中的应力叠加现象严重，在桩长范围内使桩间土压缩下沉显著，导致桩土界面相对滑移减小，从而降低桩侧阻力的发挥程度。而桩端平面上的应力重叠，则导致桩端底面外侧的竖向压力增大，致使桩端持力层侧向挤出受阻，从而可提高桩端阻力。除此之外，桩距的减小还会增加各桩桩顶荷载的分配差异。如果桩距较大（$S > 6d$），无论桩间土或桩端土，其应力重叠现象都将趋于消失。各桩的工作特性将接近单桩。对摩擦型群桩基础，桩距是影响群桩效应的主导因素。

(2) 承台底面接触地面（复合桩基）

承台底面接触地面的群桩基础，除了呈现承台不接触地面情况的各种群桩效应以外，还可通过承台底面的土反力分担桩基荷载，使承台兼具浅基础的功能，因而被称为复合桩基。它的单桩因其承载力含有承台底土阻力的贡献在内，故称为复合单桩，以区别于承载力仅由桩侧和桩端阻力两个分量组成的非复合单桩。承台底面分担荷载的作用是随着相应地基土向下位移的增加而强化。为保证承台底面始终接触地面并能可靠提供足够的土反力，主要应依靠桩端贯入持力层，促使群桩整体下沉才能实现。虽然桩身受载压缩引起桩土相对滑移，也可使承台底土反力有所增加，但其作用有限，在设计复合桩基时如果拟开发利用承台底土反力的潜力，就必须注意控制桩基的整体下沉量，以免过量的沉降影响建筑物的安全和正常使用。刚性承台底部土反力一般呈现出马鞍形的特征，如图 5-26 所示，以群桩最

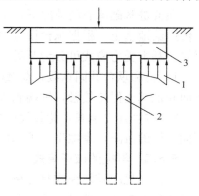

图 5-26 复合桩基
1—承台底土反力；2—上层土位移；3—桩端灌入、桩基整体下沉

外的基桩为界可将底面土压力分为内区反力和外区反力。内区反力相对于外区反力数值小且比较均匀,如果桩距增大,则内、外区反力差将相应减小。承台底土分担荷载的总值增加时,反力的塑性重分布不显著而保持反力图式基本不变。结合承台底土反力分布的特征,在承台底面积不变的情况下,通过适度改变内、外区面积比,可调整承台底土分担荷载的比例。

在复合桩基中由于台底土体分担桩基荷载,承台可产生以下作用:

1) 对桩侧阻力的削弱作用。桩-台整体沉降时,贴地承台迫使上部桩间土压缩而下移,这就减少了上部的桩-土相对滑移,从而削弱上段桩侧摩阻力的发挥,甚至会改变桩侧摩阻力逐步发挥的进行方向,使之与单桩的情况相反(即随着桩端向桩下贯入,桩侧摩阻力自桩身中、下段开始逐渐向上发挥)。对于同一根单桩而言,这种削弱作用自上而下逐渐减小,对于不同长度的单桩而言,对桩身压缩作用不大时,中短桩削弱作用更加明显。

2) 对桩端阻力的增强作用。当承台宽度与桩长之比 $\frac{b_c}{l} > 0.5$ 时,由台底扩散传播至桩端平面的竖向压力可以提高对桩底土侧向挤出的约束能力,从而增强桩端极限承载力。此外,台底压力在桩间土中引起的桩侧法向应力,可以增强摩擦性土(砂类土、粉土)中的桩侧摩阻力。

3) 对地基土侧移的阻挡作用。承台下压时,由于群桩的存在以及承台与土之间存在接触面,摩阻力都将对上部桩间土的侧面挤动产生阻挡作用,因此会引起桩身的附加弯矩。

概括来说,复合桩基预发挥台底土反力需具备的条件包括:桩顶荷载水平高,桩端持力层可压缩,承台底面下土质好,桩身细而短,布桩少而疏。

综上分析,关于群桩效应可得出以下结论:桩间距对群桩效应的影响很大,随着桩间距的增加,承载力效应系数会提高,而沉降比会下降;当其他条件相同时,增加桩数的同时将使桩间距变小,承载力效应系数相应减小,而沉降比有所增加;当其他条件不变时,桩越长,承载力效应系数越低,而沉降比越大;地基土越硬,承载力效应系数越小,而沉降比越大。除此之外,群桩的排列形式和承受的荷载水平对群桩效应也有一定程度的影响。可重点通过分析桩间土和桩侧土的应力重叠程度进行判别。

在群桩基础承载的情况下,上部荷载可由桩土界面(桩侧与桩端)和承台底面两条路径传递给地基土。根据承台设置的位置高低、桩周土的压缩固结、桩身的下沉以及荷载水平等,基本受力模式可分为两类:

1) 桩和承台共同承载,荷载经由桩体界面和承台底面两条路径传递给地基土,承台底面和地基土保持接触,桩端刺入持力层。

2) 桩群独立承载,荷载仅由桩体界面传递给地基土,高承台桩或承台沉降小于承台下面土体的沉降,摩擦型群桩基础就属于这种模式。

5.8.2 群桩的破坏模式

讨论群桩的破坏模式是分析群桩承载力的基础。群桩的破坏模式可以分为以下两类:群桩侧阻的破坏和群桩端阻的破坏。

1. 群桩侧阻的破坏

传统的破坏模式将群桩分为桩土整体性破坏和非整体性破坏。

整体性破坏是指各桩、土形成整体，如同实体基础那样承载和变形，不考虑桩间土受载失效，认为桩侧阻力的破坏面发生于桩群外围，如图 5-27（a）所示。非整体性破坏是指各桩的桩、土间产生相对位移，各桩的侧阻力剪切破坏发生于各桩桩周土体中或桩土界面（硬土）处，如图 5-27（b）所示。

这种破坏模式的分析实际上仅考虑桩侧阻力的失效情况，而未考虑桩端阻力的失效情况。

2. 群桩端阻的破坏

单桩端阻力的破坏分为整体剪切破坏、局部剪切破坏和刺入剪切破坏三种破坏模式，对于群桩端阻的破坏也包括这三种模式。不过，群桩端阻的破坏与侧阻的破坏模式有关，在侧阻呈桩土整体破坏的情况下，桩端演变成底面积与群桩投影面积相等的单独实体墩基如图 5-28（a）所示。由于基底面积大，埋深大，一般不发生整体剪切破坏。只有当桩很短且持力层为密实土层时，才可能出现整体剪切破坏，如图 5-28（b）所示。

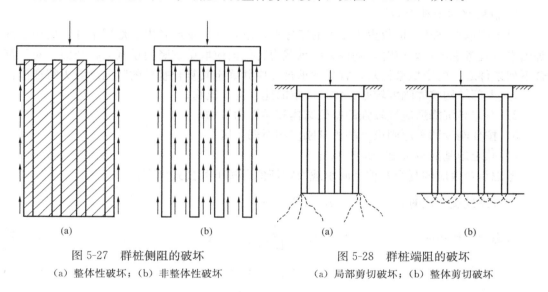

图 5-27　群桩侧阻的破坏
（a）整体性破坏；（b）非整体性破坏

图 5-28　群桩端阻的破坏
（a）局部剪切破坏；（b）整体剪切破坏

当群桩侧阻呈单独破坏时，各桩端阻的破坏与单桩相似，但因桩侧剪应力的重叠效应、相邻桩桩端土逆向变形的制约效应和承台的增强效应使破坏承载力提高。

当桩端持力层的厚度有限，且其下为软弱下卧层时，群桩承载力还受控于软弱下卧层的承载力，可能的破坏模式有群桩中基桩的冲剪破坏和群桩的整体冲剪破坏，如图 5-29 所示。

5.8.3　群桩的承载力验算

群桩的承载力验算可以建立在确定群桩承载力的基础上，然后将其与所承受的荷载水平进行比较，从而判断其受载水平是否超过允许值。但是，通过实验或理论分析直接确定群桩的承载力比较困难。因此，可转变思路：对考虑群桩效应的基础，只要对每根基桩的承载力进行相应的调整，通过判断每根基桩的承载力是否满足要求，就可保证群桩基础的承载力满足受载需求。因此，只要在前述单桩承载力特征值的基础上考虑一定的折减，获得群桩基础中基桩的承载力特征值，就可以实现群桩承载力的验算。

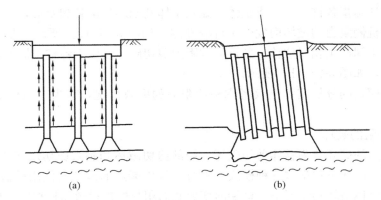

图 5-29 群桩破坏模式
(a) 基桩冲剪破坏；(b) 群桩整体冲剪破坏

1. 群桩竖向承载力验算

对于端承型桩基、桩数少于 4 根的摩擦型柱下独立桩基或者由于地层土性、使用条件等因素不宜考虑承台效应时，基桩竖向承载力特征值应取单桩竖向承载力特征值。对于符合下列条件之一的摩擦型桩基，宜考虑承台效应并确定其复合基桩的竖向承载力特征值：

1) 上部结构整体刚度较好、体型简单的建（构）筑物；
2) 对差异沉降适应性较强的排架结构和柔性构筑物；
3) 按变刚度调平原则设计的桩基刚度相对弱化区；
4) 软土地基的减沉复合疏桩基础。

考虑承台效应的复合基桩竖向承载力特征值可按下列公式确定：

不考虑地震作用时

$$R = R_a + \eta_c f_{ak} A_c \tag{5-56}$$

考虑地震作用时

$$R = R_a + \frac{\zeta_a}{1.25} \eta_c f_{ak} A_c \tag{5-57}$$

$$A_c = (A - nA_{ps})/n \tag{5-58}$$

式中 η_c——承台效应系数，可按表 5-13 取值；
f_{ak}——承台下 1/2 承台宽度且不超过 5m 深度范围内各层土的地基承载力特征值按厚度加权的平均值；
A_c——计算基桩所对应的承台底净面积；
A_{ps}——桩身截面面积；
A——承台计算域面积。对于柱下独立桩基，A 为承台总面积；对于桩筏基础，A 为柱、墙筏板的 1/2 跨距和悬臂边 2.5 倍筏板厚度所围成的面积；桩集中布置于单片墙下的桩筏基础，取墙两边各 1/2 跨距围成的面积，按条基计算 η_c；
ζ_a——地基抗震承载力调整系数，应按现行国家标准《建筑抗震设计规范（附条文说明）》GB 50011—2010（2016 年版）采用。

当承台底为可液化土、湿陷性土、高灵敏度软土、欠固结土、新填土时，沉桩引起超孔隙水压力和土体隆起时，不考虑承台效应，取 $\eta_c = 0$。

承台效应系数 η_c 　　　　　　　　　　　　　　　　　　　　　表 5-13

B_c/l \ S_a/d	3	4	5	6	>6
≤0.4	0.06~0.08	0.14~0.17	0.22~0.26	0.32~0.38	0.50~0.80
0.4~0.8	0.08~0.10	0.17~0.20	0.26~0.30	0.38~0.44	
>0.8	0.10~0.12	0.20~0.22	0.30~0.34	0.44~0.50	
单排桩条形承台	0.15~0.18	0.25~0.30	0.38~0.45	0.50~0.60	

注：1. 表中，S_a/d 为桩中心距与桩径之比；B_c/l 为承台宽度与桩长之比。当计算基桩为非正方形排列时，$S_a = \sqrt{A/n}$，A 为承台计算域面积，n 为总桩数。
2. 对于桩布置于墙下的箱、筏承台，η_c 可按单排桩条形基础取值。
3. 对于单排桩条形承台，当承台宽度小于 $1.5d$ 时，η_c 按非条形承台取值。
4. 对于采用后注浆灌注桩的承台，η_c 宜取低值。
5. 对于饱和黏性土中的挤土桩基、软土地基上的桩基承台，η_c 宜取低值的 0.8 倍。

2. 群桩水平承载力验算

群桩基础（不含水平力垂直于单排桩基纵向轴线和力矩较大的情况）的基桩水平承载力特征值应考虑由承台、桩群、土相互作用产生的群桩效应，可按下列公式确定：

$$R_h = \eta_h R_{ha} \tag{5-59}$$

考虑地震作用且 $S_a/d \leq 6$ 时：

$$\eta_h = \eta_i \eta_r + \eta_l$$

$$\eta_i = \frac{\left(\dfrac{S_a}{d}\right)^{0.015 n_2 + 0.45}}{0.15 n_1 + 0.10 n_2 + 1.9} \tag{5-60}$$

$$\eta_l = \frac{m \cdot \chi_{0a} \cdot B'_c \cdot h_c^2}{2 \cdot n_1 \cdot n_2 \cdot R_{ha}} \tag{5-61}$$

$$\chi_{0a} = \frac{R_{ha} \cdot \nu_x}{\alpha^3 \cdot EI} \tag{5-62}$$

其他情况：

$$\eta_h = \eta_i \eta_r + \eta_l + \eta_b \tag{5-63}$$

$$\eta_b = \frac{\mu \cdot P_c}{n_1 \cdot n_2 \cdot R_{ha}} \tag{5-64}$$

$$B'_c = B_c + 1 \tag{5-65}$$

$$P_c = \eta_c f_{ak}(A - nA_{ps}) \tag{5-66}$$

式中　R_{ha}——可通过式（5-27）确定；
　　　η_h——群桩效应综合系数；
　　　η_i——桩的相互影响效应系数；
　　　η_r——桩顶约束效应系数（桩顶嵌入承台长度 50~100mm 时），按表 5-14 取值；
　　　η_l——承台侧向土抗力效应系数（承台侧面回填土为松散状态时，取 $\eta_l = 0$）；
　　　η_b——承台底摩阻效应系数；
　　　S_a/d——沿水平荷载方向的距径比（基桩中心距与基桩直径之比）；
　　　n_1、n_2——分别为沿水平荷载方向与垂直水平荷载方向每排桩中的桩数；
　　　m——承台侧面土水平抗力系数的比例系数，当无试验资料时，可按表 5-10 取值；

χ_{0a}——桩顶（承台）的水平位移允许值，当以位移控制时，可取 $\chi_{0a}=10\text{mm}$（对水平位移敏感的结构物取 $\chi_{0a}=6\text{mm}$）；当以桩身强度控制（低配筋率灌注桩）时，可近似按式（5-62）确定；

B'_c——承台受侧向土抗力一边的计算宽度；

B_c——承台宽度；

h_c——承台高度（m）；

μ——承台底与基土间的摩擦系数，可按表 5-15 取值；

P_c——承台底地基土分担的竖向总荷载标准值；

η_c——承台效应系数；

A——承台总面积；

A_{ps}——桩身截面面积。

桩顶约束效应系数 η_r 表 5-14

换算深度 αh	2.4	2.6	2.8	3.0	3.5	≥4.0
位移控制	2.58	2.34	2.20	2.13	2.07	2.05
强度控制	1.44	1.57	1.71	1.82	2.00	2.07

注：$\alpha=\sqrt[5]{\dfrac{mb_0}{EI}}$，$h$ 为桩的入土长度。

承台底与基土间的摩擦系数 μ 表 5-15

土 的 类 别		摩擦系数 μ
黏性土	可塑	0.25～0.30
	硬塑	0.30～0.35
	坚硬	0.35～0.45
粉土	密实、中密（稍湿）	0.30～0.40
中砂、粗砂、砾砂		0.40～0.50
碎石土		0.40～0.60
软岩、软质岩		0.40～0.60
表面粗糙的较硬岩、坚硬岩		0.65～0.75

5.8.4 软弱下卧层的验算

对于桩距不超过 $6d$ 的群桩基础，桩端持力层下存在承载力低于桩端持力层承载力 1/3 的软弱下卧层时，可按下列公式验算软弱下卧层的承载力（图 5-30）。

$$\sigma_z+\gamma_m z \leqslant f_{az} \tag{5-67}$$

$$\sigma_z=\frac{(F_k+G_k)-3/2(A_0+B_0)\sum q_{sik}l_i}{(A_0+2t\cdot\text{tg}\theta)(B_0+2t\cdot\text{tg}\theta)} \tag{5-68}$$

式中 σ_z——作用于软弱下卧层顶面的附加应力；

γ_m——软弱下卧层顶面以上各土层重度（地下水位以下取浮重度）的厚度加权平均值；

t——硬持力层厚度；

f_{az}——软弱下卧层经深度 z 修正的地基承载力特征值；

A_0、B_0——分别为桩群外缘矩形底面的长、短边边长；

q_{sik}——桩周第 i 层土的极限侧阻力标准值；
θ——桩端硬持力层压力扩散角，按表 5-16 取值。

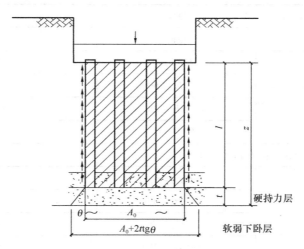

图 5-30 软弱下卧层承载力验算

桩端硬持力层压力扩散角 θ 表 5-16

E_{s1}/E_{s2}	$t=0.25 B_0$	$t \geqslant 0.50 B_0$
1	4°	12°
3	6°	23°
5	10°	25°
10	20°	30°

注：1. E_{s1}、E_{s2} 分别为硬持力层、软弱下卧层的压缩模量。
2. 当 $t<0.25 B_0$ 时，取 $\theta=0°$，必要时，宜通过试验确定；当 $0.25 B_0<t<0.50 B_0$ 时，可内插取值。

5.8.5 桩基沉降

1. 基本规定

桩基沉降计算应符合下列规定：

1）对以下建筑物的桩基应进行沉降验算：地基基础设计等级为甲级的建筑物桩基；体型复杂、荷载不均匀或桩端以下存在软弱土层的设计等级为乙级的建筑物桩基；摩擦型桩基。

2）桩基沉降不得超过建筑物的沉降允许值，并应符合表 5-17 的规定。

建筑桩基沉降变形允许值   表 5-17

变 形 特 征	允许值
砌体承重结构基础的局部倾斜	0.002
工业与民用建筑相邻柱基的沉降差	
（1）框架结构	$0.002l_0$
（2）砌体墙填充的边排柱	$0.0007l_0$
（3）当基础不均匀沉降时不产生附加应力的结构	$0.005l_0$
单层排架结构（柱距为 6m）柱基的沉降量（mm）	120

续表

变形特征		允许值
桥式吊车轨面的倾斜（按不调整轨道考虑）	纵向	0.004
	横向	0.003
多层和高层建筑的整体倾斜	$H_g \leqslant 24$	0.004
	$24 < H_g \leqslant 60$	0.003
	$60 < H_g \leqslant 100$	0.0025
	$H_g > 100$	0.002
体型简单的高层建筑基础的平均沉降量（mm）		200
高耸结构基础的倾斜	$H_g \leqslant 20$	0.008
	$20 < H_g \leqslant 50$	0.006
	$50 < H_g \leqslant 100$	0.005
	$100 < H_g \leqslant 150$	0.004
	$150 < H_g \leqslant 200$	0.003
	$200 < H_g \leqslant 250$	0.002
高耸结构基础的沉降量（mm）	$H_g \leqslant 100$	400
	$100 < H_g \leqslant 200$	300
	$200 < H_g \leqslant 250$	200

注：l_0 为相邻柱（墙）两测点间距离，H_g 为自室外地面算起的建筑物高度（m）。

桩基础最终沉降量的计算可采用单向压缩分层总和法进行，即

$$s = \psi_p \sum_{j=1}^{m} \sum_{i=1}^{n_j} \frac{\sigma_{j,i} \Delta h_{j,i}}{E_{sj,i}} \tag{5-69}$$

式中 s——桩基最终计算沉降量（m）；

m——桩端平面以下压缩层范围内土层总数；

$E_{sj,i}$——桩端平面下第 j 层土第 i 个分层在自重应力至自重应力加附加应力作用段的压缩模量（MPa）；

n_j——桩端平面下第 j 层土的计算分层数；

$\Delta h_{j,i}$——桩端平面下第 j 层土的第 i 个分层厚度；

$\sigma_{j,i}$——桩端平面下第 j 层土的第 i 个分层的竖向附加应力（kPa）；

ψ_p——桩基沉降计算经验系数，各地区应以当地的工程实测资料统计对比确定。

2. 实体深基础法

在进行桩基沉降计算时，为简化起见，可将群桩基础视作实体基础计算，即不考虑桩间土和桩身的材料差异，将其视为独立的单桩进行沉降计算。采用实体深基础模式计算桩基础沉降，是在工程实践中最广泛应用的近似方法。该模式假定桩基础如同天然地基上的实体深基础一样工作，按浅基础沉降计算方法进行估算，分为考虑扩散作用（图 5-31）和不考虑扩散作用（图 5-32）两种计算图式。这两种等代墩基法的计算图式假想实体基

础底面都与桩端齐平,在是否考虑群桩外围侧面剪应力的扩散作用方面存在差异,但共同的特点是都不考虑桩间土压缩变形对沉降的影响。

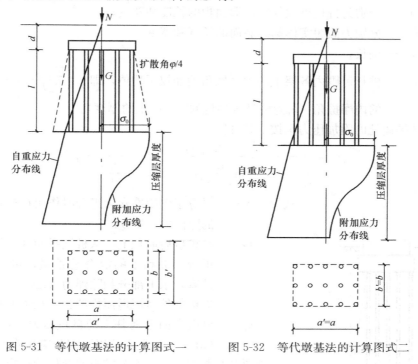

图 5-31 等代墩基法的计算图式一　　图 5-32 等代墩基法的计算图式二

无论是否考虑扩散作用,一旦计算出桩端平面处的附加压力 p_0,即可参照公式(5-69)求解桩基沉降量。如果土层划分比较简单,可以按下式进行简化计算:

$$s = \psi_{\mathrm{ps}} \sum_{i=1}^{n} \frac{p_i h_i}{E_{si}} \tag{5-70}$$

式中　n——计算分层数;
　　　E_{si}——第 i 层土在自重应力至自重应力加上附加应力作用段的压缩模量;
　　　h_i——桩端平面下第 i 个分层土的厚度;
　　　p_i——桩端平面下第 i 个分层土的竖向附加应力平均值;
　　　ψ_{ps}——采用实体基础法计算桩基沉降的经验系数,根据表 5-18 取值。

实体深基础计算桩基沉降经验系数 ψ_{ps}　　表 5-18

$\overline{E}_s$ (MPa)	≤15	25	35	≥45
ψ_{ps}	0.5	0.4	0.35	0.25

注:$\overline{E}_s$ 为变形计算深度范围内压缩模量的当量值。

据此,下面只要结合两种计算图式说明如何求得桩端平面处的附加应力 p_0。

(1) 荷载扩散

参考图 5-33,群桩自桩顶沿外围向下扩散,扩散角一般取为桩所穿越各土层内摩擦角加权平均值的 1/4,与桩端平面相交后围成的面积即为假想实体基础的底面积 F。对于矩形桩基础,F 可表示为

$$F = A \times B = \left(a + 2l\tan\frac{\varphi}{4}\right)\left(b + 2l\tan\frac{\varphi}{4}\right) \tag{5-71}$$

式中 a、b——分别为群桩桩顶外围矩形面积的长度和宽度；
$\quad\quad A$、B——分别为假想实体基础底面的长度和宽度；
$\quad\quad l$——桩长；
$\quad\quad \varphi$——桩长范围内各层土的内摩擦角的加权平均值，即 $\varphi = \frac{\sum \varphi_i h_i}{\sum h_i}$（$\varphi_i$ 为第 i 层土的内摩擦角，h_i 为桩身所穿越的第 i 层土的厚度）。

在桩端平面处的附加压力 p_0 按下式计算：

$$p_0 = \frac{N + G}{\left(b + 2l \times \tan\frac{\varphi}{4}\right)\left(a + 2l \times \tan\frac{\varphi}{4}\right)} - p_c \tag{5-72}$$

式中 N——对应于作用准永久组合时作用在桩基承台顶面的竖向力（kN）；
$\quad\quad G$——在扩散后面积上，从桩端平面到设计地面间的承台、桩和土的混合总重量，可按 20kN/m^3 计算，水下部分扣除浮力（kN）；
$\quad\quad a$、b——群桩的外缘矩形面积的长、短边的长度（m）；
$\quad\quad p_c$——桩端平面上地基土的自重压力 [$(l+d)$ 深度]（kPa），地下水位以下部分应扣除浮力。

如果忽略桩身长度 l 部分桩土混合体的总重量与同体积原地基土间总重量之差，则可用式（5-73）近似计算：

$$p_0 = \frac{N + G - p_{c0} \times a' \times b'}{\left(b + 2l \times \tan\frac{\varphi}{4}\right)\left(a + 2l \times \tan\frac{\varphi}{4}\right)} \tag{5-73}$$

式中 p_{c0}——承台底面高程处地基土的自重压力，地下水位以下部分扣除浮力（kPa）；
$\quad\quad a'$、b'——分别为承台的长度和宽度（m）。

（2）荷载不扩散

参考图 5-34，扣除群桩的侧壁摩阻力，这时桩端平面的附加压力 p_0 为：

$$p_0 = \frac{N + G - p_{c0} a' b' - 2(a+b)\sum q_{sik} h_i}{ab} \tag{5-74}$$

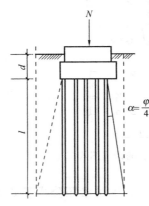
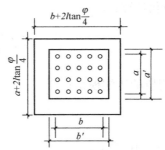

图 5-33 计算图式一的底面积

式中 q_{sik}——桩身所穿越的第 i 层土的极限侧阻力标准值（kPa）。

（3）明德林法

在计算 $\sigma_{j,i}$ 时可采用明德林法进行计算，内容如下：

1）采用明德林法应力公式计算地基中的某点的竖向附加应力值时，可将各根桩在该点所产生的附加应力逐根叠加，按下式计算：

$$\sigma_{j,i} = \sum_{k=1}^{n}(\sigma_{zp,k} + \sigma_{zs,k}) \tag{5-75}$$

式中 $\sigma_{zp,k}$——第 k 根桩的端阻力在深度 z 处的产生的应力（kPa）；

$\sigma_{zs,k}$——第 k 根桩的侧阻力在深度 z 处的产生的应力（kPa）。

2) 第 k 根桩的端阻力在深度 z 处的产生的应力按下式计算：

$$\sigma_{zp,k} = \frac{\alpha Q}{l^2} I_{p,k} \qquad (5-76)$$

式中 Q——相应于作用的准永久组合时，轴心竖向力作用下单桩的附加荷载（kN）；由桩端阻力 Q_p 和桩侧摩阻力 Q_s 共同承担，且 $Q_p = \alpha Q$，α 是桩端阻力比；桩的端阻力假定为集中力，桩的侧摩阻力可假定为沿桩身均匀分布和沿桩身线性增长分布两种形式组成，其值分别为 βQ 和 $(1-\alpha-\beta)Q$，如图 5-35 所示；

l——桩长（m）；

$I_{p,k}$——应力影响系数，可用明德林应力公式进行积分的方式推导。

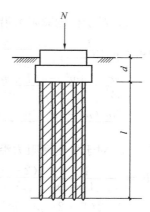
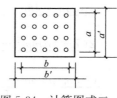

图 5-34 计算图式二的底面积

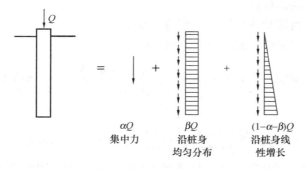

αQ 集中力　　βQ 沿桩身均匀分布　　$(1-\alpha-\beta)Q$ 沿桩身线性增长

图 5-35 单桩荷载分担

3) 第 k 根桩的侧摩阻力在深度 z 处的产生的应力可按下式计算：

$$\sigma_{zs,k} = \frac{Q}{l^2}[\beta I_{s1,k} + (1-\alpha-\beta)I_{s2,k}] \qquad (5-77)$$

式中 I_{s1}、I_{s2}——均为应力影响系数，可用对明德林应力公式进行积分的方式推导。

4) 对于一般摩擦型桩，可假定桩侧摩阻力全部是沿桩身线性增长的，$\beta=0$，则式 (5-77) 可以简化为：

$$\sigma_{zs,k} = \frac{Q}{l^2}(1-\alpha)I_{s2,k} \qquad (5-78)$$

① 对于桩顶的集中力

$$I_p = \frac{1}{8\pi(1-v)}\left\{\frac{(1-2v)(m-1)}{A^3} - \frac{(1-2v)(m-1)}{B^3} + \frac{3(m-1)^3}{A^5} + \frac{3(3-4v)m(m+1)^2 - 3(m+1)(5m-1)}{B^5} + \frac{30m(m+1)^3}{B^7}\right\} \qquad (5-79)$$

② 对于桩侧摩阻力沿桩身线性分布的情况

$$I_{s1} = \frac{1}{8\pi(1-v)} \left\{ \frac{2(2-v)}{A} - \frac{2(2-v)+2(1-2v)(m^2/n^2+m/n^2)}{B} + \frac{(1-2v)2(m/n)^2}{F} - \frac{n^2}{A^3} - \frac{4m^2-4(1+v)(m/n)^2m^2}{F^3} - \frac{4m(1+v)(m+1)(m/n+1/n)^2-(4m^2+n^2)}{B^3} + \frac{6m^2(m^4-n^4)/n^2}{F^5} - \frac{6m[mn^2-(m+1)^5/n^2]}{B^5} \right\} \quad (5\text{-}80)$$

③ 对于桩侧摩阻力沿桩身线性增长的情况

$$I_{s2} = \frac{1}{4\pi(1-v)} \left\{ \frac{2(2-v)}{A} - \frac{2(2-v)(4m+1)-2(1-2v)(1+m)m^2/n^2}{B} - \frac{2(1-2v)m^3/n^2-8(2-v)m}{F} - \frac{mn^2+(m-1)^3}{A^3} - \frac{4vn^2m+4m^3-15n^2m-2(5+2v)(m/n)^2(m+1)^3+(m+1)^3}{B^3} - \frac{2(7-2v)mn^2-6m^3+2(5+2v)(m/n)^2m^3}{F^3} - \frac{6mn^2(n^2-m^2)+12(m/n)^2(m+1)^5}{B^5} + \frac{12(m/n)^2m^5+6mn^2(n^2-m^2)}{F^5} + 2(2-v)\ln\left(\frac{A+m-1}{F+m} \times \frac{B+m-1}{F+m}\right) \right\} \quad (5\text{-}81)$$

式中 $A=[n^2+(m-1)^2]^{\frac{1}{2}}$、$B=[n^2+(m+1)^2]^{\frac{1}{2}}$、$F=\sqrt{n^2+m^2}$，$n=r/l$，$m=z/l$

v——地基土的泊松比；

r——计算点离桩身轴线的水平距离（m）；

z——计算点离承台底面的竖向距离（m）。

④ 将式（5-77）和式（5-78）代入 $s=\psi_p \sum_{j=1}^{m}\sum_{i=1}^{n_j}\frac{\sigma_{j,i}\Delta h_{j,i}}{E_{sj,i}}$，得到单向压缩总和法沉降计算公式：

$$s = \psi_{pm}\frac{Q}{l^2}\sum_{j=1}^{m}\sum_{i=1}^{n_j}\frac{\Delta h_{j,i}}{E_{sj,i}}\sum_{k=1}^{n}[\alpha I_{p,k}+(1-\alpha)I_{s2,k}] \quad (5\text{-}82)$$

采用明德林应力公式计算桩基础最终沉降量时，相应于作用的准永久组合时，轴心竖向力作用下单桩附加荷载的桩端阻力比 α 和桩基沉降计算经验系数 ψ_{pm} 应根据当地工程的实测资料统计确定。无地区经验时，其值可按表 5-19 选用。

明德林应力公式方法计算桩基沉降经验系数 ψ_{pm}　　　　表 5-19

$\overline{E}_s$（MPa）	≤15	25	35	≥40
ψ_{pm}	1.00	0.8	0.6	0.3

注：$\overline{E}_s$ 为变形计算深度范围内压缩模量的当量值。

5.9 桩基承台设计

根据桩基础的传递路线，上部荷载通过承台分配给基桩，再由基桩传递给土层。承台在传给过程中扮演者重要角色，它将各桩连接成整体，并将荷载通过转化和调整分配给各桩。因此，需要对承台进行相应的抗冲击、抗剪及抗弯强度计算，在此基础上进行结构设计，以保证其安全。

承台设计包括选择承台的材料及其强度等级、几何形状及其尺寸，进行承台结构承载力计算，并使其构造满足规定的要求。

5.9.1 承台的类型、布桩、埋深及平面形式

1. 承台类型

根据上部结构类型和荷载传递要求，桩基承台可采用独立承台、条形承台、交叉条形承台、筏形承台和箱形承台等形式，示意图如图 5-36 所示。

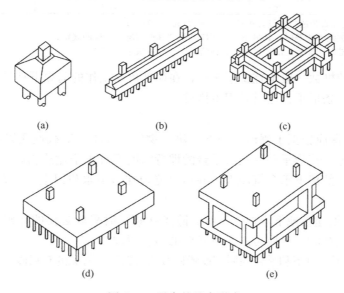

图 5-36 承台的基本形式
(a) 独立承台；(b) 条形承台；(c) 交叉条形承台；(d) 筏形承台；(e) 箱形承台

柱下桩基一般选用独立承台，墙下桩基一般选用条形承台或交叉条形承台。若柱距不大，柱荷载较大，柱下独立承台之间可能出现较大的不均匀沉降时，也可将独立承台沿一个方向连接起来形成柱下条形承台，或在两个方向连接起来形成交叉条形承台；当上部结构荷载很大，若采用条形承台或交叉条形承台桩群布置不下时，可考虑选用筏形承台。根据上部结构类型的不同，筏形承台可分为平板式和梁板式。平板式筏形承台多用于上部为筒体结构、框筒结构和柱网均匀、柱距较小的框架结构中，而梁板筏形承台可用于上部为柱距较大的框架结构中。

2. 承台下布桩的基本要求

1) 承台下布桩的基本要求是使桩群中各桩的桩顶荷载和桩顶沉降尽可能得均匀。为此，布桩时要使上部结构传来的长期作用荷载在承台底面的合力作用点应尽可能与该部分桩群的形心位置相重合。此外，不仅要考虑整个建筑物下全部桩群的形心要与建筑物总荷载的合力作用点相重合，也要考虑建筑物中各相对独立部分下的桩群形心与相应上部结构荷载的合力作用点相重合。

2) 为节约材料，应尽量缩小承台的平面尺寸，承台下宜均匀布桩，一般应尽可能按最小桩距进行布桩。桩的最小中心距的具体要求参见表 5-20 中的规定。

桩的最小中心距 表 5-20

土类与成桩工艺		排数不少于3排且桩数不少于9根的摩擦型桩桩基	其他情况
非挤土灌注桩		3.0d	3.0d
部分挤土桩		3.5d	3.0d
挤土桩	非饱和土	4.0d	3.5d
	饱和黏性土	4.5d	4.0d
钻、挖孔扩底桩		2D 或 D+2.0m（当 D>2m）	1.5D 或 D+1.5m
沉管夯扩、钻孔挤扩桩	非饱和土	2.2D 且 4.0d	2.0D 且 3.5d
	饱和黏性土	2.5D 且 4.5d	2.2D 且 4.0d

注：1 d—圆桩设计直径或方桩设计边长，D—扩大端设计直径；
　　2 当纵横向桩距不相等时，其最小中心距应满足"其他情况"一栏的规定；
　　3 当为端承桩时，非挤土灌注桩的"其他情况"一栏可减小至 $2.5d$。

独立承台下的桩数一般不宜少于三根，在保证可靠工作的前提下柱下独立承台也可采用一根或两根桩，条形承台也可采用单排桩。

3. 承台埋深

1) 承台的埋深应根据工程地质条件、建筑物使用要求、荷载性质以及桩的承载力要求等因素综合考虑。筏形承台和箱形承台的埋置深度不宜小于建筑物高度的 1/20～1/18。在满足桩基稳定的前提下承台宜浅埋，并尽可能埋在地下水位以上。承台浅埋便于施工，工程造价也较低。

2) 当承台必须埋在地下水位以下时，除了在施工时采取必要的降水措施外，如地下水对承台材料有侵蚀时，尚应考虑采取必要的防止侵蚀措施。

3) 在冻土地区承台下和承台四周宜设置松散的材料层，常见的有粗砂、中砂和炉渣等。

4. 承台的形式

（1）承台的平面形式

对于独立承台和筏形承台，根据上部结构类型和布桩要求，可采用矩形、三角形、多边形和圆形等形式的现浇承台板；对于条形和交叉条形承台，一般采用现浇连续承台梁，当需防冻胀或地基土膨胀时，为便于承台梁设置防胀设施，也可采用预制承台梁。

（2）承台的剖面形式

1) 现浇柱下独立承台的剖面一般采用矩形等厚度板形式。为节省混凝土用量，独立承台也可采用台锥形式或台阶形剖面形式，图 5-37 给出了三种典型剖面形式。

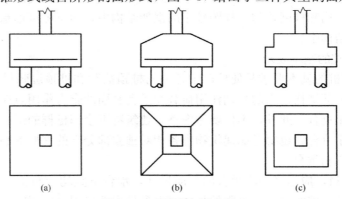

图 5-37 独立承台剖面形式
(a) 矩形；(b) 台锥形；(c) 台阶形

2) 如图 5-38 所示，条形承台（或交叉条形承台）的剖面一般采用矩形或倒 T 形的截面形式，至于柱下条形承台（或交叉条形承台）则一般采用倒 T 形的截面形式。条形承台也可采用割坡形式。

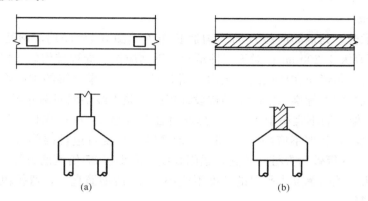

图 5-38　条形承台剖面
(a) 柱下条形承台；(b) 墙下条形承台

3) 对于筏形承台板，为了避免因抗冲切承载力不足而把板厚设计过大，可将桩顶扩大成倒锥台形（图 5-39），类似无梁楼盖的构造形式，以提高其抗冲切能力。在不影响使用的前提下，也可通过柱底改造将其扩大为正锥台形。当上部结构为预制桩时，承台应做成杯口，如图 5-40 所示。

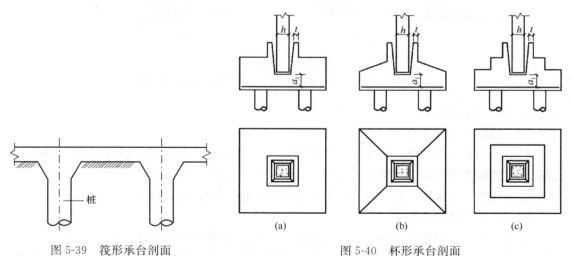

图 5-39　筏形承台剖面

图 5-40　杯形承台剖面
(a) 方形杯口承台；(b) 锥形杯口承台；(c) 阶梯杯口承台

5.9.2　承台的构造要求

1. 尺寸方面

柱下独立桩基承台的最小宽度不应小于 500mm，边桩中心至承台边缘的距离不应小于桩的直径或边长，且桩的外边缘至承台边缘的距离不应小于 150mm。对于墙下条形承台梁，桩的外边缘至承台梁边缘的距离不应小于 75mm，承台的最小厚度不应小于 300mm；高层建筑平板式和梁板式筏形承台的最小厚度不应小于 400mm，多层建筑墙下布桩的筏形承台的最小厚度不应小于 200mm。

2. 材料方面

承台混凝土材料及其强度等级应符合结构混凝土耐久性要求和抗渗要求。承台混凝土强度等级不应小于C20。

3. 配筋要求

对于矩形承台，其钢筋应按双向均匀通长布置［图5-41（a）］，钢筋直径不宜小于10mm，间距不宜大于200mm；对于三桩承台，钢筋应按三向板带均匀布置，且最里面的三根钢筋围成的三角形应在柱截面范围内［图5-41（b）］。承台梁的主筋除满足计算要求外，尚应符合现行国家标准《混凝土结构设计规范》关于最小配筋率的规定，主筋直径不宜小于12mm，架立筋不宜小于10mm，箍筋直径不宜小于6mm［图5-41（c）］；柱下独立桩基承台的最小配筋率不应小于0.15%。钢筋锚固长度自边桩内侧（当为圆桩时，应将其直径乘以0.86等效为方桩）算起，锚固长度不应小于35倍钢筋直径，当不满足时应将钢筋向上弯折，此时钢筋水平段的长度不应小于25倍钢筋直径，弯折段的长度不应小于10倍钢筋直径。

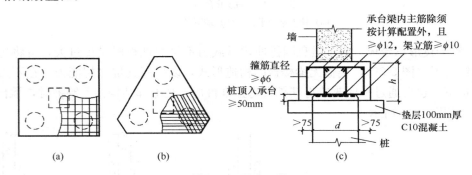

图5-41 承台配筋
（a）矩形承台配筋；（b）三桩承台配筋；（c）承台最小配筋的规定

4. 承台的连接要求

（1）当桩与承台连接

桩嵌入承台内的长度，对中等直径桩不宜小于50mm，对大直径桩不宜小于100mm；混凝土桩的桩顶纵向主筋应锚入承台内，其锚入长度不宜小于35倍纵向主筋直径；对于大直径灌注桩，当采用一柱一桩时，可设置承台或将桩与柱直接连接。

（2）当柱与承台连接

对于一柱一桩基础，柱与桩直接连接时，柱纵向主筋锚入桩身内的长度不应小于35倍的纵向主筋直径。对于多桩承台，柱纵向主筋应锚入承台的长度不小于35倍的纵向主筋直径；当承台高度不满足锚固要求时，竖向锚固长度不应小于20倍的纵向主筋直径，并向柱轴线方向呈90°弯折。当有抗震设防要求时，对于一、二级抗震等级的柱，纵向主筋锚固长度应乘以1.15的系数；对于二级抗震等级的柱，纵向主筋锚固长度应乘以1.05的系数。

（3）承台与承台连接

一柱一桩时，应在桩顶两个主轴方向上设置连系梁。当桩与柱的截面直径之比大于2时，可不设连系梁；两桩桩基的承台，应在其短向设置连系梁；有抗震设防要求的柱下桩基承台，宜沿两个主轴方向设置连系梁；连系梁顶面宜与承台顶面位于同一标高。连系梁宽度不宜小于250mm，其高度可取承台中心距的1/15～1/10，且不宜小于400mm；连系梁配筋应按计算确定，梁上下部配筋不宜小于2根φ12钢筋；位于同轴线上的相邻跨连系梁纵筋应连通。

5.9.3 承台的受弯计算

如果承台的厚度较小，配筋量不足，桩基承台应进行正截面受弯承载力计算，受弯承载力和配筋可按现行国家标准《混凝土结构设计规范》GB 50010—2010（2015年版）的规定进行设计。

对于柱下的独立桩基，承台沿平行于柱边的两个方向出现挠曲破坏，最大弯矩产生于柱边处（图5-42）。

1. 两桩条形承台或多桩矩形承台

两桩条形承台和多桩矩形承台弯矩计算截面取在柱边和承台变阶处（图5-43），可按下列公式计算：

$$M_x = \sum N_i y_i \tag{5-83}$$

$$M_y = \sum N_i x_i \tag{5-84}$$

式中　M_x、M_y——分别为绕x轴和绕y轴方向计算截面处的弯矩设计值；
　　　x_i、y_i——分别为垂直y轴和x轴方向自桩轴线到相应计算截面的距离；
　　　N_i——不计承台及其上土重，在荷载效应基本组合下的第i根基桩或复合基桩的竖向反力设计值。

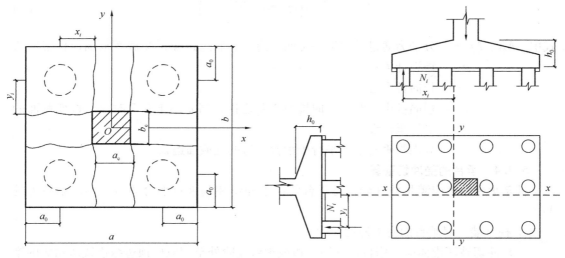

图 5-42　四桩承台的弯矩破坏模式　　　图 5-43　矩形多桩承台弯矩计算示意

2. 三桩承台

三桩承台分为等边三桩承台和等腰三桩承台两种计算情况。

（1）等边三桩承台（图5-44）

$$M = \frac{N_{\max}}{3}\left(s_a - \frac{\sqrt{3}}{4}c\right) \tag{5-85}$$

式中 M——通过承台形心至各边边缘正交截面范围内板带的弯矩设计值;

N_{max}——不计承台及其上土重,在荷载效应基本组合下三桩中最大基桩或复合基桩竖向反力设计值;

s_a——桩中心距;

c——方柱边长,圆柱时 $c=0.8d$(d 为圆柱直径)。

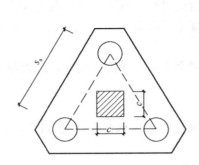 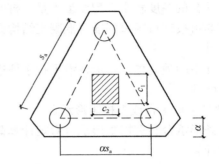

图5-44 等边三桩承台弯矩计算示意图　　图5-45 等腰三桩承台弯矩计算示意图

(2) 等腰三桩承台(图5-45)

$$M_1 = \frac{N_{max}}{3}\left(s_a - \frac{0.75}{\sqrt{4-\alpha^2}}c_1\right) \tag{5-86}$$

$$M_2 = \frac{N_{max}}{3}\left(\alpha s_a - \frac{0.75}{\sqrt{4-\alpha^2}}c_2\right) \tag{5-87}$$

式中 M_1、M_2——分别为通过承台形心至两腰边缘和底边边缘正交截面范围内板带的弯矩设计值;

s_a——长向桩中心距;

α——短向桩中心距与长向桩中心距之比,当 α 小于0.5时,应按变截面的二桩承台设计;

c_1、c_2——分别为垂直于、平行于承台底边的柱截面边长。

5.9.4 承台的受冲切验算

桩基承台厚度应满足柱(墙)对承台的向下冲切和基桩对承台的向上冲切承载力的要求。

1. 柱(墙)对承台的向下冲切

(1) 冲切破坏锥体应采用自柱(墙)边或承台变阶处至相应桩顶边缘连线所构成的锥体,锥体斜面与承台底面之夹角不应小于45°(图5-46)。

(2) 受柱(墙)冲切承载力可按下列公式计算:

$$F_l \leqslant \beta_{hp}\beta_0 u_m f_t h_0 \tag{5-88}$$

$$F_l = F - \sum Q_i \tag{5-89}$$

$$\beta_0 = \frac{0.84}{\lambda + 0.2} \tag{5-90}$$

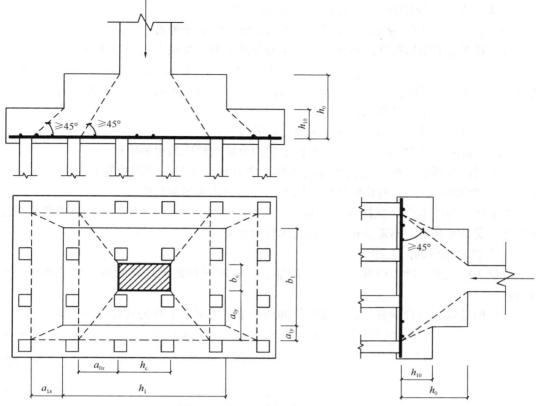

图 5-46 柱对承台的冲切计算示意

式中 F_l——不计承台及其上土重,在荷载效应基本组合下作用于冲切破坏锥体上的冲切力设计值;

f_t——承台混凝土抗拉强度设计值;

β_{hp}——承台受冲切承载力截面高度影响系数,当 $h \leqslant 800$mm 时,β_{hp} 取 1.0;$h \geqslant 2000$mm 时,β_{hp} 取 0.9,其间按线性内插法取值;

u_m——承台冲切破坏锥体一半有效高度处的周长;

h_0——承台冲切破坏锥体的有效高度;

β_0——柱(墙)冲切系数;

λ——冲跨比,$\lambda = a_0/h_0$,a_0 为柱(墙)边或承台变阶处到桩边水平距离;当 $\lambda < 0.25$ 时,取 $\lambda = 0.25$;当 $\lambda > 1.0$ 时,取 $\lambda = 1.0$;

F——不计承台及其上土重,在荷载效应基本组合作用下柱(墙)底的竖向荷载设计值;

$\sum Q_i$——不计承台及其上土重,在荷载效应基本组合下冲切破坏锥体内各基桩或复合基桩的反力设计值之和。

(3) 对于柱下矩形独立承台受柱冲切的承载力可按下列公式计算:

$$F_l \leqslant 2 \left[\beta_{0x}(b_c + a_{0y}) + \beta_{0y}(h_c + a_{0x}) \right] \beta_{hp} f_t h_0 \tag{5-91}$$

式中 β_{0x}、β_{0y}——由式 (5-90) 求得 $\lambda_{0x} = a_{0x}/h_0$,$\lambda_{0y} = a_{0y}/h_0$;$\lambda_{0x}$、$\lambda_{0y}$ 均应满足 $0.25 \sim 1.0$ 的要求;

h_c、b_c——分别为 x、y 方向的柱截面的边长；

a_{0x}、a_{0y}——分别为 x、y 方向柱边离最近桩边的水平距离。

（4）对于柱下矩形独立阶形承台受上阶冲切的承载力可按下列公式计算：

$$F_l \leqslant 2[\beta_{1x}(b_1+a_{1y})+\beta_{1y}(h_1+a_{1x})]\beta_{hp}f_t h_{10} \qquad (5-92)$$

式中 β_{1x}、β_{1y}——由式（5-90）求得 $\lambda_{1x}=a_{1x}/h_{10}$，$\lambda_{1y}=a_{1y}/h_{10}$；$\lambda_{1x}$、$\lambda_{1y}$ 均应满足 0.25～1.0 的要求；

h_1、b_1——分别为 x、y 方向承台上阶的边长；

a_{1x}、a_{1y}——分别为 x、y 方向承台上阶边离最近桩边的水平距离。

对于圆柱及圆桩，计算时应将其截面换算成方柱及方桩，即取换算柱截面边长 $b_c=0.8d_c$（d_c 为圆柱直径），换算桩截面边长 $b_p=0.8d$（d 为圆桩直径）。

对于柱下两桩承台，宜按深受弯构件（$l_0/h<5.0$，$l_0=1.15l_n$，l_n 为两桩净距）计算受弯、受剪承载力，不需要进行受冲切承载力计算。

2. 基桩对承台的向上冲切

对位于柱（墙）冲切破坏锥体以外的基桩，可按下列规定计算承台受基桩冲切的承载力：

（1）四桩以上（含四桩）承台受角桩冲切的承载力可按下列公式计算（图 5-47）：

$$N_l \leqslant [\beta_{1x}(c_2+a_{1y}/2)+\beta_{1y}(c_1+a_{1x}/2)]\beta_{hp}f_t h_0 \qquad (5-93)$$

$$\beta_{1x}=\frac{0.56}{\lambda_{1x}+0.2} \qquad (5-94)$$

$$\beta_{1y}=\frac{0.56}{\lambda_{1y}+0.2} \qquad (5-95)$$

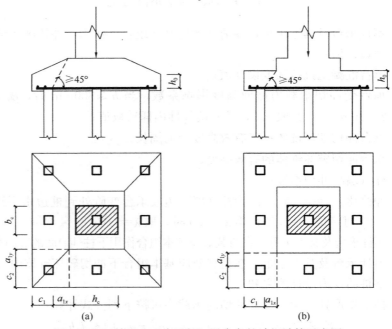

图 5-47 四桩以上（含四桩）承台角桩冲切计算示意图
(a) 锥形承台；(b) 阶形承台

式中 N_l——不计承台及其上土重，在荷载效应基本组合作用下角桩（含复合基桩）反力设计值；

β_{1x}、β_{1y}——均为角桩冲切系数；

a_{1x}、a_{1y}——从承台底角桩顶内边缘引45°冲切线与承台顶面相交点至角桩内边缘的水平距离；当柱（墙）边或承台变阶处位于该45°线以内时，则取由柱（墙）边或承台变阶处与桩内边缘的连线为冲切锥体的锥线（图5-47）；

h_0——承台外边缘的有效高度；

λ_{1x}、λ_{1y}——均为角桩冲跨比，$\lambda_{1x}=a_{1x}/h_0$，$\lambda_{1y}=a_{1y}/h_0$，其值均应满足0.25~1.0的要求。

（2）对于三桩三角形承台可按下列公式计算受角桩冲切的承载力（图5-48）：

底部角桩：

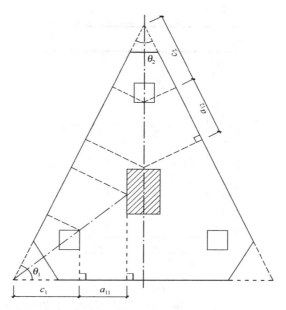

图5-48 三桩三角形承台角桩冲切计算示意

$$N_l \leqslant \beta_{11}(2c_1+a_{11})\beta_{hp}\text{tg}\frac{\theta_1}{2}f_t h_0 \tag{5-96}$$

$$\beta_{11}=\frac{0.56}{\lambda_{11}+0.2} \tag{5-97}$$

顶部角桩：$N_l \leqslant \beta_{12}(2c_2+a_{12})\beta_{hp}\text{tg}\frac{\theta_2}{2}f_t h_0$ （5-98）

$$\beta_{12}=\frac{0.56}{\lambda_{12}+0.2} \tag{5-99}$$

式中 λ_{11}、λ_{12}——均为角桩冲跨比，$\lambda_{11}=a_{11}/h_0$，$\lambda_{12}=a_{12}/h_0$，其值均应满足0.25~1.0的要求；

a_{11}、a_{12}——从承台底角桩顶内边缘引45°冲切线与承台顶面相交点至角桩内边缘的水平距离；当柱（墙）边或承台变阶处位于该45°线以内时，则取由柱（墙）边或承台变阶处与桩内边缘的连线为冲切锥体的锥线。

（3）对于箱形、筏形承台，可按下列公式计算承台受内部基桩的冲切承载力：

1）应按下式计算受基桩的冲切承载力［图5-49（a）］：

$$N_l \leqslant 2.8(b_p+h_0)\beta_{hp}f_t h_0 \tag{5-100}$$

2）应按下式计算受桩群的冲切承载力［图5-49（b）］：

$$\sum N_{li} \leqslant 2[\beta_{0x}(b_y+a_{0y})+\beta_{0y}(b_x+a_{0x})]\beta_{hp}f_t h_0 \tag{5-101}$$

式中 β_{0x}、β_{0y}——由上述公式求得，其中$\lambda_{0x}=a_{0x}/h_0$，$\lambda_{0y}=a_{0y}/h_0$，λ_{0x}、λ_{0y}均应满足0.25~1.0的要求；

N_l、$\sum N_{li}$——分别为不计承台和其上土重，在荷载效应基本组合下，基桩或复合基桩的净反力设计值、冲切锥体内各基桩或复合基桩反力设计值之和。

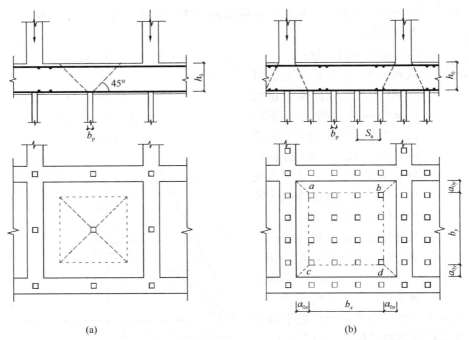

图 5-49 基桩对筏形承台的冲切和墙对筏形承台的冲切计算示意
(a) 受基桩的冲切；(b) 受桩群的冲切

5.9.5 承台的受剪验算

柱（墙）下桩基承台，应分别对柱（墙）边、变阶处和桩边连线形成的贯通承台的斜截面的受剪承载力进行验算。当承台悬挑边有多排基桩形成多个斜截面时，应对每个斜截面的受剪承载力进行验算。

柱下独立桩基承台斜截面受剪承载力应按下列规定计算：

1. 承台斜截面受剪承载力可按下列公式计算（图 5-50）：

$$V \leqslant \beta_{hs} \alpha f_t b_0 h_0 \quad (5\text{-}102)$$

$$\alpha = \frac{1.75}{\lambda + 1} \quad (5\text{-}103)$$

$$\beta_{hs} = \left(\frac{800}{h_0}\right)^{1/4} \quad (5\text{-}104)$$

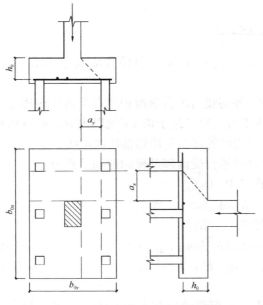

图 5-50 承台斜截面受剪计算示意

式中 V——不计承台及其上土自重，在荷载效应基本组合下，斜截面的最大剪力设计值；

f_t——混凝土轴心抗拉强度设计值；

b_0——承台计算截面处的计算宽度；

h_0——承台计算截面处的有效高度；

α——承台剪切系数，按式（5-103）确定；

λ——计算截面的剪跨比，$\lambda_x = a_x/h_0$，$\lambda_y = a_y/h_0$，此处 a_x、a_y 分别为柱边（墙边）或承台变阶处至 y、x 方向计算一排桩的桩边的水平距离，当 $\lambda < 0.25$ 时取 $\lambda = 0.25$，当 $\lambda > 3$ 时取 $\lambda = 3$；

β_{hs}——受剪切承载力截面高度影响系数；当 $h_0 < 800$mm 时，取 $h_0 = 800$mm；当 $h_0 > 2000$mm 时，取 $h_0 = 2000$mm；其间按线性内插法取值。

2. 对于阶梯形承台应分别在变阶处（A_1—A_1，B_1—B_1）及柱边处（A_2—A_2，B_2—B_2）进行斜截面受剪承载力计算（图 5-51）

计算变阶处截面（A_1—A_1，B_1—B_1）的斜截面受剪承载力时，其截面有效高度均为 h_{10}，截面计算宽度分别为 b_{y1} 和 b_{x1}。计算柱边截面（A_2—A_2，B_2—B_2）的斜截面受剪承载力时，其截面有效高度均为 $h_{10} + h_{20}$

截面计算宽度分别为：

对 $A_2 - A_2$
$$b_{y0} = \frac{b_{y1}h_{10} + b_{y2}h_{20}}{h_{10} + h_{20}} \tag{5-105}$$

对 $B_2 - B_2$
$$b_{x0} = \frac{b_{x1}h_{10} + b_{x2}h_{20}}{h_{10} + h_{20}} \tag{5-106}$$

3. 对于锥形承台应对变阶处及柱边处（$A-A$ 及 $B-B$）两个截面进行受剪承载力计算（图 5-52）

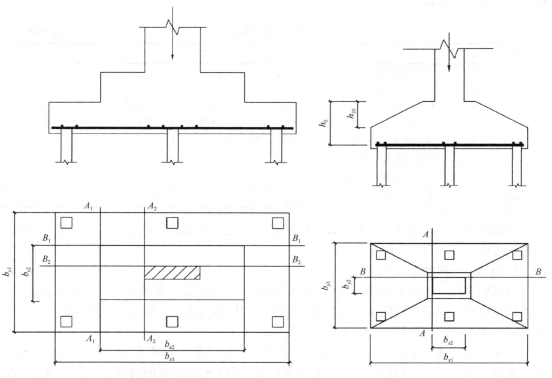

图 5-51 阶梯形承台斜截面受剪计算示意   图 5-52 锥形承台斜截面受剪计算示意

截面有效高度均为 h_0，截面的计算宽度分别为：

对 $A-A$
$$b_{y0} = \left[1 - 0.5\frac{h_{20}}{h_0}\left(1 - \frac{b_{y2}}{b_{y1}}\right)\right]b_{y1} \tag{5-107}$$

对 $B-B$ $\qquad b_{x0} = \left[1 - 0.5 \dfrac{h_{20}}{h_0}\left(1 - \dfrac{b_{x2}}{b_{x1}}\right)\right]b_{x1}$ (5-108)

4. 其他形式的承台

梁板式筏形承台的梁的受剪承载力可按现行国家标准《混凝土结构设计规范》GB 50010—2010（2015年版）计算。

5.9.6 其他计算

对于柱下桩基，当承台混凝土强度等级低于柱或桩的混凝土强度等级时，应验算柱下或桩上承台的局部受压承载力。当进行承台的抗震验算时，应根据现行国家标准《建筑抗震设计规范》GB 50011—2010（2016年版）的规定对承台顶面的地震作用效应和承台的受弯、受冲切、受剪承载力进行抗震调整。

5.10 桩 基 础 设 计

5.10.1 建筑桩基的设计等级

根据建筑规模、功能特征、对差异变形的适应性、场地地基和建筑物体型的复杂性，以及由于桩基问题可能造成建筑破坏或影响正常使用的程度，可将桩基设计分为表5-21所列的三个设计等级。

建筑桩基设计等级　　　　表 5-21

设计等级	建 筑 类 型
甲级	（1）重要的建筑； （2）30层以上或高度超过100m的高层建筑； （3）体型复杂且层数相差超过10层的高低层（含纯地下室）连体建筑； （4）20层以上框架-核心筒结构及其他对差异沉降有特殊要求的建筑； （5）场地和地基条件复杂的7层以上的一般建筑及坡地、岸边建筑； （6）对相邻既有工程影响较大的建筑
乙级	除甲级、丙级以外的建筑
丙级	场地和地基条件简单、荷载分布均匀的7层及7层以下的一般建筑

桩基的设计等级是进行桩基础设计的基础，在进行桩基础承载力分析和沉降计算时，需进行考虑。

5.10.2 极限状态设计

桩基础应按下列两类极限状态设计：承载能力极限状态，即桩基达到最大承载能力、整体失稳或发生不适于继续承载的变形；正常使用极限状态，即桩基达到建筑物正常使用所规定的变形限值或达到耐久性要求的某项限值。

桩基结构对其施工阶段和使用阶段均应进行两种极限状态的验算。对于预制混凝土桩，其施工阶段的桩身结构计算往往起控制作用，施工阶段验算的内容主要包括预制混凝土桩的起吊、运输、吊立和沉桩等。使用阶段水平荷载作用下的桩身结构应进行两种极限状态验算，与桩身材料性质、桩顶水平位移控制要求等多种因素密切相关，不是独立的构件强度计算。这是由桩顶水平荷载作用下桩土共同作用的复杂承载、变形性状所造成的。使用阶段承台结构两种极限状态计算也有其特殊性，由于承台在其几何尺寸比例、受荷方式及支承条件等方面与一般结构构件相比都有其特殊性，也使得承台结构的实际受力状态存在较多的不确定性。

综上所述，在进行桩基结构的截面、内力与配筋计算时，与上部结构构件计算保持一致，采用作用效应的基本组合，分项系数按相应荷载规范取值。桩基结构两种极限状态验算原则可以总结归纳如表 5-22 所示。

桩基结构两种极限状态验算原则 表 5-22

	施工阶段		使用阶段	
	承载能力极限状态	正常使用极限状态	承载能力极限状态	正常使用极限状态
验算内容	构件截面、内力、配筋计算	变形及裂缝	构件截面、内力、配筋计算	变形及裂缝
	预制混凝土桩的起吊、运输、吊立及锤击沉桩		桩与承台结构计算	
作用效应	基本组合（构件重要性系数可取 0.9）	标准组合作用下的计算裂缝	基本组合	标准组合作用下的计算裂缝或变形
抗力限值	经验或结构设计限值	经验或结构设计限值	经验或结构设计限值	经验或结构设计限值

当采用变形协调原理求解桩基结构内力时，可采用标准组合计算变形及相应的内力，再乘以调整系数后进行截面和配筋计算。调整系数需根据类似工程经验确定。

5.10.3 桩基础的设计步骤

1. 调查研究，收集设计资料

设计资料包括建筑物形式、荷载、地质勘察资料、材料来源及施工条件等。由于桩基础工程的特殊性，设计前详细掌握建筑场地的工程地质勘察资料是十分重要的。

2. 选定桩基类型，确定桩长和截面尺寸

根据地基土层的分布情况，并考虑施工条件、打桩设备等因素，决定是采用端承桩或摩擦桩，是用预制桩还是灌注桩，进行综合比较后确定。

摩擦桩桩尖应尽量达到低压缩性的土层上，同时桩必须深入持力层至少 1m，以提高桩的承载力并减小沉降。由持力层的深度确定桩长，一般不包括桩尖，进行初步设计和验算。同时也需要考虑桩的制作和运输条件的可能性，以及沉桩设备的能力是否能顺利沉到预定深度。桩的截面尺寸与桩长相适应，并根据计算确定，一方面考虑桩身强度的要求，另一方面考虑桩侧摩阻力和桩端阻力的要求。

3. 确定单桩承载力特征值

单桩承载力特征值有水平承载力和竖向承载力之分。多数情况下桩基础进行的是竖向荷载下的承载验算，需确定单桩的竖向承载力特征值，可按试验方法或经验估算确定。

4. 桩基布置方案

首先确定桩数，在此基础上根据一定的间距进行桩基的平面布置。

（1）桩数确定

1）在轴心竖向力作用下最少桩数为：

$$n = \frac{F_k + G_k}{R_a} \tag{5-109}$$

式中 F_k——相应于作用的标准组合时,作用于桩基承台顶面的竖向力(kN);
G_k——桩基承台自重及承台上土自重的标准值(kN);
R_a——单桩水平承载力特征值;
n——桩基中的桩数。

2) 在偏心竖向力作用下桩基中各桩受力不均,故桩数应适当增加,最小桩数为:

$$n = \mu \frac{F_k + G_k}{R_a} \tag{5-110}$$

式中 μ——系数,一般取 1.1~1.2。

(2) 桩的间距及平面布置

根据桩基础中的群桩效应分析,桩距对桩基的受力影响很大,应尽可能地使各桩受力均匀,以充分发挥单桩的承载力,一般情况下桩距可按桩径的 3~4 倍选取,桩的排列可采用行列式或梅花式,如图 5-53 所示。

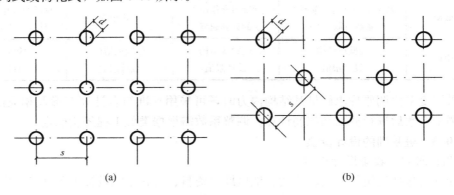

图 5-53 桩基础的平面布置
(a) 行列式;(b) 梅花式

5. 桩基础验算

桩基础验算包括单桩荷载计算、基桩承载力验算、软弱下卧层验算和基桩沉降验算。在进行验算之前需要确定基桩的受力,然后在此基础上方能展开相应的计算。

(1) 单桩荷载计算

1) 竖向荷载作用

① 轴心竖向力作用下:

$$Q_k \leqslant R_a \tag{5-111}$$

式中 R_a——单桩竖向承载力特征值(kN)。

② 偏心竖向力作用下,除满足式(5-113)外,尚应满足下列要求:

$$Q_{ik\max} \leqslant 1.2 R_a \tag{5-112}$$

2) 水平荷载作用:

$$H_{ik} \leqslant R_{Ha} \tag{5-113}$$

式中 R_{Ha}——单桩水平承载力特征值(kN)。

(2) 基桩承载力验算

可参考 5.4 节和 5.6 节。

(3) 软弱下卧层验算

可参考前述 5.8.4 节的内容。

(4) 基桩沉降验算

可参考前述 5.8.5 节的内容。

6. 承台的设计验算

可参考前述 5.9 节内容。

7. 桩的设计与计算

桩的设计与计算，除按强度提供可靠的承载力以外，还需满足其在搬运、堆积、吊立以及打入过程中的受力要求。显然钢筋混凝土灌注桩只在使用阶段进行结构强度设计即可，不用考虑运输和施工环节的强度验算。但钢筋混凝土预制桩的情况就有所不同，必须考虑运输施工时桩身受力是否超限。

(1) 预制桩调运验算

吊点位置和数量根据桩长的情况可能是变化的。一般情况下，单节桩长在 17m 以内可采用两点吊，18～30m 的可采用 3 点吊，30m 以上的应用 4 点吊。当吊点少于或等于 3 个时，其位置应按正负弯矩相等的原则计算确定，当吊点多于 3 个时，其位置应按反力相等的原则计算确定。常用几种吊点合理位置如图 5-54 所示。

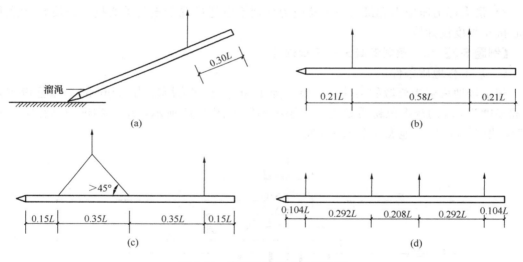

图 5-54 常用几种吊点合理位置
(a) 单点吊；(b) 两点吊；(c) 三点吊；(d) 四点吊

(2) 打入验算

当采用锤击法将预制桩打入地基土中时，在桩身中会产生冲击应力。冲击应力包括锤击拉应力与锤击压应力，必须保证其大小不超过材料强度的设计值

对于裂缝控制等级为一级、二级的混凝土预制桩、预应力混凝土管桩，可按下列规定验算桩身的锤击压应力和锤击拉应力：

1) 最大锤击压应力 σ_p 可按下式计算：

$$\sigma_p = \frac{\alpha\sqrt{2eE\gamma_p H}}{\left[1+\dfrac{A_c}{A_H}\sqrt{\dfrac{E_c\gamma_c}{E_H\gamma_H}}\right]\left[1+\dfrac{A}{A_c}\sqrt{\dfrac{E\gamma_p}{E_c\gamma_c}}\right]} \quad (5\text{-}114)$$

式中 　　σ_p——桩的最大锤击压应力；

　　　　α——锤型系数；自由落锤取 1.0；柴油锤取 1.4；

　　　　e——锤击效率系数；自由落锤为 0.6；柴油锤取 0.8；

A_H、A_c、A——分别为锤、桩垫、桩的实际断面面积；

E_H、E_c、E——分别为锤、桩垫、桩的纵向弹性模量；

γ_H、γ_c、γ_p——分别为锤、桩垫、桩的重度；

　　　　H——锤落距。

2）当桩需穿越软土层或桩存在变截面时，可按表 5-23 确定桩身的最大锤击拉应力。

最大锤击拉应力 σ_t 建议值（kPa）　　　　　　表 5-23

应力类别	桩类	建议值	出现部位
桩轴向拉应力值	预应力混凝土管桩	$(0.33\sim 0.5)\sigma_p$	① 桩刚穿越软土层时；
	混凝土及预应力混凝土桩	$(0.25\sim 0.33)\sigma_p$	② 距桩尖 $(0.5\sim 0.7)l$ 处
桩截面环向拉应力或侧向拉应力	预应力混凝土管桩	$0.25\sigma_p$	最大锤击压应力相应的截面
	混凝土及预应力混凝土桩（侧向）	$(0.22\sim 0.25)\sigma_p$	

3）最大锤击压应力和最大锤击拉应力分别不应超过混凝土的轴心抗压强度设计值和轴心抗拉强度设计值。

【例题 5-5】柱下预制混凝土桩基础设计

（一）工程地质条件

建筑场地表层为松散的杂填土，厚度为 1.8m。下部为厚度为 6.0m 的灰绿色粉质黏土和厚度为 3m 的灰褐色粉质黏土。地层剖面图如图 5-55 所示，土的物理力学指标见表 5-24，地下水位位于地表以下 1.8m 处。

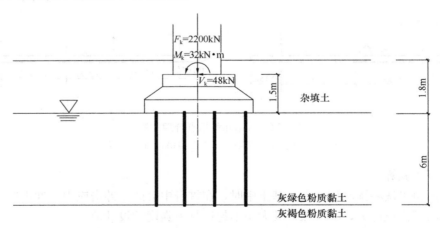

图 5-55　例题 5-5 地层剖面图

（二）桩基础设计资料

由上部结构传至柱基础的荷载标准为：轴力 $F_k=2200$kN，弯矩 $M_k=32$kN·m，剪力 $V_k=48$kN，承台底面埋深 $D=1.8$m。

根据地质条件，采用预制钢筋混凝土桩，以灰褐色粉质黏土为桩端持力层，桩长为

7.5m，桩尖进入灰褐色粉质黏土 1.5m，桩截面尺寸为 350mm×350mm。桩身材料：混凝土为 C30，f_c=14.3MPa；钢筋：Ⅰ级钢筋，4Φ22，$f_y=f'_y$=210MPa。承台采用 C20 混凝土，f_c=9.6MPa，f_t=1.10MPa。根据桩荷载试验确定单桩竖向极限承载力 Q_u=500kN。

土的物理力学指标　　　　　　　　　表 5-24

土层名称	厚度 (m)	含水量 w (%)	天然重度 γ (kN/m³)	孔隙比 e	液限 w_L (%)	塑限 w_P (%)	内摩擦角 φ (°)	黏聚力 c (kPa)	压缩模量 E_s (MPa)	承载力特征值 f_a (MPa)
杂填土	1.8		18							
灰绿色粉质黏土	6	28	19	0.80			14	30	7.4	140
灰褐色粉质黏土	1.5	29	19.5	0.83			15	38	7.0	200

（三）确定单桩竖向承载力

1. 根据桩身材料确定（φ=1.0，φ_c=0.75）

$$R = \varphi_c f_c A_p + \varphi f'_y A_s = 0.75 \times 14.3 \times 350^2 + 1.0 \times 210 \times 4 \times \pi \times 11^2 = 1633\text{kN}$$

2. 根据静载试验确定

已知 Q_u，取安全系数为 2，可计算单桩承载力特征值：

$$R_a = \frac{Q_u}{2} = \frac{500}{2} = 250\text{kN}$$

根据以上 1 和 2 的计算结果，取单桩竖向承载力特征值 R_a=250kN。

（四）确定桩数和桩的布置

取承台及上部土的平均重度取 γ_G=20kN/m³，初取承台尺寸为 2m×3m，则桩根数为

$$n = 1.1 \times \frac{F+G}{R_a} = 1.1 \times \frac{2200 + 2 \times 3 \times 1.8 \times 20}{250} = 10.63，取 n = 12 根$$

桩距 $s = (3\sim 4)d = 1.05\sim 1.4\text{m}$，取 $s = 1.2\text{m}$

最终确定承台尺寸：

长边 $a = 3 \times 1.2 + 2 \times 0.35 = 4.3\text{m}$
短边 $b = 2 \times 1.2 + 2 \times 0.35 = 3.1\text{m}$

承台平面尺寸及桩的布置如图 5-56 所示。

（五）验算群桩中单桩受力

单桩受平均竖向作用力：

$$Q_k = \frac{F+G}{n} = \frac{2200 + 4.3 \times 3.1 \times 1.8 \times 20}{12}$$

$= 223\text{kN} < R_a = 250\text{kN}$

单桩所受最大作用力和最小作用力：

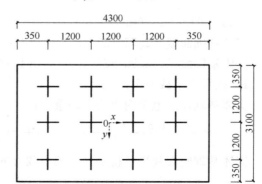

图 5-56　承台平面尺寸及桩的布置

$$Q_{kmin}^{max} = Q_k \pm \frac{(M_k + V_k h)x_{max}}{\sum x_i^2}$$

$$= 223 \pm \frac{(32+48\times1.5)\times1.8}{6\times(1.8^2+0.6^2)}$$

$$= \begin{cases} 231.67\text{kN} < 1.2R_a = 300\text{kN} \\ 214.33\text{kN} > 0 \end{cases}$$

从结果可知，均满足要求。

（六）群桩承载力及沉降验算

1. 群桩承载力验算

基础实体计算图形如图 5-57 所示。

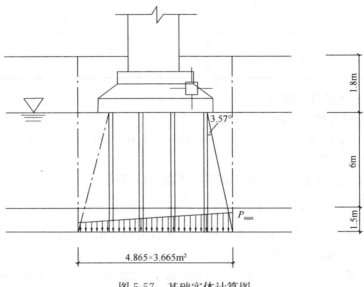

图 5-57 基础实体计算图

桩土穿过土层的内摩擦角均为 14°。故 $\alpha = \frac{\varphi}{4} = 3.5°$，$\tan 3.5° = 0.061$，边桩外围之间的尺寸为 $3.95\text{m} \times 2.75\text{m}$。

实体基础面宽：$2.75 + 2\times7.5\times0.061 = 3.665\text{m}$

实体基础面长：$3.95 + 2\times7.5\times0.061 = 4.865\text{m}$

1) 桩端土承载力设计值：

实体基础埋深范围内土的平均重度：

$$\gamma_0 = \frac{18\times1.8 + 9\times6 + 9.5\times1.5}{9.3} = 10.8\text{kN/m}^3 \text{（地面水位以下取浮重度）}$$

实体基础底面灰褐色粉质黏土的承载力进行修正：

$$f_{ak} = f_a + \eta_b\gamma(b-3) + \eta_d\gamma_0(d-0.5)$$
$$= 200 + 0.3\times9.5\times(3.665-3) + 1.5\times10.8\times(9.3-0.5)$$
$$= 344\text{kPa}$$

取承台、桩、土的混合重度为 20kN/m^3，地下水位以下按 10kN/m^3，则实体基础自重为：
$$G = 4.865 \times 3.665 \times (1.8 \times 20 + 7.5 \times 10) = 1979 \text{kN}$$

2) 实体基础底面压力：

(1) 仅有轴力时
$$p_0 = \frac{F_k + G}{A} = \frac{2200 + 1979}{3.665 \times 4.865} = 234.4 \text{kN}$$

(2) 轴力和弯矩同时作用时
$$p_{\max} = \frac{F + G}{A} + \frac{M}{W}$$
$$= 234.4 + \frac{32 + 48 \times 1.5}{\frac{3.665 \times 4.865^2}{6}}$$
$$= 241.6 \text{kPa} < 1.2 f_{ak} = 1.2 \times 344 = 412.8 \text{kPa}$$

2. 群桩沉降验算

最终沉降量宜按单向压缩分层总和法计算，计算图形如图 5-58 所示。公式 (5-70) 中引入平均附加应力系数，可变为

$$s = \psi_{ps} s' = \psi_{ps} \sum_{i=1}^{n} \frac{p_0}{E_{si}} (z_i \bar{\alpha}_i - z_{i-1} \bar{\alpha}_{i-1})$$

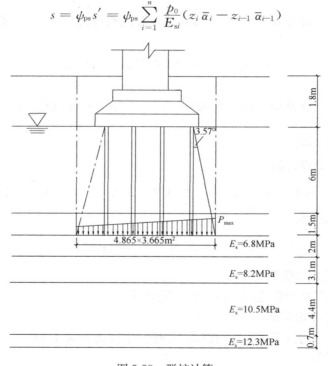

图 5-58 群桩计算

取桩端平面处的平均压力 $p = 234.4 \text{kPa}$；桩端平面处的自重压力为 $p_c = 1.8 \times 18 + 6 \times 9 + 1.5 \times 9.5 = 100.7 \text{kPa}$，则桩端平面处土的附加压力为 $p_0 = p - p_c = 234.4 - 100.7 = 133.7 \text{kPa}$。

各土层的沉降按 $\Delta s_i = \frac{p_0}{E_{si}} (z_i \bar{\alpha}_i - z_{i-1} \bar{\alpha}_{i-1})$ 计算，$\bar{\alpha}_i$ 可通过查平均附加应力系数表获得，计算结果见表 5-25。

沉降计算表　　　　　　　　　表5-25

i	z_i (m)	$\dfrac{a}{b}=\dfrac{4.865}{3.665}=1.33$				E_{si} (MPa)	$\dfrac{p_0}{E_{si}}$	Δs_i
		z_i/b	$\bar{\alpha}_i$	$z_i\bar{\alpha}$	$z_i\bar{\alpha}_i - z_{i-1}\bar{\alpha}_{i-1}$			
0	0	0	1.000	0	0			
1	2.0	0.55	0.902	1.804	1.804	6.8	0.02	0.03608
2	5.1	1.39	0.641	3.2691	1.4651	8.2	0.0163	0.0238811
3	9.5	2.59	0.400	3.8	0.5309	10.5	0.0127	0.0067424
4	10.2	2.78	0.376	3.8352	0.0352	12.3	0.0108	0.0003802

累加后，可得

$$s' = \sum_{i=1}^{4} \Delta s_i = 0.0670837 \text{m}$$

其中，$\dfrac{\Delta s_4}{s} = \dfrac{0.0003802}{0.0670837} = 0.0057 < 0.025$，满足压缩层下限要求，计算深度取值合乎要求。

由 $\bar{E}_s = \dfrac{\sum A_i}{\sum \dfrac{A_i}{E_i}} = 8.4 \text{MPa}$，根据表5-18可取沉降经验系数 $\psi_{ps} = 0.5$，则最终沉降量为：

$$s = 0.5 \times 0.0670837 \times 1000 = 34 \text{mm}$$

（七）承台设计

承台需要分别进行冲切、抗剪及抗弯验算。按照永久荷载效应控制的基本组合，则 $S = 1.35 S_k$。

1. 单桩净反力计算

单桩最大净反力设计值：

$$Q'_{i,\text{kmax}} = 1.35 \times \left[228.7 - \dfrac{1}{12}(4.3 \times 3.1 \times 1.8 \times 18)\right] = 260 \text{kN}$$

单桩净反力平均值：

$$Q'_{i,k} = 1.35 \times \dfrac{2200}{12} = 247 \text{kN}$$

2. 柱对承台的冲切验算

锥形承台均位于冲切角范围之内，故不做验算。

3. 桩对承台的冲切验算

受力最大的边桩均位于承台冲切锥体范围内，因此也无需验算。

4. 承台抗剪验算

（1）Ⅰ-Ⅰ截面承台抗剪验算：

边排桩中单桩最大净反力设计值 $Q'_{\text{kmax}} = 260 \text{kN}$。按3根桩进行计算，剪切力为 $V = 3Q'_{\text{kmax}} = 780 \text{kN}$

对于锥形承台，根据式（5-107）可计算出折算宽度，对应抗剪截面尺寸为

$$b_{y0} = 2.65 \text{m}, h_0 = 1.0 \text{m}$$

则斜截面受压区混凝土的抗剪强度为：

$$\beta_{hs}\beta f_t b_0 h_0 = 0.95 \times 0.95 \times 1.1 \times 2650 \times 1000 = 2630 \text{kN} > V, 满足要求。$$

（2）Ⅱ-Ⅱ截面承台抗剪验算：

边排桩中单桩最大净反力设计值 $Q'_k = 247 \text{kN}$。按 4 根桩进行计算，剪切力为 $V = 4Q'_k = 988 \text{kN}$。

结合式（5-108），该方向抗剪截面尺寸为

$$b_{x0} = 3.36 \text{m}, h_0 = 1.0 \text{m}$$

则斜截面受压区混凝土的抗剪强度为：

$$\beta_{hs}\beta f_t b_0 h_0 = 0.95 \times 0.89 \times 1.1 \times 3360 \times 1000 = 31111 \text{kN} > V, 满足要求。$$

5. 承台受弯及配筋验算

Ⅰ-Ⅰ截面：

$$M_x = \sum N_i y_i = 3 \times 260 \times (1.975 - 0.35) = 643.5 \text{kN} \cdot \text{m}$$

$$A_s = \frac{M_x}{0.9 f_y h_0} = \frac{643.5 \times 10^6}{0.9 \times 210 \times 1000} = 3405 \text{mm}^2$$

选用 12Φ20，$A_s = 3770 \text{mm}^2$，沿平行 y 轴方向布置

Ⅱ-Ⅱ截面：

$$M_y = \sum N_i x_i = 4 \times 247 \times (0.825 - 0.35) = 469.3 \text{kN} \cdot \text{m}$$

$$A_s = \frac{M_x}{0.9 f_y h_0} = \frac{469.3 \times 10^6}{0.9 \times 210 \times 1000} = 2483 \text{mm}^2$$

选用 8Φ20，$A_s = 2513 \text{mm}^2$，沿平行 x 轴方向布置。

5.11 基 桩 检 测

1. 一般规定

基桩检测可分为试验桩检测和工程桩检测。试验桩检测是施工前为设计提供依据。工程桩检测是施工后为验收提供依据。基桩检测应根据检测目的、检测方法的适应性、桩基的设计条件、成桩工艺等，按表 5-26 合理选择检测方法。必要时可通过两种或两种以上检测方法的相互补充、验证，有效提高基桩检测结果判定的可靠性。

检测目的及检测方法   表 5-26

检 测 目 的	检测方法
确定单桩竖向抗压极限承载力； 判定竖向抗压承载力是否满足设计要求； 通过桩身应变、位移测试，测定桩侧、桩端阻力，验证高应变法的单桩竖向抗压承载力检测结果	单桩竖向抗压静载试验
确定单桩竖向抗拔极限承载力； 判定竖向抗拔承载力是否满足设计要求； 通过桩身应变、位移测试，测定桩的抗拔侧阻力	单桩竖向抗拔静载试验
确定单桩水平临界荷载和极限承载力，推定土抗力参数； 判定水平承载力或水平位移是否满足设计要求； 通过桩身应变、位移测试，测定桩身弯矩	单桩水平静载试验

续表

检 测 目 的	检测方法
检测灌注桩桩长、桩身混凝土强度、桩底沉渣厚度，判定或鉴别桩端持力层岩土性状，判定桩身完整性类别	钻芯法
检测桩身缺陷及其位置，判定桩身完整性类别	低应变法
判定单桩竖向抗压承载力是否满足设计要求； 检测桩身缺陷及其位置，判定桩身完整性类别； 分析桩侧和桩端土阻力； 进行打桩过程监控	高应变法
检测灌注桩桩身缺陷及其位置，判定桩身完整性类别	声波透射法

当设计有要求或下列情况之一时，施工前应进行试验桩检测并确定单桩极限承载力：①设计等级为甲级；②无相关试桩资料，可参考设计等级为乙级的桩基；③地基条件复杂、基桩施工质量可靠性低；④本地区采用的新桩型或采用新工艺成桩的桩基。

施工完成后的工程桩应进行单桩承载力和桩身完整性检测。桩身完整性检测结果评价，应给出每根受检桩的桩身完整性类别。桩身完整性分类应符合表 5-27 的规定。

桩身完整性分类表 表 5-27

桩身完整性类别	分 类 原 则
Ⅰ类桩	桩身完整
Ⅱ类桩	桩身有轻微缺陷，不会影响桩身结构承载力的正常发挥
Ⅲ类桩	桩身有明显缺陷，对桩身结构承载力有影响
Ⅳ类桩	桩身存在严重缺陷

2. 钻芯法

钻芯法是用钻机取样，检测桩长、桩身缺陷、桩底沉渣厚度以及桩身混凝土的强度，判定或鉴别桩端岩土性状的方法。此方法是检测钻（冲）孔、人工挖孔等现浇混凝土灌注桩的成桩质量的一种有效手段，不受场地条件的限制，特别适用于大直径混凝土灌注桩的成桩质量检测。钻芯法检测的主要目的有四个：①检测桩身混凝土质量情况，如桩身混凝土胶结状况，有无气孔、松散或断桩等，桩身混凝土强度是否符合设计要求；②桩底沉渣厚度是否符合设计或规范的要求；③桩端持力层的岩土性状（强度）和厚度是否符合设计或规范要求；④施工记录桩长是否真实。受检桩长径比较大时，成孔的垂直度和钻芯孔的垂直度很难控制，钻芯孔容易偏离桩身，故要求受检桩桩径不宜小于 800mm，长径比不宜大于 30。

每根受检桩的钻芯孔数和钻孔位置，应符合下列规定：①桩径小于 1.2m 的桩的钻孔数量可为 1～2 个孔，桩径为 1.2～1.6m 的桩的钻孔数量宜为 2 个孔，桩径大于 1.6m 的桩的钻孔数量宜为 3 个孔；②当钻芯孔为 1 个时，宜在距桩中心 10～15cm 的位置开孔；当钻芯孔为 2 个或 2 个以上时，开孔位置宜在距桩中心 0.15～0.25d（d 为桩的直径）范围内均匀对称布置；③对桩端持力层的钻探，每根受检桩不应少于 1 个孔。当选择钻芯法对桩身质量、桩底沉渣、桩端持力层进行验证检测时，受检桩的钻芯孔数可为1孔。

混凝土芯样试件的抗压强度应按下式计算：

$$f_{cor} = \frac{4P}{\pi d^2} \tag{5-115}$$

式中　f_{cor}——混凝土芯样试件的抗压强度；
　　　P——芯样试件抗压强度试验测得的荷载；
　　　d——芯样试件的平均直径。

3. 低应变法

低应变法是采用低能量瞬态或稳态方式在桩顶激振，实测桩顶部的速度时程曲线，或在实测桩顶部的速度时程曲线的同时，实测桩顶部的力时程曲线，通过波动理论的时域分析或频域分析，对桩身完整性进行判定的检测方法。

该方法适用于检测混凝土桩的桩身完整性，判定桩身缺陷的程度及位置。桩的有效检测桩长范围应通过现场试验确定。对桩身截面多变且变化幅度较大的灌注桩，应采用其他方法辅助验证低应变法检测的有效性。

4. 高应变法

高应变法是用重锤冲击桩顶，实测桩顶附近或桩顶部的速度时程和力时程曲线，通过波动理论分析，对单桩竖向抗压承载力和桩身完整性进行判定的检测方法。

该方法适用于检测基桩的竖向抗压承载力和桩身完整性；监测预制桩打入时的桩身应力和锤击能量传递比，为选择沉桩工艺参数及桩长提供依据。对于大直径扩底桩和预估Q-s曲线具有缓变型特征的大直径灌注桩，不宜采用本方法进行竖向抗压承载力检测。

检测前的准备工作，应符合下列规定：①应根据本地区经验，合理安排复打时间，确定承载力的时间效应；②桩顶面应平整，桩顶高度应满足锤击装置的要求，桩锤重心应与桩顶对中，锤击装置架立应垂直；③桩头顶部应设置桩垫，桩垫可采用10～30mm厚的木板或胶合板等材料。

5. 声波透射法

声波透射法是在预埋声测管之间发射并接收声波，通过实测声波在混凝土介质中传播的声时、频率和波幅衰减等声学参数的相对变化，对桩身完整性进行检测的方法。

该方法适用于混凝土灌注桩的桩身完整性检测，判定桩身缺陷的位置、范围和程度。对于桩径小于0.6m的桩，不宜采用本方法进行桩身完整性检测。当出现下列情况之一时，不得采用本方法对整桩的桩身完整性进行评定：①声测管未沿桩身通长配置；②声测管堵塞导致检测数据不全；③声测管埋设数量不符合规定的。

习　题

5.1　桩基具有什么优点？

5.2　桩的体型有什么特点？

5.3　桩基的应用场合有哪些？

5.4　除了竖直桩，为什么还有倾斜桩？

5.5　低承台桩和高承台桩有什么区别？

5.6　桩的分类依据有哪些？

5.7 素混凝土桩在制作过程中，可能遇到哪些问题？
5.8 预制桩和灌注桩各有什么优缺点？
5.9 钢桩有什么优点？在使用中应注意什么问题？
5.10 应用组合材料桩的原因是什么？
5.11 采取锤击法打桩时可能遇到的问题有哪些？
5.12 静压法打桩适用于哪类地基？
5.13 振沉法打桩适用于什么地基？原因是什么？
5.14 钻孔灌注桩为什么要用泥浆护壁钢套管护壁？
5.15 人工挖孔灌注桩的优缺点是什么？
5.16 沉管灌注桩的施工工艺分为哪几类？
5.17 摩擦桩和端承桩的受力形式有什么区别？
5.18 嵌岩桩在工程应用中需要考虑什么问题？
5.19 地基土向竖向抗压桩提供的抗力有哪几部分？
5.20 桩侧土的沉降有什么规律？
5.21 在竖向荷载作用下，单桩之间相互作用的桩侧和桩端阻力有什么特点？
5.22 影响单桩竖向传载的因素有哪些？
5.23 影响桩侧和桩端阻力的影响因素分别有哪些？
5.24 桩端的破坏模式有哪几种？
5.25 单桩竖向承载力的确定方法有哪些？
5.26 单桩的抗拔承载力如何确定？
5.27 桩侧出现负摩阻力的原因是什么？
5.28 哪些情况下桩侧可能出现负摩阻力？为什么？
5.29 负摩擦桩所受桩侧摩擦力的分布规律是什么？
5.30 负摩擦桩中性点位置在哪？它的参考意义是什么？
5.31 影响中性点深度的因素有哪些？
5.32 桩身负摩阻力如何计算？
5.33 影响单桩承载力的因素有哪些？
5.34 在水平荷载作用下，按受力特点可将桩分为刚性桩和弹性桩，两者有何受力特点？
5.35 弹性桩水平承载力试验中，判断桩基失效的标志是什么？
5.36 单桩水平承载力确定内力位移分析的方法有哪些？
5.37 什么是群桩效应？主要体现在哪两个方面？
5.38 什么情况下需要考虑群桩效应？
5.39 群桩破坏模式有哪几种？
5.40 影响群桩效应的因素有哪些？
5.41 复合桩基和非复合桩基的基桩受力有什么不同？
5.42 桩基的承台分为哪几类？
5.43 群桩承载力验算中，如何体现承台对承载力的影响？
5.44 承台平面形式和竖向剖面形式有哪几种？

5.45 在承台的设计过程中，需要进行哪些验算？

5.46 桩基的设计等级分为哪几种？

5.47 按极限状态法设计桩基础时，需要区别哪几种？

5.48 桩基设计步骤有哪些？

5.49 计算桩基沉降的方法有哪几种？

5.50 现有一高层建筑，因地基土承载力不足，拟采用桩基础。经过工程地质勘探，已知建筑地基土层可分7层：表层土为厚度1.2m中密状态的人工填土；第2层为软塑粉质黏土，$I_L=0.80$，厚度2.5m；第3层为流塑粉质黏土，$I_L=1.20$，厚度2.1m；第4层为软塑粉质黏土，$I_L=0.85$，厚度3.0m；第5层为硬塑粉质黏土，$I_L=0.20$，厚度2.0m；第6层为密实的粗砂，厚度4m；第7层为微分化泥质页岩，厚度大于20m。桩的规格：混凝土预制桩，直径为500mm，桩长为14m，以第7层为桩端持力层，共计350根桩。试求该桩基础的单桩竖向承载力。

5.51 某综合大厦，地基土软弱，采用预制桩基础。地基各土层如下：表层为2m厚的人工填土；第二层为4m厚的淤泥质土，含水率$w=24\%$，$w_L=23.2\%$，$w_P=15.9\%$，孔隙比$e=1.3$；第三层为7~40m的中砂、中密状态。预制桩截面为300mm×300mm，桩长15m。试求单桩的总侧阻力标准值、总端阻力标准值和总极限阻力标准值。

5.52 某大型超市，采用横墙承重。作用在基础顶面的荷载为170kN/m。横墙长度为11.3m，墙厚37cm。地基土表层为中密杂填土，层厚2m，桩周土的摩擦力$q_{s1}=9$kPa；第二层土为淤泥，层厚1.8m，$q_{s2}=7.6$kPa；第三层为可塑粉土，层厚2.1m，$q_{s3}=24$kPa；第四层为硬塑粉质黏土，层厚8.4m，$q_{s4}=45$kPa，桩端土承载力标准值$q_p=2000$kPa。试设计横墙基础（桩长、桩截面、承台尺寸）。

5.53 某教学楼为独立基础，作用在基础顶面的竖向荷载设计值$F=1800$kN，弯矩设计值$M_y=400$kN·m。地基土表层为人工填土，层厚1.4m；第二层为软塑黏土，$I_L=0.9$，层厚为7.5m；第三层为可塑粉质黏土$I_L=0.52$，层厚8.5m。试设计此桩基础（桩截面、桩长、承台尺寸）。

5.54 某建筑结构的基础长7.2m，宽度3.6m，基底荷载为230kPa。地基土表层为中密人工填土，层厚1.2m；第二层为淤泥，$e=0.5$，层厚5.7m；第三层为粉土，$e=0.65$，层厚7.5m。试设计此桩基础（桩截面、桩长、承台尺寸）。

5.55 某职工宿舍楼，经岩土工程勘察，地基土如下：表层土为2.0m厚松散人工填土；第二层为3.8m厚可塑黏土，$I_L=0.51$；第三层为2.0m厚可塑粉质黏土，$I_L=0.72$；第二层为1.5m厚流塑粉质黏土，$I_L=1.2$；第五层为中密卵石，$N_{120}=7$，层厚2.3m。设计沉管灌注桩，直径500mm，桩端进入卵石层600mm，设计采用了桩承台，埋深2.0m。试计算单桩承载力特征值。

5.56 如图5-59所示，柱的矩形截面边长$b_c=420$mm及$h_c=560$mm，相应荷载效应标准组合作用于柱底（标高为-0.5m）的荷载为：$F_k=3000$kN，$M_k=150$kN·m（长边方向），$H_k=100$kN，拟采用混凝土基础，桩的方形截面为450mm×450mm，桩长12m，且已知单桩竖向承载力$R_a=550$kN，承台混凝土强度等级取C20，配置HRB335级钢筋，试设计该桩基础。

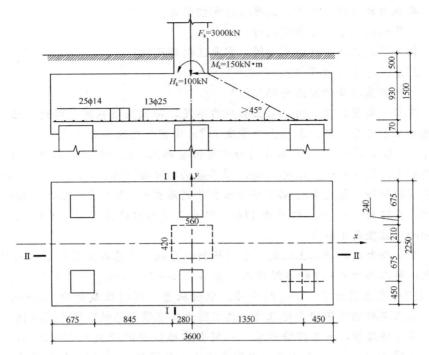

图 5-59 习题 5.56 图

第6章 沉井基础与墩基础

6.1 概　述

除桩基础以外，沉井基础与墩基础也是工程中常见的两种深基础类型。沉井是在井内挖土，依靠自身重力和外部压力克服井壁摩阻力，下沉到设计标高，然后经过混凝土封底并填塞井孔，使其成为桥梁墩台或其他结构物的基础。沉井的特点是断面尺寸大、埋置深，能够承受较大的垂直荷载和水平荷载，稳定性好、整体性强。沉井可以有两种用途：沉井的井筒在施工期间作为支撑四周土体的护壁，挡土、挡水；沉井基础可用于桥墩台、大型设备、高层或超高层建筑物的基础。沉井施工具有占地面积小、开挖不需要维护、挖土量较少等优点，除用作深基础以外，也可用于设计地下结构物，如地下油库、水池、泵房、矿用竖井等。沉井施工程序如图 6-1 所示。

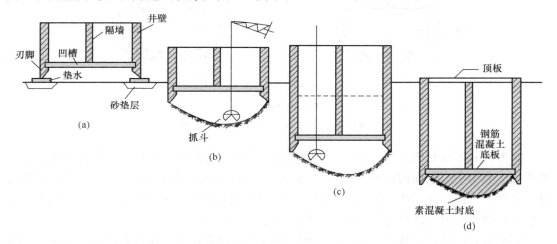

图 6-1　沉井施工程序示意图
(a) 浇筑井壁；(b) 挖土下沉；(c) 接高井壁，继续挖土下沉；
(d) 下沉到设计标高后，浇筑封底混凝土、底板和沉井顶板

墩基础与桩基础类似，都是利用机械或人工在地基中开挖成孔，然后灌注混凝土而形成的基础。但是与桩基础的成孔相比，墩基础的成孔要大一些。在实际工程中墩基础与桩基由于在外形和承载方式上存在共性，因此容易混淆。墩与桩的主要区别在于：

（1）通过体型观察，桩基础属于细长的入土构件，而墩的截面尺寸较大，粗而短，长细比一般较小；

（2）由于墩基础直径很大，一般不能采用打入法或压入法施工，而采用挖孔灌注法；

（3）墩基础不但有较高的竖向承载力，而且也可承担较大的水平荷载；

（4）墩的承载力比桩高，可以单独承载，而桩基础通常采用群桩工作的方式联合

承载；

（5）在较密实的砂层、卵石层地基中，打桩很困难，墩基础相比桩基础容易施工。

6.2 沉井的分类及构造形式

6.2.1 沉井的类型

1. 按沉井横截面形状分类

按沉井横截面形状可将沉井分为单孔沉井和多孔沉井。单孔沉井的形状一般可分为圆形、矩形和椭圆形等，如图6-2所示。

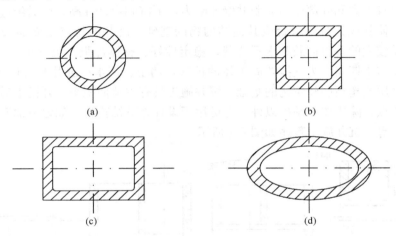

图6-2 单孔沉井
（a）圆形；（b）正方形；（c）矩形；（d）椭圆形

圆形沉井形状对称，承受四周土压力及水压力的性能较好；方形和矩形沉井在转角处易产生应力集中，断面内可能产生较大弯矩。因此，一般圆形沉井相对于方形和矩形沉井，厚度上可适当薄一些，但方形和矩形沉井制作相对简单。为兼顾两者优点，在实际工程中，可将矩形沉井转角处做得圆滑一些或采取椭圆形沉井。

多孔沉井按井孔排数不同可分为单排孔沉井和多排孔沉井。单排孔沉井是有两个或两个以上的井孔，按使用要求，单排孔沉井也可做成矩形、长圆形及组合形状，如图6-3所示。多排孔沉井，即在沉井内部设置数道纵横交叉的内隔墙，可增加沉井的整体刚度。设置纵横墙之后，便于分孔开挖，可有效控制各个井孔的挖孔进度，使沉井均匀下沉，以防止发生倾斜问题，如图6-4所示。

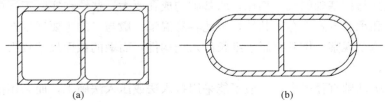

图6-3 单排孔沉井
（a）矩形单排孔沉井；（b）椭圆单排孔沉井

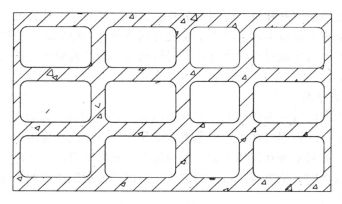

图 6-4 多排孔沉井

2. 按竖直截面分类

按竖直截面分为柱形沉井、阶梯形沉井和锥形沉井。

柱形沉井（图 6-5）形状对称，四周受土体约束条件一致，下沉过程中不易发生倾斜；但不足在于井壁外侧的摩擦阻力较大，当沉井平面尺寸小、下沉深度大且土较硬时，上部沉井易卡住，导致下部悬空，造成井壁拉裂。因此，柱形沉井一般适用于深度不大或土质松软的情况。阶梯形沉井（图 6-6）和锥形沉井（图 6-7）可做成上小下大的形式，这样即使土体坚硬密实时，也可有效减少土体的侧摩擦阻力，顺利下沉。阶梯形沉井的阶梯如设在内侧面，可以减少沉井下沉时四周土体对周围建筑物的破坏。

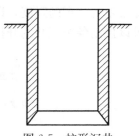

图 6-5 柱形沉井

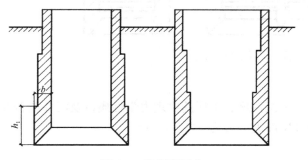

图 6-6 阶梯形沉井

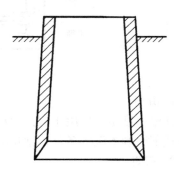

图 6-7 锥形沉井

3. 按制作材料分类

按制作材料不同可分为砖石沉井、素混凝土沉井和钢筋混凝土沉井。砖石沉井适用于小型沉井或临时性沉井，下沉深度不宜过大，一般为 4~5m。在房屋纠偏时，可在沉降小的一侧设置这类沉井，进行局部掏土或冲土，进而调整建筑物的倾斜程度；素混凝土沉井井身不加以配筋，但在底端的刃脚处需配置钢筋，以便切割土体，避免损伤井筒底部。沉井在下沉阶段主要承受拉力，因此素混凝土沉井易被拉裂，适用于下沉深度不大的松散土层；钢筋混凝土沉井由于下沉深度大、抗拉强度高，因此在大中型工程中应用最为广泛。

此外，还包括钢制沉井和竹筋混凝土沉井。钢制沉井的受力性能良好、施工方便，但造价比较高。为节省工程成本，混凝土中的受力钢筋可选用廉价的竹筋代替，形成竹筋混凝土沉井。在南方产竹之地可选用此沉井，但竹筋和钢筋的差异还是很大的，需结合沉井的受力状况来选取。

4. 按施工方法分类

按施工方法的不同可分为普通沉井和浮运沉井。普通沉井一般在基础设计的位置上，原地制作并使之下沉，可通过在沉井内挖土，依靠井壁自重或外部压力下沉。当沉井基础需设置在水中时，如果水深和流速不大，可通过人工筑岛的方式，在岛上挖土下沉。如果水较深和水流速较大时，则需采用浮运的方式，将沉井浮运到指定的下沉地点，通过预先搭好的井架定位下沉。

6.2.2 沉井的基本构造

沉井的基本构造一般包括井壁、刃脚、内隔墙、凹槽、封底及顶盖，其构造如图 6-8 所示。井壁决定了沉井的受力性能，井壁厚度必须满足受力要求。刃脚用于切割土体，因此必须有一定的强度，以避免沉井的破坏从刃脚开始发生。内隔墙用于区分沉井，一方面可以控制各个沉井的开挖进度，另一方面也可提高沉井的整体刚度。

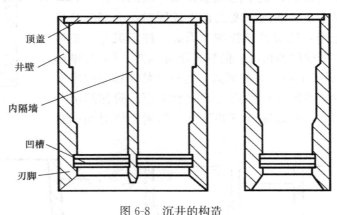

图 6-8 沉井的构造

1. 井壁

井壁厚度主要取决于沉井大小、下沉深度、土层的物理力学性质以及沉井能否在足够的自重下顺利下沉等条件，常见的井壁厚度一般为 0.4~1.2m。

2. 刃脚

刃脚为沉井井壁最下端的尖角部分，如图 6-9 所示。刃脚的作用是在沉井下沉时，切入土中。刃脚是沉井结构受力最集中的部分，必须有足够的强度，以免产生挠曲变形或被破坏。刃脚底平面称之为踏面，其宽度视所遇土层的软硬及井壁重量、厚度等而定，一般不大于 5cm。当刃脚需通过坚硬土层或到达岩层时，踏面宜用钢板或角钢保护。为利于切土下沉，刃脚的内侧面倾角应大于 45°，其高度的确定应考虑便于抽取刃脚下的垫木及挖土施工。

3. 内隔墙

内隔墙一般比井壁刃脚踏面高出 0.5~1.0m，以免土体顶住内墙而妨碍沉井下沉。内隔墙的一般厚度为 0.5m 左右，内隔墙间距一般要求不超过 5~6m。

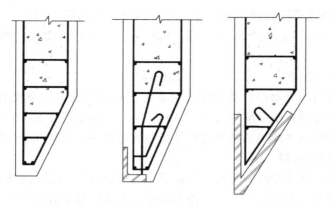

图 6-9 刃脚的构造

4. 凹槽

凹槽位于刃脚内侧上方，用于沉井封底时使井壁与封底混凝土连接在一起，以使封底底面反力更好地传递给井壁。凹槽高约 1m，深度一般为 15~30cm。

5. 封底

沉井下沉达到设计标高后，在其最下端刃脚踏面以上至凹槽处浇筑混凝土，形成封底。封底可防止地下水涌入井内。当封底混凝土达到设计强度后，在凹槽处尚需浇制钢筋混凝土底板。

6. 顶盖

沉井封底后，根据需要或条件许可，井孔内不需充填任何东西，在沉井顶部浇筑钢筋混凝土顶盖，以承托上部结构物。顶盖厚度一般为 1.5~2.0m。

6.3 沉井的设计与计算

沉井的设计内容主要包括沉井尺寸的确定、极限状态计算、地基承载力计算、下沉计算、抗浮计算以及沉井的内力计算。

6.3.1 沉井尺寸的确定

1) 沉井的高度

沉井底面标高，根据沉井的用途、荷载的大小，结合地基土层分布、性质和地基承载力确定。沉井顶面，一般要求埋入地面以下 0.2m，或在地下水位以上 0.5m。沉井的顶面与底面两者标高之差，即为沉井的高度。

2) 沉井的平面形状与尺寸

(1) 沉井的平面形状

沉井的平面形状应根据上部结构物的平面形状和使用要求确定。如沉井作为烟囱的基础，应采用圆形；沉井作为桥墩基础，则为椭圆形。当建筑物的平面面积不大时，用一个沉井；否则应用多排孔大型沉井，或用多个沉井组合。

(2) 沉井顶面尺寸

沉井顶面尺寸应比上部结构底面略大，以适应沉井下沉过程中可能发生的少量偏差。

假设 A_0、B_0 为上部建筑物底面长宽尺寸，h_0 为沉井下沉高度，则沉井顶面的尺寸为：$A=A_0+2(0.02\sim0.04)h_0$；而 $B=B_0+2(0.02\sim0.04)h_0$。而且，每边至少要留 20cm 的冗余尺寸。

(3) 沉井的井壁厚度

通常沉井井壁的厚度需由计算确定，主要参考强度要求和沉井受自重作用下沉的要求。一般大中型沉井的井壁厚度为 0.5~1.0m。对一些小型沉井如水泵房等，井壁厚度可用 0.3~0.4m。大型沉井内隔墙的厚度比外壁厚度可小些，通常 0.5m 左右即可。

6.3.2 极限状态计算

各类沉井构件在使用阶段均应按正常极限状态进行验算，除此之外，均应按承载力极限状态计算。各种形式的沉井均应进行作为深基础时的地基承载力验算、下沉验算、内力计算和抗震验算等。

1. 承载能力极限状态计算

(1) 沉井结构构件按承载力极限状态计算时，应满足下式要求：

$$\gamma_0 S \leqslant R \tag{6-1}$$

式中　γ_0——结构重要系数，沉井安全等级可取二级，重要性系数取 1.0；
　　　S——重要效应组合的设计值；
　　　R——结构构件抗力的设计值。

(2) 沉井按承载力极限状态进行强度计算时，作用效应的基本组合设计值按下列规定确定：

1) 强度计算的作用效应基本组合设计值应按下式计算：

$$S = \sum_{i=1}^{m} \gamma_{Gi} C_{Gi} G_{ik} + \gamma_{Q1} C_{Q1} Q_{1k} + \psi_c \sum_{j=2}^{n} \gamma_{Qj} C_{Qj} Q_{jk} \tag{6-2}$$

式中　γ_{Gi}——第 i 个永久荷载的分项系数；
　γ_{Q1}、γ_{Qj}——分别为第 1 个和第 j 个可变荷载的分项系数；
　　　G_{ik}——第 i 个永久荷载的标准值；
　　　Q_{1k}——第 1 个可变荷载的标准值，取地表水或地下水的作用作为第 1 个荷载；
　　　Q_{jk}——第 j 个可变荷载的标准值；
C_{Gi}、C_{Q1}、C_{Qj}——分别为第 i 个永久荷载、第 1 个可变荷载和第 j 个可变荷载的荷载效应系数；
　　　ψ_c——可变荷载的组合值系数，取 0.9。

2) 永久荷载分项系数按表 6-1 的规定采用。

永久荷载分项系数　　表 6-1

永久荷载类别	分项系数
结构自重	1.20；当对结构有利时取 1.00
沉井内水压	1.27；当对结构有利时取 1.00
沉井外水压	1.27；当对结构有利时取 1.00

3）可变荷载分项系数应按表 6-2 的规定采用。

可变荷载分项系数 表 6-2

可变荷载类别	分项系数
顶板和平台活荷载	1.40
地面活荷载	1.40
地下水压力	1.27
顶管的顶力	1.30
流水压力	1.40
融流冰块压力	1.40

4）强度计算的作用效应基本组合设计值，应根据沉井所处的环境及其工况取不同的作用项目。不同工况的项目组合可按表 6-3 确定。

不同工况的作用组合 表 6-3

项 目			作用项目							
			永久作用			可变作用				
			结构自重 $G1$	沉井内水压 $G2$	沉井外水压 $G3$	顶板活荷载 $Q2$	沉井外水压 $Q1$	顶管顶力 $Q3$	流水压力 $Q4$	融流冰压力 $Q5$
陆地沉井	施工期间	工作井	√	△	√		√	√		
		非工作井	√	△	√		√			
	使用期间	沉井内无水	√		√	√	√			
		沉井内有水	√	√	√	√				
江心沉井	施工期间	工作井	√	△	√		√	√		
		非工作井	√	△	√		√		√	
	使用期间	沉井内无水	√		√	√	√		√	√
		沉井内有水	√	√	√	√			√	√

注：1. 符号"√"表示排水下沉沉井的作用项目。
  2. 符号"△"表示带水下沉沉井的永久作用项目。

2. 正常使用极限验算

（1）沉井结构构件按正常使用极限状态设计时，应分别按作用效应的标准组合或准永久组合进行验算，结构构件的变形、抗裂度和裂缝宽度计算值应满足相应的规定限值。

当沉井结构构件处于轴心受拉或小偏心受拉时，应控制抗裂度，并取作用效应的标准组合，按照下列规定确定：

1）对正常使用极限状态验算，作用效应标准组合的设计值应按下式进行：

$$S_d = \sum_{i=1}^{m} C_{Gi}G_{ik} + C_{Q1}Q_{1k} + \psi_c \sum_{j=2}^{n} C_{Qj}Q_{jk} \qquad (6-3)$$

式中 S_d——作用效应组合设计值。

2) 标准组合应根据沉井所处的不同环境及其工况选取。

(2) 当沉井结构构件处于受弯、大偏心受压或大偏心受拉时,应控制裂缝宽度,并取作用效应的准永久组合,按下列规定确定:

1) 正常使用极限状态验算时,作用效应准永久组合的设计值应按下式计算:

$$S_d = \sum_{i=1}^{m} C_{Gi}G_{ik} + \sum_{j=1}^{n} C_{Qj}\psi_{qj}Q_{jk} \qquad (6-4)$$

式中 ψ_{qj}——第 j 个可变荷载的准永久值系数。

2) 准永久组合应根据沉井所处的环境及其工况选取不同的作用项目组合。

6.3.3 地基承载力计算

沉井作为深基础时,应对地基的承载力进行如下验算:

$$N_k + G_k \leqslant f_a A + L_p \sum f_{ki} h_i \qquad (6-5)$$

式中 N_k——沉井顶面作用的竖向荷载标准值,kN;
　　　G_k——沉井自重荷载的标准值,kN;
　　　A——沉井底部的支撑面积(m²);
　　　f_a——沉井底部承载力的特征值(kPa);
　　　L_p——沉井的周长(m);
　　　h_i——井侧第 i 土层的厚度(m);
　　　f_{ki}——井侧第 i 土层的极限侧阻力标准值(kPa)。

井壁外侧与土层间的单位摩阻力标准值 f_k,可根据土层类别按表 6-4 的规定选用。

单位摩阻力标准值 f_k(kPa)　　　　　　　表 6-4

土层类别	f_k	土层类别	f_k
流塑状态黏性土	10～15	砂性土	12～25
可塑、软塑状态黏性土	12～25	砂砾土	15～20
硬塑状态黏性土	25～50	卵石	18～30
泥浆套	3～5	—	—

6.3.4 下沉计算

为使沉井顺利下沉,在施工阶段必须满足沉井的自重以及附加压重之和大于相应的井壁摩擦阻力之和,可用下沉系数表示:

$$K_{st} = (G_{ik} - f_{w,k})/F_k \geqslant 1.05 \qquad (6-6)$$

式中 K_{st}——下沉系数;
　　　G_{ik}——沉井自重标准值(包括外加助沉重量的标准值)(kN);
　　　$f_{w,k}$——下沉过程中水的浮托力标准值(kN);
　　　F_k——井壁总摩阻力标准值(kN)。

如果下沉系数较大,或在下沉过程中遇到有软土层时,应根据实际情况进行沉井的下沉稳定验算,并满足下列公式要求:

$$k_{st,s} = 0.8 \sim 0.9$$

$$k_{\text{st,s}} = \frac{G_{ik} - f'_{\text{w,k}}}{F'_{\text{k}} + R_{\text{b}}} \tag{6-7}$$

式中 $k_{\text{st,s}}$ ——下沉稳定系数；

$f'_{\text{w,k}}$ ——验算状态下水的浮托力标准值（kN）；

F'_{k} ——验算状态下井壁总摩阻力标准值（kN）；

R_{b} ——沉井刃脚、隔墙和底梁下地基土的极限承载力之和（kN），当无极限承载力试验资料时，可按表 6-5 选用。

软弱土层极限承载力参考表（kPa）　　　　　　　表 6-5

土的种类	极限承载力
泥浆	60～70
淤泥	80～100
淤泥质黏土	10～120

6.3.5 沉井的内力计算

沉井无论是在使用阶段或施工阶段都受到水土压力。因此，井壁结构必须能够抵抗这些外力作用。井壁结构的内力计算应按在最不利的条件下进行，分析井壁和刃脚的内力，然后确定结构的尺寸及配筋。由于在沉井的下沉过程中，井身有可能被拉裂。因此，一般对于钢筋混凝土沉井，还应进行拉裂度验算，分为轴心受拉和小偏心受拉两种情况。

1. 对轴心受拉构件，应满足下式要求：

$$\frac{N_{\text{k}}}{A_{\text{n}} + \alpha_{\text{E}} A_{\text{s}}} \leqslant \alpha_{\text{ct}} f_{\text{tk}} \tag{6-8}$$

式中 N_{k} ——构件在作用效应标准组合下，计算截面上的纵向力（N）；

f_{tk} ——混凝土轴心抗拉强度标准值（N/mm²），按《混凝土结构设计规范》GB 50010—2010（2015 年版）的规定采用；

A_{n} ——混凝土净截面面积（mm²）；

A_{s} ——验算截面内纵向受拉钢筋的总截面面积（mm²）；

α_{E} ——钢筋弹性模量与混凝土弹性模量的比值；

α_{ct} ——混凝土拉应力限制系数，取 0.87。

2. 对小偏心受拉构件，应满足下式要求：

$$N_{\text{k}} \left(\frac{e_0}{\gamma W_0} + \frac{1}{A_0} \right) \leqslant \alpha_{\text{ct}} f_{\text{tk}} \tag{6-9}$$

式中 e_0 ——纵向拉力对截面重心的偏心距（mm）；

W_0 ——构件换算截面受拉边缘的弹性抵抗矩（mm³）；

A_0 ——构件换算截面面积（mm²）；

γ ——受拉区混凝土的塑形影响系数，按现行国家标准《混凝土结构设计规范》GB 50010—2010（2015 年版）的规定采用。

6.3.6 抗浮计算

沉井抗浮应按沉井封底和使用两个阶段，分别根据实际可能出现的最高水位进行验算，并满足下列公式的要求：

$$k_{fw} \geqslant 1.00 \text{（不计侧壁摩阻力）} \tag{6-10}$$

$$k_{fw} = \frac{G_{rk}}{F_{fw,k}^b} \tag{6-11}$$

式中　k_{fw}——沉井抗浮系数；

　　　$F_{fw,k}^b$——基底的水浮托力标准值（kN）。

当封底混凝土与底板间有拉结钢筋等可靠连接时，封底混凝土的自重可作为沉井抗浮重量的一部分。

6.4 沉井施工

6.4.1 沉井的施工方法分类

沉井作为深基础，在工程中应用比较广泛，它不仅可以用作高耸建筑物（构筑物）的承重基础、水中的桥墩基础，而且可以被直接用作地下建筑物或构筑物（包括地下厂房或地下仓库）。按照沉井的制作和下沉位置，沉井的施工方法可分为陆域沉井施工和水域沉井施工。

1. 陆域沉井的施工工序

（1）制作第一节沉井

施工时，先在场地上平整地面，铺设砂垫层，设置承垫木，再制作第一节沉井，如图 6-10 所示。

（2）抽垫木，挖土下沉

混凝土达到设计规定的强度后，抽掉刃脚下的垫木，井筒在自重作用下开始下沉。在井壁内挖土或者水力吸泥，边挖边排边下沉，如图 6-11 所示。

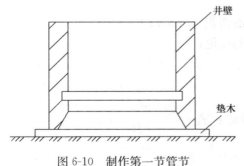

图 6-10　制作第一节管节

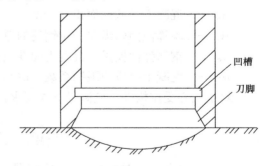

图 6-11　抽垫木，挖土下沉

（3）沉井接高下沉

当井筒较高时，可分节制作接高下沉，如图 6-12 所示。

（4）封底、浇筑钢筋混凝土底板

当井筒下沉到设计标高时，在刃脚下嵌入木块，防止过度下沉，随即用素混凝土封底，然后浇筑钢筋混凝土底板，如图 6-13 所示。

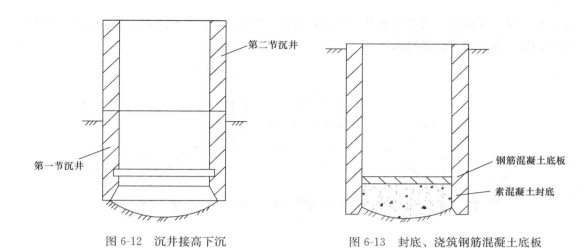

图 6-12 沉井接高下沉　　　　图 6-13 封底、浇筑钢筋混凝土底板

2. 陆域沉井的施工下沉方法

当场地内干燥少水且为小型沉井时，可采用排水下沉法。从沉井中间开始逐渐挖向四周，每层挖土厚 0.4～0.5m，在刃脚处留 1～1.5m 台阶，然后沿沉井壁每 2～3m 一段，向刃脚方向逐层全面、对称、均匀地开挖土层；每次挖去 5～10cm，当土层经不住刃脚的挤压而破裂，沉井便在自重作用下均匀破土下沉，挖土次序如图 6-14 所示。当沉井下沉很少或不不沉时，可再从中间向下挖 0.4～0.5m，并继续向四周均匀掏挖，使沉井平稳下沉。当在数个井孔内挖土时，为使其下沉均匀，孔格内挖土高差不得超过 1.0m。刃脚下部土方应边挖边清理。

3. 水域沉井的施工下沉方法

人工筑岛法施工：如沉井在浅水（水深小于 5m）地段下沉，可填筑人工岛制作沉井，岛面应高出施工期的最高水位 0.5m 以上，四周留出护道，其宽度要求是：当无围堰时不得小于 2.0m，如图 6-15（a）所示；当有围堰时不得小于 1.5m，如图 6-15（b）所示。筑岛材料应采用低压缩性的中砂、粗砂、砾石，不得用黏性土、细砂、撒泥、泥炭等，也不宜采用大块砾。当水深在 1.5m、流速在 0.5m/s 以内时，也可直接用土填筑，而不用设围堰。当水流超过表 6-6 中的数值时，需在边坡用草袋堆筑或用其他方法防护。水流进一步

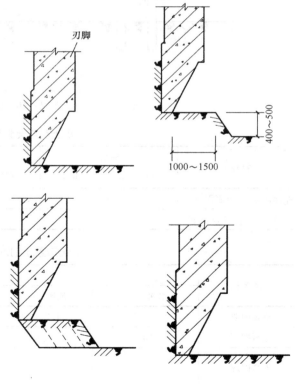

图 6-14 沉井下挖土方法

增大时,可设置围堰。常见围堰形式有草袋围堰、笼石围堰、木笼围堰、木板桩围堰和钢板桩围堰,其适用条件参见表6-7。

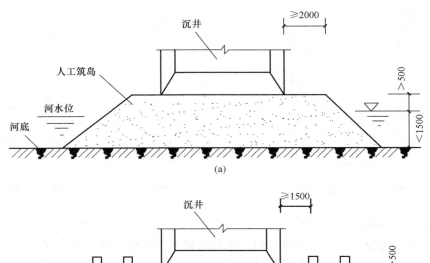

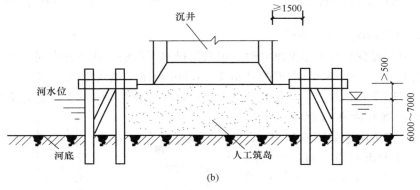

图 6-15 人工筑岛
(a) 无围堰的人工筑岛;(b) 有围堰的人工筑岛

筑岛土料与允许流速　　　　表6-6

土料种类		粗砂 (粒径 1.0~2.5mm)	中等砾石 (粒径 2.5~40mm)	粗砾石 (粒径 40~75mm)
允许流速 (m/s)	土表面流速	0.65	1.0	1.2
	平均流速	0.8	1.2	1.5

各种围堰的适用条件　　　　表6-7

围堰名称	适用条件		
	水深(m)	流速(m/s)	说　　明
草袋围堰	<3.5	1.2~2.0	淤泥质河床或沉陷系数较大的地层未经处理者,不宜使用
笼石围堰	<3.5	≤3.0	
木笼围堰	—	—	水深流急,河床坚实平坦,不能打桩;有较大流水,围堰外侧无法支撑时宜用
木板桩围堰	3.0~5.0	—	河床应是能打入板桩的地层
钢板桩围堰	—	—	能打入硬层,宜于做深水筑岛围堰

浮运沉井施工：多为矩形钢制多孔沉井。通常首先将预制好的沉井存放在船坞内，在施工时打开坞门，使船坞内外的水面平齐，然后通过气筒向封闭的井孔内打气，使其浮于水面上。通过拉船牵引，拖拽至指定下沉位置，并逐步将水式混凝土注入未打气的井孔内，使沉井缓缓下沉至水底。在下沉过程中，需要注意保持沉井的稳定，以免偏斜；一旦沉井接触水底土层，即可按陆域沉井的施工方法进行下一步施工。

6.4.2 沉井施工的常见问题

沉井常在软土地区或水域中进行施工，容易出现一些突发问题，特别对于大型沉井。如果事先不加以预防，那么一旦出现问题，就很难处理。

1. 突沉问题

在软土地区沉井施工时，可能会出现沉井快速、大幅下沉的问题，这必须加以防止，特别是当沉井下降接近设计标高时。突沉的主要原因在于井壁外侧的摩擦阻力较小。因此，当刃脚附近土体被挖除时，沉井受到的支撑削弱，易剧烈下沉。防止突沉的措施一般是通过控制井底挖土来实现的，在刃脚处挖土不宜过深。在设计时，沉井刃脚的踏面宽度应适当加宽或者在沉井下部设置底梁等。

2. 倾斜问题

伴随着突沉还会出现倾斜。造成倾斜的原因主要包括：井壁与刃脚的中心线不重合，存在偏差；作业场地的地面高低不平或土质软硬不均；下沉作业时，挖土未保持均匀对称；外荷载不对称或单侧受水流冲击等。沉井的倾斜控制应以预防为主，一旦发现倾斜，要及时处理。沉井纠偏的主要措施有：

挖土纠偏：沉井在入土较浅时，容易产生倾斜，但也比较容易纠正。纠正倾斜时，如系排水下沉的沉井，可在沉井刃脚高的一侧进行人工或机械出土，在刃脚低的一侧应保留较宽的土堤，或适当回填砂石；如系不排水下沉的沉井，一般可在靠近刃脚高的一侧吸泥或抓土，必要时可由潜水员配合在刃脚下出土。

压重纠偏：由于弃土堆在沉井一侧，或由于其他原因造成的沉井两侧有土压力差，使沉井产生偏斜。在沉井倾斜低的一侧回填砂或土，并进行夯实，使低侧的土压力大于沉井高侧的土压力，也可起到纠偏的作用。如在沉井高的一侧压重，最好使用钢锭或生铁块，这时沉井高的一侧刃脚下土的应力大于低的一侧刃脚下土的应力，使沉井高一侧的下沉量相对大些，也可起到纠正沉井倾斜的作用。

扳拉纠偏：如果沉井下沉深度较大，纠偏难以处理时，也可考虑通过钢缆绑在沉井下沉较多一侧的顶部，向下较少的一侧采取高压水枪冲土或在井壁底部灌注膨胀土，以减少该侧井壁所受的土体摩擦阻力；如果设计的沉井适用空气幕减阻法，可在沉降少的一侧向外壁注入空气，在井壁与土体之间形成空气幕，以降低井壁的摩擦阻力。

3. 难沉问题

在沉降作业的过程中，可能会遇到沉井无法下沉或下沉很慢的问题，主要原因通常在于井壁外侧的摩擦阻力太大或沉井刃脚部位遇到坚硬障碍物而阻止沉井下沉。对于刃脚下的块石，可通过人工排除或小型爆破排除。如果井壁外侧摩擦较大，可采取如下措施：增加压重法，如加高井筒；在沉井顶部加设重物；井内抽水减少浮力；减少井壁摩擦，主要通过在井壁与外侧土体之间灌注润滑剂；采取空气幕减阻法作业；利用高压水枪冲击掏土。

4. 流土问题

将沉井内土体开挖到地下水面以下时,在向上的渗流力作用下,当井底土体颗粒间的有效应力为零时,颗粒群将会发生悬浮和移动现象。流土问题的发生不仅与沉井内外的渗流力有关,同时还与土的颗粒级配、密度及透水性等条件相关,一般多发生在颗粒级配均匀的饱和细砂、粉砂和粉土层中。它的出现具有突发性,对工程危害极大。

由于作业现场条件已确定,因此在工程上解决流土问题的主要方法在于减小沉井内外侧的渗流力。控制渗流力的大小可以从两方面采取措施:①在井外采取降水措施,降低井外水位;②排水下沉法作业时,一旦发生流土可考虑向井内注水,采取不排水挖土措施。

6.5 墩基础的分类

如前所述,墩基础是通过在地基中开挖成孔,灌注混凝土而形成的短粗型深基础。从外形和承载机理上,墩基础与桩基础有类似之处,一般很难区分。但相对而言,墩基础的断面尺寸相对较大,墩身短,承载力高,可单独使用。目前,一般认为,墩的直径大于 0.8m,墩身长度不超过 20m,长径比不小于 30。由于体积巨大,墩基础的侧壁摩阻力往往是承载力的重要部分,不能忽视。

1. 按承载特性分类

墩可以按照墩的承载特性、形状、尺寸、施工方法和钢材分布情况分类。按照承载方向的不同,墩可以分为水平受力墩和竖向受力墩,如图 6-16 所示。墩的工作原理与桩类似。竖向受力墩又可分为摩擦墩和端承墩。

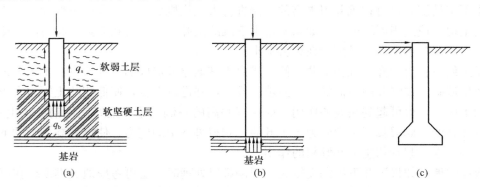

图 6-16 墩按承载特性分类
(a) 摩擦墩;(b) 端承墩;(c) 水平受力墩

2. 按墩身形状分类

墩的横截面多为圆形,而墩身轴向截面及墩底形式种类很多。

(1) 墩轴向截面形状

按墩沿轴向劈开,如果截面为矩形,则为柱形墩;截面为锥形,则为锥形墩;截面为齿形,则为齿形墩,如图 6-17 所示。

(2) 按墩底形状分类

为提高墩的承载力,通常可以在墩底扩大截面尺寸。墩底形状尺寸直接影响墩的承载

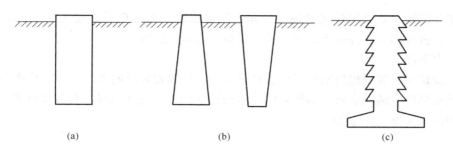

图 6-17 墩按竖向受力形式分类
(a) 柱形墩；(b) 锥形墩；(c) 齿形墩

力，也对墩底地基持力层的荷载分布有直接影响。通常有直底墩、扩底墩与嵌底墩等形式（图 6-18）。直底墩的墩身上下尺寸相同，常见于墩底为坚硬土（岩）层、墩承载力较易满足的情况。

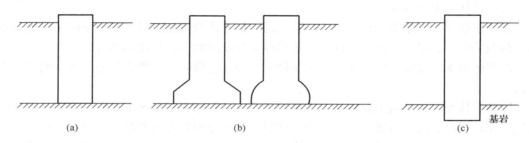

图 6-18 按墩底形式分类
(a) 直底墩；(b) 扩底墩；(c) 嵌底墩

3. 按施工方法分类

按墩的施工方法，考虑成孔、护壁和浇筑三个方面的不同，可进行以下分类：按成孔方法的不同，可分为钻孔墩、挖孔墩和冲孔墩三种；按护壁方式，墩的成孔与浇筑有时采取护壁，有时可以无护壁，对应分为护壁墩和无护壁墩；按钢材的类型及分布情况，可分为钢筋混凝土墩、钢套筒墩以及钢核墩三种（图 6-19）。

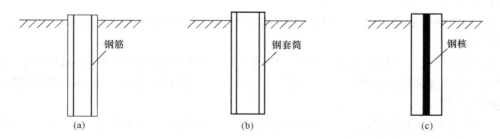

图 6-19 墩按钢材类型及分布情况分类
(a) 钢筋混凝土墩；(b) 钢套筒墩 (c) 钢核墩

墩一般是混凝土浇筑而成的，浇筑方式可以是干作业浇筑或水下浇筑。此外，在一些地区，也可用浆砌石或砖砌筑墩基础。

（1）干作业浇筑

干作业浇筑主要流程包括清理工作面、测量放线、绑扎钢筋、安装模板、浇筑混凝土、养护、拆卸模板、混凝土二次养护、成品验收和保护等。

（2）水下浇筑

水下浇筑主要流程包括墩台沉桩、桩顶凿除、桩顶安放纵向钢扁担、安放横向承重钢围檩、铺木格栅、铺设底板、制作侧模、吊筋螺栓调节至设计高程、安装底板钢抱箍、钢筋绑扎和浇筑水下混凝土等。

6.6 墩的设计与计算

墩的承载力主要包括竖向抗压承载力、抗拔承载力与水平承载力三种。墩的变形主要有墩的沉降与水平位移。

1. 墩基础的设计要求

（1）设计依据与原则

设计依据及原则主要指建筑物或构筑物的结构形式及特点、场地与地基的工程地质条件、荷载的类型、量级及组合条件、墩基承载力与沉降的设计控制准则等。

墩基础方案的确定，应在考虑上述条件并充分结合墩基础的特点与施工方法的基础上进行。

墩具有体型大、承载力高、刚度大等特点，这使得在很多情况下单墩工作或少数单墩共同工作，因而在墩位布置、墩承载力与变形计算等方面较群桩基础有简便性，同时每个墩承担的风险也比群桩基础中的一根桩大且集中。因此，墩基础的设计必须根据每根墩的具体条件而进行。

墩的工作性状与墩施工方法、工艺密切相关，因此墩的设计应结合墩的施工工艺及施工条件进行。在方案设计阶段，就应充分考虑每一根墩在具体土层条件、施工环境下可能出现的问题，并对应作出调整方案或补救措施。

（2）墩基础的设计步骤及内容

1）选择墩的类型。主要包括确定墩在具体荷载条件下的体型、成孔方法、护壁方法及钢材的布置类型等。

2）初定墩的基本尺寸。其内容主要包括墩的长度、断面尺寸、扩底形状及尺寸、护壁体尺寸等。

3）墩的承载力特征值与变形计算。包括验算在具体荷载类型及组合条件下按土体承载力与墩身强度确定的承载力是否满足稳定性要求，估算墩的沉降、水平位移等是否满足结构物变形要求。

4）墩基础本身的配筋、加筋材料的设计计算与墩身护壁结构设计，并绘制施工图。

（3）设计中的若干重要因素

影响墩基础设计的重要因素主要包括：

1）上部结构的复杂性及不均匀沉降的敏感程度。

2）特殊荷载的作用，如地震作用、墩上的负摩擦力和船舶的冲击力。

3）墩基施工对邻近建筑物及设施的不利影响。

4）现在及未来的环境因素对墩基性能与状态的不利影响，如水质对墩基的侵蚀与水流对墩基覆土的冲刷。

5）在复杂地质条件下中途改变设计方案的可能性及由此带来的其他工程问题。

6）墩基施工先进、便利技术的应用及墩基质量检测的便利性与可靠性。

2. 墩的竖向抗压承载力

与桩承载力确定方法类似，确定墩竖向抗压承载力可通过以下四种方法，即荷载试验法、经验公式法、理论公式法及墩身材料强度法。

(1) 载荷试验法

根据载荷试验的特点和墩基设计原则，确定墩的承载力通常有两种具体做法，即安全系数法和允许变形法。

1）安全系数法。根据墩的竖向荷载 Q 与沉降 s 的关系曲线特征，先确定出墩的极限承载力 Q_u，然后除以安全系数 K，得到承载力特征值 R_a，即

$$R_a = Q_u/K \tag{6-12}$$

式中　K——竖向承载力安全系数，一般取 2.0。

2）允许变形法。当按变形控制原则进行墩基础设计时，可在墩的荷载-沉降关系曲线 Q-s 上，按照某一允许值 $[s]$，选取相应的荷载作为墩的承载力特征值 R_a，即

$$R_a = Q_{s=[s]} \tag{6-13}$$

对直底墩，可取 $[s]=10\sim25$mm；对扩底墩，可取 $[s]=10\sim15$mm。

(2) 经验公式法

墩的承载力特征值 Q_a 的经验公式为

$$Q_a = A_b q_b + u_p \sum_{i=1}^{n} l_i q_{si} \tag{6-14}$$

式中　q_b——墩底土端阻力特征值（kPa）；

　　　A_b——墩底面积（m²）；

　　　u_p——墩身断面周长（m）；

　　　l_i——扩大墩端以上第 i 层土内墩长（m）；

　　　q_{si}——第 i 层土侧阻力特征值（kPa）；

　　　n——扩大墩端以上墩身内土层层数。

(3) 理论公式法

按土的极限平衡理论，墩的竖向极限承载力 Q_u 为

$$Q_u = Q_{bu} + Q_{su} \tag{6-15}$$

式中　Q_{bu}——墩底土极限承载力（kN）；

　　　Q_{su}——墩侧壁总极限摩阻力（kN）。

当墩底下为较硬密土层时，可按整体剪切破坏计算墩基础的极限承载力，即

$$Q_{bu} = A_b(cN_c^* + qN_q^* + \frac{1}{2}\gamma D_b N_\gamma^*) \tag{6-16}$$

式中　A_b——墩底面面积（m²）；

　　　D_b——墩底面直径（m）；

　　　c——墩底土层黏聚力（kPa）；

　　　γ——墩底土的重度，水位以下取有效重度（kN/m³）；

q —— 墩底面深度处有效覆土压力（kPa）；

N_c^*、N_q^*、N_γ^* —— 深基础极限承载力系数，可按太沙基深基础极限承载力公式确定：

$$Q_{su} = u_p \sum_{i=1}^{n} q_{sui} l_i \tag{6-17}$$

式中 q_{sui} —— 第 i 层土对墩侧壁的极限摩阻力，其余符号意义同前；

$$q_{sui} = k_{0i}\sigma_{vi}\tan\delta_i + \alpha_i \tag{6-18}$$

k_{0i} —— 第 i 层土的静止侧压力系数；

σ_{vi} —— 第 i 层土的平均有效覆土压力（kPa）；

δ_i —— 第 i 层土的墩壁外摩擦角（°）；

α_i —— 第 i 层土与墩壁的附着力（kPa）。

按理论公式得出的墩的承载力极限值，除以一定的安全系数，即可得墩的承载力特征值。安全系数一般可在 2.0～4.0 之间的范围内取值。

（4）墩身材料强度法

对于置于坚硬土层及岩层上的墩，其承载力可能由墩身材料强度控制，设计时应保证外荷载满足墩身材料强度的要求，即

$$Q \leqslant A_p f_c \psi_c \tag{6-19}$$

式中 f_c —— 混凝土轴心抗压强度设计值（kPa），按现行标准《混凝土结构设计规范》GB 50010—2010（2015年版）取值；

Q —— 墩竖向承载力设计值（kN）；

A_p —— 墩身横截面积（m²）；

ψ_c —— 工作条件系数，一般取 0.6～0.7。

墩的沉降一般由三部分组成：

$$s = s_p + s_b + s_s \tag{6-20}$$

式中 s —— 墩顶沉降量（m）；

s_p —— 墩身轴向压缩量（m）；

s_b —— 墩底土层压缩变形（m）；

s_s —— 墩端以下沉渣压缩变形（m）。

墩底土层的压缩变形通常按分层总和法等估算。墩底沉渣压缩变形一般可根据沉渣厚度、密实情况，按薄压缩层计算或经验估算。因此，不同类型的墩，其沉降主要来源也不同。

墩的净极限抗拔力主要通过墩的抗拔试验来确定，理论计算则较为复杂。一旦获得墩的净极限抗拔力后，即可按下式计算墩的抗拔承载力特征值：

$$T_a = \frac{T_{un}}{K_n} + \alpha G \tag{6-21}$$

式中 T_a —— 墩的抗拔承载力特征值（kN）；

T_{un} —— 墩的净极限抗拔力（kN）；

K_n —— 净极限抗拔力的安全系数，一般取 2.0；

α —— 系数，一般取 0.9～1.0；

G —— 墩自重（kN）。

对于以承受水平承载力及弯矩作用为主的墩，可根据墩身长度 l 与墩的相对刚度系数 R 之比 β 的取值大小，分为刚性墩（$\beta \leqslant 2$）、半刚性墩（$2<\beta<4$）及柔性墩（$\beta \geqslant 4$）。系数 β 按下式计算：

$$\beta = \frac{l}{R} = \frac{l}{\sqrt[5]{E_c I/m}} \tag{6-22}$$

式中　l——墩身长度（m）；

$E_c I$——墩身抗弯刚度（kN·m²）；

m——采用 m 法的基础水平抗力系数的比例常数。

对于基础内多墩共同承担水平荷载的情况，作用于各墩顶的水平力可按下式分配：

$$H_i = \frac{R_i}{\sum_{j=1}^{n} R_j} \sum_{j=1}^{n} H_j \tag{6-23}$$

式中　n——基础内的墩数；

H_i——第 i 墩上的水平力（kN）；

R_i——相对刚度系数。

墩的水平承载力应按现场水平荷载试验结果确定。对于次要工程以及初步设计阶段，也可采取理论分析方法估算。在水平荷载作用下，墩的水平承载力、内力与变形的理论分析方法与桩在竖向荷载作用下的问题类似。由于墩基础承重的复杂性和现阶段设计计算方法的不完善，所以在设计过程中必须审慎分析周边工程环境及水文地质条件，作出客观合理的判断与设计。

6.7　墩基础的施工

6.7.1　墩基础的施工流程

墩基础的施工要按照以下程序进行：

（1）清理场地

清理场地是施工的前期准备工作。

（2）放线定位

在整平的施工场地，按设计要求放出建筑物的轴线及边线，在设计墩位处设置标志即定位。

（3）成孔施工

钻孔法与挖孔法是工程实践中常见的两种作业方法。前者是指采用大型钻孔机在地基中定位钻孔，后者可分为机械挖孔和人工挖孔两种方式。

（4）验孔清底

墩基成孔基本完成后，应对孔径位置、大小、是否偏斜等方面进行检验，并检查孔壁土层或衬砌结构是否松动或可能损坏，发现问题应及时修正或进行补救处理。

（5）放置钢筋

验孔清底合格后，按设计要求放置钢筋笼、钢套筒或钢核等加筋材料。

（6）灌注混凝土

灌注混凝土是墩基施工的关键环节，浇筑质量必须保证。

6.7.2 施工中常见问题及处理方法

1. 定位偏差问题

无论是采取哪种成孔方法，要使墩基绝对不偏离轴线比较困难。当墩穿越大块砾石层或出现孔壁塌落时，成孔就会出现偏斜，定位就很困难。一般要求墩中心偏差不得大于5cm，而墩轴线垂直度偏差不能超过墩有效长度的0.5%～1.0%。

一旦出现超过设计许可的定位偏差问题，首先应考虑适当扩大墩身直径，以调整荷载作用于墩身的偏心，或采取墩身加强技术。当上述措施不能满足要求时，应考虑重新对墩进行定位、成孔。

2. 墩孔进水问题

墩身穿过地下水位以下的透水层时，在成孔过程中、成孔后以及在灌注混凝土过程中，常有地下水大量涌入墩孔的现象发生。

解决墩孔进水的方法主要有排水法和挡水法。排水法即在成孔前进行深层抽水，人工降低地下水位，直到墩基础施工完成；挡水法一般有设防水套筒和采用水下混凝土浇灌技术两类措施。

3. 混凝土质量事故

混凝土质量事故主要包括混凝土振捣不密实、混凝土骨料分离或离析、混凝土夹泥、墩体出现缩颈或断开等。在施工中的排水、拔套筒等环节，最易出现此类问题。

当孔内有积水，尤其在积水较多时，应采用套筒在水下灌注混凝土，以免造成混凝土浸水后骨料产生离析现象。

在拔出套筒时，混凝土在套筒内的高度要保证足以平衡筒外的水、土压力，防止水或土块侵入混凝土中，同时，套筒内混凝土不易过高或存留时间过长，否则会因套筒上拔时筒壁与混凝土间的摩阻力太大，在混凝土内产生拱作用而造成墩身空洞，甚至出现断墩现象。

4. 护壁处理问题

护壁的作用，除在施工过程中支护孔壁土体不致塌落、防水或防止混凝土在浇筑过程中受到污染外，还可兼用于加强墩身强度，提高墩的承载力。因此，护壁的处理应按护壁的类型及作用具体分析。

对钢套筒护壁，除用于加强墩身外，多是临时性的，为节约起见，应随混凝土浇筑过程适时适量、谨慎地拔出。

对于木板制作的护壁，在地下水位以下者不可拔出；而在地下水位以上应尽量拆除，以免木板腐烂对墩侧摩阻力有不利影响。

对于砂石、砖块等护壁材料，一般不拆除，有利于增强墩的侧摩阻力。

习 题

6.1 墩基与桩基相比，在体型和承载力上有哪些不同点？

6.2 墩的施工方法有哪些？

6.3 沉井分类方法有哪几种？

6.4 沉井下沉的原理是什么？

6.5 沉井基础包括哪几部分？分别有什么作用？
6.6 阶梯形沉井相比于柱形沉井，有哪些优点？
6.7 横截面为圆形的沉井与横截面为方形的沉井相比，有什么优点？
6.8 多排孔沉井相对于单排孔沉井，在施工中有什么优点？
6.9 沉井下沉时井身承受什么应力？
6.10 沉井刚度由什么确定？
6.11 沉井的计算包括哪几部分内容？
6.12 沉井施工常见的问题有哪些？
6.13 沉井的刃脚如何避免挠曲变形和被碰坏？
6.14 沉井在什么情况下采取排水下沉？
6.15 浮运沉井的施工方法是什么？
6.16 沉井突沉的原因是什么？可采取什么措施？
6.17 沉井倾斜的原因是什么？可采取什么措施？
6.18 沉井难沉的原因是什么？可采取什么措施？
6.19 沉井施工中流土的原因是什么？可采取什么措施？
6.20 直底、扩底、嵌底墩在承载力方面有什么区别？
6.21 对沉井进行承载力验算时，需考虑哪几个方面的承载力？
6.22 墩基础的分类方法有哪些？
6.23 墩的沉降由哪几部分组成？
6.24 墩基础施工常见的问题有哪些？
6.25 墩孔进水应如何处理？

第 7 章 挡 土 墙

7.1 概 述

挡土墙是指主要承受土压力，防止土体塌滑的墙式构造物。建造挡土墙的目的在于支挡墙后土体，防止土体产生坍塌和滑移。它被广泛应用于房屋建筑、水利、铁路、公路等工程领域，例如边坡挡土墙、支撑建筑物周围填土的挡土墙、地下室侧墙以及桥台，如图 7-1 所示。挡土墙主要用于加固或拦挡不良地质体，以防止滑坡、崩塌、岩堆体、落石和泥石流等不良地质灾害发生。

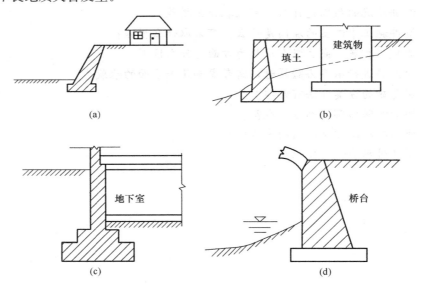

图 7-1 挡土墙应用举例
(a) 防止土坡坍塌的挡土墙；(b) 支撑建筑物周围填土的挡土墙；(c) 地下室侧墙；(d) 桥台

挡土墙结构在使用时应满足如下功能要求：能承受正常施工和正常使用时可能出现的各种作用或荷载；在正常使用时具有良好的工作性能；在正常维护下具有足够的耐久性；在地震发生时及发生后，仍能保持必要的稳定性。

在挡土墙设计时，参考分项系数的极限状态法，按以下两类极限状态进行设计：

1. 承载能力极限状态

当挡土墙出现下列状态之一时，应认为超过了承载能力极限状态：

(1) 整个挡土墙结构或挡土墙组成部分作为刚体失去平衡。

(2) 挡土墙构件或连接部件因材料强度不足而破坏，或因过大的塑性变形而不适于继续加载。

(3) 挡土墙结构或构件丧失稳定。

2. 正常使用极限状态

当挡土墙出现下列状态之一时,应认为超过了正常使用极限状态:
(1) 影响正常使用或影响外观的过大变形。
(2) 影响正常使用或耐久性能的局部破坏。

7.2 挡土墙的分类及选型

7.2.1 挡土墙的分类

1. 按材料类型分类

挡土墙一般按材料类型可分为毛石、木质、砖、混凝土和钢筋混凝土挡土墙。

2. 按其刚度及位移方式分类

挡土墙按其刚度及位移方式可分为刚性挡土墙和柔性挡土墙,其特点如下:

(1) 刚性挡土墙

刚性挡土墙一般指用砖、石或混凝土砌筑或浇筑的断面较大的重力式挡土墙。由于刚度大,墙体在侧向土压力作用下,仅能发生整体平移或转动,墙身的挠曲变形可忽略不计。对于这种类型的挡土墙,墙背受到的土压力一般呈三角形分布,最大侧压力发生在墙体底部,类似于静水压力分布,如图7-2所示。

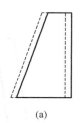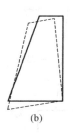

图 7-2　刚性挡土墙背上的土压力分布
(a) 墙向前平移;(b) 墙绕墙踵转动;(c) 作用在墙背上的土压力分布

(2) 柔性挡土墙

当支挡结构自身在土压力作用下发生挠曲变形时,支挡结构的变形将影响周围土压力的大小和分布,这种类型的挡土结构物称为柔性挡土墙。例如,在深基坑开挖中,为支护坑壁而设置于土中的板桩墙、混凝土地下连续墙及排桩等即属于柔性挡土墙。这时作用在墙身上的土压力为曲线分布,如图7-3所示。

3. 按结构形式及受力特点分类

挡土墙按结构形式及受力特点可分为重力式、悬臂式、扶壁式、板桩式、锚杆式和锚

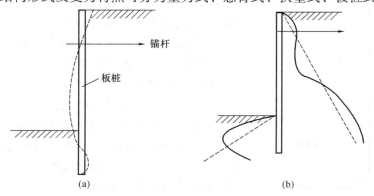

图 7-3　柔性挡土墙的土压力分布
(a) 固定端锚固板桩墙的变形;(b) 板桩墙上的土压力分布

碴板式挡土墙等，分别阐述如下：

（1）重力式挡土墙

重力式挡土墙是利用墙身自重维持在土压力作用下墙体稳定的一种挡土墙形式。它可利用浆砌片石或块石砌筑，在缺乏石料的地区或墙身较高时也可用混凝土进行浇筑，如图7-4所示。由于重力式挡土墙需要利用自重维持在土压力作用下自身的稳定，因此一般体型尺寸较大，具有形式简单、取材容易和施工简便等特点，适用于一般地区、浸水地区和地震地区的边坡支挡工程，当地基承载力较低或地质条件较复杂时应适当控制墙高。按墙背的倾斜情况，重力式挡土墙可分为倾斜式、垂直式和俯斜式挡土墙三种，如图7-5所示。

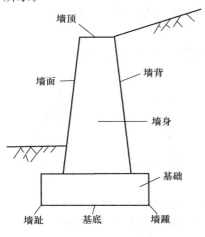

图 7-4 重力式挡土墙

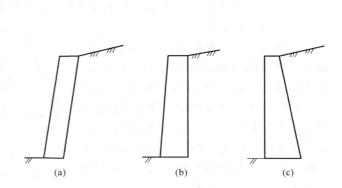

图 7-5 重力式挡土墙示意图
(a) 仰斜式；(b) 直立式；(c) 俯斜式

（2）悬臂式挡土墙

悬臂式挡土墙由立壁、墙趾板和墙踵板三部分构成，主要依靠底板上的填土重量以维持稳定，如图7-6所示。钢筋混凝土悬臂式挡土墙的断面尺寸中宽度较小但高度较大，因此立壁根部的弯矩较大，钢筋用量大，宜在石料缺乏或地基承载力较低的填方地段使用。悬臂式挡土墙墙高不宜大于5m，当墙高大于5m，宜采用扶壁式挡土墙。悬臂式挡土墙的主要优点是充分利用了钢筋混凝土的受力性能，墙身立壁在土压力下受弯，钢筋主要承受墙身弯曲拉应力，墙身的稳定主要依靠底板以上土的重量维持。

（3）扶壁式挡土墙

当悬臂式挡土墙的立壁较高时，沿墙长方向每隔一定距离加一道扶肋，把墙面板和墙踵板连接起来，以减小立壁下部的弯矩，这称之为扶壁式挡土墙，由墙面板、墙趾板、墙踵板和扶壁组成，如图7-7所示。扶壁式挡土墙宜在石料缺乏、地基承载力较低的地段使用，挡土墙高度不宜超过15m。

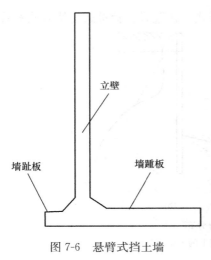

图 7-6 悬臂式挡土墙

（4）板桩式挡土墙

桩板式挡土墙是指利用钢筋混凝土桩和挡土板挡土的支挡结构，依靠自身锚固力、拉杆及固定在可靠地基上的锚碇墙以维持稳定，如图 7-8 所示。钢筋混凝土桩应现场浇筑，挡土板可采用预制拼装的形式或现场浇筑，适用于侧压力较大的加固地段。挡土板与桩连接处，相邻板端的间隙宽度不应小于 30mm，并按伸缩缝处理，间隙缝应用沥青麻筋填塞。

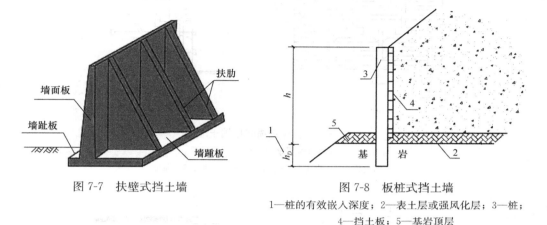

图 7-7　扶壁式挡土墙

图 7-8　板桩式挡土墙

1—桩的有效嵌入深度；2—表土层或强风化层；3—桩；
4—挡土板；5—基岩顶层

（5）锚杆式挡土墙

锚杆式挡土墙采用钢筋混凝土柱、板与钢锚杆形成的组合结构，宜用于岩质路堑地段。锚杆必须锚固在稳定地层内，其抗拔力应保证墙体在土压力作用下的平衡。应根据墙趾处的地形、地质及工程情况，合理选择肋柱式锚杆挡土墙或板壁式锚杆挡土墙，分别如图 7-9（a）、图 7-9（b）所示。

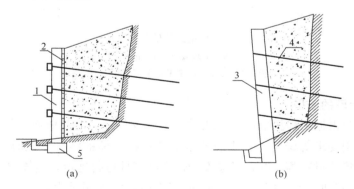

图 7-9　锚杆式挡土墙

（a）肋柱式锚杆挡土墙；（b）板壁式锚杆挡土墙

1—肋柱；2—挡土板；3—墙面板；4—锚杆；5—基础

（6）锚碇板式挡土墙

锚碇板式挡土墙采用钢筋混凝土柱、板、钢拉杆与填料而成的组合结构，适用于路堤式路基段，但不应建筑于滑坡、坍塌、软土及膨胀土地区。锚碇板在填土中的抗拔力应保证墙体在土压力作用下的平衡与稳定。并应根据墙趾处的地形、地质及工程情况，合理选用肋柱式锚碇板挡土墙或板壁式锚碇板挡土墙，分别如图 7-10 和图 7-11 所示，锚碇挡土墙的墙高不宜超过 10m。

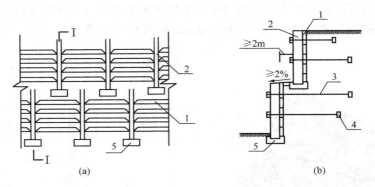

图 7-10　肋柱式锚碇板挡土墙
(a) 立面（两级墙）；(b) Ⅰ-Ⅰ 剖面
1—挡土板；2—肋柱；3—拉杆；4—锚碇板；5—基础

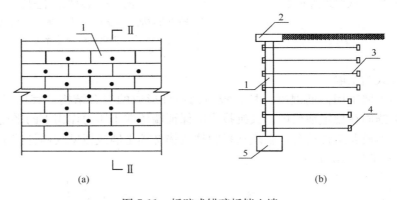

图 7-11　板壁式锚碇板挡土墙
(a) 立面（单级墙）；(b) Ⅱ-Ⅱ 剖面
1—墙面板；2—帽石；3—拉杆；4—锚碇板；5—基础

7.2.2　挡土墙的选型

挡土墙布置应根据工程场址地形、地质、水流等条件，以及所属建筑物的总体布置、功能、特点和使用要求等确定。在土质地基上选择挡土墙的结构形式时，可根据地质条件、挡土高度和建筑材料等，综合考虑安全性和经济性进行确定，具体内容如下：

1）在中等坚实地基上，挡土高度在 8m 以下时，宜采用重力式、半重力式或悬臂式挡土墙；挡土高度在 6m 以上时，可采用扶壁式挡土墙；当挡土高度较大且地基条件不能满足上述结构形式要求时，可采用空箱式或者空箱与扶壁组合式挡土墙。

2）在松软地基上，宜采用空箱式挡土墙，也可采用板桩式挡土墙。当采用板桩式挡土墙时，可根据土质条件和施工方法选用打入式或现浇式墙体（地下连续墙），并可根据稳定要求选用无锚碇墙或有锚碇墙的挡土墙。

3）在坚实地基和人工加固地基上，挡土墙的结构形式可不受挡土墙高度的限制，但应考虑材料特性的约束条件。

4）在稳定的地基上建造挡土墙时，可采用加筋式挡土墙。加筋式挡土墙的墙面宜采用带企口的预制混凝土块砌筑，但应妥善处理好墙面结构的防渗或导滤问题，并可根据墙后填土的潜在破坏面的形状选用刚性筋式或柔性筋式挡土墙。

7.3 作用在挡土墙上的荷载

7.3.1 荷载的分类

按挡土墙上荷载作用的时间，分为永久荷载、可变荷载和偶然荷载三类，具体分类见表 7-1。其划分原则如下：

1）永久荷载：在挡土墙设计基准期内，其值不随时间而变化，或其变化值与平均值比较可忽略不计。

2）可变荷载：在挡土墙设计基准期内，其值随时间而变化，且变化值与平均值比较不可忽略。

3）偶然荷载：在挡土墙设计基准期内，出现的概率很小，一旦出现，其值很大且持续时间很短。

荷载的分类　　　　　　　　　　　　　　表 7-1

荷载的分类		荷载（或作用）名称
永久荷载		挡土墙结构重力
		填土（包括基础襟边以上土）重力
		填土侧压力
		墙顶上的有效永久荷载
		墙顶与第二破裂面之间的有效荷载
		计算水位的浮力及静水压力
		预加力
		混凝土收缩及徐变影响力
		基础变位影响力
可变荷载	基本可变荷载	车辆荷载引起的土侧压力；人群荷载引起的土侧压力
	其他可变作用	水位退落时的动水压力
		流水压力
		波浪压力
		冻胀压力和冰压力
		温度影响力
	施工荷载	与各类型挡土墙施工有关的临时荷载
偶然荷载		地震作用力
		滑坡、泥石流作用力
		作用于墙顶护栏上的车辆碰撞力

7.3.2 墙体位移与土压力类型

1. 墙体位移

挡土墙所受到的土压力类型，首先取决于墙体是否发生位移以及位移方向；挡土墙所受土压力的大小随位移量而变化，并不是一个常数；主动和被动土压力是特定条件下的土压力，仅当墙有足够大位移或转动时才能产生。产生主动和被动土压力所需墙的位移量见表 7-2。

产生主动和被动土压力所需墙的位移量　　　　　表 7-2

土类	应力状态	墙运动形式	可能需要的位移量
砂土	主动	平移	0.0001H
		绕墙趾转动	0.001H
		绕墙顶转动	0.02H
	被动	平移	0.05H
		绕墙趾转动	>0.1H
		绕墙顶转动	0.05H
黏土	主动	平移	0.004H
		绕墙趾转动	0.004H

2. 土压力类型

挡土墙侧的土压力大小及其分布规律受到墙体可能的位移方向、墙背填土的种类、填土面的形式、墙的截面刚度和地基的变形等一系列因素的影响。仓库挡墙侧的谷物压力也可采用土压力理论来计算。根据墙的位移情况和墙后土体所处的应力状态，土压力可分为以下三种：

（1）主动土压力：当挡土墙向离开土体方向偏移至土体达到极限平衡状态时，作用在墙上的土压力称为主动土压力，用 E_a 表示。

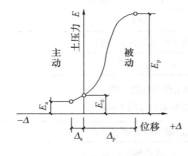

图 7-12　墙身位移和土压力的关系

（2）被动土压力：当挡土墙向土体方向偏移至土体达到极限平衡状态时，作用在墙上的土压力称为被动土压力，用 E_p 表示。

（3）静止土压力：当挡土墙静止不动，土体处于弹性平衡状态时，土对墙的压力称为静止土压力，用 E_0 表示。

实验表明：在相同条件下，主动土压力小于静止土压力，而静止土压力又小于被动土压力，即 $E_a < E_0 < E_p$。墙身位移与土压力的关系如图 7-12 所示。

7.3.3 影响土压力的因素

在影响土压力的众多因素中，主要的影响因素可归纳为以下几种。

1. 挡土墙位移

挡土墙是否发生位移以及位移的方向和位移量，决定了挡土墙所受的土压力类型，并根据此将土压力分为静止土压力、主动土压力和被动土压力。挡土墙在侧向压力作用下，产生离开土体的微小位移或转动，将产生主动土压力；当挡土墙的移动或转动挤向土体时，将产生被动土压力。位移方向不同，土压力的种类就不同。

2. 挡土墙形状

在进行土压力计算时，无论是计算理论公式的选择还是计算结果的分析，都与挡土墙的形状有着密切的关系。

3. 填土性质

填土的重度、干湿程度（即含水率），土的强度指标（包括内摩擦角和黏聚力的大小），以及填土表面的形状等，都将对土压力的大小产生影响。因此，挡土墙墙后填土宜选择稳定性较大、透水性较强的粗颗粒土作为填料（如砂砾类土）。当土料条件受限制时，可使用粉质黏土，但应限制填筑高度。

4. 挡土墙后堆载

地面荷载对挡土墙内力、变形影响十分显著，不应在其周边堆放过多荷载。在施工过程中尽管一般都会堆放重物，但是必须考虑对堆载的数量加以限制。

5. 排水条件

墙后有地下水存在，将使墙上的总压力增大，对挡土墙的稳定不利。为降低地下水位，应在墙身设置泄水孔。泄水孔的进口处应采用粗粒料（如碎砾石、粗砂等）做滤水层，以防止排水孔淤塞而造成排水失效。必要时，还可以在墙后增设排水盲沟加以疏导。为防止地面水及降雨大量渗入填土，需在填土顶面铺设一层夯实的黏土隔水层。在墙后若有山坡时，还应在坡下设置截水沟。同时，在墙前应设置排水沟，以便将泄水孔渗出的水引走。

6. 地震烈度

地震作用下挡土墙的土压力是由墙后填土在极限平衡状态下出现的滑动楔体产生的。地震烈度客观描述场地或地基处地震破坏可能产生的强烈程度，对滑裂面倾角、土压力强度分布、土压力合力以及侧压力系数有很大影响。

7.4 挡土墙基础设计和稳定性验算

7.4.1 挡土墙基础的一般构造

挡土墙的基础类型，除特殊地基情况需采用桩基础外，其他情况宜采用明挖基础。明挖基础宜设置在地质情况较好的地基上，当地基为松软土层时，可采用换填、砂桩、搅拌桩等方法处理地基。挡土墙采用刚性基础时，基础底部的扩展部分不应超过材料的刚性角。挡土墙基础的埋置深度还应符合下列要求：

1) 当冻结深度小于或等于 1.00m 时，基底应在冻结线以下不小于 0.25m，并应符合基础最小埋置深度不小于 1.00m 的要求。

2) 当冻结深度超过 1.00m 时，基底最小埋置深度不小于 1.25m，还应将基底至冻结线以下 0.25m 深度范围的地基土换填为弱冻胀材料。

3) 受水流冲刷时，应按路基设计洪水频率计算冲刷深度，基底置于局部冲刷线以下不小于 1.00m。

4) 路堑式挡土墙的基础顶面应低于路堑边沟底面不小于 0.50m。

5) 在风化层不厚的硬质岩石地基上，基底宜置于基岩表面风化层以下；在软质岩石地基上，基底最小埋置深度不小于 1.00m。

建筑在斜坡地面上的挡土墙，其基础前趾埋入地面的深度和距地表的水平距离应符合表 7-3 的规定。挡土墙采用倾斜基底时，其倾斜度 $\tan\alpha_0$、基底与地基土的摩擦系数 μ 应符合表 7-4 的规定。

斜坡地面基础埋置条件　　　　　表 7-3

土层类别	最小埋入深度 h (m)	距地表水平距离 l (m)	图式
较完整的硬质岩石	0.25	0.25～0.50	
一般硬质岩石	0.60	0.60～1.50	
软质岩石	1.00	1.00～2.00	
土层	≥1.00	1.50～2.50	

基底倾斜度　　　　　表 7-4

地层类别		基底倾斜度 $\tan\alpha_0$
一般地基	岩石	≤0.3
	土质	≤0.2
浸水地基	$\mu<0.5$	0.0
	$0.5\leqslant\mu\leqslant0.6$	≤0.1
	$\mu>0.6$	≤0.2

7.4.2 挡土墙的地基计算

挡土墙地基承载力计算时，传至基础底面上的作用（或荷载）效应宜按正常使用极限状态下作用（或荷载）效应的标准组合，相应的抗力采用地基承载力特征值。计算挡土墙及地基稳定时，荷载效应按承载能力极限状态下的作用（或荷载）效应组合。计算基础结构的作用（或荷载）效应、配置钢筋、验算材料强度时，作用（或荷载）效应按承载能力极限状态下的作用（或荷载）效应组合。

1. 基底压应力的计算

（1）计算挡土墙明挖基础底面的压应力

$$p_{\max} = \frac{N_k}{A}\left(1+\frac{6e_0}{B}\right) \quad (7-1)$$

$$p_{\min} = \frac{N_k}{A}\left(1-\frac{6e_0}{B}\right) \quad (7-2)$$

$$e_0 = \left|\frac{M_k}{N_k}\right| \quad (7-3)$$

以上公式适用的条件为：

$$e_0 \leqslant \frac{B}{6} \quad (7-4)$$

式中　　$p_{\max}$——采用作用（或荷载）效应标准组合的基底边缘最大压应力值（kPa）；

$p_{\min}$——采用作用（或荷载）效应标准组合的基底边缘最小压应力值（kPa）；

N_k——采用作用（或荷载）效应标准组合时，作用于基底上的垂直力（kN/m）；

A——基础底面每延米的面积，即基础宽度 $B×1$（m²）；

B——基础底面宽度，对于倾斜地基为其斜宽（m）；

e_0——基底合力的偏心距（m）；

M_k——采用作用（或荷载）效应标准组合时，作用于基底形心的弯矩（MPa）。

（2）设置在岩石地基上的挡土墙明挖基础

当 $e_0 > \dfrac{B}{6}$ 时，不计基底承受的拉应力，仅按受压区计算基底最大压应力，如图 7-13 所示，可按下式计算：

$$p_{\max} = \frac{2N_k}{3a_1} \quad (7-5)$$

$$p_{\min} = 0 \quad (7-6)$$

垂直于基底面的合力对受压边缘的力臂 a_1，可按下式计算：

$$a_1 = \frac{B}{2} - e_0 \quad (7-7)$$

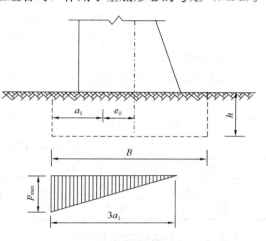

图 7-13　岩石地基压应力分布图

（3）挡土墙基础底面置于软土地基上，可按下式计算基底最大压应力值：

$$p_{\max} = \gamma_1(h+z) + \alpha(p - \gamma_2 h) \quad (7-8)$$

式中　h——基底埋置深度（m），当受水流冲刷时，由一般冲刷线算起；

z——基底到软土层顶面的距离（m）；

p——基底平均压应力（kPa）；

α——土中附加压力系数；

γ_1——深度（$h+z$）之间各土层的换算重度（kN/m³）；

γ_2——基底以上土的重度（kN/m³）。

2. 挡土墙地基承载力特征值确定

软土地基修正后的承载力特征值，可按下式确定：

$$f'_a = f_a + \gamma_2(h-3) \quad (7-9)$$

式中　f_a——软土地基承载力特征值（kPa）

按上式计算的软土地基承载力特征值，不需依据基础的埋置深度、宽度进行修正。

当挡土墙宽度 B 大于 2m，基础埋置深度 h 大于 3m，且 $h/B \leqslant 4$ 时，修正后的地基承载力特征值 f'_a 可按下式确定：

$$f'_a = f_a + k_1\gamma_1(B-2) + k_2\gamma_2(h-3) \quad (7-10)$$

式中　f_a——地基土的承载力特征值（kPa）；

B——基础底面宽度，当 $B<2m$ 时，取 $B=2m$；当 $B>10m$ 时，按 10m 计算；

h——基础底面的最小埋置深度（m），对于受水流冲刷的基础，由一般冲刷线算起；不受水流冲刷者，由天然地面算起；位于挖方区的基础，由开挖后的地面算起；当 $h<3m$ 时，取 $h=3m$；

γ_1——基底下持力层土的天然重度（kN/m^3），如持力层在水面下且为透水者，应采用浮重度 γ_b；

γ_2——基底以上土的天然重度（kN/m^3）或不同土层的换算平均重度，如持力层在水面以下且为不透水者，不论基底以上土的透水性质如何，应一律采用饱和重度；如持力层为透水者，应一律采用浮重度 γ_b；

k_1、k_2——分别为地基土承载力特征值随基础宽度、深度的修正系数。

3. 地基承载力验算

基础底面的最大压应力值，应符合下式要求：

$$p_{max} \leqslant kf'_a$$

式中 k——地基承载力特征值提高系数可按表 7-5 采用。

地基承载力特征值 f'_a 的提高系数　　　　表 7-5

作用（或荷载）与使用情况	提高系数 k	作用（或荷载）与使用情况	提高系数 k
作用（或荷载）组合Ⅰ、Ⅱ	1.00	经多年压实未受破坏的旧基础	1.5
作用（或荷载）组合Ⅲ、施工荷载	1.25		

7.4.3 挡土墙的稳定性验算

1. 挡土墙的滑动稳定方程与抗滑动稳定系数

(1) 滑动稳定方程

$$[1.1G+\gamma_{Q1}(E_y+E_x\tan\alpha_0)-\gamma_{Q2}E_p\tan\alpha_0]\mu+(1.1G+\gamma_{Q1}E_y)\tan\alpha_0-\gamma_{Q1}E_x+\gamma_{Q2}E_p>0 \tag{7-11}$$

式中 G——墙身重力、基础重力、基础上填土的重力及作用于墙顶的其他竖向荷载之和的标准值（kN），浸水挡土墙的浸水部分应计入浮力；

E_y——墙后主动土压力标准值的竖向分量（kN）；

E_x——墙后主动土压力标准值的水平分量（kN）；

E_p——墙前被动土压力标准值的水平分量（kN），当为浸水挡土墙时，$E_p=0$；

α_0——基底倾斜角（°），基底水平时，$\alpha_0=0$；

μ——基底与地基间的摩擦系数；

γ_{Q1}、γ_{Q2}——分别为主动土压力分项系数、墙前被动土压力分项系数。

(2) 抗滑动稳定系 K_c

$$K_c=\frac{[N+(E_x-E'_p)\tan\alpha_0]\mu+E'_p}{E_x-N\tan\alpha_0} \tag{7-12}$$

式中 N——基底上作用力的合力标准值的竖向分量（kN），浸水挡土墙应计入浸水部分的浮力；

E'_p——墙前被动土压力标准值水平分量的 0.3 倍（kN）。

2. 采用倾斜基底的挡土墙，还需验算沿墙踵处地基土水平面滑动的稳定性，其滑动稳定方程与抗滑动稳定系数

(1) 滑动稳定方程

$$(1.1G+\gamma_{Q1}E_y)\mu_n+0.67cB_1-\gamma_{Q1}E_x>0 \tag{7-13}$$

式中 B_1——挡土墙基底水平投影宽度（m）；

μ_n——地基土的内摩擦系数，$\mu_n = \tan\varphi$；

φ——地基土的内摩擦角；

c——地基土的黏聚力（kN/m）；

G——作用于基底水平滑动面上的墙身重力、基础重力、基础上填土的重力、作用于墙顶的其他竖向荷载及倾斜基底与滑动面间的土楔的重力（kN）之和的标准值，浸水挡土墙的浸水部分应计入浮力。

(2) 抗滑动稳定系数 K_c

$$K_c = \frac{(N+\Delta N)\mu_n + cB_1}{E_x} \quad (7\text{-}14)$$

倾斜基底与水平滑动面间的土楔重力标准值 ΔN 可按下式计算：

$$\Delta N = \frac{\gamma}{2} B^2 \sin\alpha_0 \cos\alpha_0 \quad (7\text{-}15)$$

式中 γ——地基土（岩）的重度，透水性的水下地基土为浮重（kN/m³）。

3. 挡土墙的倾覆稳定方程与抗倾覆稳定系数（图 7-14）

(1) 倾覆稳定方程

$$0.8Gz_G + \gamma_{Q1}(E_y z_x - E_x z_y) + \gamma_{Q2} E_p z_p > 0 \quad (7\text{-}16)$$

式中 z_G——墙身重力、基础重力、基础上填土的重力及作用于墙顶的其他竖向荷载的合力重心到墙趾的距离（m）；

z_x——墙后主动土压力的竖向分量到墙趾的距离（m）；

z_y——墙后主动土压力的水平分量到墙趾的距离（m）；

z_p——墙前被动土压力的水平分量到墙趾的距离（m）。

(2) 抗倾覆稳定系数 K_0

$$K_0 = \frac{Gz_G + E_y z_x + E_p z_p}{E_x z_y} \quad (7\text{-}17)$$

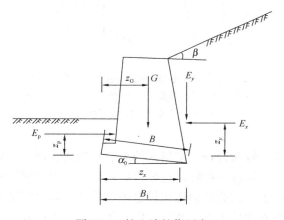

图 7-14 挡土墙的作用力

7.5 重力式挡土墙

7.5.1 重力式挡土墙的体型选择

重力式挡土墙可用块石、片石、混凝土预制块作为砌体，或采用片石混凝土、混凝土进行整体浇筑。重力式挡土墙由墙身及基础组成，也可不设基础。按墙背常用线形，可分为仰斜式、垂直式、俯斜式、凸折式、衡重式、台阶式等类型，如图 7-15 所示。选择合适的挡土墙类型，对挡土墙的设计具有重要意义，主要可根据以下几点来确定。

设计挡土墙时，一般根据地面横坡的坡度选择墙型，以使工程量最省。对支挡挖方路基边坡的挡土墙，宜采用仰斜式挡土墙，因为仰斜式挡土墙的墙背易于与开挖边坡相结合，可减少土石方工程量；若为填方工程，一般直立式墙、俯斜式墙墙后填土易于夯实，施工较为简便。凸折式、衡重式挡土墙，宜在地基条件较好的高墙中使用。在地面横坡较陡的山区，地基为较完整的坚硬岩层时，可采用台阶式挡土墙，以减少开挖石方。

为了减小作用在挡土墙背上的主动土压力，除了可采用仰斜墙外，还可从选择填料、墙身截面形状（特别是墙背形状和构造）以及新型墙体形式等方面来考虑。可采用如图 7-16 所示的减压平台。减压平台一般设置在墙背中部的附近，并向后伸得越远，则减压作用越大，以伸到滑动面附近为最好。

1. 墙背倾斜形式的选择

重力式挡土墙按墙背倾斜方向可分为仰斜、直立和俯斜三种形式。对于墙背不同倾斜方向的挡土墙，如用相同的计算方法和计算指标进行计算，其主动土压力以仰斜为最小，直立居中，俯斜最大。因此，就墙背所受的主动土压力而言，仰斜

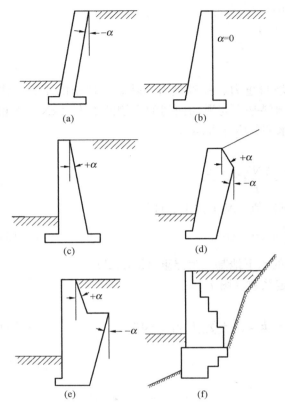

图 7-15 重力式挡土墙的常用类型
(a) 仰斜式；(b) 垂直式；(c) 俯斜式；(d) 凸折式；
(e) 衡重式；(f) 台阶式

墙背较为合理。仰斜式挡土墙与俯斜式挡土墙对比如图 7-17 所示。

如在开挖临时边坡以后筑墙，采用仰斜墙背与边坡紧密贴合，而俯斜墙则须在墙背回填土，因此仰斜墙比较合理。反之，如果在填方地段筑墙，仰斜墙背填土的夯实比俯斜墙或直立墙困难，此时，俯斜墙和直立墙比较合理。

从墙前地形的陡缓看，当较为平坦时，用仰斜墙背较为合理；当墙前地形较陡，则宜

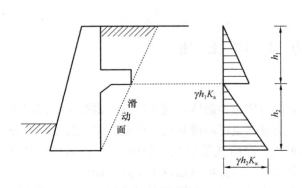

图 7-16 减压平台

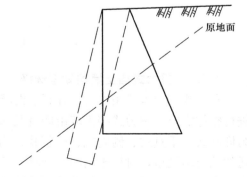

图 7-17 仰斜式挡土墙与俯斜式挡土墙的对比

用直立墙,因为俯斜墙的土压力较大,而用仰斜墙时,为了保证墙趾与墙前土坡面之间保持一定距离,就要加高墙身,使砌筑工程量增加。因此,墙背的倾斜形式应根据使用要求、地形和施工等情况综合考虑确定。

2. 墙面坡度的选择

当墙前地面较陡时,墙面坡度可取 $1:0.05\sim1:0.2$,也可采用直立的截面。在墙前地形较为平坦时,对于中、高挡土墙,墙面坡度可较缓,但不宜缓于 $1:0.4$,以免增高墙身或增加开挖宽度。仰斜墙背坡度越缓,主动土压力越小,但为了避免施工困难,仰斜墙背坡度一般不宜缓于 $1:0.25$,墙面坡应尽量与墙背坡平行。

3. 基底逆坡坡度

在墙体稳定性验算中,滑动稳定常比倾覆稳定不易满足要求,为了增加墙身的抗滑稳定性,将基底做成逆坡是一种有效方法。但是基底逆坡过大,可能使墙身连同基底下的一块三角形土体一起滑动,因此,一般土质地基的基底逆坡不宜大于 $0.1:1$,对岩石地基的基底逆坡一般不宜大于 $0.2:1$。

4. 墙趾台阶

当墙较高时,基底压力常常是控制截面的重要因素。为了使基底压力不超过地基承载力设计值,可加墙趾台阶,以便扩大基底宽度,这对墙的倾覆稳定也是有利的。墙趾台阶的高宽比可取 $h:a=2:1$,a 不得小于20cm,此外,基底法向反力的偏心距应满足 $e\leqslant b_1/4$ 的条件(b_1 为无台阶时的基底宽度)。

7.5.2 重力式挡土墙的构造

1) 沉降缝与伸缩缝的设置应符合以下规定:

① 挡土墙应根据构造特点设置容纳构件收缩、膨胀及适应不均匀沉降情况的变形缝构造。重力式、半重力式挡土墙具有整体式墙身,应沿墙长一定间距及与其他建筑物连接处设置伸缩缝,墙伸缩缝间距宜为 $10\sim15m$。

② 挡土墙高度突变或基底地质、水文情况变化处,应设沉降缝。平曲线路段挡土墙按折线布置时,转折处宜设沉降缝。伸缩缝与沉降缝可合并设置,其宽度宜取 $20\sim30mm$,缝内沿墙内、外和顶三边填塞沥青麻筋或沥青木板,塞入深度不应小于 $0.15m$。当墙背为填石且冻害不严重时,可仅留空缝,不塞填料。

2) 排水措施。应当根据挡土墙后渗水量,合理布置墙身的排水构造。重力式挡土墙具有整体式墙身,应沿墙高和墙长设置泄水孔,其间距宜为 $2.0\sim3.0m$。浸水挡土墙宜为 $1.0\sim1.5m$,上下交错布置,并应设置向墙外倾斜 $3\%\sim5\%$ 的孔底坡度。折线墙背可能积水处,也应设置泄水孔。干砌挡土墙可不设泄水孔。若为浸水挡土墙,挡土墙最下排泄水孔应设于常水位以上 $0.30m$。泄水孔的进水侧应设反滤层,厚度不应小于 $0.30m$。在最下排泄水孔的底部,应设置隔水层。当墙背填料为非渗水性土时,应在最下排泄水孔至墙顶以下 $0.50m$ 的高度区间内,填筑不小于 $0.30m$ 厚的砂、砾石竖向反滤层,反滤层的顶部应用 $0.30\sim0.50m$ 厚的不渗水材料封闭。根据景观要求,挡土墙可采用预制混凝土泄水管作为成孔材料。图 7-18 为重力式挡土墙排水示意图。

3) 衡重式及凸折式挡土墙上、下墙高的比例,应在满足挡土墙结构强度及整体稳定的条件下,按照经济原则优选。初拟尺寸时,上、下墙高的比例可取 $2:3$。

4) 重力式挡土墙、半重力式挡土墙的墙顶宽度,当墙身为混凝土浇筑时,不应小于

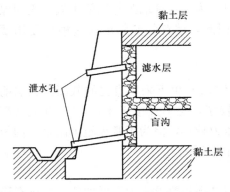

图 7-18 重力式挡土墙排水示意图

0.4m；当为浆砌圬工时，不应小于 0.5m；当为干砌圬工时，不应小于 0.6m。

5) 应根据墙址地形情况及经济比较，合理选择重力式挡土墙的墙背坡度。俯斜式、衡重式、凸折式挡土墙的上墙，墙背俯斜坡度常用值为 1：0～1：0.4；仰斜式、衡重式、凸折式挡土墙的下墙，墙背仰斜坡度不宜缓于 1：0.25。

6) 基础以上的挡土墙墙面坡度应与墙背的坡度相配合。地面横坡较陡时，墙面坡度可采用 1：0～1：0.2；地面横坡平缓时，墙面坡度可较缓，但不宜缓于 1：0.3。

7) 位于地质不良地段区的重力式挡土墙、半重力式挡土墙，在地基土内可能出现滑动面或发生地基不均匀沉陷时，应验算包括地基在内的整体稳定性，并应将基础底面埋置在滑动面以下或采取其他措施防止挡土墙随地基滑动体滑动（图 7-19）。

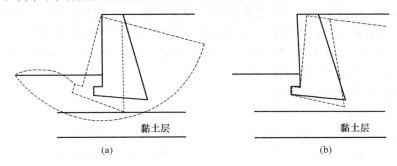

图 7-19 挡土墙整体滑动示意图
(a) 剪切破坏；(b) 沉陷、内向转动

8) 重力式、半重力式挡土墙宜采用明挖基础，其基础扩展部分的刚性角应满足《公路挡土墙设计与施工技术细则》的规定。当受地基承载力特征值控制或满足稳定性要求时，可采用钢筋混凝土条形扩展基础。

9) 挡土墙基础砌筑在稳定坚硬的岩石斜坡地基上时，垂直墙长方向基础可做成台阶形，台阶的高宽比值不宜大于 2，台阶宽度不宜小于 0.5m。

沿挡土墙墙长方向的地面有纵坡时，挡土墙的纵向基底纵坡不宜大于 5%，当为岩石地基且基底纵坡大于 5%时，墙的纵向基底可按台阶形布置。

10) 浆砌圬工挡土墙的墙顶应用 M7.5 水泥砂浆抹平，或用较大石块砌筑并勾缝。干砌挡土墙顶面以下 0.5m 高度内，宜用 M5 水泥砂浆砌筑。需设置护栏或栏杆的浆砌圬工路肩式挡土墙，墙顶面以下不小于 0.5m 高度内，应采用强度等级不低于 C20 的混凝土浇筑，并预埋护栏或栏杆的锚固件。

11) 半重力式挡土墙应按弯曲抗拉强度和刚度计算要求，确定立壁与底板之间的转折点数。墙高小于 7m 时，转折点不宜多于 2 个，第 1 个转折点可位于距墙顶 3～4m 处；墙高大于 7m 时，宜增设 1～2 个转折点。底板采用变截面构件时，其端部厚度不宜小于

0.4m。距墙顶 3.5m 以内的立壁厚度和距后踵 3m 以内的底板厚度，均不宜大于 1.0m，底板的前趾扩展长度不宜大于 1.5m。

7.5.3 重力式挡土墙的计算

重力式挡土墙的计算通常包括抗倾覆验算、抗滑移验算、地基承载力验算、墙身强度验算。

1. 抗倾覆验算

设挡土墙在自重 G 和主动土压力 P_a 的作用下，可能绕墙趾 O 点倾覆（图 7-20），抗倾覆力矩与倾覆力矩之比为抗倾覆安全系数 K_τ，其计算公式为：

$$K_\tau = \frac{Gz_G + E_{az}z_x}{E_{ax}z_y} \geqslant 1.6 \quad (7-18)$$

式中：
$$E_{az} = E_a\cos(\alpha - \delta)$$

$$E_{ax} = E_a\sin(\alpha - \delta)$$
$$z_x = B_1 - z \cdot \operatorname{ctan}\alpha$$
$$z_y = z - B_1 \cdot \operatorname{ctan}\alpha_0$$

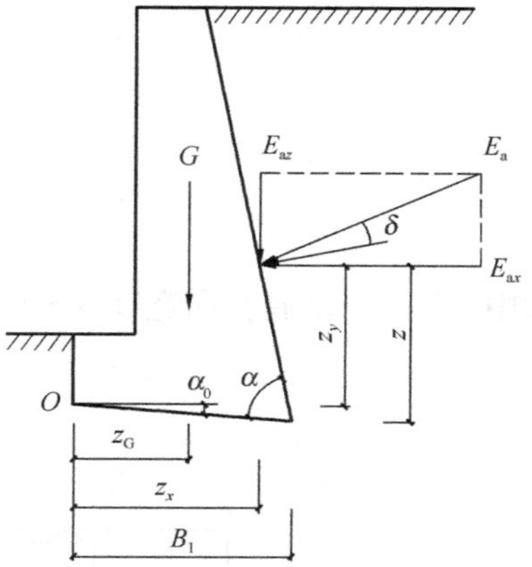

2. 抗滑移验算

在滑动稳定性验算中，将自重 G 和主动土压力 E_a 都分解为垂直和平行于基底的分力（图 7-21），抗滑力和滑动力之比为抗滑安全系数 K_s，其计算公式为：

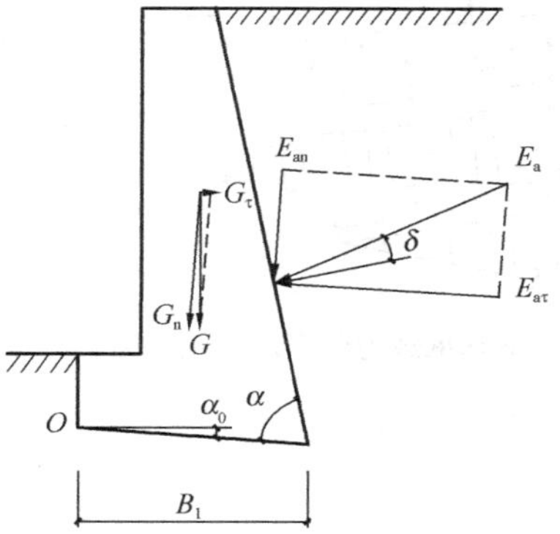

图 7-20 抗倾覆验算

$$K_s = \frac{(G_n + E_{an})\mu}{E_{a\tau} - G_\tau} \geqslant 1.3 \quad (7-19)$$

其中：
$$G_n = G\cos\alpha_0$$
$$G_\tau = G\sin\alpha_0$$
$$E_{an} = P_a\cos(\alpha - \alpha_0 - \delta)$$
$$E_{a\tau} = E_a\sin(\alpha - \alpha_0 - \delta)$$

3. 地基承载力验算

挡土墙地基承载力验算与一般偏心受压基础对应地基承载力的验算方法相同。参考图 7-22，先要求出作用在基底上的合力及其合力的作用点位置，挡土墙重力 G 与土压力 E_a 的合力 E 可以用平行四边形法则求

图 7-21 抗滑移验算

得；将合力 E 作用线延长与基底相交于点 m，在 m 点处可将合力 E 再分解为两个分力 E_n 和 E_τ，其中 E_n 为垂直于基底的分力（即为作用在基底上的垂直合力 N），E_τ 为平行于基底的分力。计算如下：

$$E = \sqrt{G^2 + E_a^2 + 2G \cdot E_a \cdot \cos(\alpha - \delta)} \quad (7-20)$$

$$\tan\theta = \frac{G \cdot \sin(\alpha - \delta)}{E_a + G\cos(\alpha - \delta)\delta} \quad (7-21)$$

$$E_n = E \cdot \cos(\alpha - \alpha_0 - \theta - \delta) \quad (7-22)$$

$$E_\tau = E \cdot \sin(\alpha - \alpha_0 - \theta - \delta) \quad (7-23)$$

如图 7-23 所示，可以按下述方法求出基底合力 N 的偏心距 e：先将主动土压力分解为垂直分力 E_{ay} 与水平分力 E_{ax}，然后将各力 G、E_{ay}、E_{ax} 及 N 对墙趾 O 点取矩，根据合力矩等于各分力矩之和的原理，便可以求得合力 N 作用点对 O 点的距离 c 及对基底形心的值心 e。

$$N \cdot c = G \cdot z_G + E_{ay} \cdot z_x - E_{ax} \cdot z_y \tag{7-24}$$

$$c = \frac{G \cdot z_G + E_{ay} \cdot z_x - E_{ax} \cdot z_y}{N} \tag{7-25}$$

$$e = \frac{b'}{2} - c \tag{7-26}$$

$$b' = \frac{b}{\cos\alpha_0} \tag{7-27}$$

式中　b'——基底斜向宽度（m）。

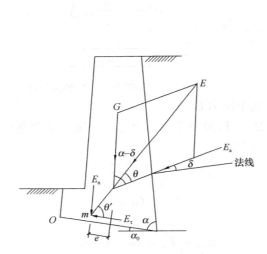
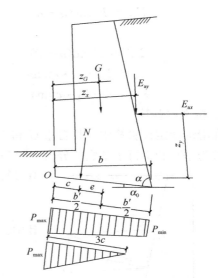

图 7-22　地基承载力验算示意图（一）　　图 7-23　地基承载力验算示意图（二）

验算挡土墙的地基承载力按下式进行：

当偏心距 $e \leqslant \dfrac{b'}{6}$ 时，基底压力呈梯形或三角形分布

$$P_{\min}^{\max} = \frac{N}{b'}\left(1 \pm \frac{be}{b'}\right) \leqslant 1.2 f_a \tag{7-28}$$

当偏心距 $e > \dfrac{b'}{6}$ 时，则基底压力呈三角形分布

$$P_{\max} = \frac{2N}{3c} \leqslant 1.2 f_a \tag{7-29}$$

式中　f_a——修正后的地基承载力特征值，当基底倾斜时，应乘以 0.8 的折减系数。

若挡土墙墙背垂直、基底水平，则 $\alpha = 90°$、$\alpha_0 = 0$、$b' = b$，将这一组值代入上述各式计算，此时 N 垂直，基底水平宽度 b、c 及 e 均为水平距离。当基底压力超过地基土的承载力特征值时，可以增大底面宽度。

4. 墙身强度验算

挡土墙截面强度验算按砌体结构偏心受压构件计算，其偏心受压构件承载力计算公式为：

$$N \leqslant \varphi A f \tag{7-30}$$

式中　N——挡土墙轴向压力设计值（kN）；
　　　A——挡土墙截面面积（mm²）；
　　　f——砌体抗压强度设计值；
　　　φ——偏心距 e 和高厚比对承载力的影响系数（见《砌体结构规范》GB 50003—2011）。

当为石砌挡土墙时，偏心距 e 按荷载标准值时不宜超过 $0.7y$，y 为截面重心到轴向力所在偏心方向截面边缘的距离。

若 $0.7y \leqslant e \leqslant 0.95y$ 时　　$N_k \leqslant \dfrac{f_{tm,k} A}{\dfrac{Ae}{W} - 1}$ \qquad (7-31)

式中　N_k——轴向力标准值；
　　　$f_{tm,k}$——砌体沿近缝截面的弯曲抗拉强度标准值，取 $f_{tm,k} = 1.5 f_{tm}$；
　　　W——截面抵抗矩。

当 $e > 0.95y$ 时，　　　$N \leqslant \dfrac{f_{tm,k} A}{\dfrac{Ae}{W} - 1}$ \qquad (7-32)

式中　N——轴向力设计值。

【**例题 7-1**】如图 7-24 所示，某浆砌片石挡土墙高 $H = 4.8\text{m}$，砌体重度 $\gamma = 23\text{kN/m}^3$，基底与地基土摩擦系数 $\mu_1 = 0.5$，墙后填土面水平，填土为中砂，重度 $\gamma = 17\text{kN/m}^3$，内摩擦角 $\varphi = 30°$，墙背垂直且光滑，墙后作用有超载 $q = 4\text{kPa}$，地基承载力特征值 $f_a = 240\text{kPa}$，片石砌体抗压强度 $f_{cd} = 0.7\text{MPa}$，抗剪强度 $f_{vd} = 0.13\text{MPa}$，试验算挡土墙的稳定性及强度。

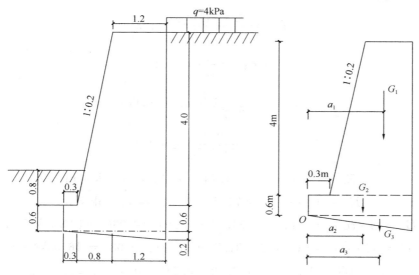

图 7-24　例题 7-1 图

解： 1. 挡土墙自重及重心计算

$$G_1 = \frac{1}{2} \times (1.2 + 2) \times 4 \times 23 = 147.2 \text{kN/m}$$

$$a_1 = 1.48 \text{m}$$

$$G_2 = 0.6 \times 2.3 \times 25 = 31.74 \text{kN/m}$$

$$a_2 = 1.15 \text{m}$$

$$G_3 = 0.2 \times 2.3 \times \frac{1}{2} \times 23 = 5.29 \text{kN/m}$$

$$a_3 = 1.53 \text{m}$$

先计算主动土压力。

将地面荷载换算成土层厚度 $h = \dfrac{q}{\gamma} = \dfrac{4}{17} = 0.24 \text{m}$

$$K_a = \tan^2\left(45° - \frac{\varphi}{2}\right) = \tan^2\left(45° - \frac{30°}{2}\right) = 0.333$$

$$\gamma h K_a = 17 \times 0.24 \times 0.333 = 1.36 \text{kPa}$$

$$\gamma(h+H)K_a = 17 \times (0.24 + 4.8) \times 0.333 = 28.53 \text{kPa}$$

主动土压力合力 E_a 计算如下：

$$E_a = \frac{1}{2}(1.36 + 28.53) \times 4.8 = 71.74 \text{kN/m}$$

$$E_{a1} = 1.36 \times 4.8 = 6.53 \text{kN/m}$$

$$E_{a2} = E_a - E_{a1} = 65.21 \text{kN/m}$$

2. 抗倾覆验算（G 分为三部分计算）

$$K_t = \frac{G z_G + E_{az} z_x}{E_{ax} z_y} = \frac{147.2 \times 1.48 + 31.74 \times 1.15 + 5.29 \times 1.53}{6.53 \times 2.2 + 65.21 \times 1.4} = \frac{262.45}{105.66} = 2.48 >$$

1.6，满足要求。

3. 抗滑移验算

$$K_s = \frac{(G_n + E_{an})\mu}{E_{a\tau} - G_\tau} \geqslant 1.3$$

$$\tan\alpha_0 = \frac{0.2}{2.3} = 0.1$$

$$\sin\alpha_0 = \frac{0.2}{\sqrt{2.3^2 + 0.2^2}} = 0.087$$

$$\cos\alpha_0 = \frac{2.3}{\sqrt{2.3^2 + 0.2^2}} = 0.996$$

$$E_{an} = E_a \cdot \sin\alpha_0 = 71.74 \times 0.087 = 6.24 \text{kN/m}$$

$$E_{a\tau} = E_a \cdot \cos\alpha_0 = 71.74 \times 0.996 = 71.45 \text{kN/m}$$

$$G_n = G \cdot \cos\alpha_0 = (147.2 + 31.74 + 5.29) \times 0.996 = 183.49 \text{kN/m}$$

$$G_\tau = G \cdot \sin\alpha_0 = (147.2 + 31.74 + 5.29) \times 0.087 = 16.03 \text{kN/m}$$

$$K_s = \frac{(G_n + E_{an})\mu}{E_{a\tau} - G_\tau} = \frac{(183.49 + 6.24) \times 0.5}{71.74 - 16.03} = 1.70 > 1.3$$

$$N = G_n + E_{an} = 183.49 + 6.24 = 189.73 \text{kN/m}$$

满足要求。

4. 地基承载力验算

合力 N 对 O 点的距离 c 计算如下：

$$c = \frac{Gx_0 + E_{az}z_x - E_{ax}z_y}{N} = \frac{262.45 - 105.66}{183.49} = 0.85\text{m}$$

$$e = \frac{b'}{2} - c = \frac{\frac{2.3}{\cos\alpha_0}}{2} - 0.85 = 0.31\text{m}$$

$e < \dfrac{b'}{6} = \dfrac{2.31}{6} = 0.385\text{m}$，基底应力呈梯形分布，其基底应力为：

$$p_{\max} = \frac{N}{b'}\left(1 + \frac{6e}{b'}\right) = \frac{183.49}{2.31}\left(1 + \frac{6 \times 0.31}{2.31}\right) = 143.39\text{kPa} < 1.2f_a = 288\text{kPa}$$

满足要求。

5. 墙身强度验算

（1）抗压强度验算（图 7-25）

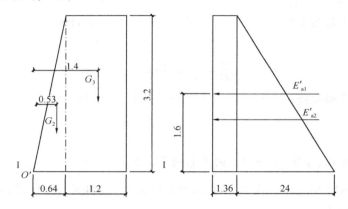

图 7-25 例题 7-1 图

土压力强度：

墙顶：$\gamma h K_a = 17 \times 0.24 \times 0.333 = 1.36\text{kPa}$

Ⅰ-Ⅰ 截面：$\gamma(h+H)K_a = 17 \times (0.24 + 3.2) \times 0.333 = 19.47\text{kPa}$

$$E'_{a1} = 1.36 \times 3.2 = 4.35\text{kN/m}$$

$$E'_{a2} = \frac{1}{2} \times (19.47 - 1.36) \times 3.2 = 28.98\text{kN/m}$$

$$G'_2 = \frac{1}{2} \times 0.8 \times 3.2 \times 23 = 29.44\text{kN/m}$$

$$a_2 = 0.43\text{m}$$

$$G'_3 = 1.2 \times 3.2 \times 23 = 88.32\text{kN/m}$$

$$a_3 = 1.24\text{m}$$

合力 N 对 O' 的距离 c：

$$c = \frac{G'_2 x_0 + E_{az}xf - E_{ax}zf}{N}$$

$$= \frac{29.44 \times 0.43 + 88.32 \times 1.24 - 4.35 \times 1.07 - 28.98 \times 1.6}{29.44 + 88.32}$$

$$= 0.60\text{m}$$

$$e = \frac{b}{2} - c = \frac{2}{2} - 0.60 = 0.40\text{m}$$

设计荷载 $N = 1.2(G'_2 + G'_3) = 1.2 \times (29.44 + 88.32) = 141.3\text{kN/m}$

墙身平均厚度 $\bar{h} = \dfrac{1.2 + 1.84}{2} = 1.52\text{m}$

抗力调整系数 $\gamma_\alpha = 1.0$

截面积 $A = 1.84 \times 1 = 1.84\text{m}^2$

毛石砌体抗压设计强度

$$f = 0.7 \times 0.85 = 0.6\text{MPa} = 600\text{kPa}$$

高厚比 $\beta = \dfrac{H_0}{h} = \dfrac{2 \times 3.2}{1.52} = 4.21$，毛石砌体取 $\beta = 4.21 \times 1.5 = 6.32$

标准荷载产生的偏心距 $e = e_a + e_k = 0.40 + 0.01 = 0.41\text{m}$

附加偏心距

$$e_a = \frac{3200}{300} = 10.67\text{mm} < 20\text{mm}$$

纵向力的计算偏心距 $e = e_a + e_k = 0.40 + 0.01 = 0.41\text{m}$

$$\frac{e}{h} = \frac{0.41}{1.52} = 0.27$$

由砂浆强度等级、β 及 $\dfrac{e}{h}$ 查得纵向力影响系数 $\phi = 0.58$

$$\gamma_\alpha \phi A f = 1.0 \times 0.58 \times 1.84 \times 600 = 640.32\text{kN} > 141.3\text{kN}$$

(2) 抗剪强度验算

设计荷载 $Q = 1.2E'_{a2} + 1.4E'_{a1} = 1.2 \times 28.98 + 1.4 \times 4.35 = 40.87\text{kN/m}$

毛石砌体设计抗剪强度 $f_v = 0.13 \times 0.75 = 0.0975\text{MPa} = 97.5\text{kPa}$

荷载标准值产生的平均压应力为

$$\sigma = \frac{N}{A} = \frac{G'_2 + G'_3}{A} = \frac{29.44 + 88.32}{1.84} = 20.52\text{kPa}$$

$\gamma_\alpha (f_v + 0.18\sigma)A = 1.0 \times (97.5 + 0.18 \times 20.52) \times 1.84 = 186.20\text{kN} > 40.87\text{kN}$

满足要求。

7.6 悬臂式挡土墙

7.6.1 悬臂式挡土墙的构造措施

1) 悬臂式挡土墙由立壁及底板（包括前趾板与后踵板）组成（图 7-26）。立壁的顶宽不应小于 0.2m，立壁外侧表面可设 1∶0.1～1∶0.02 的仰坡，内侧面坡度宜为竖直。

前趾板与后踵板的端部厚度不应小于0.3m。

2) 悬臂式和扶壁式挡土墙伸缩缝间距宜为10~20m。

3) 泄水孔的设置。悬臂式挡土墙应沿墙高和墙长设置泄水孔，其间距宜为2.0~3.0m。

4) 配置于悬臂式挡土墙中的主钢筋，直径不宜小于12mm，主钢筋间距不应大于0.2m。前趾板上缘、后踵板下缘，应对应配置不小于50%主筋面积的构造钢筋。挡土墙外侧墙面应配置分布钢筋，直径不应小于8mm，每延米墙长、每米墙高需配置的钢筋总面积不宜小于500mm²，钢筋间距不应大于300mm。

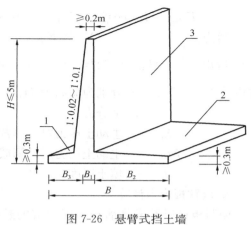

图 7-26 悬臂式挡土墙
1—立壁；2—后踵板；3—前趾板

5) 悬臂式挡土墙中，钢筋的混凝土保护层应符合以下规定：立壁外侧钢筋与立壁外侧表面的净距不应小于35mm；立壁内侧受力主筋与内侧表面的净距不应小于50mm；后踵板受力主筋与后踵板顶面的净距不应小于50mm；前趾板受力主筋与趾板底面的净距不应小于75mm。位于侵蚀性气体区或海洋大气环境下，钢筋的混凝土保护层应适当加大。

7.6.2 悬臂式挡土墙的计算

通过分析悬臂式挡土墙的截面特点发现，在一般情况下，首先可根据墙背填土与墙前地面高差、土压力在悬臂中产生的内力情况确定悬臂部分厚度，然后结合地基承载力情况，假定较合理的底板厚度。通常悬臂竖板顶端的最小厚度一般不宜小于200mm，墙面的具体坡度应根据挡土墙的高度确定。当挡土墙的高度较小时，墙身可做成等厚度的；当高度较大时，墙面坡度应取大些。因此，对于悬臂式挡土墙截面尺寸的设计，最为关键的就是如何合理地确定墙趾板和墙踵板截面的长度。钢筋混凝土悬臂式挡土墙截面及土压力如图7-27所示，墙背土压力呈三角形分布，其合力作用于墙踵端部C点上方的$H/3$处。本文将悬臂竖板及底板均作等截面处理，将悬臂竖板与墙背填土视为整体。

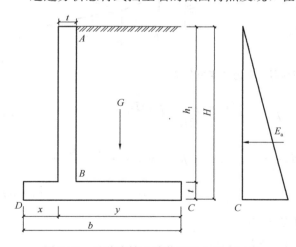

图 7-27 悬臂式挡土墙截面及土压力示意

1. 墙身内力计算

墙身可视为下端嵌固在底板的悬臂梁进行计算。立壁为固定在墙底板上的悬臂梁，可按受弯构件计算，如图7-28所示。

土压力： $E_{H1} = \gamma H_1(0.5H_1 + h_0)K$ (7-33)

$E_{xH1} = E_{H1}\cos\beta = \gamma H_1(0.5H_1 + h_0)K\cos\beta$ (7-34)

剪力： $Q_{H1} = E_{xH1}$ (7-35)

弯矩： $M_{H1} = \dfrac{1}{6}\gamma H_1^2 \cos\beta(H_1 + 3h_0)K$ (7-36)

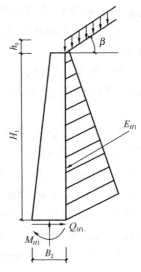

图 7-28 立壁的弯矩和剪力计算

式中 E_{H1}、E_{xH1}——分别为墙高为 H_1 时的主动土压力及其水平分力；

Q_{H1}——主动土压力对计算截面的剪力；

M_{H1}——主动土压力对计算截面中心的弯矩；

h_0——填土厚度。

2. 墙踵板内力计算

墙踵板可以看成是墙身为固定端的悬臂梁。墙踵板上作用的有第二破裂面与墙背间的土体（含土体上部重力）的重力、墙踵板自重、主动土压力的竖直分力、地基土反力、地下水浮力、板上水重和静水压力等荷载，如图 7-29 所示。当无地下水时，可按下式计算：

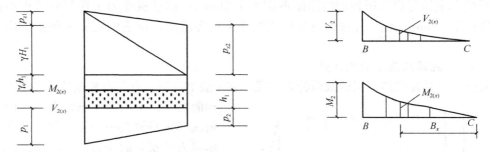

图 7-29 墙踵板荷载、剪力和弯矩分布

$$V_{2(x)} = B_x \left[p_{z2} + \gamma_c h_1 - p_2 + \dfrac{(\gamma H_1 - p_{z2} + p_{z1})B_x}{2B} \right] \quad (7\text{-}37)$$

$$M_{2(x)} = (p_{z2} + \gamma_c h_1 - p_2)B_x \cdot \dfrac{B_x}{2} + (\gamma H_1 - p_{z2} + p_{z1} - p_1 + p_2)B_x \cdot \dfrac{1}{2} \cdot \dfrac{B_x}{B} \cdot \dfrac{1}{3}B_x$$

(7-38)

式中 $V_{2(x)}$——墙踵板端部至 B_x 处的剪力（kN）；

$M_{2(x)}$——墙踵板端部至 B_x 处的弯矩（kN·m）；

B_x——计算截面到墙踵板端部的距离；

h_1——墙踵板厚度；

γ_c——混凝土重力密度；

p_{z1}、p_{z2}——分别为墙趾、墙踵端头处的竖直土压力；

p_1、p_2——分别为墙趾、墙踵端头处的地基反力。

3. 墙趾板内力计算（图 7-30）

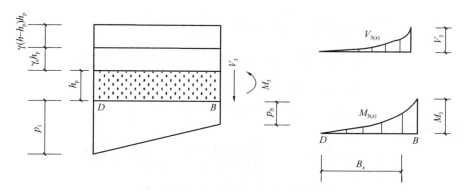

图 7-30 墙趾板荷载、剪力和弯矩分布

$$V_{3(x)} = B_x\left[p_1 - \gamma_c h_p - \gamma(h - h_p) - \frac{(p_1 - p_2)B_x}{2B}\right] \quad (7\text{-}39)$$

$$M_{3(x)} = \frac{B_x^2\left\{3\left[p_1 - \gamma_c h_p - \gamma(h - h_p) - \frac{(p_1 - p_2)B_x}{B}\right]\right\}}{6} \quad (7\text{-}40)$$

式中　$V_{3(x)}$、$M_{3(x)}$——分别为墙趾板、端部至 B_x 处的剪力、弯矩；

　　　B_x——计算截面到墙趾板端部的距离；

　　　h_p——墙趾板的平均厚度；

　　　h——墙趾板的埋置深度；

　　　B——墙趾板的地基反力。

【**例题 7-2**】悬臂式挡土墙截面尺寸如图 7-31 所示，墙高 3.8m，钢筋混凝土重度 $\gamma_G = 25\text{kN/m}^3$，墙后填土水平，墙面上活荷载 $q = 5\text{kPa}$，填土重度 $\gamma_0 = 17\text{kN/m}^3$，内摩擦角 30°，底板与基土摩擦系数 $\mu = 0.4$，地基承载力特征值 $f_a = 180\text{kPa}$，挡土墙底面处在地下水位以上，求挡土墙墙身及基础底板的配筋，进行稳定性验算和土的承载力验算。挡土墙材料采用 C30 混凝土及 HPB235、HRB335 级钢筋。

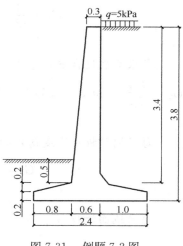

图 7-31　例题 7-2 图

解：

1. 确定侧压力

$$\begin{aligned}
E_a &= E_{a1} + E_{a2} = \frac{1}{2}\gamma H^2 \tan^2\left(45° - \frac{\varphi}{2}\right) + qH\tan^2\left(45° - \frac{\varphi}{2}\right) \\
&= \frac{1}{2} \times 17 \times 3.4^2 \times \tan^2\left(45° - \frac{30°}{2}\right) + 5 \times 3.4 \times \tan^2\left(45° - \frac{30°}{2}\right) \\
&= 32.75 + 5.67 = 38.42\text{kN/m}
\end{aligned}$$

2. 墙身内力及配筋计算

用下式可求得每延米设计嵌固弯矩 M：

$$M = \gamma_0 \left(\gamma_G E_{a1} \cdot \frac{H}{3} + \gamma_Q E_{a2} \cdot \frac{H}{2} \right)$$

$$= 1 \times \left(1.2 \times 32.75 \times \frac{3.4}{3} + 1.4 \times 5.67 \times \frac{3.4}{2} \right)$$

$$= 44.54 + 13.49 = 58.03 \text{kN} \cdot \text{m/m}$$

$$f_c = 14.3 \text{N/mm}^2, \quad f_y = 300 \text{N/mm}^2$$

墙身净保护层取 35mm

$$\alpha_s = \frac{M}{\alpha_1 f_c b h_0^2} = \frac{58030000}{1 \times 14.3 \times 1000 \times 565^2} = 0.013$$

$$\gamma_s = 0.5(1 + \sqrt{1 - 2\alpha_s}) = 0.99$$

$$A_s = \frac{M}{\gamma_s f_y h_0} = \frac{58030000}{0.99 \times 300 \times 565} = 1037.45 \text{mm}^2/\text{m}$$

沿墙身每米配置 8Φ14 ($A_s = 1230 \text{mm}^2$) 的竖向受力钢筋，钢筋的 1/2 伸至顶部，其余在墙高中部截断。在水平方向配置构造分布筋 Φ10@300。

3. 地基承载力验算

每米墙身自重 G_1：

$$G_1 = \frac{1}{2} \times (0.3 + 0.6) \times 3.4 \times 25 = 38.25 \text{kN/m}$$

$$a_1 = 1.17 \text{m}$$

每米基底板自重 G_2：

$$G_2 = \left[\frac{1}{2} \times (0.2 + 0.4) \times 0.8 + 0.6 \times 0.4 + (0.2 + 0.4) \times 1.0 \times \frac{1}{2} \right] \times 25 = 19.5 \text{kN/m}$$

$$a_2 = 1.35 \text{m}$$

每米墙踵板在宽度 b_2 内的土重 G_3：

$$G_3 = \left(3.4 + \frac{0.2}{2} \right) \times 1 \times 17 = 59.5 \text{kN/m}$$

$$a_3 = 1.9 \text{m}$$

每米地面活载 G_4：

$$G_4 = 5 \times 1 = 5 \text{kN/m}$$

$$a_4 = 1.9 \text{m}$$

挡土墙压力：

$$E'_{a1} = \frac{1}{2} \gamma H'^2 \tan^2 \left(45° - \frac{\varphi}{2} \right) = \frac{1}{2} \times 17 \times 3.8^2 \times \tan^2 \left(45° - \frac{30°}{2} \right)$$

$$= 40.91 \text{kN/m}$$

$$E'_{a2} = qH' \tan^2 \left(45° - \frac{\varphi}{2} \right) = 5 \times 3.8 \times \tan^2 \left(45° - \frac{30°}{2} \right) = 6.3 \text{kN/m}$$

根据下式计算基础底面土反力的偏心距 e 值：

$$e = \frac{b}{2} - \frac{(G_1 a_1 + G_2 a_2 + G_3 a_3 + G_4 a_4) - \left(E'_{a1} \frac{H'}{3} + E'_{a2} \frac{H'}{2} \right)}{G_1 + G_2 + G_3 + G_4}$$

$$= 0.14 \text{m}$$

$e < b/6 = 0.4$m，截面全部受压。

$$p_{\min}^{\max} = \frac{\Sigma G}{b}\left(1 \pm \frac{6e}{b}\right) = \frac{122.25}{2.4} \times \left(1 \pm \frac{6 \times 0.14}{2.4}\right) = \frac{68.77}{33.11}\text{kPa}$$

$$p_{\max} \leqslant 1.2 f_a = 216\text{kPa}$$

$$\frac{p_{\max} + p_{\min}}{2} = 50.94\text{kPa} \leqslant 180\text{kPa}$$

计算结果满足要求。

4. 基础板的内力及配筋计算

计算底板配筋时要采用设计荷载，故自重和填土自重要乘以分项系数1.2，活荷载要乘以荷载分项系数1.4。

$$e = \frac{b}{2} - \frac{[(G_1 a_1 + G_2 a_2 + G_3 a_3) \times 1.2 + G_4 a_4 \times 1.4] - \left(E'_{a1}\dfrac{H'}{3} + E'_{a2}\dfrac{H'}{2}\right)}{(G_1 + G_2 + G_3) \times 1.2 + G_4 \times 1.4}$$

$$= 0.09\text{m}$$

$$e < b/6 = 0.4\text{m}$$

$$p_{\min}^{\max} = \frac{\Sigma G}{b}\left(1 \pm \frac{6e}{b}\right) = \frac{122.25}{2.4} \times \left(1 \pm \frac{6 \times 0.09}{2.4}\right) = \frac{62.4}{39.48}\text{kPa}$$

(1) 墙趾部分

$$p_1 = 39.48 + (62.4 - 39.48) \times \frac{1.0 + 0.6}{2.4} = 54.76\text{kPa}$$

$$M_1 = \frac{1}{6}(2p_{\max} + p_1)b_1^2 = \frac{1}{6} \times (2 \times 62.4 + 54.76) \times 0.8^2 = 19.15\text{kN} \cdot \text{m/m}$$

基础底板厚 $h_1 = 400$mm，$h_{01} = 400 - 45 = 355$mm

$$\alpha_s = \frac{M}{\alpha_1 f_c b h_0^2} = \frac{19150000}{1 \times 14.3 \times 1000 \times 355^2} = 0.011$$

$$\gamma_s = 0.5(1 + \sqrt{1 - 2\alpha_s}) = 0.99$$

$$A_s = \frac{M}{\gamma_s f_y h_0} = \frac{19150000}{0.99 \times 300 \times 355} = 181.63\text{mm}^2/\text{m}$$

(2) 墙踵部分

$$q_1 = \frac{\gamma_G G_3 + \gamma_Q G_4 + \gamma_G G'_2}{b_2}$$

$$= \frac{1.2 \times 59.5 + 1.4 \times 5 + 1.2 \times (0.2 + 0.4) \times 1.0/2}{1.0}$$

$$= 78.76\text{kN/m}$$

$$p_2 = p_{\min} + (p_{\max} - p_{\min})\frac{b_2}{b} = 39.48 + (62.4 - 39.48) \times \frac{1.0}{2.4} = 49.03\text{kPa}$$

$$M_2 = \frac{1}{6}[(2q_1 - p_{\min}) + (q_1 - p_2)]b_2^2$$

$$= \frac{1}{6} \times [(2 \times 78.76 - 39.48) + (78.76 - 49.03)] \times 1.0^2$$

$$= 24.63\text{kN} \cdot \text{m/m}$$

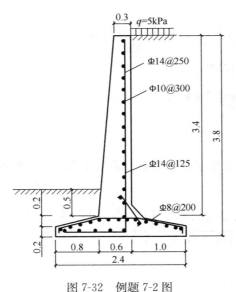

图 7-32 例题 7-2 图

墙趾与墙踵根部高度相同，$h_1=h_2$，则 $h_{01}=h_{02}=355\text{mm}$，可得

$$\alpha_s = \frac{M}{\alpha_1 f_c b h_{02}^2} = \frac{24630000}{1\times 14.3\times 1000\times 355^2} = 0.014$$

$$\gamma_s = 0.5(1+\sqrt{1-2\alpha_s}) = 0.99$$

$$A_s = \frac{M}{\gamma_s f_y h_0} = \frac{24630000}{0.99\times 300\times 355} = 233.6\text{mm}^2/\text{m}$$

选用 Φ8@200（$A_s = 252\text{mm}^2$），如图 7-32 所示。

5. 稳定性验算

（1）抗倾覆稳定验算

$$K_t = \frac{M_r}{M_s} \geqslant 1.5$$

$$M_r = G_1 a_1 + G_2 a_2 + G_3 a_3 = 184.13\text{kN}\cdot\text{m/m}$$

$$M_s = E'_{a1}\frac{H'}{3} + E'_{a2}\frac{H'}{2} = 63.79\text{kN}\cdot\text{m/m}$$

$$K_t = \frac{M_r}{M_s} = \frac{184.13}{63.79} = 2.89 > 1.5 \text{（满足要求）}$$

（2）抗滑移验算

取基底摩擦系数 $\mu = 0.4$

$$K_s = \frac{(G_1+G_2+G_3)\mu}{E'_{a1}+E'_{a2}}$$

$$= \frac{(38.25+19.5+59.5)\times 0.4}{40.91+6.3}$$

$$= 0.99 < 1.3$$

抗滑移验算结果不满足要求。选用底面夯填 300～500mm 厚碎石提高 u 值后，仍不满足要求，所以采用底板加设防滑键的办法解决。如图 7-33 所示。

$$p_b = 33.11+(68.77-33.11)\times\frac{2.4-1.4}{2.4}$$

$$= 47.97\text{kPa}$$

$$a_i = 0.8\text{m}$$

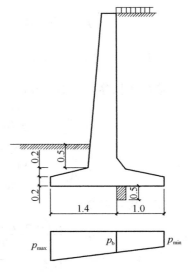

图 7-33 例题 7-2 图

$$E_p = \frac{p_{\max}+p_b}{2}\tan^2\left(45°+\frac{\varphi}{2}\right)h_i = \frac{68.77+47.97}{2}\times\tan^2\left(45°+\frac{30°}{2}\right)\times 0.46 = 80.55\text{kN/m}$$

$$F = \frac{p_b+p_{\min}}{2}(b-a_i)\mu = \frac{47.97+33.11}{2}\times(2.4-0.8)\times 0.4 = 25.95\text{kN/m}$$

$$\frac{\varphi E_p+F}{E'_a} = \frac{0.5\times 80.55+25.95}{40.91+6.3} = 1.4 > 1.3$$

$$h_i = a_i\tan\left(45°-\frac{\varphi}{2}\right) = 0.8\times\tan\left(45°-\frac{30°}{2}\right) = 0.46\text{m}$$

根据下式计算：

$$E_p = \frac{p_{max} + p_b}{2} \tan^2\left(45° + \frac{\varphi}{2}\right) h_i = \frac{68.77 + 47.97}{2} \times \tan^2\left(45° + \frac{30°}{2}\right) \times 0.46 = 80.55 \text{kN/m}$$

$$F = \frac{p_b + p_{min}}{2}(b - a_i)\mu = \frac{47.97 + 33.11}{2} \times (2.4 - 0.8) \times 0.4 = 25.95 \text{kN/m}$$

$$\frac{\phi E_p + F}{E'_a} = \frac{0.5 \times 80.55 + 25.95}{40.91 + 6.3} = 1.4 > 1.3$$

计算结果满足要求，防滑键计算高度 0.46m，实际工程可取 0.5m。

7.7 扶壁式挡土墙

扶壁式挡土墙指的是沿悬臂式挡土墙立壁，每隔一定距离加一道扶壁，将立壁与踵板连接起来的挡土墙。一般为钢筋混凝土结构，一般在石料缺乏或地基承载力较低的填方区采用。

7.7.1 扶壁式挡土墙的构造

扶壁式挡土墙由立壁、扶壁、底板组成。立壁宜采用等厚度的竖直板，顶宽不应小于 0.2m。扶壁间距宜按经济原则确定，常用值为墙高的 1/3～1/2。扶壁的厚度宜为两扶壁间距的 1/8～1/6，但不应小于 0.3m，扶壁应随高度逐渐向墙后加宽。板底最小厚度不应小于 0.3m，分段长度不宜超过 20m。每一分段长度中，宜包含 3 个或 3 个以上的扶壁。在每一段墙两端，立壁悬出边扶壁外的净长度宜为 0.4 倍扶壁间的净距。如图 7-34 所示。

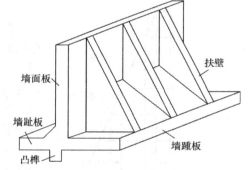

图 7-34 扶壁式挡土墙

其他构造要求如下：

1）伸缩缝的设置间距不应大于 20m，沉降缝、泄水孔的设置与重力式挡土墙相同。

2）墙身混凝土强度等级不宜低于 C30；受力钢筋直径不应小于 12mm；榫槽混凝土必须与底板混凝土同时灌注。

3）挡土墙墙身混凝土应一次浇筑完成，如果间断，必须保证新混凝土和已浇混凝土粘结牢固。

7.7.2 扶壁式挡土墙设计

扶壁式挡土墙设计与悬臂式挡土墙设计有很多方面相近，但又有其自身的特点。

（1）扶壁式挡土墙土压力计算与悬臂式挡土墙相同

（2）立壁的内力计算

立壁可视为三边固定、一边自由的双向板，作用于其上的荷载为水平方向上的土压力和水压力。计算时，可将立壁划分为上、下两部分，在离底板顶面 $1.5 l_1$（l_1 为两扶壁之间净距）高度以下的立壁，可视为三边固定、一边自由的双向板；而以上部分则可视为沿高度将其划分为单位高的水平板带，以扶壁为支座，按水平单向连续梁计算，作用其上的均布荷载为水平方向土压力的平均值。

立壁的内力计算可按下式计算：

跨中弯矩
$$M_{中} = \frac{p_i l_1^2}{20} \tag{7-41}$$

两端支座弯矩
$$M_{支座} = \frac{p_i l_1^2}{12} \tag{7-42}$$

式中　l_1——两扶壁之间的净距；

　　　p_i——第 i 板带上的水平土压力。

(3) 墙趾板的内力计算同悬臂式挡土墙

(4) 墙踵板的内力计算

墙踵板的荷载与悬臂式挡土墙相同，其计算考虑以下两种情况：

1) 墙踵板净宽 l_2 与扶壁净距 l_1 之比 $l_2/l_1 \leqslant 1.5$ 时，按三边固定、一边自由的双向板计算，其荷载为地基土反力与踵板上土压力的合力，形状为梯形。

2) 若 $l_2/l_1 > 1.5$ 时，则自立壁衔接处起至离立壁 $1.5 l_1$ 的墙踵板部分，仍可按三边固定、一边自由的双向板计算；对其以外部分，则应按单向连续板计算。为简化计算，这些板带上的荷载可近似地取平均值作为均布荷载计算。

(5) 扶壁的内力计算

扶壁与立壁形成共同作用的整体结构。可按 T 形截面的悬臂梁计算，以承受水平土压力和水压力的作用。T 形截面的高度和翼缘板厚度均可沿墙高变化。墙身自重及扶壁的宽度上的土柱重量，常略去不计。因其作用产生的弯矩远小于水平力作用引起的弯矩，故一般不按偏心受压构件计算，而是按受弯构件计算。

扶壁中配置有三种钢筋：斜筋、水平筋和垂直筋，如图 7-35 所示。斜筋为悬臂 T 形梁的受拉钢筋，沿扶壁的斜边布置。水平筋作为悬臂 T 形梁的箍筋，以承受肋中的主拉应力，保证肋(扶)壁的斜截面强度；同时，水平筋将扶壁和墙身(立壁)联系起来，以防

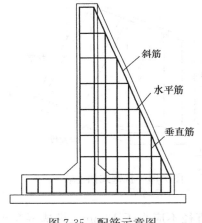

图 7-35　配筋示意图

止在侧压力作用下扶壁与墙身(立壁)的连接处被拉断。竖直筋承受着由于基础底板的局部弯曲作用在扶壁内产生的竖直方向上的拉力，并将扶壁和基础底板联系起来，以防止在竖向力作用下扶壁与基础底板的连接处被拉断。

【例题 7-3】某 9.0m 高的扶壁式挡土墙，截面尺寸如图 7-36 所示。扶壁间距为 3.0m。墙后填土重度 $\gamma = 19\text{kN/m}^3$，内摩擦角 $\varphi = 30°$，挡土墙材料采用 C30 级混凝土及 HRB335 级钢筋。

解：

1. 确定侧压力

$$E_a = \frac{1}{2}\gamma H^2 \tan^2\left(45° - \frac{\varphi}{2}\right) = \frac{1}{2} \times 19 \times 8.4^2 \times \tan^2\left(45° - \frac{30°}{2}\right)$$

$$= 223.4\text{kN/m}$$

2. 墙身的计算

$$\frac{l_y}{l_x} = \frac{8.4}{3.0} = 2.8 > 2$$

按连续单向板计算内力及配筋。由于土压力呈三角形分布，水平弯矩自上而下增大，配置水平钢筋时，可近似地按两段加密。

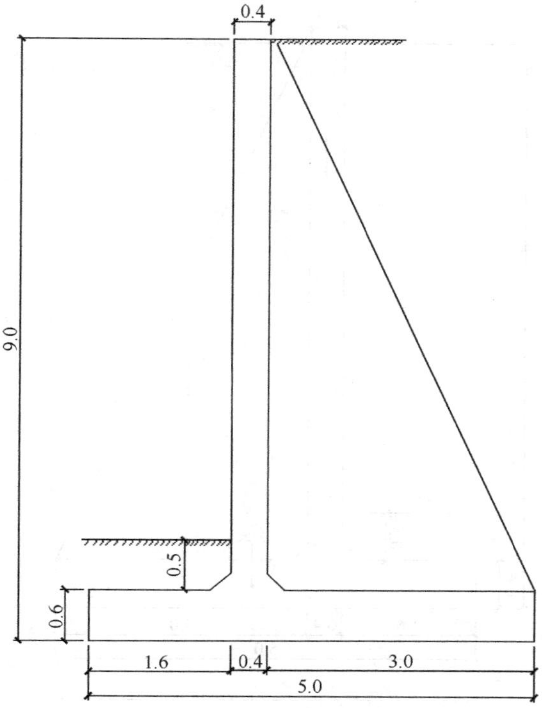

设跨中弯矩为 M_x、支座弯矩为 M_x^0，则

$$M_x = 0.078q \cdot l^2$$
$$M_x^0 = -0.105q \cdot l^2$$

（1）第一段

$$q_1 = \gamma H \tan^2\left(45° - \frac{30°}{2}\right)$$
$$= 19 \times 8.4 \times \tan^2 30°$$
$$= 53.2 \text{kN/m}$$
$$M_{x1} = 0.078 q_1 \cdot l^2$$
$$= 0.078 \times 53.2 \times 3.0^2$$
$$= 37.35 \text{kN} \cdot \text{m}$$
$$M_{x1}^0 = -0.105 q_1 \cdot l^2 = -0.105 \times 53.2 \times 3.0^2 = -50.27 \text{kN} \cdot \text{m}$$

$$f_c = 14.3 \text{N/mm}^2$$
$$f_y = 300 \text{N/mm}^2$$
$$\alpha_s = \frac{M_{x1}}{\alpha_1 f_c b h_0^2} = \frac{37350000}{1 \times 14.3 \times 1000 \times 360^2} = 0.02$$
$$\gamma_s = 0.5(1 + \sqrt{1 - 2 \times 0.02}) = 0.99$$
$$A_s = \frac{37350000}{0.99 \times 300 \times 360} = 349.33 \text{mm}^2$$

图 7-36 例题 7-3 图

采用 Φ12@180（$A_s = 452 \text{mm}^2$）

$$\alpha_s^0 = \frac{M_{x1}^0}{\alpha_1 f_c b h_0^2} = \frac{50270000}{1 \times 14.3 \times 1000 \times 360^2} = 0.027$$
$$\gamma_s^0 = 0.5(1 + \sqrt{1 - 2 \times 0.027}) = 0.99$$
$$A_s^0 = \frac{M_{x1}^0}{\gamma_s f_y h_0} = \frac{50270000}{0.99 \times 300 \times 360} = 470.16 \text{mm}^2$$

采用 Φ12@130（$A_s = 565 \text{mm}^2$）

（2）第二段

$$q_2 = 53.2 \times \frac{1}{2} = 26.6 \text{kN/m}$$
$$M_{x2} = 0.078 q_2 \cdot l^2 = 0.078 \times 26.6 \times 3.0^2 = 18.67 \text{kN} \cdot \text{m}$$
$$M_{x2}^0 = -0.105 q \cdot l^2 = -0.105 \times 26.6 \times 3.0^2 = -25.14 \text{kN} \cdot \text{m}$$

跨中配筋采用Φ10@200，支座配筋采用Φ12@130（计算从略）。

3. 基础底板计算（图7-37）

每米墙身自重 G_1
$$G_1 = 0.4 \times 8.4 \times 25 = 84 \text{kN/m}$$
$$a_1 = 1.8 \text{m}$$

每米基础底板自重 G_2
$$G_2 = 5.0 \times 0.6 \times 25 = 75 \text{kN/m}$$
$$a_2 = 2.5 \text{m}$$

每米墙踵板在宽度 b_2 内的土重 G_3
$$G_3 = 3.0 \times 8.4 \times 19 = 478.8 \text{kN/m}$$
$$a_3 = 3.5 \text{m}$$

挡土墙土压力
$$E_a = \frac{1}{2}\gamma H'^2 \tan^2\left(45° - \frac{\varphi}{2}\right)$$
$$= \frac{1}{2} \times 19 \times 9.0^2 \times \tan^2\left(45° - \frac{30°}{2}\right)$$
$$= 256.5 \text{kN/m}$$

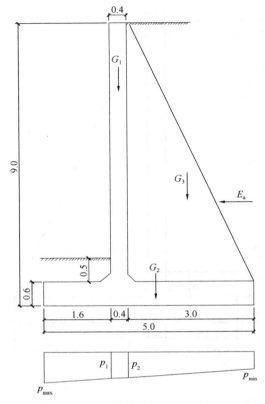

图7-37 例题7-3图

计算基础底板时，采用设计荷载，自重及填土自重均要乘以分项系数1.2，根据下式计算基础底面土反力的偏心距 e 值：

$$e = \frac{b}{2} - \frac{(G_1 a_1 + G_2 a_2 + G_3 a_3) \times 1.2 - E'_{a1}\frac{H'}{3}}{G_1 + G_2 + G_3}$$

$$= \frac{5}{2} - \frac{(84 \times 1.8 + 75 \times 2.5 + 478.8 \times 3.5) \times 1.2 - 256.5 \times \frac{9}{3}}{(84 + 75 + 478.8) \times 1.2}$$

$$= 0.40 \text{m}$$

$$e < b/6 = 0.83 \text{m}$$

$$p_{\min}^{\max} = \frac{\sum G}{b}\left(1 \pm \frac{6e}{b}\right) = \frac{637.8}{5.0} \times \left(1 \pm \frac{6 \times 0.4}{5.0}\right) = \begin{matrix} 188.79 \\ 66.33 \end{matrix} \text{kPa}$$

（1）墙趾部分

$$p_1 = 66.33 + (188.79 - 66.33) \times \frac{3.0 + 0.4}{5.0} = 149.60 \text{kPa}$$

作用在墙趾上的力有基底反力、墙踵板自重及其上土体自重。但由于墙趾板自重很小，其上土体重量在使用过程中可能被移走，因而忽略这两项力的作用。这样墙趾在基底反力作用下每延米的弯矩为：

$$M_1 = \frac{1}{6}(2p_{\max} + p_1)b_1^2 = \frac{1}{6} \times (2 \times 188.79 + 149.60) \times 1.6^2 = 224.9 \text{kN·m}$$

基础底板厚 $h_1 = 600 \text{mm}$，$h_{01} = 400 - 40 = 360 \text{mm}$

$$\alpha_s = \frac{M}{\alpha_1 f_c b h_0^2} = \frac{224900000}{1 \times 14.3 \times 1000 \times 560^2} = 0.05$$

$$\gamma_s = 0.5(1+\sqrt{1-2\alpha_s}) = 0.97$$

$$A_s = \frac{M}{\gamma_s f_y h_0} = \frac{224900000}{0.97 \times 300 \times 560} = 1380.1 \text{mm}^2$$

选用Φ16@120（$A_s = 1407\text{mm}^2$）

（2）墙踵部分

$$p_2 = p_{min} + (p_{max} - p_{min})\frac{b_2}{b} = 66.33 + (188.79 - 66.33) \times \frac{3.0}{5.0} = 139.81\text{kPa}$$

作用在墙踵上的力有墙踵的自重（G_2的部分）及其上土体重量G_3、基底反力。

$$\frac{l_x}{l_y} = \frac{3.0}{3.0} = 1.0 < 2$$

墙踵板的长边与短边之比小于2，可近似按三边固定、一边自由的双向板计算内力及配筋（图7-38）。作用在墙踵板上的均布荷载可近似地计算如下：

$$q_1 = \frac{1.2 \times (0.6 \times 3 \times 25) + 478.8}{3.0} = 177.6 \text{kN/m}$$

墙踵板的基底反力呈梯形分布，可将其简化为均布荷载，其作用方向与q_1相反及基底反力作用下的荷载q为：

$$q = 177.6 - 66.33 = 111.27 \text{kN/m}$$

内力计算：

$$ql_x^2 = 111.27 \times 3.0^2 = 1001.43 \text{kN/m}$$

$$\frac{l_y}{l_x} = \frac{3.0}{3.0} = 1.0 < 2 M_y^0 M_{ymax}$$

查有关内力计算表格得弯矩系数和弯矩值、配筋并列于表7-6中。

内力计算结果　　　　　表7-6

项目	弯矩系数	M = 弯矩系数 $\times ql^2$ (kN·m)	配筋
M_x^0	-0.0600	-60.09	Φ12@180
M_y^0	-0.0550	-55.08	Φ12@180
M_x	0.0227	22.73	Φ10@200
M_y	0.0168	16.82	Φ10@200
M_{xmax}	0.0231	23.13	Φ10@200
M_{ymax}	0.0180	18.03	Φ10@200

4. 扶壁的内力计算

扶壁按T形梁计算，斜筋为梁的受拉钢筋，其所受到的拉力T为：

$$T = \frac{\frac{H}{3} \cdot E_a \cdot \cos\delta}{b_2 + \frac{h}{2} - a} = \frac{\frac{9.0}{3.0} \times 256.5 \times 1.0}{3.0 + \frac{0.4}{2} - 0.07} = 245.85 \text{kN}$$

所需钢筋截面面积为：

$$A_s = \frac{T}{f_y} = \frac{245850}{300} = 819.5 \text{mm}^2$$

采用 5Φ16（A_s=1005mm²）。

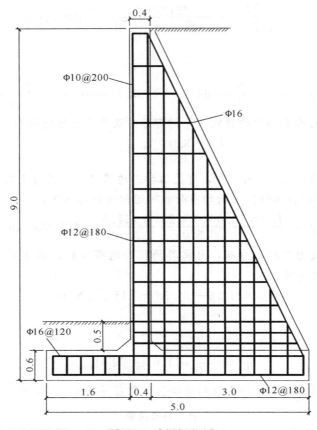

图 7-38　例题 7-3 图

习　题

7.1　什么是挡土墙？

7.2　挡土墙在使用时应满足什么功能要求？

7.3　挡土墙出现哪些状态时，可以分别按照承载力或正常使用状态进行设计？

7.4　挡土墙一般情况下怎么分类？

7.5　作用在挡土墙上的荷载分为哪几类？并举例说明。

7.6　刚性挡土墙墙背土压力分布有什么特点？

7.7　与刚性挡土墙相比，柔性挡土墙有什么特点？

7.8　挡土墙所承受的土压力类型与墙体位移的关系是什么？

7.9　影响挡土墙侧土压力的因素有哪些？

7.10　重力式挡土墙设计原理是什么？

7.11　扶壁式挡土墙中肋板的作用是什么？

7.12　板桩式挡土墙的特点是什么？

7.13 挡土墙选型的原则有哪些？

7.14 挡土墙对埋深有什么要求？

7.15 在计算挡土墙的地基承载力时，地基承载力特征值应如何处理？

7.16 挡土墙设计计算包括哪些内容？

7.17 挡土墙可能出现的问题有哪些？

7.18 挡土墙如何保证抗滑动稳定性？

7.19 挡土墙如何保证抗倾覆稳定性？

7.20 重力式挡土墙按墙体倾斜方式可分为哪几类？

7.21 重力式挡土墙选型时考虑哪几方面的因素？

7.22 考虑主动土压力因素，重力式挡土墙采用什么形式更合理？

7.23 重力式挡土墙将基底做成逆坡的好处是什么？

7.24 悬臂式挡土墙的构造措施有哪些？

7.25 扶壁式挡土墙的构造有哪些规定？

7.26 悬臂式挡土墙进行计算时，立壁的简化计算模型是什么？

7.27 扶壁式挡土墙中立壁有什么构造要求？

7.28 挡土墙为什么需要采取排水措施？

7.29 有一挡土墙，高 6m，墙背直立、光滑、填土面水平。填土的物理力学性质指标如下：$c=8\text{kPa}$，$\varphi=23°$，$\gamma=17.8\text{kN/m}^3$。试求主动土压力及其作用点，并绘制主动土压力分布图。

7.30 如图 7-39 所示，挡土墙高 7m，墙后填土面作用有均布荷载 $q=12\text{kPa}$，填土的物理力学性质指标：$c=0$，$\varphi=38°$，$\gamma=18.5\text{kN/m}^3$，墙背直立、光滑、填土面水平，试求挡土墙的主动土压力 E_a 及其作用点位置，并绘制出土压力分布图。（提示：可将地面荷载转换为填土当量土重）

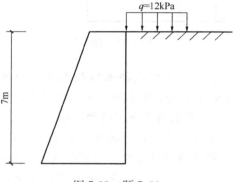

图 7-39 题 7.30

7.31 挡土墙高 10m，墙背直立、光滑、墙后填土面水平，共分两层。各层土的物理力学指标如图 7-40 所示，试求主动土压力 E_a，并绘出土压力的分布图。

7.32 某重力式挡土墙高 4m，墙背垂直光滑，墙后填无黏性土，填土面水平，填土的物理力学性质指标如图 7-41 所示，试求作用于墙上的静止、主动及被动土压力大小及分布。

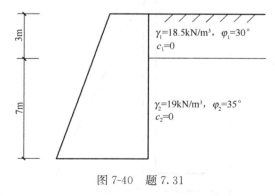

图 7-40 题 7.31

7.33 某浆砌片石挡土墙（图 7-42）高 $H=7.0\text{m}$，砌体重度 $\gamma=22\text{kN/m}^3$，圬工砌体间的摩擦系数 $\mu=0.6$，基底与地基土摩擦系数 $\mu_1=0.3$，墙后填土面水平，填土为中砂，重度 $\gamma=19\text{kN/m}^3$，内摩擦角 $\varphi=30°$，填

料与墙背间的摩擦角 $\delta=20°$，墙后作用有超载 $q=10\text{kPa}$，地基承载力特征值 $f_a=240\text{kPa}$，片石砌体抗压强度 $f_{cd}=0.7\text{MPa}$，抗剪强度 $f_{vd}=0.13\text{MPa}$，试验算挡土墙的稳定性及强度。

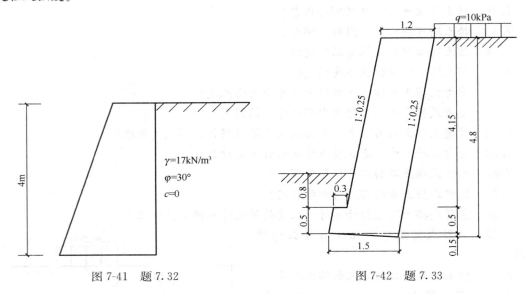

图 7-41　题 7.32　　　　　图 7-42　题 7.33

7.34　悬臂式挡土墙截面尺寸如图 7-43 所示，墙高 4.8m，钢筋混凝土重度 $\gamma_G=25\text{kN/m}^3$，墙后填土面水平，作用有活荷载 $q=6\text{kPa}$，填土重度 $\gamma_0=18\text{kN/m}^3$，内摩擦角为 $30°$，底板与基土间的摩擦系数 $\mu=0.4$，地基承载力特征值 $f_a=200\text{kPa}$，挡土墙底面处在地下水位以上，求挡土墙墙身及基础底板的配筋，并进行稳定性验算和土的承载力验算。挡土墙材料采用 C30 混凝土及 HPB235、HRB335 级钢筋。

7.35　某 8.5m 高的扶壁式挡土墙，截面尺寸如图 7-44 所示。扶壁间距为 3.5m。墙后填土重度 $\gamma=18\text{kN/m}^3$，内摩擦角 $\varphi=30°$，挡土墙材料采用 C30 级混凝土及 HRB335 级钢筋。试设计该挡土墙。

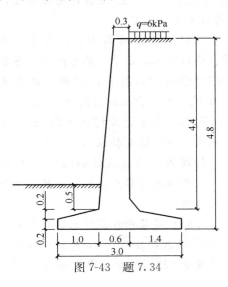

图 7-43　题 7.34

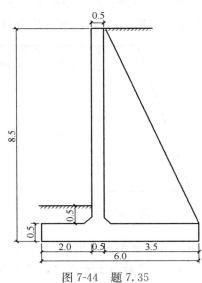

图 7-44　题 7.35

第8章 基 坑 工 程

8.1 概　　述

基坑是为进行建（构）筑物地下部分的施工，而由地面向下开挖出的临时空间。基坑工程是为保证地下空间在施工期间的安全稳定所需的围护结构、地下水控制和环境保护等措施的总称。在施工开挖过程中，为维护基坑的稳定性，需要设置具有挡土、挡水功能的支护结构，也称围护结构。从语义上来讲，支护结构强调结构的承载能力，而围护结构着眼于结构的遮挡能力。

基坑工程属于综合系统工程，包括支护体系设计、施工和土方开挖等环节。主要特点如下：

（1）基坑支护体系属于临时结构，安全储备相对较小。如果重视不够，易发生安全问题。

（2）基坑工程区域性很强，需要结合实际的工程水文地质条件、岩土工程性质以及周围环境的差异性，采取不同的支护结构形式。

（3）水土压力的计算极其复杂。支护结构上承受土的压力作用，而土压力大小又与两者之间的相互作用有关。即使近似简化为作用在支护结构上的土压力仅与支护结构的位移有关，还需分析土压力属于静止、主动和被动土压力三者中的哪一类，然后确定具体的取值大小。如果再考虑地下水对土压力的影响，可能涉及是采用水土压力分算还是合算，这样难度更大。

（4）基坑工程具有较强的时空效应。一方面，基坑的深度和平面形状对基坑支护体系的稳定性和变形有较大影响，在基坑支护体系设计中要注意基坑工程的空间效应；另一方面，土体特别是软黏土，具有较强的蠕变性，作用在支护结构上的土压力会随时间增加，而且蠕变将使土体的强度降低，导致土坡稳定性变差。

（5）基坑工程可能诱发环境效应。基坑开挖势必引起周围地基中地下水位的变化、土中应力场的改变，导致周围地基土体出现变形，对相邻建筑物、构筑物及地下管线产生不利影响；此外，大量土方运输也可能对交通和空气质量产生影响。

（6）基坑工程安全影响因素多，需加强施工管理。由于基坑周围水文地质条件的复杂性，以及深、大基坑日益增多，工程实践中很容易出现各种安全问题。不合理的土方开挖方式、步骤和速度可能导致主体支护结构变位，出现过大的变形，甚至引起支护体系失稳而导致破坏。除此之外，降雨或基坑边壁堆载超限，也可能导致支护结构失效。因此，在施工过程中应加强安全检测，力求实行信息化施工，全局监控。

在基坑施工过程中不可避免地会对周边环境产生影响，影响可能涉及周边的建（构）筑物、地下管线、道路、岩土体与地下水体，因此，为保护地下主体结构施工和基坑周边环境在施工过程中的安全，必须采取相应的临时性保护措施，一旦疏忽就可能引发安全事故。

2006年，黑龙江省某勘察设计院经济适用住房工程发生一起基坑土方坍塌事故，造成重大人员伤亡。施工单位未按施工程序埋设帷幕桩，帷幕桩抗弯强度及刚度均未达到《建筑基坑支护技术规程》JGJ 120—2012的要求；在进行帷幕桩作业时，未采取安全防范措施；毗邻建筑物（锅炉房）一侧杂填土密度低于其他部位，在开挖土方和埋设帷幕桩时，对杂填土层产生了扰动，进一步降低了基坑土壁的强度，导致坍塌事故的发生。

2010年，北京某地铁车站主体结构采用明挖法施工，除部分采用土钉墙支护方式外，其余部位采用桩-锚-支撑或桩-支撑支护体系。在基坑工程施工过程中，基坑东北角第一道钢支撑东侧外面两根斜撑连同钢腰梁突然坠落，并且砸到第二道钢支撑上，致使第二道支撑东北角4根斜撑全部坠落，造成人员伤亡。事故原因在于支护桩与腰梁之间未设置抗剪凳或者抗剪凳连接腰梁的焊缝承载力不足。

8.2 基坑工程设计

8.2.1 一般规定

在基坑工程设计之前，应具备以下资料：
（1）岩土工程勘察报告。
（2）建筑物总平面图、用地红线图。
（3）建筑物地下结构设计资料，以及桩基础或地基处理设计资料。
（4）基坑环境调查报告，包括基坑周边建（构）筑物、地下管线、地下设施及地下交通工程等的相关资料。

基坑工程设计主要包括下列内容：
（1）支护结构体系的方案和技术经济比较。
（2）基坑支护体系的稳定性验算。
（3）支护结构的承载力、稳定和变形计算。
（4）地下水控制设计。
（5）对周边环境影响的控制设计。
（6）基坑土方开挖方案。
（7）基坑工程的监测要求。

参考地基基础设计等级，基坑工程的等级分类见表8-1。

关于支护结构，可以采取两种处理方法：一种是作为临时结构进行考虑，另一种是作为地下室外墙的一部分按永久结构进行处理。如果是后者，需要同时满足主体结构的需求。当支护结构不兼作地下室外墙时，该体系属于临时结构。一旦地下结构施工结束，支护体系的任务就已基本完成。设置支护结构对保证基坑的安全性非常重要，通常需满足三方面要求。

（1）挡土要求：需要保证基坑周围未开挖土体的稳定性，同时满足地下结构施工期间对作业空间的需求。

（2）挡水、截水的需求：无论水土是合算还是分算，支护结构都需要承担与水压有关的相关荷载；在地下水位以下施工作业比较困难，因此要求支护结构具有截水功能，并能结合降水和排水方面的措施,把施工作业面控制在地下水位以上。

基坑工程等级分类　　　　　　　　　　　　　　　　表 8-1

设计等级	建筑和地基类型
甲级	重要的工业与民用建筑物; 30 层以上的高层建筑; 体型复杂,层数相差超过 10 层的高低层连成一体的建筑物; 大面积的多层地下建筑物(如地下车库、商场、运动场等); 对地基变形有特殊要求的建筑物; 复杂地质条件下的坡上建筑物(包括高边坡); 对原有工程影响较大的新建建筑物; 场地和地基条件复杂的一般建筑物; 位于复杂地质条件及软土地区的二层及二层以上地下室的基坑工程; 开挖深度大于 15m 的基坑工程; 周边环境条件复杂、环境保护要求高的基坑工程
乙级	除甲级、丙级以外的工业与民用建筑物; 除甲级、丙级以外的基坑工程
丙级	场地和地基条件简单、荷载分布均匀的七层及七层以下民用建筑及一般工业建筑;次要的轻型建筑物; 非软土地区且场地地质条件简单、基坑周边环境条件简单、环境保护要求不高且开挖深度小于 5.0m 的基坑工程

(3) 保护周围环境的需求:在基坑周围可能存在建(构)筑物或地下管网,为避免基坑施工产生不利影响,需要利用支护结构控制基坑周围的土体变形。

结合基坑工程的等级,基坑支护结构设计应符合下列规定:

(1) 所有支护结构设计均应满足强度和变形计算以及土体稳定性验算的要求。

(2) 设计等级为甲级、乙级的基坑工程,应进行因土方开挖、降水引起的基坑内外土体的变形计算。

(3) 高地下水位地区、设计等级为甲级的基坑工程,应按相关规范规定进行地下水控制的专项设计。

(4) 当基坑开挖影响范围内有建筑物时,支护结构水平位移控制值、建筑物的沉降控制值应按不影响其正常使用的要求确定;当基坑开挖影响范围内有地下管线、地下构筑物、道路时,支护结构水平位移控制值、地面沉降控制值应按不影响其正常使用的要求确定。

(5) 当支护结构构件同时用作主体地下结构构件时,支护结构水平位移控制值不应大于主体结构设计对其变形的限值。

基坑支护应按实际的基坑周边建筑物、地下管线、道路和施工荷载等条件进行设计,设计中应提出明确的基坑周边荷载限值、地下水和地表水控制等基坑使用要求。支护结构设计时应采用下列极限状态:

1. 承载能力极限状态

(1) 支护结构构件或连接因超过材料强度而破坏，或因过度变形而不适于继续承受荷载，或出现压屈、局部失稳。
(2) 支护结构及土体整体滑动。
(3) 坑底土体隆起而丧失稳定。
(4) 对支挡式结构，坑底土体丧失嵌固能力而使支护结构推移或倾覆。
(5) 对锚拉式支挡结构或土钉墙，土体丧失对锚杆或土钉的锚固能力。
(6) 重力式水泥土墙整体倾覆或滑移。
(7) 重力式水泥土墙、支挡式结构因其持力土层丧失承载能力而破坏。
(8) 地下水渗流引起的土体渗透破坏。

2. 正常使用极限状态

(1) 造成基坑周边建（构）筑物、地下管线、道路等损坏或影响其正常使用的支护结构位移。
(2) 因地下水位下降、地下水渗流或施工因素而造成基坑周边建（构）筑物、地下管线、道路等损坏或影响其正常使用的土体变形。
(3) 影响主体地下结构正常施工的支护结构位移。
(4) 影响主体地下结构正常施工的地下水渗流。

8.2.2 基坑支护结构的安全等级

根据主体建筑物本身的重要性以及周围环境，将基坑支护结构等级按照其破坏可能带来的后果划分为三个等级。支护结构设计时，应综合考虑基坑周边环境和地质条件的复杂程度、基坑深度等因素，按表 8-2 采用支护结构的安全等级。对同一基坑的不同部位，可采用不同的安全等级。

支护结构的安全等级　　　　表 8-2

安全等级	破坏后果
一级	支护结构失效、土体过大变形对基坑周围或主体结构施工安全的影响很严重
二级	支护结构失效、土体过大变形对基坑周围或主体结构施工安全的影响严重
三级	支护结构失效、土体过大变形对基坑周围或主体结构施工安全的影响不严重

8.2.3 基坑开挖及支护的选型

支护结构用于支挡或加固基坑侧壁，可承受一定程度的荷载。最早的围护结构采用木桩。目前较常应用的是钢筋混凝土桩、钢板桩、搅拌桩以及土钉墙、地下连续墙等。

不同形式的支护结构适用的条件有所不同，支护结构可参考表 8-3 进行选择。在基坑支护的设计过程中，可以沿深度方向或者平面位置采取不同的支护形式，在不同支护的的结合处，应考虑相邻支护结构的相互影响，其过渡段应有可靠的连接措施。譬如，支护结构上部采用土钉墙或放坡、下部采用支挡式结构时；当坑底以下为软土时，可采用水泥土搅拌桩、高压喷射注浆等方法对坑底土体进行局部或整体加固，水泥土搅拌桩、高压喷射注浆加固体宜采用格栅或实体形式。

各类支护结构的适用条件 表 8-3

结构类型		适用条件	
		安全等级	基坑深度、环境条件、土类和地下水条件
支挡式结构	锚拉式结构	一、二、三级	适用于较深的基坑	1. 双排桩适用于可采用降水或止水帷幕的基坑; 2. 地下连续墙宜同时用作主体地下结构外墙,也可同时用于截水; 3. 锚杆不宜用在软土层和高水位的碎石土、砂土层中; 4. 当邻近基坑有建筑物地下室、地下构筑物等,锚杆的有效锚固长度不足时,不应采用锚杆; 5. 当锚杆施工会造成基坑周边建(构)筑物的损坏或违反规划规定时,不应采用锚杆
	支撑式结构		适用于较深的基坑	
	悬臂式结构		适用于较浅的基坑	
	双排桩		当锚拉式、支撑式和悬臂式结构不适用时,可考虑采用双排桩	
	支护结构与主体结构结合的逆作法		适用于基坑周边环境条件很复杂的深基坑	
土钉墙	单一土钉墙	二、三级	适用于地下水位以上或经降水的非软土基坑,且基坑深度不宜大于12m	当基坑潜在滑动面内有建筑物、重要地下管线时,不宜采用土钉墙
	预应力锚杆复合土钉墙		适用于地下水位以上或经降水的非软土基坑,且基坑深度不宜大于15m	
	水泥土桩垂直复合土钉墙		用于非软土基坑时,基坑深度不宜大于12m;用于淤泥质土基坑时,基坑深度不宜大于6m;不宜用在高水位的碎石土、砂土、粉土层中	
	微型桩垂直复合土钉墙		适用于地下水位以上或经降水的基坑,用于非软土基坑时,基坑深度不宜大于12m;用于淤泥质土基坑时,基坑深度不宜大于6m	
重力式水泥土墙		二、三级	适用于淤泥质土、淤泥基坑,且基坑深度不宜大于7m	
放坡		三级	1. 施工场地应满足放坡条件; 2. 可与上述支护结构形式结合	

注:1. 当基坑不同部位的周边环境条件、土层性状、基坑深度等不同时,可在不同部位分别采用不同的支护形式。
   2. 支护结构可采用上、下部以不同结构类型组合的形式。

8.3 基坑支护选型

支护结构类型的划分可以有不同依据,按照支护结构的刚度进行分类,可以分为刚性和柔性支护结构。刚性支护结构一般体型和自重很大,在外部荷载作用下只产生刚体位移而不会发生弹性变形,例如重力式挡土墙。刚性支护结构本质上是利用墙身重力来平衡外部荷载,维护结构的自身稳定。柔性支护结构在外部荷载作用下会产生一定的弹性变形,一般不发生刚体位移。常见的柔性支护结构主要包括钢筋混凝土桩、钢板桩和地下连续墙等形式，具有一定的水平抗弯变形能力。

支护结构还可按照外部荷载的平衡方式进行分类，分为重力式、悬臂式和支锚式，如图 8-1 所示。悬臂式支护结构和支锚式支护结构的区别在于：沿支护结构的高度方向是否设有内外约束。例如，对排桩支护，如果在基坑内侧设置有水平内支撑或在外部设有锚杆，就属于支锚式，否则为悬臂式。通常支锚式结构相比于悬臂式结构，其稳定性更好，可以抵抗更大的外部荷载。

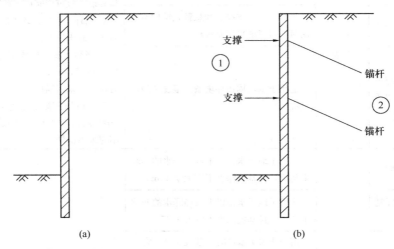

图 8-1 支护结构的力平衡方式分类
（a）悬臂式；（b）支锚式

支锚式结构包括内部支撑式和外部锚拉式。内部支撑可以是钢构件或者钢筋混凝土构件，外部锚拉式一般采用锚杆来实现。基坑开挖在施工过程中，应能保证基坑侧壁外围土体的稳定性以及周边建（构）筑物、地下管线、道路的安全和正常使用。因此，基坑支护结构的变形必须受到严格控制，这样方可控制基坑周边地面的沉降和侧移。由于基坑施工方法、开挖深度、周边荷载以及场地水土条件的不同，必须选取适当的支护结构类型才能实现这一点。合理的基坑支护设计方案需要综合考虑以下因素：

（1）基坑深度。
（2）环境条件。
（3）岩土条件。
（4）地下水赋存条件。
（5）基坑周边环境对基坑变形的承受能力及支护结构失效的后果。
（6）主体地下结构和基础形式及其施工方法、基坑平面尺寸及形状。
（7）支护结构施工工艺的可行性。
（8）施工场地条件及施工季节。
（9）经济指标、环保性能和施工工期。

在上述分类的基础上，下面介绍常见的支护方式。

8.3.1 放坡开挖

当场地条件允许，特别是场地平坦且范围较大时，如果周围无其他建（构）筑物、地下管线和道路，对基坑侧壁土体的控制可以相对放松，可采用放坡开挖的形式。

放坡开挖可以单独采用，也可以与其他支护类型组合使用。例如，上部采用放坡开挖，下部采用土钉墙支护。这样一方面上部采用放坡开挖，减少了支护成本，另一方面下部采用土钉墙支护，降低了对场地条件的需求。

放坡开挖是最原始的开挖方式，它对土体的自稳性要求较高，不适用于含水率较高的软土。对于放坡开挖的坡面，可采取一定的保护措施，如水泥抹面、铺设土工膜、喷射混凝土面层或者砌石等。

8.3.2 土钉墙支护

土钉墙是由随基坑开挖分层设置的、纵横向密布的土钉群，喷射混凝土面层及原位土体所组成的支护结构。土钉是设置在基坑侧壁土体内承受拉力与剪力的金属杆件。施工时在土层中成孔后，植入钢筋杆体并通过孔内注浆在杆体周围形成锚固体，这种钢筋土钉多采用螺纹钢筋；如果将侧壁设有出浆孔的钢管直接打入基坑侧壁土体中，并在钢管内输送浆液形成锚固体，则属于钢管土钉。

土钉墙支护结构的工作机理可解释为：天然土体通过钻孔、插筋、注浆来设置土钉并与喷射混凝土面层相结合，形成类似加筋式重力挡土墙的支护结构，以抵抗墙后的侧向土压力，保持开挖面的稳定。土钉一般通过水泥砂浆进行全长锚固。土钉不是天然土体中固有的，是人工植入的外来物，相当于在土体中增设的加强筋。由于植入的钢筋与土体的变形模量相差很大，因此只有土体与土钉之间发生一定的相对位移，土钉才会起到加筋强化的作用。因此，当周围有建（构）筑物时，如果采取土钉墙支护，基坑侧壁的水平位移与沉降就有可能超限，因此不宜使用。

1. 土钉墙的组成

从土钉墙的构造来看，它是通过在土中植入土钉，通过注浆与周围土体粘结，从而增加周围土体的强度。通过土钉与砂浆间存在的粘结力、砂浆锚固体和周围土体间的摩擦力，在土层中可以形成受力性能良好的复合土体，达到提高基坑边壁土体自稳性的目的。如图 8-2 所示。

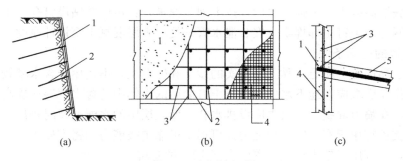

图 8-2 土钉墙细部
(a) 土钉剖面；(b) 土钉面层喷锚；(c) 土钉节点
1—喷射混凝土面层；2—土钉锚固体；3—加强钢筋；4—钢筋网；5—灌注水泥砂浆

2. 土钉墙的构造

（1）土钉墙、预应力锚杆复合土钉墙的坡比不宜大于 1∶0.2；当基坑较深、土的抗剪强度较小时，宜取较小坡比。

（2）土钉墙宜采用洛阳铲成孔的钢筋土钉。对易塌孔的松散或稍密的砂土、稍密的粉土、填土，或易缩径的软土，宜采用打入式钢管土钉。

（3）土钉水平间距和竖向间距宜为1～2m；当基坑较深、土的抗剪强度较小时，土钉间距应取小值。土钉倾角宜为5°～20°。土钉长度应按各层土钉受力均匀、各土钉拉力与相应土钉极限承载力的比值相近的原则确定，宜穿越潜在的滑动面。

（4）钻孔直径宜为70～120mm；土钉钢筋宜采用HRB400、HRB500级钢筋，钢筋直径宜为16～32mm。

（5）土钉墙注浆材料宜采用水泥浆或水泥砂浆，其强度等级不宜低于20MPa。

（6）土钉墙喷射混凝土面层宜配置钢筋网，钢筋直径宜为6～8mm，间距宜为150～300mm，喷射混凝土强度等级不宜低于C20，面层厚度不宜小于80mm。

（7）土钉墙坡面上、下段钢筋网的搭接长度应大于300mm。

（8）土钉墙适用于基坑支护结构安全等级为二、三级的非软土场地，基坑深度一般是在15m以内；当地下水位高于基坑底面时，应采取降水或截水措施；土钉墙墙顶应采用砂浆或混凝土护面，坡顶和坡脚应设排水措施，坡面上可根据具体情况设置泄水孔。土钉墙常用于开挖深度不大、周围相邻建筑或地下管线对沉降与位移要求不高的基坑支护。

3. 土钉墙的特点

（1）在土中加筋，即植入钢筋形成复合土体，可以显著提高基坑边壁的整体稳定性和承载能力。

（2）施工简便，不需单独占用场地。由于钉长一般比锚杆的长度小得多，不加预应力，所以设备简单。

（3）随基坑开挖可以逐层分段开挖作业，施工效率高，占用周期短。

（4）土钉墙支护结构成本较低，施工噪声、振动小，不影响环境。

4. 土钉墙支护结构的施工工艺

土钉墙施工主要包括钻孔、插筋、注浆、铺设钢筋网和喷射混凝土护面等几个环节。首先根据地质划分开挖高度，放出开挖高度线，开挖土方并修整边坡，之后进行底层混凝土初喷。待底层混凝土产生强度以后，按下列步骤进行：定位并钻设钉孔→土钉安装→注浆→挂钢筋网并与土钉尾部焊牢→安装泄水管→复喷表层混凝土至设计厚度。

5. 土钉墙的适用条件

它适用于黏性土、粉土、黏土、密实的砂土和碎石土，不适用于含水率较高的软土场地，支护工作面底端应在地下水位以上。土钉墙后的土体中若含水率突然提高，则易出现事故。因此，在喷射混凝土面层中应设排水孔，使土层中的水能够及时排出。

土钉墙支护宜用于有一定自稳能力并可提供可靠抗拔能力的密实砂土、粉土、素填土或硬岩石等，不宜用于软土场地或深度大于12m的基坑。

6. 复合土钉墙

在土钉墙的基础上，还可衍生出复合土钉墙：①在植入土钉前，通过打入钢管桩或微型钢筋混凝土桩进行超前支护，进一步提高基坑侧壁的自稳性；②若土层中含地下水且难以排水时，可通过预先施作水泥土搅拌桩，形成止水帷幕，实现截水功能后再进行土钉施工；③通过与预应力锚杆联合使用，进一步减小周围地面的变形和沉降。

8.3.3 锚杆支护

锚杆支护是在基坑侧壁土层上钻孔至设计深度，在孔内放入钢筋或钢绞线，灌入水泥砂浆或化学浆液，使之形成锚固体，通过摩擦力或黏聚力将土体侧压力传至稳定土层的一种支护形式（图8-3）。锚杆是由钢绞线、普通钢筋、热处理钢筋或钢管制成的受拉杆体，其一端通过锚具、套管和连接器与支护结构构件连接，另一端通过沿杆身部分长度注浆形成锚固体后，锚固在稳定的岩土层内。当采用钢绞线制作锚杆时，也可称之为锚索。

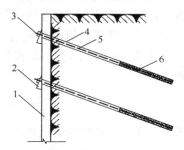

图8-3 土层锚杆支护
1—桩（墙）结构；2—锚头垫座；
3—锚头；4—钻孔；5—锚拉杆；
6—锚固体

锚杆支护很少单独应用，通常和其他支护形式联合使用。例如，锚杆和支护桩联用形成桩锚支护，和土钉联用形成预应力锚杆复合土钉墙支护。当在较硬土层或破碎岩层中开挖较大、较深基坑，或者邻近有建筑物需要严格控制地表位移和沉降时，可以考虑采用这种支护形式，具有成本低、支护效果好、操作简便、使用灵活和占用施工净空少等优点。如果为永久性锚杆，需要进行防腐处理。

锚杆一般包括连接头（锚头）、拉杆和锚固体三部分，杆身沿全长分为两段，即自由段和锚固段。其中，锚固段传递荷载，将基坑周围土体的侧压力传至较远的稳定土层中，而自由段主要起变形调节作用。土层锚杆构造如图8-4所示。

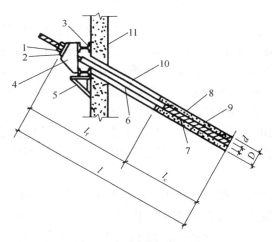

图8-4 土层锚杆构造图
1—锚具；2—承压板；3—横梁；4—台座；5—承托支架；6—套管；7—钢拉杆；8—砂浆；9—锚固体；10—钻孔；11—挡土墙；l_f—非锚固段（自由段）长度；l_c—锚固段长度；l—锚杆全长；D—锚杆直径；d—拉杆直径

锚杆支护一般需要对锚杆施加预应力。为了可靠、有效地传力，应该在锚固端头位置设置钢梁或混凝土板并与台座有效连接。在实际工程中，锚杆支护常与桩墙支护联用，这可以有效减少桩墙的截面尺寸和配筋率，降低桩墙的水平位移。

8.3.4 水泥土墙支护

重力式水泥土桩墙是利用水泥作为固化剂，通过特定的搅拌机械在地基内部原地将水泥和土体强制拌和，使水泥和土体之间发生一系列的物理化学反应，最后硬化成具有较好整体性、防水性和一定强度的水泥加固桩群。

除此之外，重力式水泥土桩墙也可采用喷射注浆法形成支护结构。高压喷射法是利用高压将压缩空气、水和水泥浆液经埋入土中特制的喷射管送到旋喷头，然后高速喷出，冲击破坏四周的土体，使土颗粒在冲击力、离心力和重力的作用下与水泥浆液搅拌混合，最后经一段时间硬结成加固桩体。

当基坑开挖深度较大时，重力式水泥土桩墙可采用格栅体系，如图8-5所示。水泥土和它所包围的天然土形成重力式挡土墙，维持外部土体的稳定性。假设h为基坑深度，重力式水泥土桩墙的嵌固深度：对淤泥质土，不宜小于 1.2h；对淤泥，不宜小于 1.3h；重力式水泥土桩墙的宽度：对淤泥质土，不宜小于 0.7h；对淤泥，不宜小于 0.8h。水泥土搅拌桩的搭接宽度不宜小于 150mm。重力式水泥土桩墙采用格栅形式时，格栅的面积置换率：对淤泥质土，不宜小于 0.7；对淤泥，不宜小于 0.8；对一般黏性土、砂土，不宜小于 0.6。格栅内侧的长宽比不宜大于 2。

每一个格栅内的土体面积应符合下列要求：

$$A \leqslant \delta \frac{cu}{\gamma_m} \qquad (8-1)$$

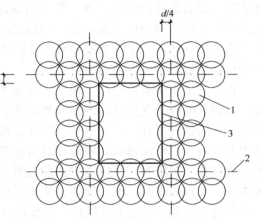

图 8-5　格栅式水泥土墙
1—水泥土桩；2—水泥土桩中心线；3—计算周长

式中　A——格栅内的土体面积（m^2）；
　　　δ——计算系数；对黏性土，取 $\delta=0.5$；对砂土、粉土，取 $\delta=0.7$；
　　　c——格栅内土的黏聚力（kPa）；
　　　u——计算周长（m）；
　　　γ_m——格栅内土的天然重度（kN/m^3）；对多层土，取水泥土墙深度范围内各层土按厚度加权的平均天然重度。

当水泥土墙兼作止水帷幕时，搅拌桩直径宜取 450~800mm。搅拌桩的搭接宽度应符合下列规定：①单排搅拌桩帷幕的搭接宽度要求如下：当搅拌深度不大于 10m 时，不应小于 150mm；当搅拌深度为 10~15m 时，不应小于 200mm；当搅拌深度大于 15m 时，不应小于 250mm；②对地下水位较高、渗透性较强的地层，宜采用双排搅拌桩止水帷幕，搅拌桩的搭接宽度要求如下：当搅拌深度不大于 10m 时，不应小于 100mm；当搅拌深度为 10~15m 时，不应小于 150mm；当搅拌深度大于 15m 时，不应小于 200m。由于水泥土抗拉强度低，所以重力式水泥土桩墙的宽度一般较大，受力后变形相对大一些，适用于较浅且场地比较宽裕的基坑工程。

水泥土墙的 28d 无侧限抗压强度不宜小于 0.8MPa。当需要增强墙体的抗拉性能时，可在水泥土桩内插入杆筋。杆筋可采用钢筋、钢管或毛竹。杆筋的插入深度宜大于基坑深度。杆筋应锚入面板内。水泥土墙顶面宜设置混凝土连接面板，面板厚度不宜小于 150mm，混凝土强度等级不宜低于 C15。

8.3.5　悬臂式桩墙支护

悬臂式桩墙支护无侧向约束，主要利用支挡构件的抗变形能力来抵御外部荷载作用。因此，一般必须保证具有足够的入土嵌固深度和抗弯刚度，以保证支护结构的变形不超限，从而有效控制基坑内外侧土体的位移。悬臂式支护结构易产生大的侧向变形，因此仅适用于较浅的基坑，如图 8-6 所示。

图 8-6　悬臂式支护结构示意图

悬臂式桩墙支护常见形式主要包括：

1. 排桩支护

排桩支护主要包括各种混凝土灌注桩、型钢桩、钢管桩、钢板桩、型钢水泥土搅拌桩等桩型。

（1）混凝土灌注桩

在基坑开挖之前，预先在基坑外沿地面向下施作钢筋混凝土排桩，待桩身混凝土达到一定强度后，再进行支护开挖。排桩之间彼此重叠，必要时可采取双排布置（图 8-7）。

（2）钢板桩

钢板桩是用于开挖基坑深度较小的一种支护结构。除少数工程用钢筋混凝土板桩以外，使用更广泛的是各种钢板桩。钢板桩一般适用于黏性土、粉土、砂土和素填土等土层，基坑开挖深度在 7m 以内。

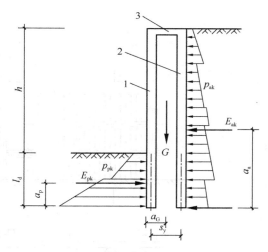

图 8-7 双排桩支护结构
1—前排桩；2—后排桩；3—刚架梁

钢板桩按打桩方法分为单层围檩打桩法和双层围檩打桩法。支护形式如图 8-8 和图 8-9 所示。

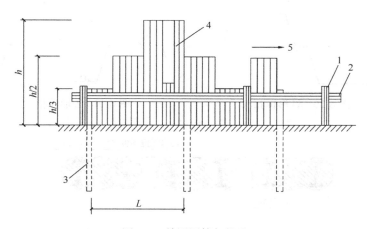

图 8-8 单层围檩打桩法
1—围檩桩；2—围檩；3—两端先打入定位钢板桩；4—钢板桩；
5—打桩方向；h—板桩长度；L—10～20 块板桩宽度

钢板桩锁扣方式常见的有 U 形和 Z 形，如图 8-10 和图 8-11 所示。

（3）加筋水泥土桩墙

加筋水泥土桩墙与重力式水泥土桩墙的区别在于前者植入了型钢，横断面跨度较小。常见的加筋水泥土桩墙常在水泥土桩中插入 H 型钢。型钢水泥土墙（图 8-12）具有挡土和止水的双重功效，常见的型钢植入法有 SMW 工法，即先施工水泥土挡墙，然后按一定的形式在其中插入型钢（如 H 型钢），形成一种劲性复合围护结构。TRD 工法是将满足设计深度的附有切割链条以及刀头的切割箱插入地下，在进行纵向切割、横向推进成槽的

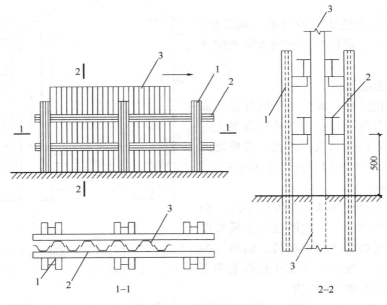

图 8-9 双层围檩打桩法
1—围檩桩；2—围檩；3—钢板桩

图 8-10 U 形锁扣　　　图 8-11 Z 形锁扣

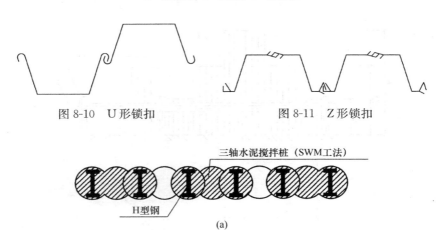

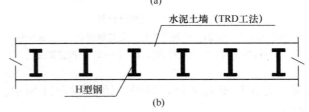

图 8-12 型钢水泥土墙
(a) SMW 工法；(b) TRD 工法

同时，向地基内部注入水泥浆，已达到与原状地基的充分混合搅拌，在地下形成等厚度连续墙的一种施工工艺。加筋水泥土桩墙不同于重力式水泥土桩墙的支护原理，前者属于柔性支护，后者属于刚性支护。

2. 地下连续墙

地下连续墙是在地面用特殊的挖槽设备，在泥浆护壁的情况下，开挖一条狭长的深槽，在槽内放置预先制作好的钢筋笼并浇筑混凝土，筑成一段钢筋混凝土墙段，然后再将若干墙段连接成整体，形成一条连续的地下墙体。地下连续墙具有防渗、挡土以及控制基坑周边地表变形和沉降的功能，可以作为建筑基础的一部分。

（1）地下连续墙的分类

地下连续墙按墙身材料可分为土质墙、混凝土墙、钢筋混凝土墙及组合墙；按照墙截面形式，可分为板壁式、预应力U形折板式、T/π形和格栅式地下连续墙，如图8-13所示。

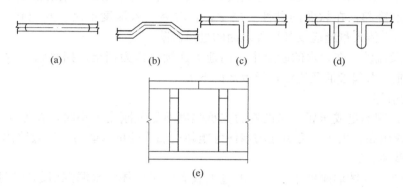

图 8-13 地下连续墙截面形式
(a) 板壁式；(b) 预应力U形折板式；(c) T形；(d) π形；(e) 格栅式

1) 板壁式：应用最多，适用于各种直线段和圆弧段墙体。
2) T形和π形地下连续墙：适用于开挖深度较大、支撑垂直间距大的情况。
3) 格栅式地下连续墙：前两种组合在一起的结构形式，可不设支撑，靠其自重维持墙体的稳定。
4) 预应力U形折板式：新式地下连续墙，是一种空间受力结构，刚度大、变形小、能节省材料。

地下连续墙按用途可分为临时挡土墙、防渗墙、用作主体结构兼作临时挡土墙的地下连续墙和用作基础兼作墙体的地下连续墙。

（2）地下连续墙的适用条件

处于软弱地基中的深、大基坑，当周围有密集的建筑群或重要地下管线时，需要对周围地面沉降和建筑物沉降严格限制；场地狭窄或者围护结构作为主体结构的一部分，并且对抗渗有较严格要求；采用逆作法施工，地上和地下同步施工时，宜用地下连续墙。

（3）地下连续墙的优缺点

主要优点包括土方开挖量小，无需井点降水，适用于各种复杂地质条件；可减少工程施工对周围环境的影响，无噪声、振动小，适用于在城市施工作业；刚度大、整体性好，用于深基坑支护时变形较小，基坑周围地面沉降小，在建筑物、构筑物密集地区可以施工，对邻近建筑物和地下设施影响小；兼具截水、防渗、承重、挡土和抗滑等功能，耐久性好；如果作为主体结构外墙，可利用逆作法施工，能加快施工进度、降低造价。

缺点：弃土及废弃泥浆的处理问题可能增加工程费用，处理不当还会造成环境污染；施工不当或土质条件特殊时，易出现不规则超挖或槽壁坍塌，轻则引起混凝土灌注超方和结构尺寸超出容许的界限，重则引起相邻地面沉降、坍塌，危害邻近建筑和地下管线安全；与板桩、灌注桩及水泥土搅拌桩相比，地下连续墙造价高，选用时必须考虑经济性问题；施工机械设备购置成本高，专业化程度强。

(4) 地下连续墙的破坏形式

1) 稳定破坏

① 整体失稳：松软地层中因支承位置不当，或施工中支撑系统结合不牢等原因，使墙体位移过大，或因地下连续墙入土太浅，导致基坑外整个土体产生滑坡或塌方。

② 基坑底隆起：在软弱的黏性土层中，若墙体插入深度不足，开挖到一定深度后，会引起基坑内土体大量隆起及基坑外地面的过量沉陷。

③ 管涌及流沙：在含水的砂层中采用地下连续墙作为挡土、挡水结构时，开挖形成的水头差可能会引起管涌及流沙，导致地面下沉。

2) 强度破坏

① 支撑强度不足或压屈。当设置的支承强度不足或刚度太小时，在侧向土压力作用下支撑损坏或压屈。由土压力引起的墙体弯矩超过墙体的抗弯能力，导致墙体因变形过大而产生开裂破坏。

② 由于地下连续墙刚度不足、变形过大或者由于墙体渗水漏泥引起地层损坏，导致基坑外的地表沉降和水平位移过大，会引起基坑周围的地下管线断裂和地面房屋的损坏。

地下连续墙及其构筑物作为基础设计的极限状态分为以下两类：

① 承载力极限状态，及其坑槽地基达到最大承载力或局部、整体失稳且不适于继续承载的状态。

② 正常使用极限状态，对应于地下连续墙及其坑槽地基达到建筑物正常使用所规定的变形值或耐久性要求的限值。

(5) 地下连续墙的设计要求

1) 地下连续墙的正截面受弯承载力、斜截面受剪承载力应按现行国家标准《混凝土结构设计规范》GB 50010—2010（2015年版）的有关规定进行计算，但其弯矩、剪力设计值应按现行标准《建筑基坑支护技术规程》JGJ 120—2012确定。地下连续墙的墙体厚度宜根据成槽机的规格，选取600、800、1000mm或1200mm。

2) 一字形槽段长度宜取4～6m，当成槽施工可能对周边环境产生不利影响或槽壁稳定性较差时，应取较小的槽段长度。必要时，宜采用搅拌桩对槽壁进行加固。地下连续墙的转角处有特殊要求时，单元槽段的平面形状可采用L形、T形等。

3) 地下连续墙的混凝土设计强度等级宜取C30～C40，地下连续墙用于截水时，墙体混凝土抗渗等级不宜小于P6。当地下连续墙同时作为主体地下结构构件时，墙体混凝土抗渗等级应满足现行国家标准《地下工程防水技术规范》GB 50108—2008等相关标准的要求。

4) 地下连续墙的纵向受力钢筋应沿墙身两侧均匀配置，可按内力大小沿墙体纵向分段配置，但通长配置的纵向钢筋不应小于总数的50%；纵向受力钢筋宜选用HRB400、HRB500钢筋，直径不宜小于16mm，净间距不宜小于75mm。水平钢筋及构造钢筋宜选用 HPB300 或 HRB400 钢筋，直径不宜小于 12mm，水平钢筋间距宜取 200～400mm。冠梁按构造设置时，纵向钢筋伸入冠梁的长度宜取冠梁厚度。冠梁按结构受力构件设置时，墙身纵向受力钢筋伸入冠梁的锚固长度应符合现行国家标准《混凝土结构设计规范》GB 50010—2010（2015 年版）对钢筋锚固的有关规定。当不能满足锚固长度的要求时，其钢筋末端可采取机械锚固措施。

5）地下连续墙纵向受力钢筋的保护层厚度，在基坑内侧不宜小于 50mm，在基坑外侧不宜小于 70mm。钢筋笼端部与槽段接头之间、钢筋笼端部与相邻墙段混凝土面之间的间隙不应大于 150mm，纵向钢筋下端 500mm 长度范围内宜按 1∶10 的斜度向内收口。

（6）地下连续墙施工步骤

地下连续墙施工常采用逐段施工方法，周而复始地进行。每段分六步（图 8-14）：

1）开挖导槽，修筑导墙。
2）在始终充满泥浆的沟槽中，利用专业挖槽机械进行挖槽。
3）两端放入接头管。
4）将已制备的钢筋笼下沉到设计高度。
5）插入水下灌注混凝土导管后，进行混凝土灌注。
6）待混凝土初凝后，拔出导管。

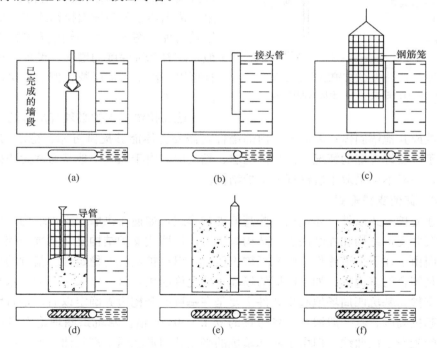

图 8-14 地下连续墙的施工顺序图
(a) 挖槽；(b) 放接头管；(c) 吊放钢筋笼；(d) 混凝土灌注；
(e) 拔接头管；(f) 成型

8.3.6 内撑式支护

悬臂式桩支护由于缺乏侧向约束，因此在外部荷载作用下，支护结构的变形可能较大，因此只适用于较浅的基坑。在基坑高度增加时，可以辅之以水平的内支撑对桩墙提供侧向约束，以期承受更大的外部荷载，并将桩墙的变形控制在一定范围内。内撑式支护结构由桩（墙）和内支撑结构两部分组成。支护桩通常采用钢筋混凝土排桩或者钢板桩，支护墙可采用地下连续墙。内支撑按照方向一般分为水平支撑和斜支撑两种，具体构件形式可以是钢筋混凝土、钢管或者组合型钢制成的梁。钢筋混凝土支撑的优点在于刚度好、变形小，但缺点是施工周期长、拆除不便；钢支撑的优点是可以施加预压力且便于回收，当基坑开挖深度增加时，沿深度方向水平支撑的层数可以适当增加，采取单层、双层或多层，支撑都有可能，缺点是存在运输问题且成本高。

钢筋混凝土排桩和地下连续墙既可按悬臂式支护结构设计，也可按内撑式支护结构设计；板桩支护结构由于侧向抗弯刚度较小，一般按内撑式支护结构设计。

8.3.7 外锚式支护

外锚式支护结构主要由桩（墙）和基坑外侧提供锚拉力的锚固部分组成。桩（墙）可以是钢筋混凝土排桩或钢板桩式地下连续墙等。在内撑式支护体系中，给挡土结构提供侧向约束的是设置在基坑内部的支撑。如果考虑施工的便利性，也可以改用在基坑外部设置锚杆的形式来给支护结构提供侧向约束。锚固体系分为地面拉锚式和土层内部拉锚式两种（图8-15）。与内撑式支护结构类似，随着基坑深度的增加，设置在土中的锚杆可以按需求增加层数，例如双层锚杆和三层锚杆等。

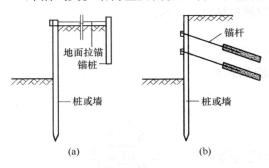

图8-15 拉锚式支护结构示意图
（a）地面拉锚式；（b）土层内部拉锚式

地面拉锚式支护必须有足够的场地空间设置锚固桩或其他锚固体；采取土层内部锚杆式需要土体能够提供可靠、稳定的锚固力，通常适用于有较好土层的情况，例如砂土层、黏土层。由于软黏土地基通常无法提供足够的锚固力，一般不可采取土层锚杆式支护结构。

8.3.8 其他支护形式

除上述支护形式以外，还包括一些其他支护形式，如逆作拱墙式支护结构、门架式支护结构、沉井支护结构和冻结法支护结构等。逆作拱墙式支护结构是在基坑开挖时，沿基坑深度方向由上往下分道施作拱圈来抵御土压力，以维护基坑的稳定性。基坑的平面几何形状通常是闭合的多边形。如果四周的场地条件允许起拱，就可以采用闭合的水平拱圈来进行基坑支护。基坑四周场地起拱条件主要是在基坑的开挖边界确定以后，是否留有富裕可以保证起拱高度。其一般取基坑各边长的0.12～0.16倍。基坑拱圈理论上可以是一条曲率连续的光滑二次曲线。但由于实际基坑的平面几何形状通常都是曲线形、折线形或矩形，因此基坑拱圈多为几条曲率不连续的曲线组合而成。对于闭合拱圈而言，作用在拱圈四周的土压力大部分在拱圈内相互抵消，仅有少部分不平衡力传至拱脚附近土体，由该区域土体通过产生被动土压力加以平衡。拱结构以受压为主，能够很好地发挥混凝土受压强度高的特点，并且拱圈支挡只需在坑底以下设置，承载性和经济性都比较突出。

当基坑较浅时，可以通过设置一道Z字形拱圈，就可以保证拱臂外土体的稳定性。随着基坑深度的增加，当Z字形拱圈无法满足条件时，可以采取几道Z字形拱圈组合的方式来满足要求。如果拱臂外的土压力较大,而拱臂厚度较小时,需要延深度方向设置肋梁来提高拱圈的强度和稳定性,有时为了施工的方便,也适当增加拱臂的厚度,采取单一后臂拱来满足基坑支护的要求(图 8-16)。

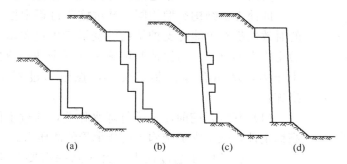

图 8-16 拱墙断面示意图
(a) 单道 Z 字形拱圈;(b) 多道 Z 字形拱圈;(c) 拱圈加肋;(d) 拱壁加厚

8.4 支护结构上的荷载

8.4.1 一般规定

支护结构强所承受的侧向荷载主要包括水、土压力以及基坑开挖影响范围内的建筑物荷载、地面堆载和施工荷载等,其中,水土压力是最主要的外部荷载,当支护结构上水平位移有严格限制时,土压力应采用静止土压力计算。一般情况下,支护结构外侧的压力可采用库伦和朗肯土压力计算。基坑工程采用止水帷幕并插入坑底下部相对不透水层时,基坑内外的水压力可按静水压力计算。当按变形控制原则设计支护结构时,作用在支护结构上的计算土压力可按支护结构与土体的相互作用原理确定,也可按地区经验确定。

8.4.2 支护结构变形或位移对土压力分布的影响

根据挡土墙后土压力的分布规律可知,支护结构的位移方向和大小对其后的土体中的土压力的性质和大小有决定性的影响。当支护结构完全没有位移或变形时,土压力属于静止土压力,呈三角形分布;当基坑支护结构向基坑内侧产生位移或者转动时,土压力由静止土压力变为主动土压力,坑壁外侧的土压力由静止土压力过渡到它的最小值,即主动土压力;当支护结构向土体方向移动时,则坑壁外侧的土压力逐渐过渡到其最大值,即被动土压力。基坑坑底的土体一般所受的土压力为被动土压力,这一区域的土体受到支护结构的挤压作用,将在一定程度上限制支护结构向基坑内侧移动。在基坑支护的设计中可合理利用被动区土体的水平抗力。

支护结构的实际变形与其类型是紧密相关的。对于悬臂式支护结构,本身有绕其下端向基坑内侧倾斜变形的趋势,支护结构外侧为主动土压力,呈三角形分布,与一般挡土墙的分布有些类似。如图 8-17 所示。

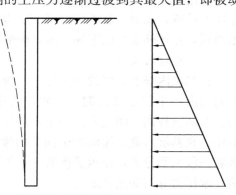

图 8-17 墙体变位产生的主动土压力

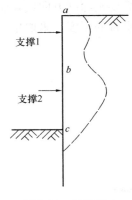

图 8-18 马鞍形土压力分布

如果采用桩撑式或外锚式，则土压力会在支撑点处显著增加，出现极值。例如，内撑式桩墙支护在基坑内侧设置两道支撑，其后土压力的分布近似为马鞍形，如图 8-18 所示。

即使支护结构类型相同，基坑施工过程中挖土顺序以及支护的时效性都有可能对支护结构的变形产生重要影响，从而影响其后土压力的分布。为保证基坑施工的安全性，减少其所承受的水土压力，从而有效控制其变形，在施工过程中，可采取以下措施：

(1) 基坑开挖前，先进行降水作业，通过土体固结作用，提高稳定性，减少支护结构上可能承受的侧压力。

(2) 在基坑开挖过程中，由浅到深需要分步开挖并及时支撑，每挖一层土体，要尽可能第一时间内设置侧向支撑，然后再开挖下一层。

(3) 基坑内部土体的开挖宜采取对称开挖的方式进行，即防止支护结构上承受偏载。

8.4.3 支护结构上的水土压力计算

对于基坑结构而言，在承受侧向水土压力时，必然会产生一定的侧向位移；与之对应，基坑内外侧土层中部分出现主动土压力，部分出现被动土压力。对于基坑支护结构上水土压力的计算，首先需要考虑土压力计算模型；其次，支护结构上的水土压力的计算需要考虑土的类型，不同的土采取的计算方式可能是不一样的。一般情况下，主动土压力、被动土压力可采用库伦或朗肯土压力理论进行计算。当对支护结构水平位移有严格限制时，应采用静止土压力计算。作用于支护结构上的水压力和土压力，对砂性土，宜按水土分算计算；对黏性土，宜按水土合算计算。水土合算计算，如有工程实践，也可根据地区经验确定。

1. 水压力计算

在高地下水位地区，基坑四周采用止水帷幕，如果在坑内降水，坑内外会形成水位差。如果采用水土分算原则，需要单独计算作用在支护结构上的水压力。按地下水运动的不同情况，计算如下：

(1) 无地下水渗流时

作用在支护结构上的水压力，可根据坑内外的水位分别按静水压力计算，如图 8-19 所示。作用在基坑内外的部分水压力相互抵消后，在坑外水位以下的水压力按矩形分布计算。

(2) 稳定渗流时

在基坑内降水，假设坑外地下水位保持不变，即地下水从坑外向坑内产生稳定渗流时，静水压力中的一部分会转化为渗流力。在基坑外侧，渗流方向向下，产生向下的渗流力，使水压力减小。在基坑内侧，渗流产生向上的渗流力，使水压力增大。土颗粒不仅承受浮力，还承受渗流力，渗流力与浮力都表现为体积力。水压力分布如图 8-20 所示。

2. 土压力计算

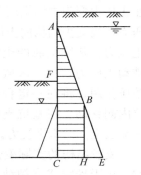

图 8-19 无地下水渗流时作用在支护结构上的水压力

结合地下水位影响以及水土合算或分算方式的不同，支护结构外侧的主动土压力、内侧的被动土压力均可以参考朗肯土压力的计算方式进行。计算作用在支护结构上的水平荷载时，应考虑下列因素：

(1) 基坑内外土的自重（包括地下水重量）。
(2) 基坑周边既有和在建的建（构）筑物荷载。
(3) 基坑周边施工材料和设备荷载。
(4) 基坑周边道路车辆荷载。
(5) 冻胀、温度变化及其他因素产生的作用。

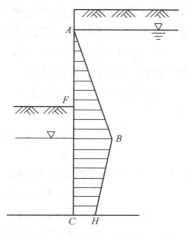

图 8-20 稳定渗流时作用在支护结构上的水压力

此外，土体的冻融效应以及降水也会对土体的特性带来比较明显的影响，从而影响支护结构上所承受的荷载。支护结构外侧的主动土压力强度标准值、支护结构内侧的被动土压力强度标准值宜按下式计算：

(1) 对地下水位以上的土层

主动土压力：
$$p_{ak} = \sigma_{ak} k_{a,i} - 2c_i \sqrt{k_{a,i}} \tag{8-2}$$

$$k_{a,i} = \tan^2\left(45° - \frac{\varphi_i}{2}\right) \tag{8-3}$$

被动土压力：
$$p_{pk} = \sigma_{pk} + 2c_i \sqrt{k_{p,i}} \tag{8-4}$$

$$k_{p,i} = \tan^2\left(45° + \frac{\varphi_i}{2}\right) \tag{8-5}$$

式中　p_{ak}——支护结构外侧第 i 层土中计算点的主动土压力强度标准值（kPa）；当 p_{ak} ＜0 时，应取 $p_{ak}=0$；

σ_{ak}、σ_{pk}——分别为支护结构外侧、内侧计算点的主动土压力竖向应力标准值（kPa）；

$k_{a,i}$、$k_{p,i}$——分别为第 i 层土的主动土压力系数、被动土压力系数；

c_i、φ_i——分别为第 i 层土的黏聚力（kPa）、内摩擦角（°）；

p_{pk}——支护结构内侧第 i 层土中计算点的被动土压力强度标准值（kPa）。

其中，c_i、φ_i 应按以下规定确定：

1) 对地下水位以上的黏性土、黏质粉土，土的抗剪强度指标应采用三轴固结不排水抗剪强度指标 c_{cu}、φ_{cu} 或直剪固结快剪强度指标 c_{cq}、φ_{cq}；对地下水位以上的砂质粉土、砂土、碎石土，土的抗剪强度指标应采用有效应力强度指标 c'、φ'。

2) 对地下水位以下的黏性土、黏质粉土，可采用土压力、水压力合算方法；此时，对正常固结和超固结土，土的抗剪强度指标应采用三轴固结不排水抗剪强度指标 c_{cu}、φ_{cu} 或直剪固结快剪强度指标 c_{cq}、φ_{cq}；对欠固结土，宜采用有效自重压力下预固结的三轴不固结不排水抗剪强度指标 c_{uu}、φ_{uu}。

3) 对地下水位以下的砂质粉土、砂土和碎石土，应采用土压力、水压力分算方法；此时，土的抗剪强度指标应采用有效应力强度指标 c'、φ'。对砂质粉土，缺少有效应力强度指标时，也可采用三轴固结不排水抗剪强度指标 c_{cu}、φ_{cu} 或直剪固结快剪强度指标 c_{cq}、φ_{cq} 代替；对砂土和碎石土，有效应力强度指标 φ' 可根据标准贯入试验实测击数和水下休止角等物理力学指标取值；土压力、水压力采用分算方法时，水压力可按静水压力计算；

当地下水渗流时，宜按渗流理论计算水压力和土压力的竖向有效应力；当存在多个含水层时，应分别计算各含水层的水压力。

4) 有可靠的地方经验时，土的抗剪强度指标尚可根据室内原位试验得到的其他物理力学指标，按经验方法确定。

土中竖向应力标准值 σ_{ak}、σ_{pk} 按下式计算 (图 8-21)：

$$\sigma_{ak} = \sigma_{ac} + \sum \Delta\sigma_{k,j} \quad (8-6)$$

$$\sigma_{pk} = \sigma_{pc} \quad (8-7)$$

式中 σ_{ac}——支护结构外侧计算点由土的自重产生的竖向总应力（kPa）；

σ_{pc}——支护结构内侧计算点由土的自重产生的竖向总应力（kPa）；

$\Delta\sigma_{k,j}$——支护结构外侧第 j 个附加荷载作用下计算点的土中附加竖向应力标准值（kPa）。附加荷载的类型主要考虑地面堆载，周围其他建筑物，基础作用以及支护结构顶部以上采用放坡式土钉墙支护，上部土体的竖向作用等。

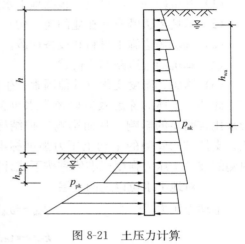

图 8-21 土压力计算

(2) 对于水土分算的土层

$$p_{ak} = (\sigma_{ak} - u_a) k_{a,i} - 2c_i\sqrt{k_{a,i}} + u_a \quad (8-8)$$

$$p_{pk} = (\sigma_{pk} - u_p) k_{p,i} - 2c_i\sqrt{k_{p,i}} + u_p \quad (8-9)$$

式中 u_a、u_p——分别为支护结构外侧、内侧计算点的水压力（kPa）；由于支护结构内外侧水力梯度的影响，尚应考虑地下水从帷幕底向基坑内的渗流对水压力的影响。

8.5 基坑支护结构的设计规定

8.5.1 基本原则

基坑支护设计应规定其设计使用年限。基坑支护的设计使用年限不应小于 1 年。基坑支护应满足下列功能要求：保证基坑周边建（构）筑物、地下管线、道路的安全和正常使用；保证主体地下结构的施工空间。基坑支护设计时，应综合考虑基坑周边环境和地质条件的复杂程度、基坑深度等因素，采用相应的支护结构安全等级。对同一基坑的不同部位，可采用不同的安全等级。

8.5.2 设计方法

在设计工程中可按承载能力极限状态和正常使用极限状态两种情况进行分析。

1. 承载能力极限状态

(1) 支护结构构件或连接因超过材料强度或因过度变形的承载能力极限状态设计，应符合下列规定：

$$\gamma_0 S_d \leqslant R_d \quad (8\text{-}10)$$

式中 γ_0——支护结构的重要性系数，支护结构构件按承载能力极限状态设计时，作用基本组合的综合分项系数不应小于 1.25。对安全等级为一级、二级、三级的支护结构，其结构重要性系数分别不应小于 1.1、1.0、0.9；

S_d——作用基本组合的效应（轴力、弯矩）等；

R_d——结构构件的抗力设计值。

对临时性支护结构，作用基本组合的效应设计值应按下式计算：

$$S_d = \gamma_F S_k \quad (8\text{-}11)$$

式中 γ_F——作用基本组合的综合分项系数，取值与 γ_0 规定相同；

S_k——作用标准组合的效应。

（2）整体滑动、坑底隆起失稳、挡土构件嵌固段推移、锚杆与土钉拔动、支护结构倾覆与滑移、土体渗透破坏等稳定性计算与验算，均应按下式计算：

$$\frac{R_k}{S_k} \geqslant K \quad (8\text{-}12)$$

式中 R_k——抗滑力、抗滑力矩、抗倾覆力矩、锚杆和土钉的极限抗拔承载力等土的抗力标准值；

S_k——滑动力、滑动力矩、倾覆力矩、锚杆和土钉的拉力等作用标准值的效应；

K——安全系数。

2. 正常使用极限状态

由支护结构水平位移、基坑周边建筑物和地面沉降等控制的正常使用极限状态设计，应符合下式要求：

$$S_d \leqslant C \quad (8\text{-}13)$$

式中 S_d——作用标准组合的效应（如位移、沉降等）设计值；

C——支护结构水平位移、基坑周边建筑物和地面沉降的限值。

8.6 基坑支护结构设计计算方法

基坑支护结构要求能够有效抵御基坑内外两侧的水土压力。在设计计算过程中，除去水土压力计算以外，还包括内力与变形计算和稳定性验算。以柔性桩墙支护为例，除需要计算支护前后的土压力以外，还要通过受力分析确定合理的入土嵌固深度，计算桩身变形和截面最大弯矩等；在此基础上，还需分析支护结构是否会出现转动或滑动而丧失稳定性。

需要说明的是，支护结构上水土压力的计算需要考虑土与支护结构之间的相互作用，同时又涉及水的因素，非常复杂。由于土与支护结构存在相互作用，因此支护结构上所承受的水土压力是与支护结构的变形紧密相关的。在实际计算过程中，一般很难准确描述这种相互作用，导致无论是支护结构上所承受的水土压力或支护结构本身的内力变形，都难以精确估计。就目前而言，针对基坑支护结构的设计计算，可采取三种计算方法：静力平衡法、等值梁法和弹性支点法。支护结构应根据具体形式与受力、变形特性等采用相应的分析方法。

8.6.1 静力平衡法

如果基坑开挖深度较小，可以考虑悬臂式支护结构。对于悬臂式支护结构，由于侧向不存在内支撑或锚杆固定，因此完全依靠支护桩（墙）在土体中的嵌固深度来维持稳定性。为简便起见，下面以悬臂式支护结构为例对静力平衡法进行说明。

静力平衡法假设支护结构在侧向荷载作用下可以产生向坑内移动的足够位移，使基坑内外两侧土体达到极限平衡状态。在基坑内、外侧的土压力作用下，支护结构绕其上某一点转动，形成在基坑开挖深度范围外侧的主动区及在插入深度区内的被动区［图 8-22 (a)］。根据静力平衡条件，支护结构保持稳定要分别满足两个平衡条件：①支护结构上水平方向所受外力的合力为零；②外力绕桩底部某一点形成的力矩代数和为零。

应用静力平衡条件，首先要了解支护结构内外两侧的荷载分布。悬臂式支护结构入土部分的土压力分布实际是非常复杂的，在基坑外侧不仅可能存在主动土压力，而且也可能存在被动土压力；在基坑内侧，也存在被动土压力和主动土压力。通过考虑基坑支护结构与土体的相互作用，分析两者的变形协调条件来进行直接求解是不现实的，有必要进行一定的简化。以砂性土为例，基坑支护结构内外两侧的净土压力分布如图 8-22 (b) 所示。

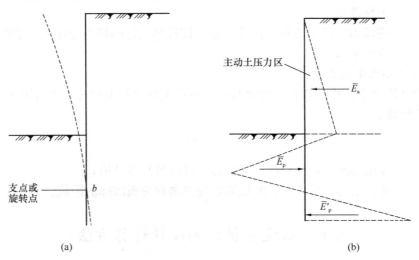

图 8-22 悬臂式支护桩的转动与土压力分布
(a) 悬臂式支护桩的转动；(b) 悬臂式支护桩两侧的净土压力分布图

为便于计算，通常将其两侧的土压力假设为图 8-23 中的模式，即主动土压力和被动土压力均为线性三角形分布。

对于黏性土，相应基坑内外侧的土压力分布如图 8-24 所示。

这是由布鲁姆提出的一种简化方法。经过简化之后，待求的未知数仅有两个，即集中力 P_R 和嵌固深度 d，而对应的平衡方程也只有两个，可按静定平衡条件问题来求解。因此，可求得 d 作为最小嵌固深度，实际设计值只需大于该值就可满足稳定性的要求。

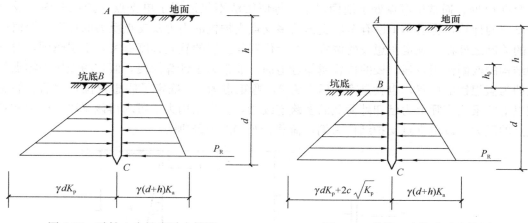

图 8-23 砂性土中桩身受力简图　　　　图 8-24 黏性土中桩身受力简图

当基坑内外侧的土体为非均质土层或需要考虑地下水作用时，支护结构上的荷载就必须分层计算，支护结构上的荷载分布如图 8-25 所示。

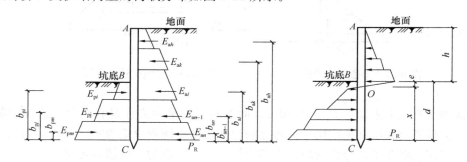

图 8-25 非均质土层中支护桩墙计算简图

这种情况下，求解最小嵌固深度可以考虑采用试算的方法，以简化计算。

8.6.2 等值梁法

当基坑支护结构中采用内支撑或锚杆结构时，属于多支点支护结构，其内力分析法通常包括等值梁法、连续梁法、支撑荷载 $\frac{1}{2}$ 分担法、弹性支点法及有限单元法等。下面分别给予介绍。

1. 等值梁法

等值梁法的关键是在支护结构上找到弯矩为零的某一点，该点属于支护结构上的反弯点（图 8-26）。一旦找到这个点，可假想为支护结构在该处存在一个铰接点。对应的假想铰可以将支护桩分割为上下两段，其中上一段梁为简支梁，下一段梁为一端简支、一端固定的一次超静定梁，如图 8-27 所示。

因此，等值梁法又称假想铰法。假想铰存在于

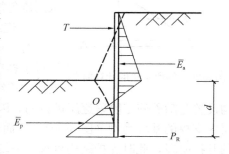

图 8-26 含支点支护结构的受力与变形

反弯点 O 处，通常反弯点处于地面以下。等值梁法不仅适用于单支点支护桩的内力及支点反力的计算，也适用于设有多层支锚的多支点支护桩的内力及支点反力的计算。等值梁法的关键之处在于确定假想铰的位置。这个位置与土层的软硬程度有关，土层越硬，对支护结构的嵌固作用越强，铰的位置越靠近地面。通常为了计算简便，假定净土压力零点位置即为假想铰的位置，也就是净土压力为 0，弯矩也为 0。确定了假想铰位置之后，假想铰以上的梁段实际上为已知外荷载的多跨连续梁，根据结构力学可求得该梁段的内力和各支点的反力。以单支点支护结构为例，荷载分布如图 8-28 所示。

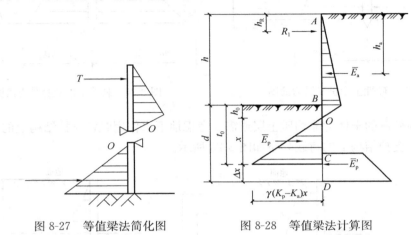

图 8-27　等值梁法简化图　　　　图 8-28　等值梁法计算图

在该图中有三个未知量 R_1、d 和 $\bar{E}'_p$，而可利用的平衡方程只有两个，这种情况下无法求解，但只要能找出支护结构中反弯点的位置，由于该点弯矩为零，即可认为该点存在假想铰。在该点将支护桩分为两段：上部为简支梁，下部为一次超静定梁，这样就可求得支护结构的内力。如图 8-29 所示。

2. 支撑荷载 $\dfrac{1}{2}$ 分担法

对于有多个支点的支护结构，虽然可采用等值梁法计算，但是多跨连续梁的内力分析是比较繁琐的，因此可以考虑进行适当简化，具体做法是：对于每一层支撑或锚杆，假设其只承受相邻两个半跨的水土压力，这样可以先行求得支锚结构的轴力，然后根据静力平衡可求得支护结构的弯矩和剪力，从而避免复杂的超静定结构计算。

3. 连续梁法

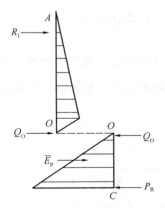

图 8-29　等值梁法的计算简图

对于单支点支护结构，采用等值梁法可方便地进行计算，但对于多支点支护结构，可将其视作在每一支点处具有刚性支撑的连续梁。在支点处支护结构无侧向位移，由于支锚结构设置是随着施工阶段逐层进行的，因此相应的计算需要结合施工的情况进行。以设置三层内支撑的基坑为例（图 8-30），下面说明计算的一般步骤：①在设置第一层支撑 A 之前的开挖阶段，此时支护结构可视作一端嵌固在土体中的悬臂桩墙；②在设置第二层支撑 B 之前的开挖阶段，支护桩墙可视作有两个支点的静定梁，这两个支点分别是第一层支撑与桩墙的接触位置 A，以及土中净土压力为零的对应点；③在设置第三层支撑 C 之前的开挖阶段，这种情况下支护桩墙可以视作有三个支点的静定梁，这三个支点分别是 A、B 以及土中净土压力为零的那一点；④在浇筑底板之前的开挖阶段。此时支护桩墙可视作四个支点的三跨连续梁，支点分别是 A、B、C 以及土中静土压力为零的对应点。

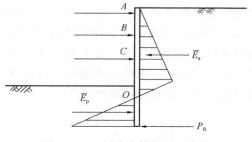

图 8-30　三层内支撑的基坑支护

8.6.3　弹性支点法

如前所述，静力平衡法未考虑土体之间的相互作用，实际上作用在支护结构上的土压力与变形是密切相关的。根据文克尔地理模型，我们可以把支护桩看作竖直于土中的弹性地基梁。基坑开挖面以下，支护桩所受到的抗力可以用一系列分布的弹簧来模拟。基坑开挖面以上的支撑或锚杆可以视作为弹性支座。如图 8-31 所示。

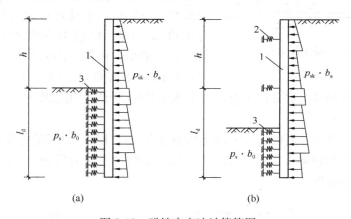

图 8-31　弹性支点法计算简图
(a) 悬臂式支护结构；(b) 锚拉式支护结构或支撑式支护结构

墙后的土压力可按朗肯土压力模型计算。特别是基坑内侧土的反力系数可按下式计算：

$$k_s = m(z - h) \tag{8-14}$$

式中　m——土的水平反力系数的比例系数（MN/m^4）；
　　　z——计算点距地面的深度（m）；
　　　h——计算工况下的基坑开挖深度（m）。

按弹性支点法进行支护结构的内力分析，要求支护桩入土深度以内的部分土体处于弹性状态，但实际上基坑内侧被动区的土体是处于弹塑性状态的，可能出现基底隆起等现象。在这一点上与实际有所出入。另外，弹性支点无法直接求得支护桩的嵌固深度。计算时可与静力平衡法进行对比分析。

8.6.4　悬臂式支护结构的设计计算

对于悬臂式支护结构设计计算重点在于求得柱底入土的嵌固深度以及支护桩截面的最

大弯矩。但在求解过程中由于在非开挖侧桩底处存在被动土压力，如果采取一个集中力 P_R 来代替，需求得的未知量包括嵌固深度 d 和 P_R 两个未知量。对于单一均质土层，采取解析法可求得嵌固深度、集中力以及支护桩的最大弯矩 M_{max}。不过，由于实际的地基是由多层土构成的，求解这些参数一般需要通过试算的方法才能获得。下面针对悬臂式结构分别进行内力分析和稳定性验算。

1. 内力分析

对于悬臂式支护结构，在其开挖侧和非开挖侧土压力分布是非常复杂的。主要体现在：主动土压力不仅出现在非开挖侧，而且在开挖侧也可能会出现；与之相反，被动土压力不仅可能出现在开挖侧，也会出现在非开挖侧。悬臂式支护结构土压力分布如图 8-32 所示。

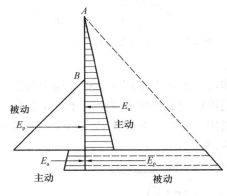

图 8-32 悬臂式桩墙土压力分布图

如果按照上图中土压力分布进行悬臂式支护结构的内力分析，不易获得相应结果。因此，可考虑将其按图 8-33 的分布模式进行简化。简化后，在支护结构内侧（即开挖侧）均为被动土压力；而在非开挖侧为主动土压力。按线性分布，在非开挖侧对应支护桩的底部假定存在一个水平集中力 P_R，用以度量支护结构外侧被动土压力的影响。

在实际计算过程中，有时需要对净土压力分布进行计算，也就是将支护结构上同一位置处的主动土压力和被动土压力相互叠加，即可获得净土压力的分布。图 8-34 所示桩身对应的净土压力分布图。

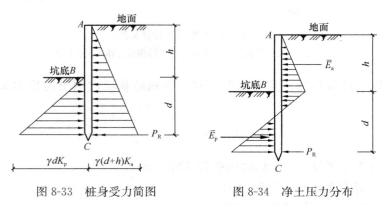

图 8-33 桩身受力简图　　图 8-34 净土压力分布

在上面求解的过程中，支护桩内外侧的净土压力分布均以砂性土（$c=0$）为例进行说明的。不失一般性，对于黏性土（$c \neq 0$），也可以根据朗肯土压力给出相应的土压力分布图和净土压力分布图，可根据类似方法求解，以获得最小嵌固深度和支护结构截面的最大弯矩。按照静力平衡法针对支护桩底端 C 列平衡条件 $\Sigma M_C = 0$，即可求得支护桩的嵌固深度。

对于悬臂式桩墙的计算，可以采用如图 8-35 所示的计算简图，由作用在板桩墙上的主动土压力和被动土压力对桩底端 C 点的力矩平衡条件 $\Sigma M_C = 0$，求得板桩墙的有效嵌固深度 t。

$$\bar{E}_a(h + h_0 + t - h_a) - \bar{E}_p \times \frac{t}{3} = 0 \quad (8\text{-}15)$$

其中

$$\bar{E}_p = \gamma(K_p - K_a)t \times \frac{t}{2} = \frac{1}{2}\gamma(K_p - K_a)t^2 \quad (8\text{-}16)$$

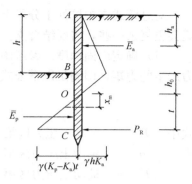

图 8-35　悬臂式桩墙计算简图

将式（8-16）代入式（8-15），可得：

$$t^3 - \frac{6\bar{E}_a}{\gamma(K_p - K_a)} \times t - \frac{6\bar{E}_a(h + h_0 - h_a)}{\gamma(K_p - K_a)} = 0 \quad (8\text{-}17)$$

式中　$\bar{E}_a$——板桩墙后侧净土压力（kN/m）；

　　　K_a——主动土压力系数；

　　　K_p——被动土压力系数；

　　　γ——土体重度（kN/m³）；

　　　h——基坑开挖深度（m）；

　　　h_a——E_a 作用点距地面的距离（m）；

　　　h_0——土压力零点 O 距坑底的距离（m），可按下式计算：

$$h_0 = \frac{\gamma h K_a}{\gamma(K_p - K_a)} \quad (8\text{-}18)$$

式中　$\gamma h K_a$——基坑底面处主动土压力强度（kN/m²）。

通过式（8-17）经过试算可以求出 t 的值。板桩墙在坑底以下的最小入土深度 d 可按下式确定：

$$d = h_0 + K'_f t \quad (8\text{-}19)$$

式中　K'_f——增大系数，一般可取 1.2～1.4。

为保证基坑的安全性，通常需要在最小入土深度 d 和有效嵌固深度 t 二者之间满足下列关系：

$$d \geqslant h_0 + 1.2t \quad (8\text{-}20)$$

根据支护桩上最大弯矩处的截面剪力为零，即满足：

$$\Sigma \bar{E}_a - \frac{1}{2}\gamma(K_p - K_a)x_m^2 = 0 \quad (8\text{-}21)$$

由此，可求得最大弯矩点距土压力零点的距离 x_m 为：

$$x_m = \sqrt{\frac{2\Sigma \bar{E}_a}{\gamma(K_p - K_a)}} \quad (8\text{-}22)$$

对应支护桩墙的最大弯矩为：

$$M_{\max} = \Sigma \bar{E}_a(h + h_0 + x_m - h_a) - \frac{\gamma(K_p - K_a)x_m^3}{6} \quad (8\text{-}23)$$

对悬臂式支护桩处于分段土层有地下水存在的情况，求解最小嵌固深度和支护截面弯矩会更复杂一些，需要结合支护结构多层土压力分布和净土压力分布进行计算。

(1) 确定嵌固深度。参考图 8-25 对 C 点取矩，被动土压力产生的力矩大于主动土压力产生的力矩，即满足以下公式要求：

$$\sum_{i=1}^{n}E_{ai}b_{ai} \leqslant \sum_{j=1}^{m}E_{pj}b_{pj} \tag{8-24}$$

式中　E_{ai}——主动土压力区第 i 层土压力之和；
　　　b_{ai}——主动土压力区第 i 层合力作用点至取矩点 C 的距离；
　　　E_{pj}——被动土压力区第 j 层土压力之和；
　　　b_{pj}——被动土压力区第 j 层合力作用点至 C 点的距离。

当嵌固深度的取值恰好使左右两端相等时，对应的埋深即为有效嵌固深度，支护桩此时处于稳定的临界状态。考虑安全储备的需求，有必要将实际的入土深度适当加以增大。

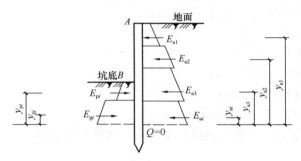

图 8-36　非均质土层桩身土压力简图

(2) 确定截面最大弯矩：对于土层为非均质体，很难直接求得最大弯矩，只能采取试算的方法进行确定。根据最大弯矩处剪力为零这一条件，可有下式：

$$\sum_{i=1}^{n}E_{ai} - \sum_{j=1}^{k}E_{pj} = 0 \tag{8-25}$$

式中　n、k——分别为剪力 $Q=0$ 以上主动压力区和被动压力区的不同土层层数；
　　　E_{ai}——剪力 $Q=0$ 以上各层土的主动土压力；
　　　E_{pj}——坑底至 $Q=0$ 之间各层土的被动土压力。

在试算过程中，剪力为零处，外侧所包含的被动土压力土层和内侧所包含的主动土压力土层只涉及部分土层，而非全部土层。更进一步来说，在剪力为零处，该位置将某一被动区土层划分为上下两部分，在上式计算中应只包含剪力为零处以上的那部分；主动区土层也需进行类似处理。

参考图 8-36，一旦求得剪力为零处，即可求得最大弯矩，按下式计算：

$$M_{\max} = \sum_{i=1}^{n}E_{ai}y_{ai} - \sum_{j=1}^{k}E_{pj}y_{pj} \tag{8-26}$$

式中　y_{ai}——剪力 $Q=0$ 以上各层土压力作用点至剪力为零处的距离；
　　　y_{pj}——基坑底至 $Q=0$ 之间各层土被动土压力作用点至剪力为零处的距离。

2. 稳定性分析

对于悬臂支护桩，在坑内外水土压力作用下（图 8-37），对 O 取矩的倾覆作用应满足下式：

$$K_{t} = \frac{\sum M_{E_p}}{\sum M_{E_a}} \tag{8-27}$$

式中 $\sum M_{E_p}$ ——主动区倾覆作用力矩总和（kN·m）；

$\sum M_{E_a}$ ——被动区倾覆作用力矩总和（kN·m）；

K_t ——桩墙式悬臂支护抗倾覆稳定（图 8-37）安全系数，取 $K_t \geqslant 1.30$。

土层剖面包括多层土时，悬臂式支护结构的嵌固稳定性验算（图 8-38）应符合下列要求：

$$\frac{E_{pk} a_{p1}}{E_{ak} a_{a1}} \geqslant K_e \tag{8-28}$$

式中 K_e ——嵌固稳定性系数；安全等级为一级、二级、三级的悬臂式支护结构，分别不应小于 1.25、1.2、1.15；

E_{ak}、E_{pk} ——分别为基坑外侧主动土压力、基坑内侧被动土压力的标准值（kN）；

a_{p1}、a_{a1} ——分别为基坑外侧主动土压力、基坑内侧被动土压力合力作用点至支护结构底端的距离（m）。

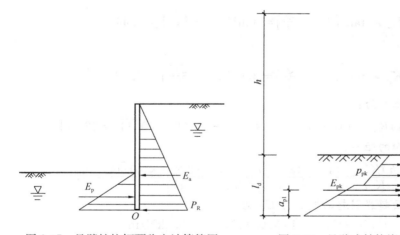

图 8-37 悬臂桩抗倾覆稳定计算简图   图 8-38 悬臂式结构嵌固稳定性验算

3. 变形分析

悬臂桩支护结构顶端位移的计算非常复杂，可以进一步简化。通常悬臂桩支护结构的位移计算采取以下简化：在坑底以下选取基准点 O（图 8-39），O 点以上的上端结构当作悬臂梁计算，下端支护结构则按照弹性地基梁计算，公式如下：

$$s = \delta + \Delta + \theta y \tag{8-29}$$

式中 s ——围护桩顶端的总位移值；

y ——O 点以上长度；

δ ——按悬臂梁（固定端设在 O 点）计算顶端的位移值；

Δ ——O 点处桩的水平位移；

θ ——O 点处桩的转角。

这样计算需要确定 O 点的位置，难度较大，也可直接选用坑底处的 O' 点作为基准点进行计算。

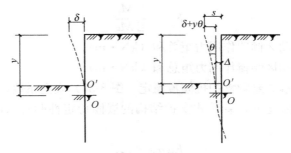

图 8-39 桩身变形图

【例题 8-1】 某一悬臂式排桩基坑工程,开挖深度 $h=7\mathrm{m}$,地面超载为 $q=15\mathrm{kPa}$,砂性土的重度 $\gamma=18\mathrm{kN/m^3}$,黏聚力 $c=0\mathrm{kPa}$,内摩擦角 $\varphi=23°$。不考虑地下水的影响,试确定该基坑悬臂排桩的最小嵌固深度和最大弯矩。

解: 沿墙的长度方向取每延米进行计算,过程如下:

主动土压力系数:

$$K_\mathrm{a} = \tan^2\left(45°-\frac{\varphi}{2}\right) = \tan^2\left(45°-\frac{23°}{2}\right) = 0.44$$

被动土压力系数:

$$K_\mathrm{p} = \tan^2\left(45°+\frac{\varphi}{2}\right) = \tan^2\left(45°+\frac{23°}{2}\right) = 2.28$$

基坑开挖底面处的土压力为:

$$p_\mathrm{a} = (q+\gamma h)K_\mathrm{a} = (15+18\times7)\times0.44 - 2\times0\times\sqrt{0.44} = 62.04\mathrm{kPa}$$

土压力零点距离开挖面的距离:

$$h_0 = \frac{(q+\gamma h)K_\mathrm{a}}{\gamma(K_\mathrm{p}-K_\mathrm{a})} = \frac{(15+18\times7)\times0.44 - 2\times0\times\sqrt{0.44}}{18\times(2.28-0.44)} = 1.87\mathrm{m}$$

开挖面以上桩后侧地面超载引起的侧压力 E_a1 为:

$$E_\mathrm{a1} = qK_\mathrm{a}h = 15\times0.44\times7 = 46.2\mathrm{kN/m}$$

其作用点位置离地面的距离为:

$$h_\mathrm{a1} = \frac{1}{2}h = 3.5\mathrm{m}$$

求开挖面以上桩后侧主动土压力 E_a2:

$$E_\mathrm{a2} = \frac{1}{2}\gamma h^2 K_\mathrm{a} = \frac{1}{2}\times18\times49\times0.44 = 194.04\mathrm{kN/m}$$

其作用点离地面距离为:

$$h_\mathrm{a2} = \frac{2}{3}h = 4.67\mathrm{m}$$

桩后侧开挖面至土压力零点净土压力 $\bar{E}_\mathrm{a3}$ 为:

$$\bar{E}_\mathrm{a3} = \frac{1}{2}p_\mathrm{a}h_0 = \frac{1}{2}\times62.04\times1.87 = 58.00\mathrm{kN/m}$$

其作用点离地面距离为:

$$h_\mathrm{a3} = h+\frac{1}{3}h_0 = 7+\frac{1}{3}\times1.87 = 7.62\mathrm{m}$$

作用于在悬臂排桩后的净土压力之和为：
$$\overline{E}_a = E_{a1} + E_{a2} + \overline{E}_{a3} = 46.2 + 194.04 + 58 = 298.25 \text{kN/m}$$
合力的作用点距离地面为：
$$h_a = \frac{E_{a1}h_{a1} + E_{a2}h_{a2} + \overline{E}_{a3}h_{a3}}{\overline{E}_a} = \frac{46.2 \times 3.5 + 194.04 \times 4.67 + 58 \times 7.62}{298.25} = 5.06\text{m}$$

将上述过程所得数值代入式（8-17）得：
$$t^3 - \frac{6 \times 298.25}{18 \times (2.28 - 0.44)} \cdot t - \frac{6 \times 298.25 \times (7 + 1.87 - 5.06)}{18 \times (2.28 - 0.44)} = 0$$

即 $\qquad t^3 - 54.03t - 205.86 = 0$

得 $\qquad t = 8.80\text{m}$

则桩的最小嵌固深度由下式计算，取增大系数 $K'_f = 1.2$，得：
$$l_c = h_0 + K'_f t = 1.87 + 1.2 \times 8.8 = 12.43\text{m}$$

最大弯矩点距土压力零点的距离由下式计算得：
$$x_m = \sqrt{\frac{2\sum \overline{E}_a}{\gamma(K_p - K_a)}} = \sqrt{\frac{2 \times 298.25}{18 \times (2.28 - 0.44)}} = 4.24\text{m}$$

最大弯矩为：
$$M_{\max} = 298.25 \times (7 + 1.87 + 4.24 - 5.06) - \frac{18 \times (2.28 - 0.44) \times 4.24^3}{6} = 1980\text{kN} \cdot \text{m}$$

【例题 8-2】某一单支点支护结构基坑工程，基坑开挖深度 $h=6\text{m}$，支点离地面距离 $h_R=2\text{m}$，支点水平间距为 $S_h=1.5\text{m}$。地面超载 $q=16\text{kPa}$，已知土的重度 $\gamma=18\text{kN/m}^3$，黏聚力 $c=0\text{kPa}$，内摩擦角 $\varphi=20°$。不考虑地下水的影响，试用等值梁法确定该桩墙的最小入土深度 t_c、水平支锚力 R_a 和最大弯矩 $M_{\max}$。

解：取支点水平间距为 $S_h=1.5\text{m}$ 为计算宽度：

主动土压力系数：
$$K_a = \tan^2\left(45° - \frac{\varphi}{2}\right) = \tan^2\left(45° - \frac{20°}{2}\right) = 0.49$$

被动土压力系数：
$$K_p = \tan^2\left(45° + \frac{\varphi}{2}\right) = \tan^2\left(45° + \frac{20°}{2}\right) = 2.04$$

墙后地面处主动土压力为：
$$p_{a1} = qK_a - 2c\sqrt{K_a} = 16 \times 0.49 = 7.84\text{kPa}$$

墙后基坑底面处主动土压力为：
$$p_{a2} = (q + \gamma h)K_a - 2c\sqrt{K_a} = (16 + 18 \times 6) \times 0.49 - 2 \times 0 \times \sqrt{0.49} = 60.76\text{kPa}$$

净土压力零点距离开挖面的距离：
$$h_0 = \frac{(q + \gamma h)K_a}{\gamma(K_p - K_a)} = \frac{(16 + 18 \times 6) \times 0.49}{18 \times (2.04 - 0.49)} = 2.18\text{m}$$

墙后土压力之和为（计算宽度为 1.5m）：

$$\Sigma \bar{E} = \frac{1}{2} \times (7.84 + 60.76) \times 6 \times 1.5 + \frac{1}{2} \times 60.76 \times 2.18 \times 1.5 = 408.04 \text{kN}$$

其作用点距离地面的距离为：

$$h_a = \frac{\frac{1}{2} \times 7.84 \times 6^2 \times 1.5 + \frac{2}{3} \times 6 \times \frac{1}{2} \times (60.76 - 7.84) \times 6 \times 1.5 + \left(\frac{1}{3} \times 2.18 + 6\right) \times \frac{1}{2} \times 60.76 \times 2.18 \times 1.5}{408.04}$$

$=4.49$m

由式（8-32）计算支点反力 R_a 得：

$$R_a = \frac{\Sigma \bar{E}(h - h_a + h_0)}{h - h_R + h_0} = \frac{408.04 \times (6 - 4.49 + 2.18)}{6 - 2 + 2.18} = 243.6 \text{kN}$$

根据支点 O 的力矩平衡，得土压力零点的剪力为：

$$Q_0 = \frac{\Sigma \bar{E}(h_a - h_R)}{h + h_0 - h_R} = \frac{408.04 \times (4.49 - 2)}{6 + 2.18 - 2} = 164.4 \text{kN}$$

求出桩有效嵌固深度为：

$$t = \sqrt{\frac{6Q_0}{\gamma(K_p - K_a)S_h}} = \sqrt{\frac{6 \times 164.4}{18 \times (2.04 - 0.49) \times 1.5}} = 4.85 \text{m}$$

最小入土深度：

$$t_c = h_0 + 1.2t = 2.18 + 1.2 \times 4.85 = 8.00 \text{m}$$

设剪力为零的点距离地面的距离为 h_q，由水平方向力平衡得：

$$R_a - \frac{1}{2}\gamma h_q^2 K_a S_h - q K_a h_q S_h = 0$$

得 $h_q = 5.24$m。

最大弯矩为：

$$M_{\max} = 243.6 \times (5.24 - 2) - \frac{1}{6} \times 18 \times 5.24^3 \times 0.49 \times 1.5 - \frac{1}{2} \times 16 \times 5.24^2 \times 0.49 \times 1.5$$

$=310.56$kN/m

8.6.5 支锚式支护结构

相对于悬臂式支护结构，支撑式支护结构和锚拉式支护结构的效果更好。在进行内力分析时，支撑式支护结构可将整个结构分解为挡土结构、内支撑结构分别进行分析，应考虑其相互之间的变形协调；锚拉式支护结构可将整个结构分解为挡土结构、锚拉结构（锚杆及腰梁、冠梁）分别进行分析。

1. 内力分析

1) 单支点支护结构的内力分析（图 8-40）：对单支点支护结构，以砂性土为例，如果入土深度不够深，支护桩入土端可视为简支，相当于上下均为简支的简支梁，形成非嵌固条件的支护结构，在基坑内外侧压力的作用下有绕端部支点旋转的趋势。在这种情况下，挡土结构可能会向基坑内移动，产生踢脚现象。

根据最大弯矩截面的剪力等于零，即可求得最大弯矩截面距土压力零点的距离：

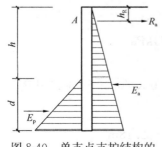

图 8-40 单支点支护结构的受力图（底端自由）

$$x_{\mathrm{m}}=\sqrt{\frac{2(\bar{E}_{\mathrm{a}}-T)}{\gamma(K_{\mathrm{p}}-K_{\mathrm{a}})}} \tag{8-30}$$

最大弯矩为：

$$M_{\max}=\bar{E}_{\mathrm{a}}(h+u+x_{\mathrm{m}}-h_{\mathrm{a}})-T(h+u+x_{\mathrm{m}}-h_{\mathrm{R}})-\frac{\gamma(K_{\mathrm{p}}-K_{\mathrm{a}})x_{\mathrm{m}}^{3}}{6} \tag{8-31}$$

这种情况下，根据净土压力平衡条件，需求出 $T=E_{\mathrm{a}}-E_{\mathrm{p}}$，根据剪力为零，可求出最大弯矩截面距土压力为零点的位置，如图 8-41 所示。

对入土较深且形成嵌固条件的单支点支护结构，墙前后都出现被动土压力（图 8-42 和图 8-43）。柱底入土端需设为固定端，相当于上端简支、下端固定的超静定梁，需按等值梁法进行处理。这种情况下存在三个未知量 R_{a}、d 和 P_{R}。

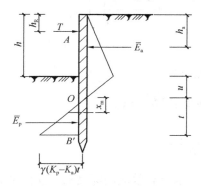

图 8-41 单支点支护结构的计算简图
（底端自由）

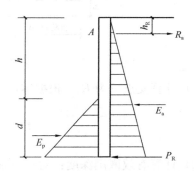

图 8-42 单支点支护结构的受力图
（底端固定）

等值梁法的基本原理是：土压力相当于图 8-44 中 AC 上部的线荷载；显然将 AC 的 O 点为其反弯点，在该点处弯矩为零。假设在该点将梁 AC 切开，则 O 为简支梁的另一个点。在 AB 端的弯矩不会因此发生改变。因此，简支梁称之为梁 AC 中的 AO 等值梁。

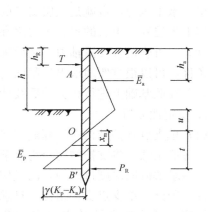

图 8-43 单支点支护结构的计算简图
（底端固定）

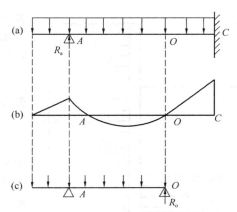

图 8-44 等值梁法基本原理

等值梁法按如下步骤进行内力分析：首先确定反弯点位置。根据工程实测的反弯点位置与净土压力的零点位置非常接近。因此，可假设反弯点与净土压力零点为同一点。净土压力分布中的 O 点距基坑底面的距离为 h_0，可根据支护桩前后的净土压力为零这一条件计算。

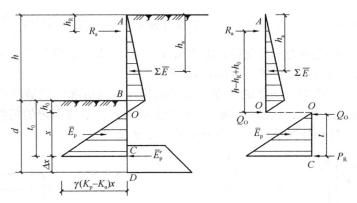

图 8-45 等值梁简化计算

(1) 计算支点反力 R_a，根据零点力矩平衡条件及 $\sum M_O = 0$：

$$R_a = \frac{\sum \bar{E}(h - h_a + h_0)}{h - h_R + h_0} \tag{8-32}$$

(2) 计算有效嵌固深度：对 C 点取矩 $\sum M_C = 0$，求出有效嵌固深度后，实际的最小入土深度为

$$d = h_0 + 1.2t \tag{8-33}$$

2) 多支点支护结构的内力分析。理论上对于多支点支护结构，类似的也可以采取等值梁法进行计算，但求解超静定结构多跨连续梁是非常烦琐的，为此可采取简化的等值梁计算方法，即 $\frac{1}{2}$ 分割法。该方法的实质是假设对每一层支撑而言，它只承受上下相邻层各半层的水土压力，也就是该层支撑的轴力等于相邻上半层和下半层的水土压力之和。经过简化计算，可确定各支撑轴力，然后采取静力平衡条件，可以很方便地求出各截面的弯矩和剪力，并在此基础上进行相关的后续计算。

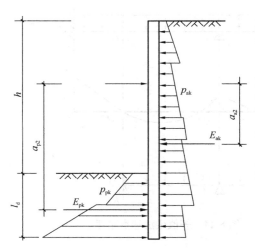

图 8-46 单支点锚拉式支护结构和支撑式支护结构的嵌固稳定性验算

2. 稳定性分析

(1) 单支点支护结构在计算嵌固深度过程中采取等值梁法，将支护结构分为上下两端假想梁，在求解嵌固深度过程中，已经应用了平衡条件。因此，单支点支护结构一旦求出最小入土深度，可认为支护结构稳定性已自行满足。对于支护结构内外侧有多层土情况，必要时可按图 8-46 并结合公式进行检验。单层锚杆和单层支撑的支护式结构的嵌固深度应符合

下式嵌固稳定性的要求。

$$\frac{E_{pk}a_{p2}}{E_{ak}a_{a2}} \geq K_e \qquad (8-34)$$

式中 K_e——嵌固稳定性安全系数；

a_{a2}、a_{p2}——分别为基坑外侧主动土压力、基坑内侧被动土压力合力作用点至支点的距离（m）。

（2）多支点结构的稳定性分析，与单支点支护结构类似。在求有效嵌固深度时，反弯点 O 为支点平衡点，已经应用了桩身中的反弯点力矩平衡条件。多支点的支护结构的反弯点在坑底以下，对应于土体的某一深度。除此之外，进行稳定性分析时，一般还需要对最下一层锚杆或支撑支点列力矩平衡方程，进行抗倾覆稳定分析，对 O 点（图 8-47）取矩的倾覆作用应满足下式：

$$K_t = \frac{\sum M_{E_p}}{\sum M_{E_a}} \qquad (8-35)$$

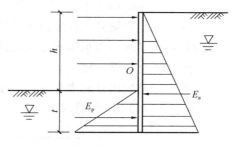

图 8-47 带支撑桩墙式支护结构的倾覆稳定分析计算简图

式中 $\sum M_{E_p}$——主动区倾覆作用力矩总和（kN·m）；

$\sum M_{E_a}$——被动区倾覆作用力矩总和（kN·m）；

K_t——带支撑桩墙式支护抗倾覆稳定安全系数，取 $K_t \geq 1.30$。

8.6.6 柔性支护类桩墙稳定性计算

柔性支护类桩墙根据受力特点可分为两种类型：一种是刚性支护，以重力式水泥土墙最具代表；另一种是柔性支护，包括悬臂式支护、支锚式支护和土钉墙支护。支锚式支护在前面已经叙述，在这里主要讲述悬臂式支护。重力式水泥土墙支护稳定性和土钉墙支护稳定性将在后续章节中讲述。

1. 地下水渗透稳定性验算

坑底以下有水头高于坑底的承压水含水层，且未用止水帷幕隔断其基坑内外的水力联系时，承压水作用下的坑底突涌稳定性（图 8-48）应符合以下规定：

$$\frac{D\gamma}{h_w\gamma_w} \geq K_h \qquad (8-36)$$

式中 K_h——突涌稳定性系数，不应小于 1.1；

D——承压水含水层顶面至坑底的土层厚度（m）；

γ——承压水含水层顶面至坑底土层的天然厚度（kN/m³）；

h_w——承压水含水层顶面的压力水头高度（m）；

γ_w——水的重度（kN/m³）。

悬挂式止水帷幕底端位于碎石土、砂土或

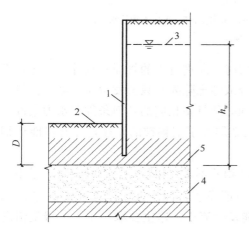

图 8-48 坑底土体的突涌稳定性验算
1—止水帷幕；2—基底；3—承压水测管水位；
4—承压水含水层；5—隔水层

粉土含水层时，对均质含水层，地下水渗流的流土稳定性（图 8-49）应符合式（8-37）规定。对渗透系数不同的非均质含水层，宜采用数值方法进行渗流稳定性分析。

$$\frac{(2l_d + 0.8D_1)\gamma'}{\Delta h \gamma_w} \geqslant K_f \tag{8-37}$$

式中 K_f ——流土稳定性安全系数；安全等级为一级、二级、三级的支护结构，K_f 的值不应小于 1.6、1.5、1.4；

l_d ——止水帷幕在坑底以下的插入深度（m）；

D_1 ——潜水面或承压水含水层顶面至基坑底面的土层厚度（m）；

γ' ——土的浮重度（kN/m^3）；

Δh ——基坑内外的水头差（m）；

γ_w ——水的重度（kN/m^3）。

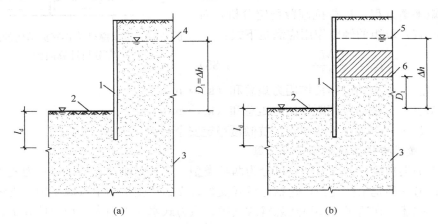

图 8-49 采用悬挂式帷幕截水时的流土稳定性验算
(a) 潜水；(b) 承压水
1—止水帷幕；2—基坑底面；3—含水层；4—潜水水位；5—承压水测管水位；
6—承压水含水层顶面

坑底以下为级配不连续的砂土、碎石土含水层时，应进行土的管涌判别计算。土是否发生管涌，首先决定于土的性质。一般黏性土（分散性土除外）只会发生流土而不会发生管涌，故属于非管涌土。在无黏性土中，发生管涌必须具备相应的几何条件和水力条件。

1) 几何条件：土中粗颗粒所构成的孔隙直径必须大于细颗粒的直径，才有可能让细颗粒在其中发生移动，这是管涌产生的必要条件。

对于不均匀系数 $C_u < 8$ 的较均匀土，颗粒粗细相差不多，粗颗粒形成的孔隙直径小于细颗粒，因此细颗粒不能在孔隙中移动，也就不可能发生管涌。大量试验证明，对于 $C_u > 8$ 的不均匀砂砾石土，既可能发生管涌，也可能发生流土，这主要取决于土的级配情况和细粒含量。

2) 水力条件：渗透力能够带动细颗粒在孔隙间滚动或移动，是发生管涌的水力条件，可用发生管涌的临界水力坡降来表示。但至今，管涌临界水力坡降的计算方法尚不成熟，国内外学者提出的计算方法较多，但计算结果差异较大，故还没有一个公认合适的公式。

对于一些重大工程,应尽量由渗透破坏试验确定。在无试验条件的情况下,可参考国内外的一些研究成果。

2. 坑底抗隆起稳定性验算

一般意义而言,基坑底部土体的抗隆起稳定性验算,应分别对应三个水平面:基坑底、支护结构底端平面和软弱下卧层顶面。对应三个平面位置的土体都可能因强度不足而需进行抗隆起稳定性验算。

1) 支护结构底端平面

支护结构底端平面土体的抗隆起稳定性验算(图 8-50)应满足下式:

$$K_D = \frac{N_c \tau_0 + \gamma t}{\gamma(h+t) + q} \tag{8-38}$$

式中 N_c——承载力系数,$N_c = 5.14$;

τ_0——由十字板试验确定的总强度(kPa);

γ——土的重度(kN/m³),左右侧按实际求值,可能不一样;

K_D——入土深度底部土抗隆起稳定性安全系数,取 $K_D \geqslant 1.6$;

t——支护结构入土深度(m);

h——基坑开挖深度(m);

q——地面荷载(kPa)。

2) 坑底

基坑底部土体的抗隆起稳定性验算(图 8-51)应满足下列规定:

$$K_D = \frac{M_p + \int_0^\pi \tau_0 t d\theta}{(q+\gamma h)t^2/2} \tag{8-39}$$

式中 M_p——支护桩、墙横截面抗弯强度标准值(kN·m);

K_D——基坑底部处土抗隆起稳定性安全系数,取 $K_D \geqslant 1.4$。

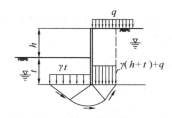

图 8-50 支护结构底端平面抗隆起稳定性验算

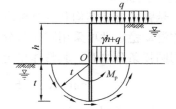

图 8-51 坑底抗隆起稳定性验算

3) 软弱下卧层顶面

当挡土构件底面以下有软弱下卧层时,坑底隆起稳定性验算部位尚应包括软弱下卧层。软弱下卧层的隆起稳定性可按下式计算,但式中的 γ_{m1}、γ_{m2} 应取软弱下卧层顶面以上土的重度,如图 8-52 所示。

$$\frac{\gamma_{m2} l_d N_q + c N_c}{\gamma_{m1}(h+l_d) + q_0} \geqslant K_b \tag{8-40}$$

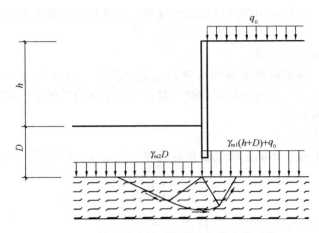

图 8-52 软弱下卧层顶面抗隆起稳定性验算

其中
$$N_q = \tan^2\left(45° + \frac{\varphi}{2}\right) e^{\pi \tan\varphi} \tag{8-41}$$

$$N_c = (N_q - 1)/\tan\varphi \tag{8-42}$$

式中 K_b——抗隆起稳定性安全系数；安全等级为一级、二级、三级的支护结构，K_b 分别不应小于 1.8、1.6、1.4；

γ_{m1}、γ_{m2}——分别为基坑外、基坑内挡土构件底面以上土的天然重度（kN/m^3）；对多层土，取各层土按厚度加权的平均重度；

l_d——挡土构件的嵌固深度（m）；

h——基坑深度（m）；

q_0——地面均布荷载（kPa）；

N_c、N_q——承载力系数；

c、φ——分别为挡土构件底面以下土的黏聚力（kPa）、内摩擦角（°）。

3. 整体稳定性验算

锚拉式、悬臂式支挡结构和双排桩应按下列规定进行整体滑动稳定性验算：

(1) 整体滑动稳定性可采用圆弧条分法进行验算。

(2) 采用圆弧条分法时，其整体稳定性应符合下列规定：

$$\min\{K_{s,1}, K_{s,2}, \cdots, K_{s,i}, \cdots\} \geqslant K_s$$

$$K_{s,i} = \frac{\sum\{c_j l_j + [(q_j b_j + \Delta G_j)\cos\theta_j - u_j l_j]\tan\varphi_j\} + \sum R'_{k,k}[\cos(\theta_k + \alpha_k) + \psi_v]/s_{x,k}}{\sum(q_j b_j + \Delta G_j)\sin\theta_j}$$

$$(8-43)$$

式中 K_s——圆弧滑动面安全系数；安全等级为一级、二级、三级的支挡式结构，K_s 分别不应小于 1.35、1.3、1.25；

$K_{s,i}$——第 i 个圆弧滑动体的抗滑力矩与滑动力矩的比值；抗滑力矩与滑动力矩之比的最小值宜通过搜索不同圆心及半径的所有潜在滑动圆弧确定；

c_j、φ_j——分别为第 j 土条滑弧面处的土的黏聚力（kPa）、内摩擦角（°）；

b_j——第 j 土条的宽度（m）；

θ_j ——第 j 土条滑弧面中点处的法线与垂直面的夹角（°）；

l_j ——第 j 土条滑弧长度（m），取 $l_j = b_j/\cos\theta_j$；

q_j ——第 j 土条上的附加分布荷载标准值（kPa）；

ΔG_j ——第 j 土条的自重（kN），按天然重度计算；

u_j ——第 j 土条滑弧面上的水压力（kPa）；采用落底式止水帷幕时，对地下水位以下的砂土、碎石土、砂质粉土，在基坑外侧，可取 $u_j = \gamma_w h_{wa,j}$，在基坑内侧，可取 $u_j = \gamma_w h_{wp,j}$；滑弧面在地下水位以上或对地下水位以下的黏性土，取 $u_j = 0$；

γ_w ——地下水重度（kN/m³）；

$h_{wa,j}$ ——基坑外侧第 j 土条滑弧面中点的压力水头（m）；

$h_{wp,j}$ ——基坑内侧第 j 土条滑弧面中点的压力水头（m）；

$R'_{k,k}$ ——第 k 层锚杆在滑动面以外的锚固段的极限抗拔承载力标准值与锚杆杆体受拉承载力标准值的较小值（kN）。

α_k ——第 k 层锚杆的倾角（°）；

θ_k ——滑弧面在第 k 层锚杆处的法线与垂直面的夹角（°）；

$s_{x,k}$ ——第 k 层锚杆的水平间距（m）；

ψ_v ——计算系数；可按 $\psi_v = 0.5\sin(\theta_k + \alpha_k)\tan\varphi$ 取值；

φ ——第 k 层锚杆与滑弧交点处土的内摩擦角（°）。

当挡土构件底端以下存在软弱下卧层时，整体稳定性验算滑动面中应包括由圆弧与软弱土层层面组成的复合滑动面（图 8-53）。

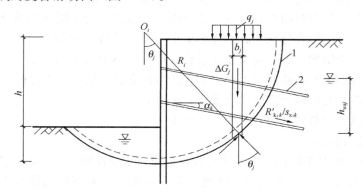

图 8-53 圆弧滑动条分法整体稳定性验算
1—任意圆弧滑动面；2—锚杆

一般对于内支撑式支护结构，如果采用上述圆弧滑动条分法进行分析，由于在力矩计算时不包括内支撑对抵抗力矩的分析，因此，计算结果将偏于安全。在实际计算中，对内支撑类支护基坑，只要对最下一道支撑点列力矩平衡条件，只要基坑内外的水土压力能够满足抗倾覆要求即可。

实际上对内支撑式支护结构，只要确保嵌固深度足够，并具有一定的水平支撑力，就能满足基坑整体稳定性要求。对于锚拉式或支撑式支护结构，当坑底下为软土时，其嵌固深度应符合下列以最下层支点为轴心的圆弧滑动稳定性要求：

$$\frac{\sum[c_j l_j + (q_j b_j + \Delta G_j)\cos\theta_j \tan\varphi_j]}{\sum(q_j b_j + \Delta G_j)\sin\theta_j} \geqslant K_r \tag{8-44}$$

式中 K_r——以最下层支点为轴心的圆弧滑动稳定性系数，按安全等级为一级、二级、三级的支挡结构，K_r 分别不应小于 2.2、1.9、1.7。

8.6.7 重力式支护结构

1. 墙体强度验算

对基坑支护而言，最典型的是搅拌式水泥土墙支护，重力式水泥土墙受到侧向荷载，包括水压力和土压力。重力式水泥土墙体型庞大，在设计过程中对墙体进行相应的强度计算，结合挡土墙内外侧的水土压力，可求出相应截面的拉应力、压应力、剪应力，并应满足以下条件：

拉应力：
$$\frac{6M_i}{B^2} - \gamma_{cs} z \leqslant 0.15 f_{cs} \tag{8-45}$$

压应力：
$$\gamma_0 \gamma_F \gamma_{cs} z + \frac{6M_i}{B^2} \leqslant f_{cs} \tag{8-46}$$

剪应力：
$$\frac{E_{aki} - \mu G_i - E_{pki}}{B} \leqslant \frac{1}{6} f_{cs} \tag{8-47}$$

式中 M_i——水泥土墙验算截面的弯矩设计值（kN·m/m）；
B——验算截面处水泥土墙的宽度（m）；
γ_{cs}——水泥土墙的重度（kN/m³）；
z——验算截面至水泥土墙顶的垂直距离（m）；
f_{cs}——水泥土开挖龄期时的轴心抗压强度设计值（kPa）；
γ_F——荷载综合分项系数；支护结构构件按承载能力极限状态设计时，作用基本组合的综合分项系数不应小于 1.25。对应安全等级为一级、二级、三级的支护结构，其结构重要性系数分别不应小于 1.1、1.0、0.9；
E_{aki}、E_{pki}——分别为验算截面以上的主动土压力标准值、被动土压力标准值（kN/m）；
G_i——验算截面以上的墙体自重（kN/m）；
μ——墙体材料的抗剪断系数，取 0.4～0.5。

2. 地基承载力验算

重力式水泥土墙由于体积大，因此对应自重荷载施加在地基上，对地基的承载力要求较高。需满足条件 $p_k \leqslant f_a$，除此之外考虑荷载存在偏心，对基底边缘最大压力尚需满足如下条件：$p_{kmax} \leqslant 1.2 f_a$。

当轴心荷载作用时，应满足下列规定：
$$p_k \leqslant f_a \tag{8-48}$$

式中 p_k——相应于作用的标准组合时，基础底面处的平均压力值（kPa）；
f_a——修正后的地基承载力（kPa）。

当偏心荷载作用时，除符合上式外，还应满足下列规定：
$$p_{kmax} \leqslant 1.2 f_a \tag{8-49}$$

式中 p_{kmax}——相应于作用的标准组合时，基础底面边缘的最大压力值（kPa）。

3. 支护稳定性验算

重力式水泥土墙可能出现失效形式，沿墙体发生滑移或绕墙趾产生移动，因此，应分别进行滑移稳定性验算和抗倾覆稳定性验算。在满足两者要求以后，尚需对采取重力式支护结构的基坑进行圆弧滑动的整体稳定性验算：

（1）滑移稳定性验算

重力式水泥土墙的滑移稳定性验算应符合下式规定（图8-54）：

$$\frac{E_{pk}+(G-u_mB)\tan\varphi+cB}{E_{ak}} \geqslant K_{sl} \tag{8-50}$$

式中 K_{sl}——抗滑移安全系数，其值不应小于1.2；

E_{ak}、E_{pk}——分别为水泥土墙的主动土压力、被动土压力标准值（kN/m），按《建筑基坑支护技术规程》JGJ 120—2012第3.4.2条的规定确定；

G——水泥土墙的自重（kN/m）；

u_m——水泥土墙底面上的水压力（kPa）；水泥土墙底位于含水层时，可取 $u_m=\gamma_w(h_{wa}+h_{wp})/2$，在地下水位以上时，取 $u_m=0$；

c、φ——分别为水泥土墙底面下土层的黏聚力（kPa）、内摩擦角（°）；

B——水泥土墙的底面宽度（m）；

h_{wa}——基坑外侧水泥土墙底处的压力水头（m）；

h_{wp}——基坑内侧水泥土墙底处的压力水头（m）。

（2）抗倾覆稳定性验算

重力式水泥土墙的倾覆稳定性应符合下式规定（图8-55）：

$$\frac{E_{pk}a_p+(G-u_mB)a_G+cB}{E_{ak}a_a} \geqslant K_{ov} \tag{8-51}$$

式中 K_{ov}——抗倾覆安全系数，其值不应小于1.3；

a_a——水泥土墙外侧主动土压力合力作用点至墙趾的竖直距离（m）；

a_p——水泥土墙内侧被动土压力合力作用点至墙趾的竖直距离（m）；

a_G——水泥土墙自重与墙底水压力的合力作用点至墙趾的竖直距离（m）。

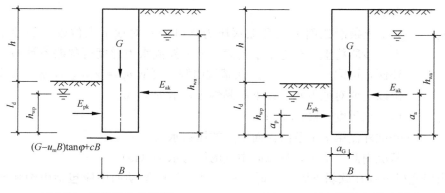

图8-54 滑移稳定性验算　　图8-55 抗倾覆稳定性验算

（3）整体稳定性验算

重力式水泥土墙应按下列规定通过圆弧滑动分析进行整体稳定性验算（图8-56）：

① 可采用圆弧滑动条分法进行验算。

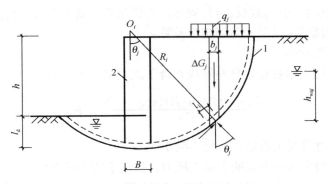

图 8-56 整体滑动稳定性验算
1—任意圆弧滑动面；2—重力水泥土墙

② 采用圆弧滑动条分法时，其稳定性应复合下列规定：

$$\min\{K_{s,1}, K_{s,2}, \cdots, K_{s,i}, \cdots\} \geqslant K_s \tag{8-52}$$

$$K_{s,i} = \frac{\sum\{c_j l_j + [(q_j b_j + \Delta G_j)\cos\theta_j - u_j l_j]\tan\varphi_j\}}{\sum(q_j b_j + \Delta G_j)\sin\theta_j} \tag{8-53}$$

式中　K_s——圆弧滑动稳定安全系数，其值不应小于 1.3；

$K_{s,i}$——第 i 个圆弧滑动体的抗滑力矩与滑动力矩的比值；抗滑力矩与滑动力矩之比的最小值宜通过搜索不同圆心及半径的所有潜在滑动圆弧确定；

c_j、φ_j——分别为第 j 土条滑弧面处土的黏聚力（kPa）、内摩擦角（°）；

b_j——第 j 土条的宽度（m）；

θ_j——第 j 土条滑弧面处中点处法线与垂直面的夹角（°）；

l_j——第 j 土条的滑弧长度（m），取 $l_j = b_j/\cos\theta_j$；

q_j——第 j 土条上的附加分布荷载标准值（kPa）；

ΔG_j——第 j 土条的自重（kN），按天然重度计算；分条时，水泥土墙可按土体考虑；

u_j——第 j 土条滑弧面上的孔隙水压力（kPa）；对地下水位以下的砂土、碎石土、砂质粉土，当地下水是静止的或渗流水力梯度可忽略不计时，在基坑外侧，可取 $u_j = \gamma_w h_{wa,j}$，在基坑内侧，可取 $u_j = \gamma_w h_{wp,j}$，滑弧面在地下水位以上或对地下水位以下的黏性土，取 $u_j = 0$；

γ_w——地下水重度（kN/m³）；

$h_{wa,j}$——基坑外侧第 j 土条滑弧面中点的压力水头（m）；

$h_{wp,j}$——基坑内侧第 j 土条滑弧面中点的压力水头（m）。

③ 当墙底以下存在软弱下卧土层时，稳定性验算的滑动面中应包括由圆弧与软弱土层层面组成的复合滑动面。

【例题 8-3】挡土墙高 6m，填土为砂土，墙背光滑、直立，填土表面水平。墙后有地下水存在，填土的物理力学指标如图 8-57 所示。试计算挡土墙上的主动土压力及水压力的分布及其合力（提示：按照水土分算）。

解：填土为砂土，按水土分算原则进行计算。主动土压力系数为

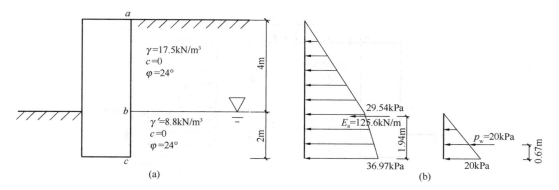

图 8-57 土的物理力学指标和土压力分布
(a) 土的物理力学指标；(b) 土压力分布

$$K_a = \tan^2\left(45° - \frac{\varphi}{2}\right) = \tan^2\left(45° - \frac{24°}{2}\right) = 0.422$$

于是可得挡土墙 a、b 点的主动土压力分别为

a 点：$p_{a1} = \gamma_1 z K_a = 0$

b 点上：$p_{a2} = \gamma_1 h_1 K_a = 17.5 \times 4 \times 0.422 = 29.54 \text{kPa}$

b 点下：水下土的抗剪强度指标 φ 值与水上土相同，故在 b 点处主动土压力无突变。

c 点：$p_{a3} = (\gamma_1 h_1 + \gamma' h_2) K_a = (17.5 \times 4 + 8.8 \times 2) \times 0.422 = 36.97 \text{kPa}$

主动土压力分布如图 8-57 所示，同时可求得其合力 E_a 为

$$E_a = 0.5 \times 29.54 \times 4 + 0.5 \times (36.97 - 29.54) \times 2 + 29.54 \times 2$$
$$= 59.08 + 7.43 + 59.08$$
$$= 125.59 \text{kN/m}$$

合力作用点距离墙底的距离为

$$d = \frac{1}{125.6} \times \left(\frac{10}{3} \times 59.08 + 7.43 \times 1 + 59.08 \times \frac{2}{3}\right) = 1.94 \text{m}$$

此外，c 点的水压力为 $p_w = \gamma_w h_2 = 10 \times 2 = 20 \text{kPa}$

作用在墙上的水压力合力为

$$P_w = \frac{1}{2} \times 20 \times 2 = 20 \text{kN/m}$$

水压力合力 P_w 作用点距墙底 $d = 2/3 = 0.67 \text{m}$。

【例题 8-4】 挡土墙高 6m，填土为黏土，墙背光滑、直立，填土表面水平。填土表面有超载 $q = 20 \text{kPa}$，墙后有地下水存在，填土的物理力学指标如图 8-58 (a) 所示。试计算挡土墙上的主动土压力及水压力的分布及其合力。（提示：按照水土合算）

解： 填土为黏土，按水土合算原则进行计算。主动土压力系数为

$$K_a = \tan^2\left(45° - \frac{\varphi}{2}\right) = \tan^2\left(45° - \frac{30°}{2}\right) = 0.333$$

于是可得挡土墙 a、b 点的主动土压力分别为

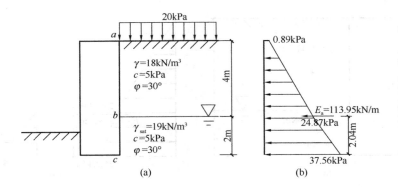

图 8-58 土的物理力学指标和土压力分布图
(a) 土的物理力学指标；(b) 土压力分布图

a 点：$p_{a1} = (\gamma_1 z + q)K_a - 2c\sqrt{K_a} = 20 \times 0.33 - 2 \times 5 \times 0.577 = 0.89\text{kPa}$

b 点上：$p_{a2} = (\gamma_1 h_1 + q)K_a - 2c\sqrt{K_a} = (18 \times 4 + 20) \times 0.333 - 5.77 = 24.87\text{kPa}$

b 点下：水下土的抗剪强度指标 φ 值与水上土相同，故在 b 点处主动土压力无突变。

c 点：$p_{a3} = (\gamma_1 h_1 + q + \gamma_{sat} h_2)K_a - 2c\sqrt{K_a} = (18 \times 4 + 20 + 19 \times 2) \times 0.333 - 5.77 = 37.56\text{kPa}$

主动土压力分布如图 8-58（b）所示，同时可求得其合力 E_a 为

$E_a = 0.89 \times 6 + 0.5 \times (24.87 - 0.89) \times 4 + (24.87 - 0.89) \times 2 + (37.56 - 24.87) \times 1$

$= 5.34 + 47.96 + 47.96 + 12.69 = 113.95\text{kN/m}$

合力作用点距离墙底的距离为

$$d = \frac{1}{113.95} \times \left(3.34 \times 3 \times \frac{10}{3} \times 47.96 + 47.96 \times 1 + 12.69 \times \frac{2}{3}\right) = 2.04\text{m}$$

8.6.8 土钉墙支护

1. 土钉支护的原理

通过在基坑边坡中植入土钉，可形成加筋土重力式挡土墙，起到挡土支护的作用。它是以植入的土钉作为主要受力构件，由被加固的原位土体、土钉群、混凝土面层以及附送的排水系统形成的一个重力式复合支护结构，称之为土钉墙。土钉与周围的土体之间存在荷载传递，主要依靠两者接触面之间的粘结力实现的。一般采用钢筋作为植入土体内部的土钉。在土压力的作用下，钢筋作为一种细长的受拉杆件，只有在土体向坑内发生位移之后，才能对支护土体施加荷载。

土钉墙的支护能力是有限的，为进一步提高支护能力，可以联合预应力锚杆或微型桩、水泥土桩形成复合土钉墙，以拓展其应用范围。在实际应用过程中，土钉墙施工周期短、用料省、经济性非常突出，成本仅为桩墙类支护结构的 1/3~1/5。

2. 内力计算

（1）抗拔承载力计算

植入土体内部的筋材起到加固土体的作用，需保证在受拉的过程中不会出现被拔出或被拉断的现象。土钉作为细长的受拉杆件，避免被拔出，要进行抗拔承载力验算，即单根

土钉所承受的拉力小于抗拔承载力。单根土钉的极限抗拔承载力应符合下列规定（图 8-59）：

$$\frac{R_{k,j}}{N_{k,j}} \geqslant K_t \quad (8-54)$$

式中　K_t——土钉抗拔安全系数；安全等级为二级、三级的土钉墙，K_t 不应小于 1.6、1.4；

　　　$N_{k,j}$——第 j 层土钉的轴向拉力标准值（kN）；

　　　$R_{k,j}$——第 j 层土钉的极限抗拔承载力标准值（kN）。

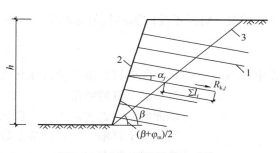

图 8-59　土钉抗拔承载力验算
1—土钉；2—喷射混凝土面层；3—滑动面

由此可见，进行抗拔承载力计算，必须先获得土钉的极限抗拔承载力 $R_{k,j}$ 和所受的轴向拉力标准值 $N_{k,j}$。

单根土钉的抗拔承载力，一般应通过现场抗拔试验确定，但对于安全等级为三级的土钉墙或不具备试验条件的，可考虑按下式计算：

$$R_{k,j} = \pi d_j \sum q_{sk,j} l_j \quad (8-55)$$

式中　d_j——第 j 层土钉的锚固体直径（m）；对成孔注浆土钉，按成孔直径计算；对打入钢管土钉，按钢管直径计算；

　　　$q_{sk,j}$——第 j 层土钉与第 i 土层的极限粘结强度标准值（kPa），应根据工程经验及表 8-4 值确定；

　　　l_j——第 j 层土钉滑动面以外的部分在第 i 土层中的长度（m），直线滑动面与水平面的夹角 $\frac{\beta+\varphi_m}{2}$，$\beta$ 为土钉墙坡面与水平面的夹角（°），φ_m 为基坑底面以上各土层按厚度加权的等效内摩擦角平均值（°）。

土钉的极限粘结强度标准值　　　　表 8-4

土的名称	土的状态	q_{sk}（kPa）	
		成孔注浆土钉	打入钢管土钉
素填土	—	15～30	20～35
淤泥质土	—	8～20	15～25
黏性土	$0.75 < I_l \leqslant 1$	20～30	20～40
	$0.25 < I_l \leqslant 0.75$	30～45	40～55
	$0 < I_l \leqslant 0.25$	45～60	55～70
	$I_l \leqslant 0$	60～70	70～80
粉土	—	40～80	50～90
砂土	松散	35～50	50～65
	稍密	50～65	65～80
	中密	65～80	80～80
	密实	80～80	80～120

单根土钉所承受的轴向拉力标准值，可按下式计算：

$$N_{k,j} = \frac{1}{\cos\alpha_j}\xi\eta_j p_{ak,j} s_{x,j} s_{z,j} \tag{8-56}$$

式中 $N_{k,j}$——第 j 层土钉的轴向拉力标准值（kN）；
α_j——第 j 层土钉的倾角（°）；
ξ——墙面倾斜时的主动土压力折减系数，应按式（8-57）取值；
η_j——第 j 层土钉轴向拉力调整系数，按式（8-58）计算；
$p_{ak,j}$——第 j 层土钉处的主动土压力强度标准值（kPa），应参考第 8.4.3 小节计算；
$s_{x,j}$——土钉的水平间距（m）；
$s_{z,j}$——土钉的垂直间距（m）。

其中

$$\xi = \tan\frac{\beta-\varphi_m}{2}\left[\frac{1}{\tan\frac{\beta+\varphi_m}{2}} - \frac{1}{\tan\beta}\right]/\tan^2\left(45° - \frac{\varphi_m}{2}\right) \tag{8-57}$$

考虑坡面的倾角影响，显然坡面垂直时，土钉所受承受的主动土压力最大，当坡倾角由 90°变小时，所承受的主动土压力在减小。因此，对土钉所承受的轴向拉力结合坡度予以折减，可按式（8-56）进行。

土钉所承受的轴向拉力，除基坑坡度影响以外，还要考虑埋置深度的影响，可以通过轴向拉力坡度系数加以实现：

$$\eta_j = \eta_a - (\eta_a - \eta_b)\frac{z_j}{h} \tag{8-58}$$

$$\eta_a = \frac{\sum(h-\eta_b z_j)\Delta E_{aj}}{\sum(h-z_j)\Delta E_{aj}} \tag{8-59}$$

式中 z_j——第 j 层土钉至基坑顶面的垂直距离（m）；
h——基坑深度（m）；
ΔE_{aj}——作用在以 $s_{x,j}$、$s_{z,j}$ 为边长的面积内的主动土压力标准值（kN）；
η_a——计算系数；
η_b——经验系数，可取 0.6～1.0。

（2）受拉承载力验算

土钉除了被拔以外，还要避免在土钉承受荷载时被拉断，导致支护失效。在这种情况下，要求单个土钉所承受的轴向拉力必须小于杆身的强度，土钉杆件的受拉承载力应符合下列规定：

$$N_j \leqslant f_y A_s \tag{8-60}$$

式中 N_j——第 j 层土钉的轴向拉力设计值（kN），按式（8-61）规定计算；
f_y——土钉杆体的抗拉强度设计值（kPa）；
A_s——土钉杆体的截面面积（m²）。

受拉承载力计算轴向拉力设计值 N_j 与轴向拉力标准值存在一定换算关系，按下式计算：

$$N_j = \gamma_0 \gamma_F N_{k,j} \tag{8-61}$$

式中 N_j——轴向拉力设计值或轴向压力设计值（kN）；

γ_0——土钉墙重要性系数，对安全等级为一级、二级、三级的支护结构，其结构重要性系数分别不小于 1.1、1.0、0.9；

γ_F——作用基本组合的分项系数，取值不应小于 1.25；

$N_{k,j}$——作用标准组合的轴向拉力或轴向压力（kN）。

3. 稳定性验算

在基坑的施工过程中，随着基坑开挖，土钉处于分层设置中，土钉墙或复合土钉墙需结合基坑开挖的各个工况，进行整体稳定性验算（图 8-60）；整体滑动稳定性可采用圆弧条分法进行验算。采用圆弧条分法时，其整体滑动稳定性应符合下列规定：

$$K_{s,i} = \frac{\sum[c_j l_j + (q_j b_j + \Delta G_j)\cos\theta_j \tan\varphi_j] + \sum R'_{k,k}[\cos(\theta_k + \alpha_k + \psi_v)]/s_{x,k}}{\sum(q_j b_j + \Delta G_j)\sin\theta_j} \quad (8-62)$$

式中 $R'_{k,k}$——第 k 层土钉或锚杆在滑动面以外的锚固段的极限抗拔承载力标准值与杆体受拉承载力标准值（$f_{yk}A_s$ 或 $f_{ptk}A_p$）的较小值（kN）；锚固段的极限抗拔承载力应按式（8-55）的规定计算，但锚固段应取圆弧滑动面以外的长度。

考虑安全的需求，土钉墙中土钉长度可以长短不一。一般要求穿越潜在的滑动面，特

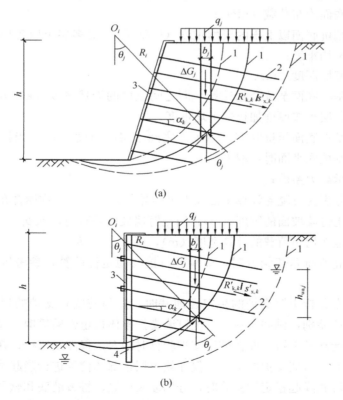

图 8-60 土钉墙整体滑动稳定性验算

(a) 土钉墙在地下水位以上；(b) 水泥土桩或微型桩复合土钉墙

1—滑动面；2—土钉或锚杆；3—喷射混凝土面层；4—水泥土桩或微型桩

别是如果采取水泥桩复合土钉墙，需考虑地下水压力作用，其整体的稳定性验算应参照桩墙式支护结构的稳定性验算方法。但由于桩墙支护中只可能存在锚杆，不可能存在土钉。因此，在按照桩墙式支护计算时，其中的 $R'_{k,k}$ 需结合土钉的抗拔承载力和受拉承载力进行取值，涉及的土钉抗拔承载力与受拉承载力均需按相应的土钉计算公式代入。当基坑底面以下有软弱土下卧层时，应进行坑底抗隆起稳定性验算，如图 8-61 所示。

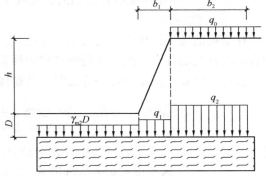

图 8-61　基坑底面下由软土层的土钉墙隆起稳定性验算

$$\frac{\gamma_{m2}DN_q + cN_c}{(q_1 b_1 + q_2 b_2)/(b_1 + b_2)} \geq K_b \quad (8\text{-}63)$$

$$N_q = \tan^2\left(45° + \frac{\varphi}{2}\right) e^{\pi\tan\varphi} \quad (8\text{-}64)$$

$$N_c = (N_q - 1)/\tan\varphi \quad (8\text{-}65)$$

$$q_1 = 0.5\gamma_{m1}h + \gamma_{m2}D \quad (8\text{-}66)$$

$$q_2 = \gamma_{m1}h + \gamma_{m2}D + q_0 \quad (8\text{-}67)$$

式中　K_b——抗隆起安全系数，安全等级为二级、三级的土钉墙，K_b 分别不小于 1.6、1.4；

　　　q_0——底面均布荷载（kPa）；

　　　γ_{m1}——基坑底面以上土的天然重度（kN/m³）；对多层土取各层土按厚度加权的平均重度；

　　　h——基坑深度（m）；

　　　γ_{m2}——基坑底面至抗隆起计算平面之间土层的天然重度（kN/m³）；对多层土取各层土按厚度加权的平均重度；

　　　D——基坑底面至抗隆起计算平面之间土层的厚度（m）；当抗隆起计算平面为基坑底平面时，取 $D=0$；

　　　N_c、N_q——承载力系数；

　　　c、φ——分别为抗隆起计算平面以下土的黏聚力（kPa）、内摩擦角（°）；

　　　b_1——土钉墙坡面的宽度（m）；当土钉墙坡面垂直时，取 $b_1 = 0$；

　　　b_2——地面均布荷载的计算宽度（m），可取 $b_2 = h$。

当土钉墙与止水帷幕相结合时，尚应进行抗渗稳定性验算，参考桩墙式渗透稳定性计算。

综上所述，在分析土钉支护的稳定性地基时，其与桩墙式支护的稳定性分析十分类似，但也存在一些差别，例如，在进行土钉墙支护整体稳定性验算时，$R'_{k,k}$ 的取值既可能涉及锚杆，也可能涉及土钉。而在桩墙支护验算时的 $R'_{k,k}$ 仅涉及锚杆；在进行坑底的隆起稳定性验算时，对土钉墙支护的基坑，仅在软土层顶部的位置进行隆起稳定性验算；而桩墙类基坑，进行坑底隆起稳定性验算时，分别涉及坑底、桩或墙底和软弱下卧层顶部三个不同位置。水力条件主要是用来反映渗透力的大小，关键在于确定临界水力坡降。

【例题 8-5】现有开挖深度为 7m 的建筑基坑，拟采用土钉墙支护（图 8-62）。土钉采用钢筋⊕20HRB400（$f_y = 360\text{N/mm}^2$），土钉长度为 7m，竖直和水平间距均为 1.25m，倾角为 19°，锚固体直径为 120mm。土层为均质黏性土，$I_L=0.20$，$\gamma=19\text{kN/m}^3$，$c=20\text{kPa}$，$\varphi=22°$，地面超载 $q=20\text{kPa}$。若抗拔安全系数取 1.5，作用基本组合效应的分项系数取 1.30，试验算地面以下 5m 处土钉的抗拔稳定性与抗拉强度。

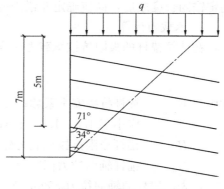

图 8-62　例题 8-5 图

解：

可知滑动面倾角为：
$$\theta=45°-\varphi/2=45°-22°/2=34°$$

土钉在滑动面内的长度为：
$$l_n=\frac{2\times\sin34°}{\sin75°}=1.16\text{m}$$

土钉在滑动面外的长度为：
$$l_w=7-l_n=5.84\text{m}$$

主动土压力系数：
$$K_a=\tan^2\left(45°-\frac{\varphi}{2}\right)=\tan^2\left(45°-\frac{22°}{2}\right)=0.45$$

地面以下 5m 处主动土压力为：
$$p_a=(q+\gamma h)K_a-2c\sqrt{K_a}=(20+19\times5)\times0.45-2\times20\times\sqrt{0.45}=24.9\text{kPa}$$

主动土压力折减系数：
$$\xi=\tan\frac{\beta-\varphi_m}{2}\left[\frac{1}{\tan\frac{\beta+\varphi_m}{2}}-\frac{1}{\tan\beta}\right]\Big/\tan^2\left(45°-\frac{\varphi_m}{2}\right)$$

$$=\tan\frac{90°-22°}{2}\left[\frac{1}{\tan\frac{90°+22°}{2}}-\frac{1}{\tan90°}\right]\Big/\tan^2\left(45°-\frac{22°}{2}\right)$$

$$=0.96$$

地面以下 5m 处土钉轴向力的标准值为：
$$N_k=\frac{1}{\cos19°}\times0.96\times24.9\times1.25\times1.25=39.5\text{kN}$$

经查表 8-4，地基土极限粘结强度标准值 $q_{sk}=50\text{kPa}$，则该土钉抗拔极限承载力为：
$$R_k=\pi d\sum q_{sk}l=\pi\times0.12\times39.5\times5.84=86.96\text{kN}$$

可知 5m 处的抗拔安全系数为：
$$\frac{R_k}{N_k}=\frac{86.96}{39.5}=2.20>1.5，满足要求。$$

5m 处的土钉抗拔强度为：
$$N=\gamma_F N_k=1.3\times39.5=51.35\text{kN}$$
$$f_\gamma A_s=360\times\pi\times20^2/4=113.1\text{kN}$$

可知 $N<f_\gamma A_s$，满足要求。

8.6.9　锚杆支护

锚杆承受拉力，一般采用螺纹钢、钢绞线等强度高、延伸率大、疲劳强度高的材料。锚杆的锚固长度是一个非常重要的参数，直接影响其抗拔承载力，在根据锚杆抗拔承载力确定锚固长度之后，尚应确定非锚固度和自由段长度，以定出锚杆整体的最小长度。

1. 承载力计算

在计算锚杆的极限抗拔承载力时应符合下列要求：

$$\frac{R_k}{N_k} \geqslant K_t \tag{8-68}$$

式中　K_t——锚杆抗拔安全系数；安全等级为一级、二级、三级的支护结构，K_t 分别不应小于 1.8、1.6、1.4；

　　　R_k——锚杆极限抗拔承载力标准值（kN）；

　　　N_k——锚杆轴向拉力标准值（kN）。

首先，锚杆的轴向拉力标准值 N_k 应按下式计算：

$$N_k = \frac{F_h s}{b_a \cos\alpha} \tag{8-69}$$

式中　F_h——挡土构件计算宽度内的弹性支点水平反力（kN）；

　　　s——锚杆水平间距（m）；

　　　b_a——挡土结构计算宽度（m）；

　　　α——锚杆倾角（°）。

而挡土构件计算宽度内的弹性支点水平反力 F_h 应按下式计算：

$$F_h = k_R(v_R - v_{R0}) + P_h \tag{8-70}$$

式中　k_R——挡土结构计算宽度内的弹性支点刚度系数（kN/m）；

　　　v_R——挡土结构在支点处的水平位移值（m）；

　　　v_{R0}——设置锚杆或支撑时，支点的初始水平位移值（m）；

　　　P_h——挡土结构计算宽度内的法向预加力（kN）；采用锚杆或竖向支撑时，取 $P_h = P\cos\alpha b_a/s$；采用水平支撑时，取 $P_h = Pb_a/s$；对不预加轴向压力的支撑，取 $P_h = 0$；采用锚杆时，宜取 $P = 0.75N_k \sim 0.9N_k$，采用支撑时，宜取 $P = 0.5N_k \sim 0.8N_k$；

　　　P——锚杆的预加轴向拉力值或支撑的预加轴向压力值（kN）；

　　　α——锚杆倾角或支撑仰角；

　　　b_a——挡土结构计算宽度（m），对单根支护桩，取排桩间距；对单幅地下连续墙，取包括接头的单幅墙宽度；

　　　s——锚杆或支撑的水平间距（m）；

　　　N_k——锚杆轴向拉力标准值或轴向压力标准值（kN）。

其次，锚杆极限抗拔承载力标准值 R_k 按照下式计算：

$$R_k = \pi d \sum q_{sk,j} l_j \tag{8-71}$$

式中　d——锚杆的锚固体直径（m）；

　　　l_i——锚杆的锚固段在第 i 层中的长度（m），锚固段长度为锚杆在理论直线滑动面以外的长度；

　　　$q_{sk,j}$——锚固体与第 i 土层的极限粘结强度标准值（kPa），应根据工程经验并结合附录 3 取值。

2. 锚固长度

当锚固段主要位于黏土层、淤泥质土层、填土层时，应考虑土的蠕变对锚杆预应力的损失的影响，并应根据蠕变试验确定锚杆的极限抗拔承载力。锚杆的非锚固段长度应按下式确定，且不小于5.0m（图8-63）：

$$l_\mathrm{f} = \frac{(a_1 + a_2 - d\tan\alpha)\sin\left(45° - \frac{\varphi_\mathrm{m}}{2}\right)}{\sin\left(45° + \frac{\varphi_\mathrm{m}}{2} + \alpha\right)} + \frac{d}{\cos\alpha} + 1.5 \tag{8-72}$$

式中　l_f——锚杆非锚固段长度（m）；
　　　α——锚杆倾角（°）；
　　　a_1——锚杆的锚头中点至基坑底面的距离（m）；
　　　a_2——基坑底面至基坑外侧主动土压力强度与基坑内侧被动土压力强度等值点O的距离（m）；对多层土，存在多个等值点时，应按其中最深的等值点计算；
　　　d——挡土构件的水平尺寸（m）；
　　　φ_m——O点以上各土层按厚度加权的等效内摩擦角（°）。

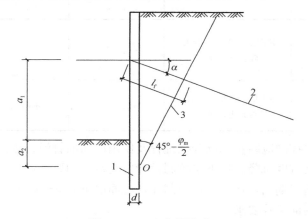

图8-63　理论直线滑动面
1—挡土构件；2—锚杆；3—理论直线滑动面

锚杆杆体的受拉承载力应符合下式规定：

$$N \leqslant f_\mathrm{py} A_\mathrm{p} \tag{8-73}$$

式中　N——锚杆轴向拉力设计值（kN）；
　　　f_py——预应力筋抗拉强度设计值（kPa）；当锚杆杆件采用普通钢筋时，取普通钢筋的抗拉强度设计值；
　　　A_p——预应力筋的截面面积。

8.7　地下水控制

在基坑开挖过程中，如果地下水位高于基坑设计的基坑底面，土体中的含水层就会被切断，导致地下水从基坑侧壁或坑底渗入坑内。另外，如果在施工过程中遇到降雨，地下水也可能流入坑内。地下水向坑内渗入的不良影响可能包括：影响施工，降低土体的强度，并增加支护基坑的荷载，因此必须采取处置措施，否则易引起基坑边坡土体稳定性变差，以致坍塌。基坑工程中需要控制的地下水类型主要包括基坑开挖影响范围内的潜水、上层滞水和承压水。根据工程地质和水文地质条件，常见的地下水控制方法主要包括集水明排、井点降水、截水以及采取地下水回灌等。在实际工程中，上述方法也可采取相互组合的方式，实施地下水控制。常用地下水控制方法及适用条件可参考表 8-5 的规定。

常用地下水控制方法及适用条件　　　　　　　　　　表 8-5

方法名称		土类	渗透系数 (cm/s)	降水深度(地面以下)(m)	水文地质特征
集水明排				≤3	
降水	轻型井点	填土、黏性土、粉土、砂土	$1×10^{-7}～2×10^{-4}$	≤6	上层滞水或潜水
	多级轻型井点			6～8	
	喷射井点		$1×10^{-7}～2×10^{-4}$	6～20	
	电渗井点		$<1×10^{-7}$	6～8	
	真空降水管井		$<1×10^{-6}$	>6	
降水管井		黏性土、粉土、砂土、碎石土、黄土	$<1×10^{-6}$	>6	含水丰富的潜水、承压水和裂隙水
回灌		填土、粉土、砂土、碎石土、黄土	$<1×10^{-5}$	不限	不限

基坑工程地下水控制应防止基坑开挖过程及使用期间的管涌、流沙、坑底突涌及与地下水有关的坑外地层过度沉降。地下水控制设计应满足下列要求：

(1) 地下工程施工期间，地下水位控制在基坑面以下 0.5～1.5m。
(2) 满足坑底突涌验算要求。
(3) 满足坑底和侧壁抗渗流稳定性的要求。
(4) 控制坑外地面沉降量及沉降差，保证邻近建（构）筑物及地下管线的正常使用。

8.7.1　集水明排

采取集水明排法进行地下水控制时，需要设置排水沟和集水井形成一个整体排水系统。集水明排法可以处理的地下水主要包括基坑周边地表的汇水、降水井抽出的地下水以及坑底汇水。

集水明排法采取明沟排水的处理措施，主要作用是收集并外排以下类型的地下水：①坑底、坑壁渗出的地下水；②降雨形成的基坑内、外地表水；③降水井抽出的地下水。

集水井井壁可用竹木或砖砌进行简易加固，并在井底铺设 0.30m 厚的碎石滤水层，以免在抽水时将井底泥沙抽走。当地下室底板与支护结构之间不能设置明沟时，可采取盲沟排水。此外，对于坑底渗出的地下水，有时也采取盲沟排水。下面以坑底汇水为例阐述集水明排法的工作原理。

1. 工作原理

在基坑开挖过程中，需要在坑底设置排水沟和集水井。在开挖基坑的周围一侧或两侧（特殊情况在基坑中心）设置排水沟，每隔 30～40m 设置一集水井，使地下水汇集于集水井内，再用水泵将水排出基坑（槽）外。挖土时，集水井低于排水沟1m左右。挖土时，随着开挖进度逐步加深，排水沟和集水井保持水流畅通，达到"挖干土、排清水"的目的。排水沟断面要根据涌水量的计算及对邻近建筑物的影响来决定。排水沟应设置反滤层，以防止流土和管涌的发生。集水井四周应进行简单支护，其断面不应小于80cm。普通明沟和集水井排水构造如图8-64所示。

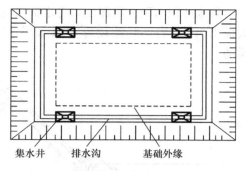

图8-64 普通明沟和集水井排水示意图

排水沟的截面应根据设计流量确定，排水沟的设计流量应符合下列规定：

$$Q \leqslant V/1.5 \tag{8-74}$$

式中 Q——排水沟的设计流量（m^3/d）；

V——排水沟的排水能力（m^3/d）；

沿排水沟宜每隔30~50m设置一口集水井；集水井的净截面尺寸应根据排水流量确定。集水井应采取防渗措施。集水井降水法如图8-65所示。

2. 构造措施

排水沟沿基坑四周设置，底面应比挖土面低0.3~0.4m，如图8-66所示。集水井设置在排水沟内，但其宽度一般大于排水沟宽度，每隔30~40m宜设置一个集水井。为保证排水的通畅性，排水沟的纵坡坡度一般宜控制在1‰~2‰，以便汇入集水井内。排水沟宽度一般大于300mm，集水井直径或宽度应大于500mm。集水井深度一般不小于800mm，集水井通常砖砌并采用水泥砂浆抹面。集水井深度随挖土深度增加而加深，但始终低于挖土面0.7~1.0m。

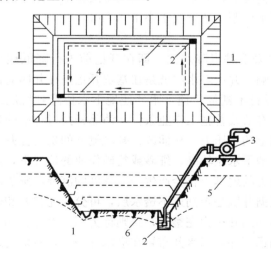

图8-65 集水井降水法
1—排水沟；2—集水井；3—离心式水泵；4—基础边线；
5—原地下水位线；6—降低后地下水位线

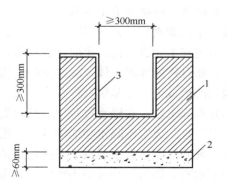

图8-66 排水明沟的截面与构造
1—机制砖；2—素混凝土垫层；
3—水泥砂浆面层

集水井积水到一定深度,将水抽出坑外。基坑底挖至设计标高后,集水井底应低于坑底板 1.5m 左右,并铺设砾石滤水层,以免在抽水时将泥沙抽走,并防止井底的土被搅动。

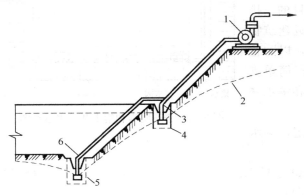

图 8-67 分层明沟排水示意图
1—抽水机;2—降水曲线;3—上层吸水管;
4—上层排水明沟;5—基坑底排水明沟;6—底层吸水管

多级放坡开挖时,为确保边坡土体稳定,一般在分级平台上设置排水沟。在基坑边坡上设置 2~3 层明沟,分层排除上部土层中的地下水。设置多层明沟排水的措施适用于基坑深度较大,地下水位较高以及多层土层中上部有透水性比较强的土层,或上下层虽为相同的均匀土层,但上部地下水较多的情况。这样就可避免地下水冲刷土层边坡而造成塌方,同时可减少边坡高度和水泵的扬程,缺点是挖土面积增大,土方量增加,如图 8-67 所示。

3. 适用范围

应用集水明排法进行地下水控制,简单易行且经济性好,对周围环境影响小,故此应用较广。但如果开挖深度大,地下水位高且土质为粉砂或细砂时,当基坑开挖至地下水位以下时,坑底下面的土会形成流动状态,随着地下水涌入基坑,出现流沙现象。除此之外,在渗透作用下,在基坑内外侧也可能出现管涌现象,即在水流渗透作用下,在基坑内外土体中形成贯通的渗流管道。除了流沙和管涌局部破坏以外,严重的还会导致基坑塌方,引起附近建筑物下沉。因此,在这种情况下,如果采取集水明排法施工,仅考虑在枯水期内进行施工,而且始终保证最高地下水位距基坑坑底不小于 0.5m。

8.7.2 降水

为减少地下水对基坑开挖的影响,可采取井点降水法,即在开挖前先行降低地下水位,从根本上解决地下水对基坑施工的影响。井点降水法就是在基坑开挖前在井四周预先埋设一定的滤水管(井),然后利用抽水设备不断抽除地下水,使地下水位降到坑底以下直至基坑施工完成为止。采取井点降水可有效改善施工作业条件,消除开挖过程中的流沙现象,而且还能加固土体,减少支护结构上的水压力,从而改善基坑侧壁的稳定性并可提高地基的承载力。在基坑开挖深度较大、地下水位较高、细砂或粉砂作业的情况下,需要考虑井点降水法。在降水过程中,基坑附近的地基土将会产生一定程度的沉降,施工时必须予以重视。而实施降水功能的井点,根据井底是否到达不透水层,可分为完整井和非完整井。凡井底到达含水层以下不透水层顶面的井称为完整井,否则称为不完整井。如果根据地下水有无压力,井又分为无压力井和承压井。当水井布置在潜水埋藏区,吸取的地下水为无压潜水,对应的井点称为无压潜水井;当水井布置在承压水埋藏区,吸取的地下水为承压水,对应的井点称为承压井。

井点降水法主要包括轻型井点、喷射井点、电渗井点和管井井点等,其中轻型井点应用最为广泛。在实际工程中,可根据土质条件、水文地质条件、渗透系数、降水深度来选择井点类型。

1. 轻型井点

轻型井点就是沿基坑周围按照一定间距将许多直径较细的井点管（下端包含滤管）埋入地下含水层内，井点上部通过弯联管与汇水总管相连接，利用抽水设备将地下水从井管内不断抽出，从而将地下水位降至坑底以下的降水措施。轻型井点系统设备比较复杂，而且由于管路设备的摩阻力和抽水设备吸水能力的限制，单级轻型井点降低地下水位深度只能达到5～6m；当超过此深度时，则需将水泵全部降低或装设多级井点系统。与降水明排法不同，轻型井点对于含有大量细砂和粉砂土层，降水效果较好，可以防止流沙现象并增加边坡稳定性，如图8-68所示。

2. 喷射井点

当基坑开挖较深、降水深度大于6m时，采用一般的轻型井点不易满足需求，这时可考虑采用喷射井点法。喷射井点降水对土的渗透系数为0.1～50m/d的砂土效果很好，降水深度可达15m以上，如图8-69所示。喷射井点根据其工作时高压喷射流体的不同，可分为喷水井点和喷气井点。较常见的为喷水井点。两种井点虽喷射的流体不同，但其原理是相同的。喷水井点设备主要包括喷射井管、高压水泵和排水管路等。喷射井管由内外管组成，在

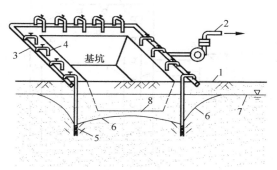

图8-68 轻型井点降水设备
1—底面；2—水泵；3—总管；4—井点管；5—滤管；
6—降落后的水位；7—原地下水位；8—基坑底

下端装有喷射扬水器并与滤管相连，当高压水流（0.7～0.8MPa）经内外管之间的环形空间自上而下通过喷嘴流入内管向上喷出时，在喷嘴处由于断面面积突然缩小，水流速度加快，从而产生负压，在喷口附近形成一定真空，因而将地下水经滤管吸入混合室，与高压水流汇合。当混合的水流流入扩散管时，由于截面增大，水流速度降低，水压逐渐升高，沿内管上升，直至经排水总管排出。

3. 电渗井点

在深基坑施工过程中，如果土层的渗透系数小于0.1m/d，那么土体中孔隙水就不容易排出。这类土含水量大，压缩性高，稳定性较差，譬如淤泥质土。由于土颗粒间存在微小孔隙，孔隙水会发生毛细现象，采用真空吸力降水的方法，很难取得理想效果，这种情况下可考虑电渗井点降水法（图8-70）。电渗井点降水法的原理是：在降水井点管的内侧打入金属杆（钢筋/钢管）作为阳极。井点管作为阴极，并连接导线，一旦在回路中通入直流电，带负电荷的土颗粒就会出现从井点管向金属杆（阳极）发生移动的电泳现象，而带正电荷的孔隙水则会出现从金属杆（阳极）向井点管（阴极）流动的电泳现象，从而实现软土地基排水的目的。

采取电渗井点降水时，电路宜采用间歇通电的方式，阴、阳极的数量宜相等，或阳极数量略多于阴极数量，阳极的设置深度一般比阴极的设置深度低0.5m，阳极露出地面的长度通常保持在0.2～0.4m之间，阴极对应的井点管可以是轻型井点管或喷射井点管。采用轻型井点管时，阴、阳极的距离宜为0.8～1.0m；采用喷射井点管时，阴、阳极的距

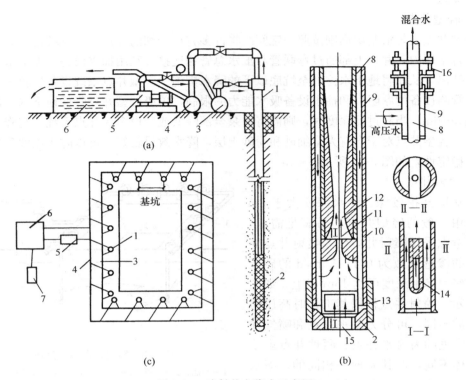

图 8-69 喷射井点降水示意图
(a) 喷射井点；(b) 喷射扬水器简图；(c) 喷射井点布置
1—喷射井点管；2—滤管；3—进水管；4—排水总管；5—高压离心泵；6—循环水池；7—低压离心泵；8—内管；9—外管；10—喷射嘴；11—混合室；12—扩散管；13—环形支座；14—进水窗；15—芯管；16—管箍

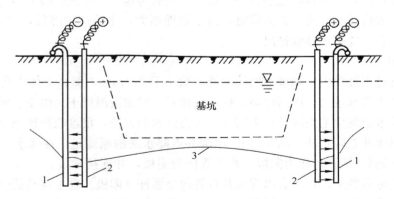

图 8-70 电渗井点降水示意图
1—井点管；2—金属棒；3—地下水降落曲线

离宜为 1.2～1.5m。阴极井点采用环圈布置时，阳极应布置在圈内侧，与阴极并列或交错。在电渗井点降水系统中，作为阳极的钢筋可以采用 $\phi 20$ 左右的钢筋或者 $\phi 15 \sim \phi 50$ 的钢管。

4. 管井井点

在采取轻型井点降水时，各个井点管是通过汇水总管彼此相连，然后通过抽水设备统一将水排走；与之不同，采取管井井点降水时，各个井点是彼此独立的、互不相连的管井群，需要在各个管井中独立抽水以降低地下水位，管井井点构造如图8-71所示。如果渗透系数较大（20～200m/d）且地下水含量丰富，可考虑管井井点降水。沿基坑外围每隔一定距离设置一个井点，每眼井单独设置一个水泵，以不断抽水而使地下水位降低。管井井点的水泵吸水管采用直径为50～80mm的橡胶管或钢管，抽水时其下端沉入管井的最低水位以下，管井间距为10～50m，其降水深度一般小于6m。

更进一步，如果降水深度较大，对每个管井井点，当采用潜心泵或离心泵不能满足抽水要求时，可采用深井泵来解决这一问题。依靠深井泵将深处地下水抽到地面以上，深井泵抽取地下水的深度较大，降水深度可达30～40m。如图8-72所示。

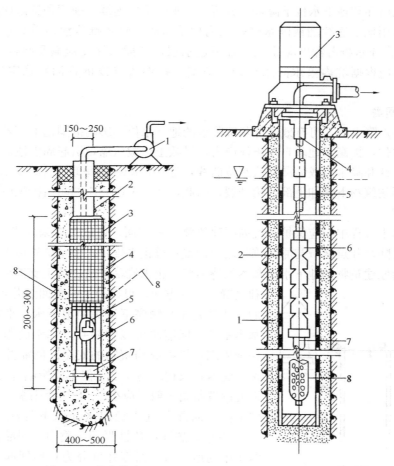

图8-71 管井井点图
1—水泵；2—管身；3—滤网；4—滤料；
5—吸水管；6—钢筋焊接骨架；7—沉砂管；
8—降落水位线

图8-72 深井井点示意图
1—滤井；2—滤水管；3—电动机；
4—传动轴；5—扬水管；6—立式多级
离心泵；7—吸水管；8—滤管头

8.7.3 截水

如果采取地下降水可能对周围建筑物、构筑物及地下管线带来不利影响，可以考虑通过截水措施，防止地下水通过基坑侧壁或坑底进入坑内。常见止（隔或截）水帷幕主要包括两种形式，即竖向止水帷幕和水平止水帷幕。基坑工程中的截水需从两个方向去考虑，分别是基坑侧壁方向和坑底方向，基坑侧壁方向的垂直防渗措施主要包括两个形式，即落底式止水帷幕和悬挂式止水帷幕。

当透水层深度较大时，可以考虑采用悬挂式止水帷幕，即帷幕下端没有插入下卧的隔水层。由于采用悬挂式止水帷幕，地下水有可能从帷幕底部流进基坑，必须考虑在基坑内设置水平防渗措施。常见的基坑止水帷幕主要采取水泥土搅拌桩、高压喷射注浆法和地下连续墙等措施。对于特种工程，可采用地层冻结带阻隔地下水。止水帷幕在平面布置上应沿基坑周边闭合。当采用沿基坑周边非闭合的平面布置形式时，应对地下水沿帷幕两端绕流引起的渗流破坏和地下水位下降进行分析。止水帷幕应连续，强度和抗渗性能应满足设计要求。当采用地下连续墙或隔水帷幕隔离地下水时，隔离帷幕渗透系数宜小于 1.0×10^{-4} m/d，竖向止水帷幕深度应插入下卧不透水层，其插入深度应满足抗渗流稳定的要求。此外，还应根据坑内潜水降水要求、地基土抗渗流（或抗管涌）稳定性要求综合确定。

8.7.4 回灌

当采用井点降水时，可有效降低基坑附近的地下水位，影响范围达上百米之多。由于降低了地下水位，提高了地基自重土体应力，导致土体被压缩，引起周围地面沉陷。由于土质的不均匀性和降水形成的漏斗式水位曲线，地面沉降一般呈现出不均匀沉降的特点，这将导致周围建筑物下降和上部结构开裂，因此，必须采取相应的防治措施以保护周围建筑物或构筑物。

在井点降水过程中，应保护基坑周围建筑物。一方面，可以考虑采取设置止水帷幕。其方法一般是降水井点区域与原建筑物之间设置一道止水帷幕，使基坑外地下水的渗流路线延长，从而原建筑物的地下水位基本保持不变，止水帷幕可结合挡土支护结构设置或单独设置。另一方面，可以通过设置回灌井点（图8-73）的方法补充建筑物底下流失的地下水，维持地下水位基本不变。回灌法可以弥补井点降水的影响，有效地保证周围建筑物或构筑物的安全。回灌井点主要为了保证建筑物及构筑物安全，但不应影响井点降水作业，因此两者距离一般不应小于6m，否则基坑内的水位无法下降。回灌井进入稳定水面以下的深度不应小于1m，并应设置在渗透性强的土质中。回灌用水不得用海水中的地下水，回灌井可分为自然回灌井和加压回灌井。自然回灌井的回灌压力与回灌水源的压力相同，宜为 0.1～0.2MPa，加压回灌井的回灌压力宜为0.2～0.5MPa。回灌压力不宜大于过滤器顶端以上的覆土重量。在回灌影响范围内，应设置水位观测井，并应根据水位动态变化调节回灌水量。

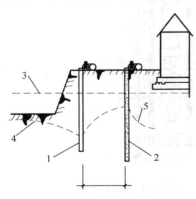

图 8-73 回灌井点布置
1—降水井点；2—回灌井点；3—原水位线；4—基坑内降低后的水位线；5—回灌后水位线

习 题

8.1 基坑工程包括哪几个方面的内容?
8.2 基坑工程有什么特点?
8.3 基坑支护结构需要具备什么要求?
8.4 基坑支护体系的安全储备为什么可以适当降低?
8.5 基坑工程施工可能对周围产生什么影响?
8.6 基坑工程设计的主要内容是什么?
8.7 基坑工程设计等级分为哪几类?
8.8 基坑支护结构设计应符合哪些规定?
8.9 在进行基坑支护结构设计时,承载力极限状态设计法和正常使用极限状态设计法分别在什么情况下应用?
8.10 为什么要对基坑支护结构进行水平位移控制并对基坑周边环境进行沉降控制?
8.11 基坑支护结构设计主要包括哪几部分?
8.12 基坑支护结构的安全等级如何划分?
8.13 支护结构按外荷载的平衡方式分为哪几类?
8.14 柔性支护和刚性支护在受力方面有哪些区别?
8.15 支锚式支护与悬臂式支护相比,优点是什么?
8.16 常见的基坑支护选型有哪些形式?选型时需要考虑什么因素?
8.17 放坡开挖施工的要求有哪些?
8.18 土钉墙支护可适用于什么土体?
8.19 复合土钉墙支护有哪几种形式?
8.20 锚杆支护中受拉杆的材料可选择哪种形式?锚杆由哪几部分组成?
8.21 锚杆支护与土钉墙支护有什么异同?
8.22 重力式水泥土墙支护如何提高墙体的抗拉性能?
8.23 悬臂式桩墙支护的形式有哪些?
8.24 重力式水泥土墙与加筋式水泥土墙在支护受力方面有什么不同?
8.25 地下连续墙的功能有哪些?
8.26 常见地下连续墙破坏形式有哪些?
8.27 内撑式支护中支撑采取什么形式?
8.28 外锚式支护的锚固形式有哪些?
8.29 支护结构的变形对作用在支护结构上的土压力有什么影响?
8.30 基坑内外有渗流时,对支护结构上的水土压力有什么影响?
8.31 基坑支护结构的设计方法有哪几种?
8.32 悬臂式支护结构内外侧土压力分布特点是什么?
8.33 在等值梁法中,假想铰距离地面位置与哪些因素有关?
8.34 实际嵌固深度、有效嵌固深度、最小嵌固深度之间应满足什么关系?
8.35 基坑工程中,有哪些抗渗措施?
8.36 坑底隆起的防治措施有哪些?

8.37 与柔性支护结构相比,为什么重力式支护结构要验算地基承载力?

8.38 土钉墙的内力计算与锚杆的内力计算有何异同?

8.39 锚杆的锚固长度如何确定?

8.40 井点降水的原理是什么?

8.41 砂性土和黏性土在计算水土压力时,计算原则有什么区别?

8.42 地下水向坑内渗入的不良影响是什么?

8.43 基坑工程中,需要控制的地下水类型主要包括哪些?

8.44 常见的地下水控制方法主要包括哪些?

8.45 集水明排法可以处理的地下水主要包括哪些?

8.46 简述集水明排法的工作原理。

8.47 集水明排法的适用范围是什么?

8.48 井点降水法主要包括什么?

8.49 常见止(隔)水帷幕形式是什么?

8.50 设置回灌井点的作用是什么?

8.51 回灌时应注意哪些问题?

8.52 某一单支点支护结构基坑工程,基坑开挖深度 $h=7m$,支点离地面距离 $h_R=1.5m$,支点水平间距为 $S_h=1m$。地面超载 $q=15kPa$,已知土的参数重度 $\gamma=18kN/m^3$,黏聚力 $c=15kPa$,内摩擦角 $\varphi=22°$。不考虑地下水的影响,试用等值梁法确定该桩墙的最小入土深度 t_c、水平支锚力 R_a 和最大弯矩 M_{max}。

8.53 基坑开挖深度为 6m,一道支撑位置在地表以下 2.0m 处,坑外地下水在地表下 2.0m 处,坑内地下水在坑底标高处。地基为黏质粉土,重度 $\gamma=19kN/m^3$,黏聚力 $c=10kPa$,内摩擦角 $\varphi=20°$。请按照水土合算的方法,用等值梁法计算围护墙弯矩、剪力及插入深度。

8.54 某基坑开挖深度 5m,安全等级为二级。支挡结构范围内地基土有两层,物理力学性质指标如图 8-74 所示,地面超载 $q=20kPa$,若采用悬臂式支护桩,试计算嵌固深度。

8.55 基坑深度 9m,安全等级为二级,采用钢筋混凝土内支撑及桩墙支护结构、内支撑位于地面下 2.5m 处,支护桩顶与填土面齐平,嵌固深度为 12m。地层分布如图 8-75 所示。试进行该基坑嵌固深度的稳定性验算。

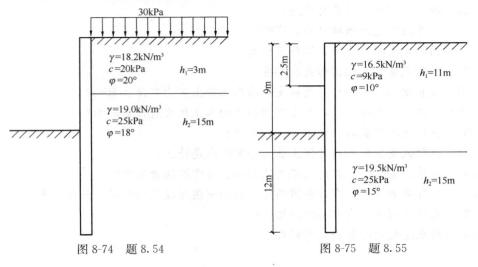

图 8-74 题 8.54 　　　　　图 8-75 题 8.55

8.56 某一悬臂式排桩基坑工程，开挖深度 $h=8m$，地面超载 $q=18kPa$，土层参数：重度为 $\gamma=18kN/m^3$，黏聚力 $c=16kPa$，内摩擦角 $\varphi=21°$。不考虑地下水的影响，试确定该基坑悬臂排桩的最小嵌固深度和最大弯矩。

8.57 挡土墙高 6m，填土为砂土，墙后有地下水存在，填土的物理力学指标如图 8-76 所示。试计算挡土墙上的主动土压力及水压力的分布及其合力（提示：按照水土分算）。

8.58 挡土墙高 6m，填土为黏土，填土表面有超载 $q=30kPa$，墙后有地下水存在，填土的物理力学指标如图 8-77 所示。试计算挡土墙上的主动土压力及水压力的分布及其合力。（提示：按照水土合算）

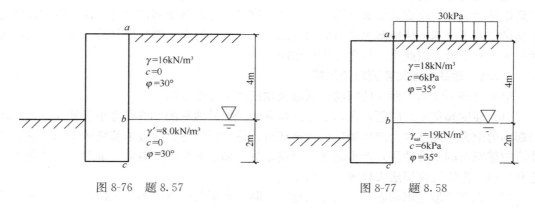

图 8-76 题 8.57　　　　　　图 8-77 题 8.58

8.59 基坑开挖深度为 5m，采用水泥土重力式挡土墙支护，挡土墙厚度为 3.2m，高度为 10.2m，坑外地下水在地表下 2.0m 处，坑内地下水在坑底标高处。地基为黏质粉土，重度 $\gamma=19kN/m^3$，黏聚力 $c=10kPa$，内摩擦角 $\varphi=20°$。请按照水土合算的方法，计算重力式水泥土墙的抗倾覆和抗滑移安全系数。

8.60 基坑开挖深度为 5m，采用水泥土重力式挡土墙支护，挡土墙厚度为 3.2m，高度为 10.2m，坑外地下水在地表下 2.0m 处，坑内地下水在坑底标高处。地基为砂土，重度 $\gamma=18kN/m^3$，黏聚力 $c=0kPa$，内摩擦角 $\varphi=30°$。请按照水土分算的方法，计算重力式水泥土墙的抗倾覆和抗滑移安全系数。

8.61 现有一开挖深度为 8m 的建筑基坑，拟采用竖直成孔灌浆土钉墙支护。土钉采用钢筋Φ22HRB400（$f_y=360N/mm^2$），土钉长度为 5m，竖直和水平间距均为 1.6m，倾角为 18°，锚固体直径为 110mm。土层为中密砂土，$\gamma=18kN/m^3$，$\varphi=23°$，地面超载 $q=18kPa$。若抗拔安全系数取 1.5，作用基本组合效应的分项系数取 1.30，试验算地面以下 5m 处土钉的抗拔稳定性与抗拉强度。

第9章 地基处理

9.1 概　　述

地基处理通常是针对软弱地基或不良地基而言的，通过采取人工处理地基的方法，以提高地基承载力、改变其变形性质或者渗透性质等。与天然地基相对应，这种经过处理的地基属于人工地基。从地基承载力的角度而言，它的目的在于增强地基的强度、稳定性或者减少地基变形，因此也可称之为地基加固。

9.1.1 地基处理需要面对的问题

地基处理通常需要面对的问题概括起来包括以下几个方面：

（1）强度和稳定性问题：在承受外部荷载时，如果地基的抗剪强度小于外部荷载实际引起的剪应力，地基就会产生局部剪切破坏或整体剪切破坏，导致地基整体滑动。它有可能影响建筑物的正常使用，严重时还会引发事故。如意大利比萨斜塔、加拿大特朗斯康谷仓和中国上海旧锦江饭店大楼等为典型事例。

（2）地基变形超限问题：主要是指地基沉降、水平位移以及不均匀沉降超出了允许的规定，影响建（构）筑物服役的正常使用性和安全性。地基变形主要与荷载的大小、地基土体的变形特征和基础的形式有关。工程地基如果出现土体含水率急剧变化的情况，容易导致此类问题的发生。

（3）地基的渗透问题：在地基土体中，一方面，水的渗漏可能造成水库工程储水量损失而降低工程效益；另一方面，土中的渗流会对土颗粒施加作用力，即渗流力。当渗流力过大，就会引起土颗粒或者土体的移动，产生渗透变形以致破坏。边坡、堤坝或者基坑都有可能因渗透破坏引起失稳。

（4）液化问题：在地震、爆破或者工程机械诱发的动荷载作用下，饱和砂土或粉土地基可能会产生液化问题。地基液化的本质是在动荷载作用下，土体由于存在挤密趋势，导致孔隙水压力急剧上升而有效应力不断减小直至为零。由于有效应力本质上反映的是土颗粒之间的接触压力，一旦为零，意味着土颗粒之间彼此不再接触，完全悬浮在水中，不再具有承载能力。因此，地基一旦出现液化，就会呈现出近似液体的流动特征，部分乃至完全丧失承载力而造成地基震陷或者失稳。

（5）特殊土地基问题：由于独特的地形地貌或者不同的物质构造等原因，在工程中可能会遇到各种物理和力学性质截然不同的特殊土。常见的特殊土主要包括湿陷性黄土、膨胀土、冻土、盐渍土等，都存在一些不良的工程特征，譬如冻土的冻融问题、黄土的湿陷性问题、膨胀土的遇水膨胀和失水收缩问题以及盐渍土的腐蚀性问题。如果在这类特殊土地基中修建建（构）筑物，必须考虑消除特殊土地基的不良效应问题。

9.1.2 地基处理的对象

土体是否需要考虑进行地基处理，与它的种类及其基本特征有关。地基处理考虑的土体主要包括淤泥及淤泥质土、砂土、粉土、填土、特殊土等。与这些土体对应的地基可分为软弱地基、强透水地基和特殊性地基。软弱地基强度低且压缩性高，需要提高抗剪强度并进行变形控制；强透水性地基可能发生渗透破坏，需改善渗透性；特殊性地基重点在于清除地基的不良效应。这些内容都属于地基处理的范畴。

9.1.3 地基处理分类方法

地基处理的分类方法比较多，如果按照时间效果，可分为临时处理和永久处理；按照处理深度，可分为浅层处理和深层处理；按照土体对象，可分为砂性土和黏性土处理；按照含水率，可分为饱和土和非饱和土处理；按加固机理，可分为物理处理和化学处理；如果按照地基加固机理作为依据进行方法分类，还可进一步细分为置换法、加密法、排水固结法、加筋法、胶结法和其他，见表9-1。

地基加固分类方法　　　　　表 9-1

编号	分类		处理方法	原理及作用	适用范围
1	置换法	换填垫层	砂石垫层，素土垫层，灰土垫层，矿渣垫层	以砂石、素土、灰土和矿渣等强度较高的材料，置换地基表层软弱土，提高持力层的承载力，扩散应力，减少沉降量	适用于处理暗沟、暗塘等软弱土地基
		设置增强体	振冲置换，深层搅拌，高压喷射注浆，石灰桩等	采用专门的技术措施，以砂、碎石等置换软弱土地基中的部分软弱土，或在部分软弱土地基中掺入水泥、石灰或砂浆等形成增强体，与未处理部分土组成复合地基，从而提高地基的承载力，减少沉降量	适用于处理黏性土、冲填土、粉砂、细砂等地基
2	加密法	碾压及夯实	重锤夯实，机械碾压，振动压实，强夯法（动力固结）	利用压实原理，通过机械碾压、夯击，把表层地基土压实；强夯则利用强大的夯击能，在地基中产生强烈的冲击波和动应力，迫使土固结密实	适用于处理碎石、砂土、粉土、低饱和度的黏性土、杂填土等地基
		振密挤密	振冲挤密，灰土挤密桩，砂石桩，石灰桩	采用一定的技术措施，通过振动或挤密，使土体的孔隙减少，强度提高。必要时，在振动挤密的过程中，回填砂、砾石、灰土、素土等与地基土组成复合地基，从而提高地基的承载力，减少沉降量	适用于处理松砂、粉土、杂填土及湿陷性黄土等地基

续表

编号	分类	处理方法	原理及作用	适用范围
3	排水固结法	天然地基预压，砂井预压，塑料排水带预压，真空预压，降水预压	在地基中增设竖向排水体，加速地基的固结和强度增长，提高地基的稳定性；加速沉降发展，使地基沉降提前完成	适用于处理饱和软弱土层，对于渗透性极低的泥炭土，必须慎重对待
4	加筋法	土工合成材料加筋，增强体	在地基土中埋设强度较大的土工合成材料、增强体等加筋材料，使地基土能够承受一定拉力，防止破裂，保持整体性，提高刚度，改变地基土体的应力场和应变场，从而提高地基的承载力，改善地基的变形特性	适用于处理软弱土地基、填土及高填土、砂土
5	胶结法	灌浆、高压喷射注浆法	靠压力传送或利用电渗原理，在地基土中注入化学浆液，使其渗入土的孔隙或充填岩土中的裂缝和洞穴，或者把很稠的浆体压入事先打好的钻孔中，借助于浆体传递的压力挤密土体并使其上抬，达到加固或处理目的	适用于处理淤泥、淤泥质土、黏性土、粉土、黄土、砂土、人工填土和碎石土等地基
6	其他	冻结，托换技术，纠偏技术	通过独特的技术措施处理软弱土地基	根据实际情况确定

9.1.4 地基处理的原则与方案确定

在了解上部建筑物的性质和要求的基础上，首先需要结合地基条件判断是否需要进行地基处理。地基处理判断条件包括地形、地貌、地质成因、水文条件、土质条件、软弱土层的厚度和范围、持力层的埋深、地基土层分布，以及地基土体的力学性质。

在选择地基处理方案时，应考虑上部结构、基础和地基的共同作用，进行多种方案的技术和经济性比较，选用地基处理与加强上部结构相结合的方案。在确定地基处理方案的过程中，核心是选择最为可行的地基处理方法。因此，应先完成下列工作：①搜集详细的岩土工程勘察资料，上部结构及基础设计资料等；②结合工程情况，了解当地地基处理经验和施工条件，对于有特殊要求的工程，应了解其他地区的相似场地上同类工程的地基处理经验和使用情况；③根据工程的要求和采用天然地基存在的主要问题，确定地基处理的目的和处理后要求达到的各项技术经济指标；④调查邻近建筑、地下工程、周边道路及有关管线的情况；⑤了解施工场地的周边环境。

地基处理方法的确定可按下列步骤进行：①根据结构类型、荷载大小及使用要求，结合地形地貌、地层结构、土质条件、地下水特征、环境情况和对邻近建筑物影响等因素进行综合分析，初步选出几种可供考虑的地基处理方案；②对初步选出的几种可供考虑的地基处理方案,分别从加固机理、适用范围、预期处理效果、耗用材料、施工机械、工期要求和对环境的影响等方面进行技术和经济性分析对比,以选择出最佳的地基处理方法;③对已经选定的地基处理方法,应按建筑物地基基础设计等级和场地复杂程度以及该种地基处理方法在本地区使用的成熟程度,在场地有代表性的区域进行相应的现场试验或试验性施工,并进行必要的测试,以检验设计参数及处理效果。如达不到设计要求,应查明原因,修改设计参数或调整地基处理方案。

在确定地基处理的方法时,首先备选的处理方法要对实际的地质条件、工程特点具有针对性。其次所选方法必须符合土力学的基本原理并考虑地基处理的时效特征。地基处理的目的是改善地基性质,提高地基承载力。如果选择不当,不仅可能达不到预期效果,反而会适得其反。以饱和的软土地基而言,具有强度低、压缩性高、透水性差的特点,如果采用振冲密实法处理,很难达到预期处理效果,除非设法改善了软土的排水条件。这是由于渗透性很低的软土在瞬时荷载作用下,不可能将孔隙水挤出土体,因而难以实现加固效果。强夯法对于孔隙比较大的土体一般可以起到密实加固的作用,但是有些孔隙比大的土体却不适合采用这种方法。例如,黄土和红黏土的孔隙比都很大,前者采用强夯法可以有效地消除黄土的湿陷性,但是对于后者,强夯法会破坏红黏土的非亲水胶结物质构成的结构强度。

此外,地基处理的时效问题也必须给予重视。地基处理之后加固效果并非在第一时间体现出来,有可能经过一段时间之后才能充分发挥出来。例如,采用包括注浆法和深层搅拌法在内的胶结法加固地基时,需要一段时间化学作用才能充分完成,然后体现出地基的加固效果。

在实际的地基处理过程中,地基处理方法的选择可能是多种多样的,但各种方法的效果、经济性是不同的,需要综合考虑。处理后的地基应满足建筑物的正常使用和服役安全性,具体体现在加固后的地基承载力、变形和稳定性都符合设计要求。除此之外,地基处理的设计应满足下列规定:①经处理后的地基,在受力层范围内仍存在软弱下卧层时,应进行软弱下卧层地基承载力验算;②按地基变形设计或应做变形验算的建筑物或构筑物,应对处理后的地基进行变形验算;③对建造在处理后的地基上受较大水平荷载或位于斜坡上的建筑物或构筑物,应进行地基稳定性验算。

9.2 换填垫层法

当建筑物下部持力层承载力较低,不能满足上部结构荷载对地基的要求时,可以考虑将基础下部一定范围内的软土层或不均匀土层挖去,然后再改用强度较大、压缩性小和性能稳定的砂、碎石、灰土和素土等材料,并经夯实处理,形成新的地基持力层,这种方法称之为换填垫层法。当建筑物荷载不大,软弱土层厚度较小或埋置较浅时,可取得较好的效果。按照前面的分类,换填垫层法属于地基置换法的一种。

除了用作地基持力层的换填垫层以外,还有排水垫层和加筋垫层,后两者在地基处理中的作用与换填垫层是不一样的。

排水垫层在排水固结法中需要用到,主要用作地基上部的水平排水层,配合竖向排水通道,可有效提高地基的排水固结速度,加固深部的软土层。排水垫层多用于透水性良好的中粗砂和碎石填筑。垫层的强度和变形模量都比下卧软土层得大，两者相互作用，从而约束软土层的侧向变形，改变其应力场和应变场，提高地基的稳定性，并改善其变形性质。

加筋垫层是指在砂、石和素土垫层中增设各种类型的加筋材料后形成的复合垫层，如加筋土垫层、土工格室垫层和柴排垫层等，主要应用于处理建筑物软土地基。由于这类垫层所用加筋材料的抗拉强度较大，延伸率较小，因此不易被拉断裂，整体性较好，且具有较大的变形模量和抗弯刚度，可以起类似柔性筏形基础的作用。它可作为承载较大的地基持力土层，可提高地基的承载力，有效约束基底应力，调整不均匀沉降。这些作用在排水垫层和换土垫层中也存在，不过加筋垫层的效果体现得更明显。

褥垫层是直接铺设在基础底面以下，具有一定厚度的砂石垫层，它可以调整分配基底荷载作用，减少地基的不均匀变形。它是处理不均匀性岩土地基的一种有效方法。通过改变褥垫层的厚度，基础底面的应力集中会相应减少，从而实现整个持力层的土体协调变形。

以上四种垫层在地基作用中所起的作用是不同的，下面主要讲述换填垫层。

9.2.1 换填垫层法的原理

换填垫层法适用于浅层地基的换土处理。主要作用如下：

（1）直接提高地基承载力：将地基上部原有的软弱土体挖除，替换以强度大和压缩性好的砂石材料，可以直接提高持力层的承载能力，有效减少地基尺寸。

（2）减少地基沉降量：通常地基中浅部土层的沉降量占地基总沉降量的比例较大。换填压缩性小的砂石之后，由于强化了地基中附加应力的扩散作用，可以有效减小作用在软弱下卧层顶面的附加应力，对应的将可减少软弱下卧层的沉降量，地基总的沉降量也相应减少。

（3）消除地基的不均匀性：对土质软硬不均匀的地基，可以通过调整垫层的厚度来调整地基的沉降差异，从而减少地基不均匀沉降可能对上部结构带来的不利影响。例如，如果地基部分是岩石层、部分是土体，可将岩石顶部一定厚度范围的石材凿去，换填压缩性较大的砂土，以使它与其他部位压缩性较高的地基土体变化相匹配。

（4）加速软土的排水固结：如果建筑物的基础直接与软土层相接触时，地基土体中的孔隙水将被迫沿基础两侧排出，因而使基础底下的土不易固结，可能形成较大的孔隙水压力，导致地基强度降低而产生塑性破坏。由于砂石都是透水性很好的材料，由它形成的垫层可在地基上部为孔隙水形成水平的排水层，从而加快地基的排水固结。

换填垫层法一般适用于对软土地基的表层土进行处理，适用的土类主要包括淤泥、淤泥质土、湿陷性黄土、素填土和杂填土等。如果软土层厚度较大，就要考虑有效性和经济性的问题。

9.2.2 垫层材料的选择

常见的垫层主要有砂垫层、砂石垫层、碎石垫层、灰土或素土垫层、碎渣垫层。与之对应的换填材料主要包括：

（1）砂石。砂石是非常适宜的换填材料，但对具有排水要求的砂垫层，宜控制含泥量不大于3%；采用粉细砂作为换填材料时，应改善材料的级配状况，在掺加碎石或卵石使其颗粒不均匀系数不小于5并拌和均匀后，方可用于铺填垫层。特别注意：黏土难以夯实压密，故换填时应避免采用换填材料，在不得已选择的情况下应掺入不少于30%的砂石并拌和均匀。

(2) 粉质黏土。土料中有机质含量不得超过5%，且不得含有冻土或膨胀土。当含有碎石时，其最大粒径不宜大于50mm。用于湿陷性黄土或膨胀土地基的粉质黏土垫层，土料中不得夹有砖、瓦或石块等。

(3) 灰土。体积配合比宜为2∶8或3∶7。石灰宜选用新鲜的消石灰，其最大粒径不得大于5mm。土料宜选用粉质黏土，不宜使用块状黏土，且不得含有松软杂质，土料应过筛且最大粒径不得大于15mm。

(4) 粉煤灰。选用的粉煤灰应满足相关标准对腐蚀性和放射性的要求。粉煤灰垫层宜上覆土0.3~0.5m。粉煤灰垫层中采用掺加剂时，应通过试验确定其性能及适用条件。粉煤灰垫层中的金属构件、管网应采取防腐措施。大量填筑粉煤灰时，应经场地地下水和土壤环境的不良影响评价合格后，方可使用。

(5) 矿渣。宜选用分级矿渣、混合矿渣及原状矿渣等高炉重矿渣。垫层设计、施工前，应对所选用的矿渣进行试验，确认性能稳定并满足腐蚀性和放射性安全的要求。对易受酸、碱影响的基础或地下管网，不得采用矿渣垫层。大量填筑矿渣时，应经场地地下水和土壤环境的不良影响评价合格后，方可使用。

(6) 其他工业废渣。在有充分依据或成功经验时，可采用质地坚硬、性能稳定、透水性强、无腐蚀性和无放射性危害的其他工业废渣材料，但应经过现场试验证明其经济技术效果良好且施工措施完善后方可使用。

(7) 土工合成材料加筋垫层所选用土工合成材料的品种与性能及填料，应根据工程特性和地基土质条件，按照现行国家标准《土工合成材料应用技术规范》GB/T 50290—2014的要求，通过设计计算并进行现场试验后确定。土工合成材料应采用抗拉强度较高、耐久性好、抗腐蚀的土工带、土工格栅、土工格室、土工垫或土工织物等材料。垫层填料宜用碎石、角砾、砾砂、粗砂、中砂等材料，且不宜含有氯化钙、碳酸钠、硫化物等化学物质。当工程要求垫层具有排水功能时，垫层材料应具有良好的透水性。在软土地基上使用加筋垫层时，应保证建筑物稳定并满足允许变形的要求。

9.2.3 换土垫层的设计

垫层设计的主要内容是确定断面的合理尺寸，包括宽度和厚度。只有采取的合理宽度和厚度，才能满足建筑物对地基变形及稳定的要求，而且应注意符合经济性的要求。

垫层的厚度设计应结合地基应力的扩散原理来进行计算确定。通过采取合理的厚度，可使地基中软弱下卧层顶部的土体应力不超过地基承载力的设计值，要满足垫层底部及该下卧软弱土层顶面所受的自重应力与附加应力之和不大于同一标高处软弱土层的地基承载力设计值，即

$$p_z + p_{cz} = f_{az} \tag{9-1}$$

式中 p_z——相应于作用的标准组合时，垫层底面处的附加压力值（kPa）；

p_{cz}——垫层底面处土的自重压力值（kPa）；

f_{az}——垫层底面处经深度修正后的地基承载力特征值（kPa）。

上式表明，软弱下卧层的总应力不应超过地基承载力的特征值，其中自重压力容易计算，至于软弱下卧层顶部的附加应力 p_z 可分别按下述公式进行计算：

条形基础：
$$p_z = \frac{b(p_k - p_c)}{(b + 2z\tan\theta)} \tag{9-2}$$

矩形基础：
$$p_z = \frac{lb(p_k - p_c)}{(l + 2z\tan\theta)(b + 2z\tan\theta)} \tag{9-3}$$

式中 b——矩形基础或条形基础底面宽度（m）；
l——矩形基础底面长度（m）；
p_k——基底压力标准值（kPa）；
p_c——基底处土的自重压力值（kPa）；
z——基础底面下垫层的厚度（m）；
θ——应力扩散角（°）。

通过上述计算即可确定垫层的合理厚度，可根据基础的最小宽度确定底面的宽度。垫层底面的宽度可按下式确定：
$$b' \geqslant b + 2z\tan\theta \tag{9-4}$$

式中 b'——垫层底面宽度（m）；
θ——压力扩散角，按表 9-2 取值；当 $z/b \leqslant 0.25$ 时，按 $z/b = 0.25$ 取值。

土和砂石材料压力扩散角 表 9-2

z/b	换填材料	中砂、粗砂、砾砂、圆砾、角砾、石屑、卵石、碎石、矿渣	粉质黏土、粉煤灰	灰土
0.25		20	6	28
≥0.50		30	23	

垫层顶面每边超出基础底边缘不应小于 300mm，且从垫层底面两侧向上，按当地基坑开挖的经验及要求放坡。

【例题 9-1】 某小区住宅楼采用条形基础，作用在基础顶面的竖向荷载为 $N = 170\text{kN/m}$，地基土层情况：表层为 1.5m 厚的素填土，$\gamma_1 = 16.5\text{kN/m}^3$；第二层土为 12m 厚的淤泥土，$f_{ak} = 78\text{kPa}$，$\gamma_2 = 17.8\text{kN/m}^3$；地下水位在地面以下 1.5m 处（图 9-1）。基础与上部土层的平均重度取 20kN/m^3，试设计基础和砂垫层。

解：（1）采用粗砂作为垫层材料，重度 $\gamma_3 = 19\text{kN/m}^3$，压实系数 $\lambda_c = 0.96$，地基承载力特征值 f_{ak} 取 160kPa；

（2）下卧层为软弱淤泥质土，基础埋深 d 取 0.6m；

（3）计算基础宽度
$$b \geqslant \frac{N}{f - 20d} = \frac{170}{160 - 20 \times 0.6} = 1.15\text{m}，取 b = 1.2\text{m}；$$

（4）初步取粗砂垫层厚度 $z = 1.5\text{m}$；

（5）垫层底面土的自重压力
$$p_{cz} = \gamma_1 d + \gamma_3(h_1 - d) + \gamma_3'(d + z - h_1)$$
$$= 16.5 \times 0.6 + 19 \times 0.9 + (19 - 10) \times (0.6 + 1.5 - 1.5) = 32.40\text{kPa}$$

（6）基础底面附加应力

$$p_k - p_c = \frac{N + 20bd}{b} - \gamma_1 d = \frac{170 + 20 \times 1.2 \times 0.6}{1.2} - 16.5 \times 0.6 = 143.77 \text{kPa}$$

(7) 垫层底面附加应力，$z/b = 1.25 > 0.5$，应力扩散角取 $30°$。

$$p_z = \frac{(p_k - p_c)b}{b + 2z\tan\theta} = \frac{143.77 \times 1.2}{1.2 + 2 \times 1.5 \times 0.577} = 58.87 \text{kPa}$$

(8) 垫层底面淤泥质土的地基承载力修正值，只进行深度修正，$\eta_d = 1.0$。

$$\gamma_m = \frac{p_{cz}}{d+z} = \frac{32.40}{2.1} = 15.43 \text{kN/m}^3$$

$$f_{az} = f_{ak} + \eta_d \gamma_m (d + z - 0.5) = 78 + 15.43 \times 1.6 = 102.68 \text{kPa}$$

(9) 验算软弱下卧层的强度

$$p_z + p_{cz} = 58.87 + 32.4 = 91.27 \text{kPa} < f_{az} = 102.68 \text{kPa}$$

满足要求。

(10) 确定垫层底宽

$$b' = b + 2z\tan\theta = 1.2 + 2 \times 1.5 \times 0.577 = 2.931 \text{m}$$

由于垫层在淤泥质土中的深度为 0.6m，边坡应稍缓，以保证填土边坡的稳定性。

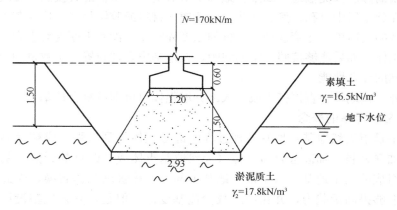

图 9-1 垫层设计剖面图

9.2.4 换土垫层法的施工要求

(1) 垫层施工应根据不同的换填材料选择施工机械。粉质黏土、灰土垫层宜采用平碾、振动碾、羊足碾，以及蛙式夯、柴油夯。砂石垫层等宜采用振动碾。粉煤灰垫层宜采用平碾、振动碾、平板振动器、蛙式夯。矿渣垫层宜采用平板振动器或平碾，也可采用振动碾。

(2) 垫层的施工方法、分层铺填厚度、每层压实遍数宜通过现场试验确定。除接触下卧软土层的垫层底部应根据施工机械设备及下卧层土质条件确定厚度外，其他垫层的分层铺填厚度宜为 200～300mm。为保证分层压实质量，应控制机械碾压速度。

(3) 粉质黏土和灰土垫层土料的施工含水量宜控制在 $w_{op} \pm 2\%$ 的范围内，粉煤灰垫层的施工含水量宜控制在 $w_{op} \pm 4\%$ 的范围内。最优含水量 w_{op} 可通过击实试验确定，也可按当地经验选取。

(4) 当垫层底部存在古井、旧基础、暗塘时，应根据建筑物对不均匀沉降的控制要求予以处理，并经检验合格后，方可铺填垫层。

（5）基坑开挖时应避免坑底土层受扰动，可保留180～220mm厚的土层暂不挖去，待铺填垫层前再由人工挖至设计标高。严禁扰动垫层下的软弱土层，应防止软弱垫层被践踏。在碎石或卵石底部宜设置厚度为150～300mm的砂垫层或铺一层土工织物，并应防止基坑边坡的土塌落而混入垫层中。

（6）换填垫层施工时，应采取基坑排水措施。除砂垫层宜采用水撼法施工外，其余垫层施工均不得在浸水条件下进行。工程需要时应采取降低地下水位的措施。水撼法是向人工回填的砂石料中注水，为了提高砂石垫层的密实度的一种技术方法。

（7）垫层底面宜设在同一标高上，如深度不同，坑底土层应挖成阶梯或斜坡搭接，并按先深后浅的顺序进行垫层施工，搭接处应夯压密实。

9.3 复合地基

换填垫层法是在地基浅层采取整体置换法，也就是将浅层的软弱土层沿水平方向全部挖出，替代为强度高、压缩性低和稳定性好的垫层。除这种方法以外，还有一种将地基中部分土体置换的方法。类似地，如果在地基中采取基于土质桩的置换法，即就是多采用钻孔技术通过在软土层中打孔，然后在孔内回填散土材料或胶结材料，形成若干比周围软土承载力大很多的土质桩。尽管这种土质桩的强度和刚度远没有钢筋混凝土大，但却明显高于被置换的土体。如果能够按照一定的间距，在地基中合理布置一定数量的土质桩，就可有效提高地基的综合性能。

除此之外，在地基中直接打入或插入部分增强体也可形成复合地基。

9.3.1 复合地基的概念

复合地基是指天然地基在地基处理过程中部分土体得到增强，或被置换，或在天然地基中设置加筋材料，加固区是由基体（天然地基土体或被改良的天然地基土体）和增强体两部分组成的人工地基。由于复合地基中部分土体被增强体置换，因此这种人工合成地基必然能够提高承载力，并相应地减少地基变形。但是，复合地基设计必须强调增强体和周围地基土体共同承担上部结构荷载并协调变形，因此必要时需要在地基上部铺设褥垫层。

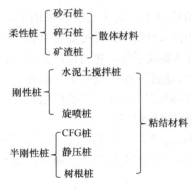

图9-2 增强体的分类方法

在复合地基中作为增强体的备选材料种类较多，如图9-2所示。复合地基常见的分类方法主要有以下三种：

（1）按增强体的设置方向，可分为竖向增强体（桩体）复合地基和横向增强体复合地基。

（2）按增强体的材料，可分为散体材料复合地基和胶结材料复合地基。

（3）按增强体成桩刚度，可分为柔性桩、半刚性桩和刚性桩复合地基。

9.3.2 复合地基的加固原理和破坏模式

（1）置换体的增强作用。各种土质置换桩的强度和刚度都远大于地基中的周围土体，一方面，可以有效分担地基周围土体的荷载，提高复合地基的承载力和变形抑制力;另一方面,土质置换桩作为增强体,在整个土质中能够起到加筋作用,可以提高地基土体的剪切强度和抗滑动能力,从而保证地基的稳定性。

(2) 挤密作用。土质置换桩在成桩过程中可能对桩间土产生不同程度的挤密效应。存在挤密效应的常见土质置换桩种类有碎石桩、砂桩、石灰桩、灰土桩以及土桩等。

(3) 固结加速作用。砂桩和碎石桩具有良好的透水性,可以加快孔隙水的排出,从而加速地基土体的固结程度。

复合地基加固区是由增强体和土体两种材料组成的,因此,从材料角度来讲,是非均质的,呈现各向异性的特点。而要保证增强体和周围土体共同承担荷载并协调变形,可通过增加褥垫层来实现。复合地基的性能取决于具体设计参数的选择,面积置换率和变形模量是其中比较重要的两个参数。

复合地基的破坏形式一般分为三种情况,即桩间土首先破坏、桩体首先破坏(比较常见)、桩间土和桩体同时破坏。与之对应的破坏模式有四种,即刺入破坏、鼓胀破坏、整体剪切破坏和滑动剪切破坏,如图 9-3 所示。

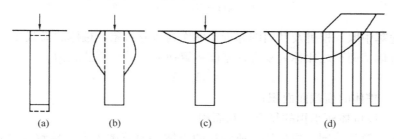

图 9-3 复合地基破坏模式
(a) 刺入破坏;(b) 鼓胀破坏;(c) 整体剪切破坏;(d) 滑动剪切破坏

1. 刺入破坏

桩体刚度较大而土体弱,发生刺入破坏,从而引起桩间土破坏。刚性桩复合地基易于发生这类破坏。

2. 鼓胀破坏

桩间土不能提供较大的围压,桩体产生鼓胀破坏,散体材料桩易发生这类破坏。

3. 整体剪切破坏

在塑性区滑动面上桩体和土体均发生剪切破坏,散体材料桩易产生这类破坏。

4. 滑动破坏

复合地基沿某一滑动面产生滑动破坏,滑动面上桩体和土体均剪切破坏,各类复合地基都可能发生这类形式的破坏。

影响复合地基破坏模式的主要因素包括桩的种类、自身强度和周围土质条件等。不同种类的置换桩,其破坏模式也不同;即使同一类桩,当桩身强度不同时,也可能有不同的破坏模式,如水泥土搅拌桩;同一类桩,当土层条件不同时,也会有不同的破坏模式,譬如碎石桩在不同深度处的破坏情况。

9.3.3 复合地基的设计计算

1. 设计参数

(1) 面积置换率。在加固区内按一定间距,可采取等边三角形、正方形和矩形的布置方式设置土质置换桩，以它们作为增强体来加固软土地基。常见的置换桩布置方案为等边三角形或正方形，如图 9-4 所示。

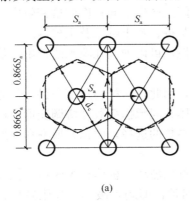
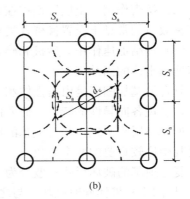

图 9-4　砂石桩的平面布置
(a) 等边三角形方案；(b) 正方形方案

在复合地基中取一根桩及其周围邻近土体作为研究对象，桩体的横截面面积与该桩体所承担的复合地基面积之比称为复合地基面积置换率。其计算公式为

$$m = A_p/A_e \tag{9-5}$$

式中　A_p——桩体的横截面面积；
　　　A_e——该桩体所承担的复合地基面积。

m 值越小，意味着同一根桩体，所管控的土体平面范围越大，导致加固效果越有限；m 过大，意味着置换桩较密，虽有可能提高加固效果，但可能会影响施工，并且导致经济性欠佳。因此，m 的取值应综合考虑。

(2) 复合地基的桩土应力比。在同一深度处，桩土应力比是指桩体的竖向应力与土体的竖向应力之比。影响桩土应力比的因素有很多，主要包括荷载大小、桩土模量比、复合地基面积置换率、原始地基土体强度和桩参数等。显然，桩土应力比会随着地基深度而变化。为简便起见，通常可用桩顶处桩土平均应力比来进行分析。假设在刚性基础条件下，桩体与桩间土的竖向应变相等，则桩土应力比 $n = E_p/E_s$。复合地基中的桩土荷载分担比例可参考桩土应力比确定。

(3) 复合地基模量。复合地基由桩体和待加固土体两部分组成，属于非均质材料。因此，复合地基的压缩模量应由桩体与桩周土的压缩模量折合而来。计算时，复合地基的压缩模量可采用桩与桩间土面积加权平均的方法来确定，计算公式如下：

$$E_{sp} = \frac{E_s A_s + E_p A_p}{A_e} \tag{9-6}$$

式中　A_s——桩间土面积。

令 $m = \dfrac{A_p}{A_e}$ 可推出：

$$E_{sp} = mE_p + (1-m)E_s \tag{9-7}$$

2. 复合地基承载力的确定

一般情况下，复合地基承载力应由荷载平板试验确定，主要由桩体承载力和桩间土承载力两部分确定。在荷载作用下复合地基破坏时，桩体和桩间土不可能同时达到极限状态。因此，实际的复合地基承载力的确定是十分复杂的。它涉及两种不同情况，即桩体先发生破坏还是桩间土先发生破坏，不同情况下桩体承载力的发挥程度是不一样的。此外，复合地基上基础刚度、垫层厚度和桩体材料对地基承载力都有明显的影响。在初步设计中，可按下列公式进行估算：

(1) 对散体材料的增强体复合地基，应按照下式计算地基承载力：

$$f_{spk} = [1 + m(n-1)]f_{sk} \tag{9-8}$$

式中 f_{spk} ——复合地基承载力特征值（kPa）；
　　　f_{sk} ——处理后桩间土承载力特征值（kPa）；
　　　n ——复合地基桩土应力比；
　　　m ——复合地基面积置换率。

(2) 对有粘结强度的增强体复合地基，应按下式计算地基承载力：

$$f_{spk} = \lambda m \frac{R_a}{A_p} + \beta(1-m)f_{sk} \tag{9-9}$$

式中 λ ——单桩承载力发挥系数；
　　　R_a ——单桩竖向承载力特征值；
　　　A_p ——桩的截面积；
　　　β ——桩间土承载力发挥系数。

(3) 增强体单桩竖向承载力特征值可按下式计算：

$$R_a = u_p \sum_{i=1}^{n} q_{si} l_{pi} + \alpha_p q_p A_p \tag{9-10}$$

式中 u_p ——桩的周长；
　　　q_{si} ——桩周第 i 层土的侧阻力特征值；
　　　l_{pi} ——桩长范围内第 i 层土的厚度；
　　　α_p ——桩端端阻力发挥系数；
　　　q_p ——桩端端阻力特征值。

(4) 复合地基中有粘结强度增强体桩身强度应满足式（9-11）；当复合地基承载力进行考虑基础埋深的深度修正时，增强体桩身强度应满足式（9-12）的要求。

$$f_{cu} \geqslant 4 \frac{\lambda R_a}{A_p} \tag{9-11}$$

$$f_{cu} \geqslant 4 \frac{\lambda R_a}{A_p} \left[1 + \frac{\gamma_m(d-0.5)}{f_{spa}}\right] \tag{9-12}$$

式中 f_{cu} ——桩体试块标准养护 28d 的立方体抗压强度平均值；
　　　γ_m ——基础以下取土的加权平均重度，地下水位以下取有效重度；
　　　d ——基础埋置深度；
　　　f_{spa} ——深度修正后的复合地基承载力特征值。

9.3.4 复合地基变形计算

复合地基沉降变形计算与一般多层土地基相同，复合土层的分层与天然地基相同。根据《建筑地基基础设计规范》GB 50007—2011 的规定，复合地基变形计算深度应大于复合土层的深度，在确定的计算深度下部仍有软弱土层时，应继续计算。复合地基的最终变形量可按下式计算：

$$s = \psi_{sp} s' \tag{9-13}$$

式中 s——复合地基最终变形量；

ψ_{sp}——复合地基沉降计算经验系数，根据当地沉降观测资料经验确定，无地区经验时可根据变形计算深度范围内压缩模量的当量值 $\bar{E}_s$ 按照表9-3取值；

s'——复合地基计算变形量，采用分层总和法计算。

复合地基沉降计算经验系数 ψ_{sp} 表9-3

$\bar{E}_s$	4.0	7.0	15.0	20.0	30.0
ψ_{sp}	1.0	0.7	0.4	0.25	0.2

复合土层的压缩模量可按下式计算：

$$E_{sp} = \zeta E_s \tag{9-14}$$

$$\zeta = \frac{f_{spk}}{f_{ak}} \tag{9-15}$$

式中 E_{sp}——复合地基的压缩模量（MPa）；

E_s——天然地基的压缩模量（MPa）；

f_{ak}——桩间土天然地基承载力（MPa）。

变形计算深度范围内压缩模量的当量值 $\bar{E}_s$ 按下式计算：

$$\bar{E}_s = \frac{\sum_{i=1}^{n} A_i + \sum_{j=1}^{m} A_j}{\sum_{i=1}^{n} \frac{A_i}{E_{spi}} + \sum_{j=1}^{m} \frac{A_j}{E_{sj}}} \tag{9-16}$$

式中 A_i——加固土层范围内第 i 层土的附加应力系数沿土层厚度的积分值；

A_j——加固土层范围内第 j 层土的附加应力系数沿土层厚度的积分值；

m——沉降计算范围内，加固土层以下的分层数；

n——沉降计算范围内，加固土层的分层数。

9.3.5 复合地基施工与检验

1. 散体材料增强体复合地基

复合地基中的置换桩依照孔内填充材料有无凝结性，可分为散体材料与胶结材料。在散体材料置换桩中应用最多的是砂石桩。砂石桩法是指采用振动、冲击或水冲等方式将碎石、砂、砂石等混合材料挤压入预留的已成孔内，形成密实砂石竖向增强体复合地基的处理方法。由此可见，砂石桩复合地基加固区包括两部分材料：一是砂石桩体；二是共同承担上部结构荷载的土体。

砂石桩法适用于挤密处理松散砂土、粉土、粉质黏土、素填土、杂填土等地基，以及用于处理可液化地基。特别注意，对于饱和黏土地基，若对变形控制不严格，可采用砂石桩置换处理。

（1）加固原理

砂石桩一般有以下作用：

1）密实作用：在成桩过程中，由于施工方法的不同，在松散的软土地基中，特别是砂土地基，桩管会对周围土层产生挤密作用或振密作用。采用冲击法或振动法在松散的砂土中沉桩，会对周围砂土产生很大的横向挤压力；在拔管沉桩时，采用边拔边振的方式，将沉管中的砂石挤向桩管周围松散的砂石之中。在挤密作用或振密作用下，桩管周围的砂层孔隙比就会减小，密实度就会增加。根据统计，在松散的砂石地基中有效挤密范围可达砂石桩直径的3~4倍；采用振动法成桩时，有效挤密范围可达6倍左右。通常振密作用比挤密作用更显著，表现为在砂石桩周围一定距离内的地面会发生一定下沉。

2) 置换作用：对黏性土地基，砂石桩主要起置换作用。如果软土层厚度有限，桩体可以贯穿整个软弱土层，直达下部的硬土层。由于砂石桩的压缩模量远比周围的软弱土大，故按荷载的分布原理，上部结构荷载会逐渐集中到砂石桩上，从而减轻软土的承载力。与原地基相比，砂石桩复合地基承载力有所提高，压缩变形也会相应减小。在复合地基内存在应力集中现象，即砂石桩承受的应力较高，而桩周软土应力较小。

如果待处理的软土层较厚，这种情况下砂石桩可不贯穿整个软土层，即沿一定深度设置砂石桩，设置砂石桩的软土层将会变成复合土层，其余下部分的土层仍保持为天然土层。这种情况下，上部设置砂石桩主要起垫层的作用。由于上部复合土层的压缩模量远大于下部复合土层的压缩模量，因此能将上部荷载引起的应力有效地向周围进行横向扩散，从而使下部软弱土层应力分布趋于均匀，以满足提高地基承载力和控制变形的要求。

3) 排水作用：在含水率较高的软弱黏性土地基中，砂石桩可以作为人工设置的竖向排水减压通道，加快地基中孔隙水的渗出，从而提高地基的固结速度。对含水率较高的松散砂土地基，可以采用砂石桩进行加固，即在桩土内填充包括卵石、砾石在内的各种反滤性良好的粗颗粒石料，加速地基的排水固结。饱和的砂土地基在振动中容易产生砂土液化现象，导致地基承载力部分或完全丧失，对上部建筑物的危害极大，采取碎石桩加固的方法可有效防止这类情况的发生。

(2) 砂石桩的设计

① 砂石桩直径与平面布置。砂石桩直径一般为300~600mm，可根据地基土质条件和成桩设备等因素确定平面排列形式，宜采用等边三角形或正方形布置。

② 砂石桩的间距。砂石桩的间距应通过现场试验确定，但不宜大于砂石桩直径的4倍。

③ 砂石桩长度。当地基中松软土层厚度不大时，砂石桩长度宜穿过整个松软土层；当松软土层厚度较大时，桩长应根据建筑地基的允许变形值确定；对可液化砂层，桩长应穿透可液化砂层。

④ 砂石桩挤密地基的宽度。挤密地基的宽度应超出基础的宽度，每边放宽不应小于1~3排；砂石桩用于防止砂层液化时，每边放宽不宜小于处理深度的1/2，并不应小于5m；当可液化土层上覆盖有厚度大于3m的非液化土层时，每边放宽不宜小于液化土层厚度的1/2，并不应小于3m。

⑤ 砂石桩孔内砂石的填充量可按下式计算：

$$S = \frac{A_p l d_s}{1+e_1}(1+0.01\omega) \tag{9-17}$$

式中 S——从重量计所填砂石量（kN）；

A_p——砂石桩的截面面积（m²）；

l——砂石桩的桩长（m）；

d_s——砂石桩的比重；

e_1——砂石料的孔隙比；

ω——砂石料的含水率（%）。

⑥ 砂石桩填料。砂石桩填料应采用粗粒洁净材料，主要包括砾砂、粗砂、中砂、圆砾、角砾、卵石和碎石等。填料中含泥量不得大于5%，并不宜含有大于50mm的颗粒。

⑦ 砂石桩复合地基承载力。承载力应按现场复合地基载荷试验确定其标准值。

（3）砂石桩的施工方法与要求

1）振动成桩法

用振动打桩机成桩的步骤如下：①钢套管在地面准确定位；②开动套管顶部的振动机，将套管打入土中设计深度；③将砂石料从套管上部的送料斗投入套管中；④向上拉拔套管，压缩空气将砂石从套管底端压出；⑤振动套管振密底端下部砂石并挤密周围土体。重复上述步骤，直至地面，即成砂石桩，如图9-5所示。

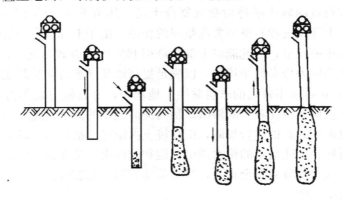

图9-5 振动挤密法施工

施工质量要求：控制每次填入的砂石量、套管提升的高度和速度、挤压次数和时间，以及电机的工作电流等，以保证挤密均匀和砂石桩身的连续性。

2）锤击成桩法

锤击成桩法可采用双管法。锤击成桩工艺与振动式成桩工艺基本相同，用内管向下冲击代替振动器，如图9-6所示。

锤击法挤密应根据锤击的能量，控制分段填入的砂石量和成桩的长度。

2. 胶结材料增强体复合地基

与散体材料相对应，置换桩也可选取回填材料颗粒之间具有粘结性的胶结材料。工程上比较常见的胶结材料置换桩包括水泥粉煤灰碎石桩、夯实水泥土桩-水泥土搅拌桩以及高压旋喷桩（高压喷射注浆桩）。下面分别进行讲述。

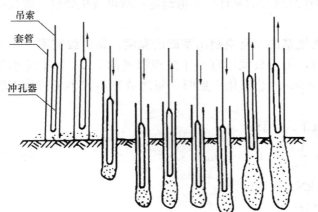

图9-6 锤击挤密法施工

(1) 水泥粉煤灰碎石桩

在工程中具有代表性的是水泥粉煤灰碎石桩，即 CFG 桩。它是由水泥粉煤灰、碎石、河砂等混合料加水拌制而成的高粘结性强度桩，必要时可视情况加入一些改良剂。CFG 桩复合地基是在地基中设置水泥粉煤灰碎石桩，由置换桩、桩间土和顶部褥垫层一起构成复合地基的一种地基处理方法。这种复合地基具有承载力高、地基变形小的特点，适用于包括条形基础、独立基础、筏形基础和箱形基础等在内的各种浅基础，具有较大的应用范围；就土质而言，适用于处理黏性土、粉土、砂土和自重固结已完成的素填土地基，对淤泥质土应按地区经验或通过现场试验确定其适用性。

(2) 夯实水泥土桩

夯实水泥土桩复合地基是将水泥和土按设计比例拌和均匀，在孔内分层夯实形成竖向增强体的复合地基。

1) 夯实水泥土桩复合地基的处理应符合下列规定：适用于处理地下水位以上的粉土、黏性土、素填土和杂填土等地基，处理地基的深度不宜大于 15m；岩土工程勘察应查明土层厚度、含水量、有机质含量等；对重要工程或在缺乏经验的地区，施工前应按设计要求选择地质条件有代表性的地段进行试验性施工。

2) 夯实水泥土桩设计应符合下列规定：夯实水泥土桩宜在建筑物基础范围内布置；基础边缘距离最外一排桩中心的距离不宜小于 1.0 倍桩径；桩长的确定，当相对硬土层埋藏较浅时，应按相对硬土层的埋藏深度确定，当相对硬土层埋藏较深时，可按建筑物地基的变形允许值确定；桩孔直径宜为 300~600mm，宜按等边三角形或方形布置，桩间距可为桩孔直径的 2~4 倍；桩孔内的填料应根据工程要求进行配合比试验，水泥与土的体积配合比宜为 1:5~1:8；孔内填料应分层回填夯实，填料的平均压实系数 $\bar{\lambda}_c$ 不应低于 0.79，压实系数最小值不应低于 0.93；桩顶标高以上应设置厚度为 100~300mm 的褥垫层；垫层材料可用粗砂、中砂或碎石等，垫层材料最大粒径不宜大于 20mm；褥垫层的夯填度不应大于 0.9。

(3) 水泥土搅拌桩

水泥土搅拌桩法是通过专门的深层搅拌机具或喷粉机械，在地基原处将软弱土体和水泥浆或水泥粉固化剂强制搅拌混合，经拌和后的混合物通过一系列的物理和化学反应之后，可使软土硬结成具有良好整体性、稳定性以及一定强度的复合地基处理方法。采用水泥粉和软土进行强制搅拌时，也可用石灰粉代替水泥粉作为固化剂。

水泥土搅拌桩的施工工艺分为浆液搅拌法和粉体搅拌法。可采用单轴、双轴、多轴固体搅拌或连续成槽搅拌，以形成柱状、壁状、格栅状或块状水泥土加固体。

水泥土搅拌桩具有以下优点：①在原地将固化剂和软土搅拌混合，有效利用原状土，减少土方量；②搅拌时对软土无侧限挤压作用，对周围建筑物或地下管线影响极小；③搅拌时无振动、无噪声，对周围环境影响小；④用途广泛，形式多样。该法形成的水泥土加固体，可用作复合地基增强体、基坑工程中的支护结构、止水帷幕以及基坑被动区土体加固体等。

适用范围：适用于处理正常固结的淤泥、淤泥质土、素填土、黏性土（软塑、可塑）、粉土（稍密、中密）、粉细砂（松散、中密）、中粗砂（松散、稍密）和饱和黄土等土层，不适用于含大孤石或障碍物较多且不易清除的杂填土、欠固结的淤泥和淤泥质土、硬塑及坚硬的黏性土、密实的砂类土，以及地下水渗流影响成桩质量的土层。当地基土的天然含水量小于30%（黄土含水量小于25%）时，不宜采用粉体搅拌法。冬期施工时，应考虑负温对处理地基效果的影响。

影响因素：在水泥土的拌制混合过程中，水泥会发生水化反应，随后水泥土会产生凝结硬化效应。影响水泥土最终硬化凝结的因素有很多，主要包括水泥掺入比、土样含水率、有机质含量以及外加剂的影响。需注意水泥土的硬化存在时间效应，一般龄期超过三个月后，强度增长会有所放缓。

水泥土搅拌桩的设计包括以下内容：

1) 桩长和桩径。竖向承载搅拌桩的长度应根据上部结构对承载力和变形的要求确定，并宜穿透软弱土层到达承载力相对较高的土层；为提高抗滑稳定性而设置的搅拌桩，其桩长应超过危险滑弧以下2m。水泥土搅拌桩的桩径不应小于500mm。

2) 布桩形式。布桩形式可根据上部结构特点以及对地基承载力和变形的要求，采用柱状、壁状、格栅状或块状等不同形式。桩可只在基础平面范围内布置，独立基础下的桩数不宜少于3根。柱状加固可采用正方形、等边三角形等布桩形式。

3) 单桩竖向承载力特征值。水泥土搅拌桩的单桩竖向承载力取决于桩身强度和地基土的情况，一般应使土对桩的支承力与桩身强度所确定的承载力相近。水泥土搅拌桩单桩竖向承载力特征值应通过现场载荷试验确定，如果无试验资料，也可按下列两式计算，并取其中较小值。

$$R_a = u_p \sum_{i=1}^{n} q_{si} l_i + \alpha q_p A_p \qquad (9-18)$$

$$R_a = \eta f_{cu} A_p \qquad (9-19)$$

式中 R_a ——单桩竖向承载力特征值（kN）；

  f_{cu} ——与搅拌桩桩身水泥土配比相同的室内加固土试块在标准养护条件下90d龄期的立方体抗压强度平均值（kPa）；

  η ——桩身强度折减系数，干法可取0.20~0.30，湿法可取0.25~0.33；

  u_p ——桩的周长（m）；

  A_p ——桩的截面面积（m²）；

  n ——桩长范围内所划分的土层数；

  q_{si} ——桩周第i层土的侧阻力特征值，对淤泥可取4~7kPa，对淤泥质土可取6~12kPa，对软塑状态的黏性土可取10~15kPa，对可塑状态的黏性土可取12~18kPa；

  l_i ——桩长范围内第i层土的厚度（m）；

  q_p ——桩端地基土未经修正的承载力特征值（kPa）；

  α ——桩端天然地基土的承载力折减系数，可取0.4~0.6，承载力高时取低值。

4) 水泥土搅拌桩复合地基承载力特征值

竖向承载水泥土搅拌桩复合地基的承载力特征值应通过现场单桩或多桩复合地基载荷试验确定。初步设计时也可按式（9-9）估算，式中的λ取1，β为桩间土承载力折减系数，当桩端土未经修正的承载力特征值大于桩周土的承载力特征值的平均值时，β可取

0.1～0.4，差值大时取低值；当桩端土未经修正的承载力特征值小于或等于桩周土的承载力特征值的平均值时，β可取 0.5～0.9，差值大时取高值。在设计时，可根据要求达到的复合地基承载力特征值，按式（9-9）求得面积置换率。

(4) 高压旋喷桩

高压旋喷桩是在地基原处使水泥浆液与软弱土搅拌混合，然后凝结硬化，进而提高地基承载力和抗变形能力的一种地基处理方法。一般是在施工中利用高压把水泥浆液和空气压缩送到旋喷头，从侧面高速喷出，直接冲击土体，使土颗粒在冲击力、离心力和重力的作用下与水泥浆液搅拌混合，经过一段时间就会凝结硬化，在地基中形成均匀且具有高强度、低渗透性的加固体。

高压旋喷桩法在工程上的应用主要体现在两个方面：①利用加固体形成桩体、块体等，并与地基土共同作用，提高地基的承载力，改善地基的变形特性；也可用于加固边坡、基坑底部和深部地基，提高基底的强度和边坡的稳定性；②利用旋喷、定喷和摆喷在地基土体中形成防渗帷幕，提高地基的抗渗能力，以防止渗漏等。此外，高压旋喷桩法既可应用于拟建建筑物的地基加固，也可用于已建建筑物的地基加固和基础托换技术，施工时可在原基础上穿孔加固基础下的软土，尽量避免破损原结构物。

9.4 加 密 法

土是由气、液、固三相组成的，其中空气和液态水赋存在土的孔隙中。如果合理利用各种机械输出的能量，可在短时间内使土的孔隙比减小，密实度增加，从而达到增加地基强度和减少沉降变形的目的。利用密实原理处理地基的方法主要有表层压实法、强夯法、深层挤密法等。在选取地基处理方法的过程中，有效处理深度是非常重要的一项参数，不同方法可处理的地基深度是不一样的，需要根据实际情况进行选择。

9.4.1 表层压实法

根据大量的工程实践，黏性土过干或过湿都不能将土有效压实。只有在适当的含水率范围内，才能达到土体压实的效果。黏性土在某种压实功的作用下，达到最密时的含水率，称为最优含水率，对应的干密度称为最大干密度。

由于砂土的粒径大、孔隙大、排水性好，相比黏性土更容易压实。但是对于干砂，由于土颗粒之间随着挤密程度的增加，摩擦力也会相应增加，会阻止土颗粒之间进一步相互靠近，因此压实效果较差。如果砂土充分洒水，可以减小土颗粒之间的摩擦力，有助于促进压实效果。

表层压实法分为碾压法和振动压实法。碾压法适用于处理填土工程，常用压路机、推土机等压实机械压实回填土，要求所处理的填土含水率较低。碾压地基时，可以采用分层碾压法来提高压实效果。每层碾压的厚度和遍数都有规定，显然每层的铺填厚度越大，对应的压实遍数就会增加。这种方法适用于地下水位以上、大面积土体的回填压实，也可用于含水率较低的素填土或杂填土地基处理，例如修筑堤坝或者路基。

饱和黏土在进行表层压实时，应考虑采取排水措施，以加快土体固结。碾压后的地基承载力取决于土的性质、施工机具的加载参数和施工质量，具体的承载力可通过平板试验确定。

松散状态的砂土地基或者黏性土含量少、透水性较好的松散杂填土地基宜采用振动压实法。振动压实法是用振动机械强迫松散地基中的土颗粒受振移动到稳定位置，以减少土的孔隙比，达到压实效果。振动压实法的有效深度可达 1.5m，压实后的地基承载力达到 100kPa 左右。振动压实效果与填土成分、振动持续时间、振动强度等因素有关。振动的时间适度延长有利于提高压实效果，但超过某一域值，压实效果的提升就不再明显。如果地基中的地下水位过高，会影响振动压实效果，因此需采取必要措施降低地下水位。

9.4.2 强夯法

强夯法是一种用动力压密的地基处理方法，1969 年在法国首先投入工程应用。它利用大落距的重锤对地基施加强大的冲击能，借助冲击力的作用对地基进行压实。强夯法施工机具主要包括起重机、夯锤和脱钩装置等。对应的锤重可达 40t，落距最大接近 40m，最大夯击能高达 12000kN·m，可有效加固较大深度范围内的地基。

强夯法适用于处理砂土、粉土、黏性土、湿陷性黄土和各种杂填土，具有施工工艺简单、工期短、造价低、加固效果显著和应用土质范围广等特点。实践证明，强夯后的地基承载力可提高 2.5 倍，压缩性可降低 200%～500%，影响深度超过 10m。

1. 加固机理

对于非饱和土，可以认为强夯法是利用密实机理进行地基加固。在冲击荷载的作用下，地基中会产生各种纵波和横波直至地基深处，迫使土体中的孔隙比减小，土体变得密实。在夯击能反复作用下，土体骨架将产生塑性变形，由夯击能变为土体的骨架能，借助能量的转换使土体变得更加密实。

饱和土在夯锤的冲击作用下，土体将产生塑性变形，直至土体的骨架结构被破坏。对于砂土，这时土颗粒将被迫重新排列而变得密实；如果强夯引起的孔隙水压力大于土的有效应力，就会引起砂土液化，出现排水固结。与之对应，黏性土中由于土颗粒和水引起的振动效应不同，将在土体中产生动力水聚集，形成排水通道。在黏性土地基中，如果孔隙水压力足够大时，就会导致土体开裂，渗透性增加，孔隙水压力随之下降。

总的来说，饱和软土地基经强夯处理，可以有效地通过排水加快土体的固结。在砂土中孔隙水压力消散很快，而在黏性土中孔隙水压力消散很慢。因此，利用强夯法加固黏性土地基时，需注意时效问题。

2. 设计参数

① 有效深度：按照强夯法加固地基，首要考虑的是待加固土层的深度。影响强夯法处理深度的因素有很多，主要包括地基土的性质、土剖面参数、地下水位、单次冲击能、夯距和夯击次数。为准确起见，规范要求有效加固深度应根据现场试夯确定，但在初步设计时可根据梅纳提出的公式进行预估：

$$H = \alpha\sqrt{wh/10} \tag{9-20}$$

式中　w——夯锤重力（kN）；

　　　h——落距（m）；

　　　α——修正系数。

关于有效加固深度的经验值，可参见表 9-4。

强夯的有效加固深度（m） 表 9-4

单击夯击能 （kN·m）	砂石土、砂土等粗颗粒	粉土、粉质黏土、 湿陷性黄土等细颗粒土
1000	4.0～5.0	3.0～4.0
2000	5.0～6.0	4.0～5.0
3000	6.0～7.0	5.0～6.0
4000	7.0～8.0	6.0～7.0
5000	8.0～8.5	7.0～7.5
6000	8.5～9.0	7.5～8.0
8000	9.0～9.5	8.0～8.5
10000	9.5～10.0	8.5～9.0
12000	10.0～11.0	9.0～10.0

② 夯击点的布置：可根据基础底面的形状，采用等边三角形、等腰三角形或正方形布置。第一遍夯击点间距可取夯锤直径的 2.5～3.5 倍，第二遍夯击点应位于第一遍夯击点之间，以后各遍夯击点间距可以适当减小。对处理深度较深或单击夯击能较大的工程，第一遍夯击点间距宜适当增大。

③ 夯击的遍数：夯击的遍数与夯点的夯击次数不同，为了满足加固效果，单个夯点可能需要单次连续击打夯实。最后连续击打两次的夯沉量见表 9-5。

强夯法最后两击平均夯沉量 表 9-5

单击夯击能（kN·m）	最后两击平均夯沉量不大于（mm）
$E<4000$	50
$4000 \leqslant E<6000$	100
$6000 \leqslant E<8000$	150
$8000 \leqslant E<12000$	200

对整个场地所有的夯击点完成夯击实际需要的夯击遍数与土的种类有关，一般可取 2～4 遍。粗粒土较细粒土的夯击遍数可少一些。两遍夯击之间应间歇一段时间，这样有助于土中孔隙水压力的消散。渗透性越差，间歇时间越长。对于渗透性差的地基需要至少隔 3～4 周，渗透性好的可以连续夯击。

9.4.3 深层挤密法

深层挤密法主要包括振冲挤密法和沉管挤密法，通过在作业过程中挤压周围土体，使之密实，实现对深层地基的加固处理。

1. 振冲挤密法

振冲挤密法是指在振冲器（图 9-7）和高压水的共同作用下，使松砂土层振密，或在软弱土层中成孔，然后回填碎石等粗粒料形成桩柱，并和原地基组成复合地基的一种地基处理方法。1936 年振冲法首先在德国出现，利用松砂加水振动后变密原理加固松砂地基，后又被用于加固黏性土地基。实践证明，只要黏粒含量不超过 10% 的砂土都可取得很好的挤密效果。在黏性土地基中一般可采取振冲碎石桩进行地基处理。碎石桩主要起置换作用，形成复合土层，提高地基承载力。简言之就是在砂性土地基中振冲法起挤密作用，在黏性土地基中起置换作用。

(1) 振冲法适用于处理砂土、粉土、粉质黏土、素填土和杂填土等地基，以及处理可液化地基。饱和黏土地基，如果对变形控制不严格，可采用砂石桩置换处理。对于处理不排水抗剪强度不小于20kPa的饱和黏性土和饱和黄土地基，应在施工前通过现场试验确定其适用性。

(2) 加固原理

振动力除直接将砂层挤压密实外，还在饱和砂土中产生加速度，因此在振冲器周围一定范围内的砂土会因振动而液化，液化后的土颗粒在重力、上覆土压力及外添填料的挤压下重新排列而变得密实，可使得孔隙比大为减小，从而提高地基承载力及抗变形能力；此外，依靠振冲器的重复振动力，在加回填材料情况下，通过填料使砂层被挤压加密（图9-8）。

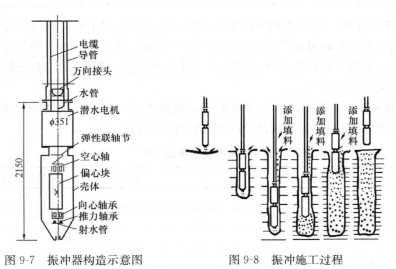

图9-7 振冲器构造示意图　　图9-8 振冲施工过程

(3) 设计原理

根据设计对砂土地基的承载力、沉降和抗液化的要求，确定振冲密实后要求达到的密实度或孔隙比，然后按此要求估算振冲法中作业孔的布置形式、间距、深度和范围，最后通过试验检验是否满足设计的要求。振冲密实设计中要求的密度或孔隙比可根据工程要求的地基承载力及其与砂土的密实度对应关系来确定，设计的间距可按下式估算：

$$d = \alpha\sqrt{V_v/V} \tag{9-21}$$

$$V = \frac{(1+e_p)(e_0-e_p)}{(1+e_0)(1+e_1)} \tag{9-22}$$

式中　d——振冲孔的间距（m）；

　　　α——系数，正方形布置 $a=1$，三角形布置 $a=1.075$；

　　　V_v——单位桩长的平均填料量，一般为 $0.3\sim0.5\text{m}^3$；

　　　V——砂土地基单位体积所需的填料量；

　　　e_0——砂层的初始孔隙比；

e_1 ——振冲后要求达到的孔隙比；

e_p ——碎石桩体的孔隙比。

2. 沉管挤密法

沉管砂石桩的桩间距不宜大于砂石桩直径的 4.5 倍；初步设计时，对松散粉土和砂土地基，应根据挤密后要求达到的孔隙比确定，可按下列公式估算：

等边三角形布置
$$s = 0.95\xi d\sqrt{\frac{1+e_0}{e_0-e_1}} \tag{9-23}$$

正方形布置
$$s = 0.89\xi d\sqrt{\frac{1+e_0}{e_0+e_1}} \tag{9-24}$$

$$e_1 = e_{\max} - D_{r1}(e_{\max} - e_{\min}) \tag{9-25}$$

式中 s ——砂石桩间距（m）；

d ——砂石桩直径（m）；

ξ ——修正系数，当考虑振动下沉密实作用时，可取 $1.1 \sim 1.2$；不考虑振动下沉密实作用时，可取 1.0；

e_0 ——地基处理前砂土的孔隙比，可按原状土样试验确定，也可根据动力或静力触探等对比试验确定；

e_1 ——地基挤密后要求达到的孔隙比；

$e_{\max}$、$e_{\min}$ ——分别为砂土的最大、最小孔隙比；

D_{r1} ——地基挤密后要求砂土达到的相对密实度，可取 $0.70 \sim 0.85$。

9.5 预 压 法

9.5.1 概述

预压法又称排水固结法，主要分为堆载预压、真空预压、真空和堆载联合预压。它是在建筑物施工前，通过预先在地基上施加荷载（一般为堆石、堆土、大气压等），使地基先行产生一定程度的压缩固结，然后卸载后再进行建筑物施工的一种地基处理方法。在这种方法中，要求尽可能加快土体的排水速率，以尽早完成地基的压缩固结。由于在修建建筑物前先行预压，软弱土层在一定程度上被压密，地基已经发生了部分沉降变形，因此建筑物修建后的实际沉降量一般会明显减少，这在实际工程中是有利的。预压法适用于处理淤泥质土、淤泥、冲填土等饱和黏性土地基。

预压装置主要分为排水系统和加压系统。排水系统用于保证排水渠道通畅，能够使土体孔隙水及时从地基中排出。排水系统一般通过在土体中设置竖向排水体或水平排水体实现，竖向排水体常见的形式为各种砂井或在地基中插入的塑料排水带，水平排水体主要为在地基上部设置的砂石垫层。加压系统的目的在于增大地基中的孔隙水压力，强迫其从饱和地基中渗入至排水通道析出，从而加快土体固结。加压系统主要是利用堆载法或真空法来实现。

9.5.2 加固机理

1. 加固原理说明

图 9-9 所示为饱和软土试样在固结和抗剪强度试验中，对不同固结状态下施加荷载压

力得到的有效固结压力 σ'_c 与孔隙比 e 和抗剪强度之间的关系曲线，即 σ'_c-e 和 σ'_c-τ_f 的关系曲线。它反映了饱和软土在不同固结状态下固结的工程性状。图中曲线 abc 为土试样在天然状态下施加荷载压力 $\Delta\sigma$ 至完全固结后有效应力 σ'_c 与孔隙比 e 和抗剪强度 τ_f 的关系曲线；曲线 cef 为施加荷载压力 $\Delta\sigma$ 达到完全固结后，卸去全部荷载的回弹曲线，一般把回弹曲线后土的状态称为超固结状态；曲线 fgc' 为超固结状态下土试样再度施加荷载压力 $\Delta\sigma$ 至完全固结时的曲线。从图中可见，在正常固结状态的土试样施加荷载压力固结时，其抗剪强度将随有效固结压力的增大而增大，而孔隙比则随有效固结压力的增大而降低。

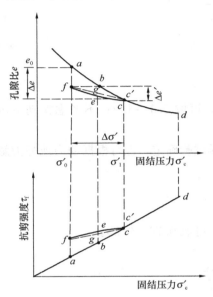

图 9-9 排水固结与强度变化图

然而，对于卸去荷载压力后的土试样，再施加荷载压力固结，虽然其抗剪强度也随着有效固结压力增大而增大，孔隙比也随之减小，但压缩量或孔隙比则比正常固结状态的明显减小，即 $\Delta e' = e_f - e'_c < \Delta e_0 = e_0 - e_c$。塑料排水带预压排水固结法就是利用上述土的预压排水固结特性来处理软土地基，即利用施加预压荷载，使地基土排水固结强度增长来提高地基的承载力和稳定性；利用加载预压后，卸去荷载，再建造建筑物，以减少过大的沉降。

2. 饱和土体渗流固结理论

饱和土体渗流固结理论可以很好地解释预压地基的加固原理。根据有效应力原理，在外荷载的作用下饱和土体所受应力由土骨架和孔隙流体共同承担，即土骨架上产生有效应力，孔隙流体内产生超静孔隙水压力。随着孔隙水的排出，超静孔隙水压力逐渐消散，有效应力逐渐增加。太沙基建立的一维渗流固结理论的假设如下：

（1）土层是均质的、完全饱和的。
（2）土颗粒和水是不可压缩的。
（3）水的渗出和土层的压缩只沿一个方向（竖向）发生。
（4）水的渗流遵从达西定律，且渗透系数 k 保持不变。
（5）孔隙比的变化与有效应力的变化成正比，即 $-de/d\sigma' = a$，且压缩系数 a 保持不变。
（6）外荷载一次瞬时施加并保持不变。超静孔压时空分布的微分方程可按下式计算：

$$\frac{\partial u}{\partial t} = C_v \frac{\partial^2 u}{\partial z^2} \tag{9-26}$$

$$C_v = \frac{k(1+e_1)}{a\gamma_w} \tag{9-27}$$

式中：C_v 称为固结系数，与土的渗透系数 k、渗流固结前土的孔隙比 e_1，水的重度 γ_w 和土的压缩系数 a 有关。C_v 与 $\frac{\partial u}{\partial t}$ 成正比，而 $\frac{\partial u}{\partial t}$ 为孔压对时间的变化速率。在应用饱和土体渗流固结理论求解实际问题时，固结系数 C_v 是关键参数，直接影响超静孔隙水压力 u 的消散速率和地基的沉降与时间的关系。C_v 值越大，在其他条件相同的情况下，土体完成固结所需要的时间越短。一般可根据侧限压缩试验结果确定饱和土体的 C_v 值。

如图 9-10 示，在附加应力 p 的作用下，在 t 时刻，土层中的有效应力 σ'_{zt} 和超静孔隙水压力 u_{zt} 的分布。在某一深度 z 处，t 时刻有效应力 σ'_{zt} 与 $t=\infty$ 时有效应力 $\sigma'_{z\infty}$ 的比值，称为该点土的固结度。对图 9-10 所示的情况，深度 z 处的固结度还等于有效应力 σ'_{zt} 对应总应力 p 的比值，即超静孔隙水压力的消散部分 u_0-u_{zt} 与起始孔隙水压力 u_0 的比值，表示为：

$$u_{zt} = \frac{\sigma'_{zt}}{\sigma'_{z\infty}} = \frac{\sigma'_{zt}}{p} = \frac{u_0 - u_{zt}}{u_0} \tag{9-28}$$

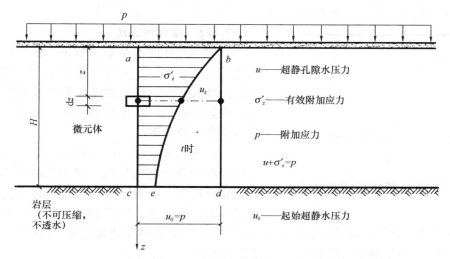

图 9-10 一维渗流固结过程

对于实际工程更有意义的是土层的平均固结度。t 时刻土层的平均固结度等于此时土层中土骨架已经承担的平均有效压力面积对最终平均有效应力面积的比值，表示为：

$$U_t = \frac{\text{面积 } abec}{\text{面积 } abdc} \tag{9-29}$$

即

$$U_t = \frac{\int_0^H u_0 \mathrm{d}z - \int_0^H u_{zt}\mathrm{d}z}{\int_0^H u_0 \mathrm{d}z} = 1 - \frac{\int_0^H u_{zt}\mathrm{d}z}{\int_0^H u_0 \mathrm{d}z} \tag{9-30}$$

超静孔隙水压力的一般解形式为

$$u_{zt} = \frac{4p}{\pi}\sum_{m=1}^{\infty}\frac{1}{m}\sin\frac{m\pi z}{2H}\mathrm{e}^{-m^2\left(\frac{\pi^2}{4}\right)T_v} \tag{9-31}$$

式中　m——正奇数（1，3，5，…）；

$\quad\quad$ e——自然对数的底数；

$\quad\quad$ H——排水最长距离，当土层为单面排水时，H 等于地层厚度，当土层上下双面排水时，H 采用土层厚度的一半；

$\quad\quad$ T_v——时间因数（无量纲），按下式计算：

$$T_v = \frac{C_v}{H^2}t \tag{9-32}$$

其中 C_v——土层的固结系数；
 t——固结历时。

将式（9-31）代入式（9-30），可得：

$$U_t = 1 - \frac{8}{\pi^2}\left(e^{-\frac{\pi^2}{4}T_v} + \frac{1}{9}e^{-9\frac{\pi^2}{4}T_v} + \cdots\right) \tag{9-33}$$

上式还可近似写成：
$$U_t = 1 - \frac{8}{\pi^2}e^{-\frac{\pi^2}{4}T_v} \tag{9-34}$$

由此可看出，土体的固结度与时间因数一一对应。T_v是一个反映土层固结度的参数，由图9-11曲线可以看出，随着时间的增大，土层平均固结度趋于1。

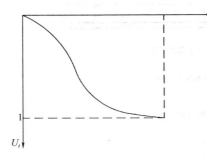

图9-11 U_t-T_v关系曲线

9.5.3 堆载预压法

欲取得良好的地基加固效果，按照堆载预压法进行地基处理时，需要考虑以下三个方面：合理设计堆载强度；保证地基中具有良好的排水条件；充分的时效。预压荷载大小、范围、加载速率应符合下列规定：

（1）预压荷载大小应根据设计要求确定。对于沉降有严格限制的建筑，可采用超载预压法处理，超载量大小应根据预压时间内要求完成的变形量确定，并宜使预压荷载下受压土层各点的有效竖向应力大于建筑物荷载引起的相应点的附加应力，以减少建筑完成后的沉降。

（2）预压荷载顶面的范围应不小于建筑物基础外缘的范围。

（3）加载速率应根据地基土的强度确定，当天然地基土的强度满足预压荷载下地基的稳定性要求时，可一次性加载，如不满足，应分级逐渐加载，待前期预压荷载下地基土的强度增长满足下一级荷载下地基的稳定性要求时，方可加载。

堆载预压需要耗费一定的时间，特别是深厚的饱和软黏土，排水固结时间很长，同时还要大量堆载，因此使用时有一定限制。为了加速地基固结过程，缩短预压时间，可在堆载预压法中设置竖向排水井和横向排水砂垫层。砂井缩短了软土中的排水距离，土中水通过砂井顶部的砂垫层排走，孔隙水压力快速消散，使地基加速固结。这种方法称为砂井堆载预压法。砂垫层厚度不应小于500mm，垫层砂料宜用中、粗砂，黏粒含量应小于3%。

排水竖井分为普通砂井、袋装砂井和塑料排水带。普通砂井直径宜为300~500mm，袋装砂井直径宜为70~120mm。塑料排水带的当量换算直径可按下式计算：

$$d_p = \frac{2(b+\delta)}{\pi} \tag{9-35}$$

式中 d_p——塑料排水带当量换算直径（mm）；
 b——塑料排水带宽度（mm）；
 δ——塑料排水带厚度（mm）。

排水竖井可采用等边三角形或正方形排列的平面布置，并应符合下列规定
（1）当等边三角形排列时，

$$d_e = 1.05l \tag{9-36}$$

（2）当正方形排列时，

$$d_e = 1.13l \tag{9-37}$$

式中 d_e——竖井的有效排水直径；

l——竖井的间距。

排水竖井的间距可根据地基土的固结特性和预定时间内所要求达到的固结度确定。设计时，竖井的间距可按井径比 n 选用（$n = d_e/d_w$，即竖井的有效排水直径与竖井直径的比值），塑料排水带或袋装砂井的间距可按 $n=15\sim22$ 选用，普通砂井的间距可按 $n=6\sim8$ 选用（图 9-12）。

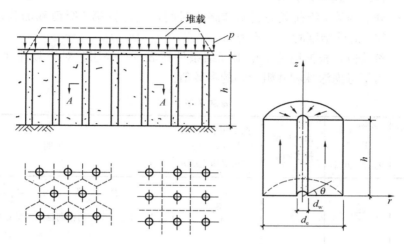

图 9-12 砂井预压固结法布置图

竖向固结度按前面所述的太沙基一维渗流固结理论进行计算。

径向固结度 U_r 按照下列公式计算：

$$U_r = 1 - e^{-\frac{8}{F}T_h}$$

$$T_h = \frac{C_h t}{d_e^2}$$

$$C_h = \frac{k_h(1+e_1)}{a\gamma_w}$$

$$F = \frac{n^2}{n^2-1}\ln n - \frac{3n^2-1}{4n^2}$$

式中 T_h——径向固结时间因数；

C_h——径向固结系数；

k_h——土层水平向渗透系数；

F——与 n 有关的系数；

n——井径比。

砂井地基总的平均固结度 U_{rv} 是由竖向排水和径向排水引起的，总的平均固结度按下式计算：

$$U_{rv} = 1 - (1-U_v)(1-U_r)$$

如果砂井的间距很密，竖向固结度将很小，可以忽略，常以径向固结度代替总的平均固结度。

一级或多级等速加载条件下，当固结时间为 t 时，对应总荷载的地基平均固结度可按下式计算：

$$\bar{U}_t = \sum_{i=1}^{n} \frac{q_i}{\sum \Delta p} \left[(T_i - T_{i-1}) - \frac{\alpha}{\beta} e^{-\beta t} (e^{\beta T_i} - e^{\beta T_{i-1}}) \right] \quad (9-38)$$

式中　$\bar{U}_t$ ——t 时间地基的平均固结度；

$\quad\quad q_i$ ——第 i 级荷载的加载速率；

$\quad\quad \sum \Delta p$ ——各级荷载的累加值；

$\quad\quad T_{i-1}$、T_i ——分别为第 i 级荷载的起始和终止时间，当计算第 i 级荷载加载过程中某时间 t 的固结度时，T_i 改为 t；

$\quad\quad \alpha$、β ——参数值，根据地基土排水固结条件按表 9-6 采用。对于竖井地基，表中 β 为不考虑涂抹和井阻影响的参数值。

α 和 β 值　　　　　　　　　　　　　　　　　表 9-6

排水固结条件　参数	竖向排水固结 $\bar{U}_z > 30\%$	向内径向排水固结	竖向和向内径向排水固结（竖井穿透受压土层）	说明
α	$\dfrac{8}{\pi^2}$	1	$\dfrac{8}{\pi^2}$	式中　$F_n = \dfrac{n^2}{n^2-1}\ln(n) - \dfrac{3n^2-1}{4n^2}$ C_h ——土的径向排水固结系数（cm²/s）； C_v ——土的竖向排水固结系数（cm²/s）； H ——土层竖向排水距离（cm）； $\bar{U}_z$ ——双面排水土层和平均固结度或固结应力均匀分布的单面排水土层平均固结度
β	$\dfrac{\pi^2 C_v}{4H^2}$	$\dfrac{8C_h}{F_n d_e^2}$	$\dfrac{8C_h}{F_n d_e^2} + \dfrac{\pi^2 C_v}{4H^2}$	

堆载预压处理地基设计的平均固结度不宜低于 90%，且应在现场监测的变形速率明显变缓时，方可卸载。

预压处理地基应在地表铺设与排水竖井相连的砂垫层，砂垫层应符合下列规定：

(1) 厚度不应小于 500mm。

(2) 砂垫层砂料宜用中粗砂，黏粒含量不应大于 3%，砂料中可含有少量粒径不大于 50mm 的砾石；砂垫层的干密度应大于 1.5 t/cm³，渗透系数应大于 1×10^{-2} cm/s。砂井的砂料应选用中粗砂，其黏粒含量不应大于 3%。

在预压区内宜设置与砂垫层相连的排水盲沟，排水盲沟的间距不宜大于 20m。

【例题 9-2】某软土地基采用砂井堆载预压法加固地基，地基情况如下：地面以下 10m 为高压缩性软土，其下为砂土层，地下水位在地面以下 1.0m。软土的重度 $\gamma = 17.8$ kN/m³，孔隙比 $e_1 = 1.2$，压缩系数 $a = 0.58$ MPa⁻¹，垂直向平均渗透系数 $k_v = 2.5\times10^{-8}$ cm/s，水平向平均渗透系数 $k_h = 5\times10^{-8}$ cm/s，预压荷载与设计荷载均为 110kPa。加荷时间 4 个月，预压时间 5 个月。初步考虑砂井采用直径 40cm，井距 3.0m，平面布置为正三角形，砂井打到粉砂层，按双面排水固结计算。假定预压荷载是等速施加，试计算预压后地基的固结度。

解：等速施加荷载，计算历时从加荷期的中点算起，故计算总的预压时间为 7 个月。

(1) 竖向固结度计算

$$C_v = \frac{k_v(1+e_1)}{a\gamma_w} = \frac{2.5 \times 10^{-8} \times (1+1.2)}{0.58 \times 10^{-4}} = 9.48 \times 10^{-4} \text{ cm}^2/\text{s}$$

$$T_v = \frac{C_v}{H^2}t = \frac{9.48 \times 10^{-4}}{500^2} \times 214 \times 86400 = 0.0701$$

$$U_v = 1 - \frac{8}{\pi^2}e^{-\frac{\pi^2}{4}T_v} = 1 - \frac{8}{\pi^2}e^{-\frac{\pi^2}{4}0.0701} = 0.32$$

(2) 径向固结度计算

砂井按正三角形排列,$d_e = 1.05l = 1.05 \times 300 = 315$ cm

$$n = d_e/d_w = 315/40 = 7.875$$

$$C_h = \frac{k_h(1+e_1)}{a\gamma_w} = \frac{5 \times 10^{-8} \times (1+1.2)}{0.1 \times 0.58 \times 10 \times 10^{-4}} = 18.96 \times 10^{-4} \text{ cm}^2/\text{s}$$

$$T_r = \frac{C_h t}{d_e^2} = \frac{18.96 \times 10^{-4}}{210^2} \times 214 \times 86400 = 0.35$$

$$F = \frac{n^2}{n^2-1}\ln n - \frac{3n^2-1}{4n^2} = \frac{7.875^2}{7.875^2-1}\ln 7.875 - \frac{3 \times 7.875^2-1}{4 \times 7.875^2} = 1.35$$

$$U_r = 1 - e^{-\frac{8}{F}T_r} = 1 - e^{-\frac{8}{1.35}0.35} = 0.87$$

(3) 总固结度 $U_{rv} = 1-(1-U_v)(1-U_r) = 1-(1-0.32) \times (1-0.87) = 0.91$

9.5.4 真空预压法

真空预压法是利用大气压力作为荷载的地基处理方法,在土体总应力不变的情况下,通过减小孔隙水压力来增加土体的有效应力,也称为负压固结。它是在含有内排水竖井的地基上部砂垫层的表面,铺设一层不透气的薄膜,通过抽出薄膜内的空气,从而形成真空,利用外部大气压对地基施加预压荷载,如图 9-13 所示。

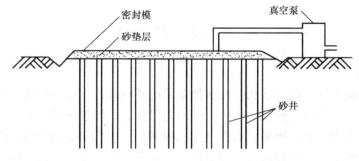

图 9-13 真空预压法

真空预压法处理地基必须设置塑料排水带或砂井,否则难以奏效。真空预压的效果和膜内真空度大小关系很大,真空度越大,预压效果越好。如真空度不高,加上砂井井阻影响,处理效果将受到较大影响。根据国内许多工程经验,膜内真空度一般应达到 86.7kPa (650mmHg) 以上。真空度在砂井内的传递与井料的颗粒组成和渗透性有关。根据天津地区的应用技术资料,当井料的渗透系数 $k = 1 \times 10^{-2}$ cm/s 时,10m 长的袋装砂井真空度降低约 10%,当砂井深度超过 10m 时,为了减小真空度沿深度的损失,对砂井砂料应有更高的要求。

真空预压法加固软土地基应进行施工监控和加固效果检测,满足卸载标准时方可卸载。真空预压加固卸载标准可按下列要求确定:

(1) 沉降-时间曲线达到收敛,实测地面沉降速率连续 5～10d 平均沉降量小于或等于 2mm/d。

(2) 真空预压所需的固结度宜大于 85%～90%,沉降要求严格时取高值。

(3) 加固时间不少于 90d。

(4) 竣工后沉降有特殊要求时,卸载时间除需满足以上标准外,还需通过计算剩余沉降量来确定卸载时间。

真空预压法与堆载预压法相比,不需要大量堆载,降低了劳动强度,节省了堆载的原材料,缩短了预压时间。饱和地基中的孔隙水渗出之后,土体中附加应力增大,加快了固结作用。由于负压的存在,可大幅度减小在土体中封闭气泡和孔隙水的渗出,极大地提高了土的渗透性,强化了固结作用。真空预压通过在覆盖于地面的密封膜下抽真空,膜内外形成气压差,使黏土层产生固结压力,即是在总应力不变的情况下,通过减小孔隙水压力来增加有效应力的方法。真空预压和降水预压都是在负超静水压力下排水固结,称负压固结。

真空预压法的设计应符合下列规定:

(1) 竖井一般采用袋装砂井或塑料排水板,其尺寸、排列方式、间距和深度等参照本节"砂井设计"确定。砂井的砂料应选用中砂,其渗透系数应大于 1×10^{-2} cm/s。

(2) 膜内真空度应稳定地保持在 650mmHg 以上,且应均匀分布;竖井深度范围内土层的平均固结度应大于 90%。

(3) 真空预压区边缘应大于建筑物基础轮廓线,每边增加量不得小于 3.0m。每块预压面积宜尽可能大且呈方形。

9.6 胶 结 法

9.6.1 概述

前面所述的强夯法、振冲法和强压法都是采用各种机具将地基加密,从而实现地基加固的目的,但本身并未改变地基土体中化学的构成成分,属于物理加固法。近年来,为便于在饱和淤泥类土中施工,所采取的冻结法也属于这一类范畴。冻结法是通过人工冷却,使一定范围内的地基土温度降低到孔隙水的冰点以下,形成冻土。冻土中所含水分大部分形成冰,矿物颗粒被冰牢固胶结,所以质地坚硬,强度很高,压缩性和透水性都很小。此法可用于饱和砂土和黏性土地层中,作为临时性工程措施,如深基坑的防渗或围护结构。

除了这些物理加固法外,在进行地基处理时还可以采用胶结法。它是靠压力传送或利用电渗原理,在地基土中注入化学浆液,使其渗入土的孔隙或充填岩土中的裂缝和洞穴,或者把很稀的浆体压入事先打好的钻孔中,借助于浆体传递的压力挤密土体并使其上抬,达到加固或处理目的。常见的化学加固法主要包括灌(注)浆加固法和水泥土搅拌法,其中水泥土搅拌法在密实法中已经进行了阐述,下面主要讲述灌浆加固法。

9.6.2 灌浆加固法

灌浆加固法的好坏主要取决于化学浆液与土体的适应程度以及是否能够充分注入。灌浆加固法的效果直接与浆液的特性有关。灌浆加固工程中所用的浆液由主剂（主灌浆材料）、溶剂（水或其他溶剂）及各种外加剂混合而成。通常所提到的灌浆材料是指浆液中所用的主剂。外加剂根据在浆液中所扫的作用，分为固化剂、催化剂、速凝剂、缓凝剂和悬浮剂等。

1. 常用的浆液材料分类

（1）水泥灌浆

通常采用高标号的硅酸盐水泥，水灰比为1∶1。为调节水泥浆的性能，可掺入速凝剂或缓凝剂等外加剂。常用的速凝剂有水玻璃和氯化钙，其用量为水泥用量的1%～2%；常用的缓凝剂有木质素磺酸钙和酒石酸，其用量为水泥用量的0.2%～0.5%。水泥浆液为无机系浆液，取材充足，配方简单，价格低廉又不污染环境，这是世界各国最常用的浆液材料。

（2）水玻璃灌浆

水玻璃在酸性固化剂作用下可以产生凝胶，常用的有水玻璃-氯化钙浆液与水玻璃-铝酸钠浆液。以水玻璃为主的浆液也是无机系浆液，具有无毒、价廉、可灌性好的特点，也是目前常用的浆液。

（3）碱性浆液

采用 NaOH 溶液作为材料对地基进行加固，施工简易，成本低廉。除此以外，还有聚氨酯灌浆法。

2. 浆液的性质

浆液材料的主要性质包括分散度、沉淀析水性、凝结性、热学性、收缩性、结石强度、渗透性和耐久性。

（1）灌浆材料的分散度

物质被分散的程度称为分散度，通常用比表面的大小表示物质的分散度。分散度是影响可灌性的主要因素，能影响浆液的一系列物理力学性质。一般分散度越高，可灌性就越好。

（2）沉淀析水性

在浆液搅拌过程中，水泥颗粒分散悬浮于水中，但当浆液制成和停止搅拌时，除非浆液极为浓稠，否则水泥颗粒将在重力作用下沉淀，并使水向浆液顶端上升。沉淀析水性是影响灌浆质量的有害因素，浆液水灰比是影响析水性的主要因素。研究证明，当水灰比为1.0时，水泥浆的最终析水率可高达20%。

（3）凝结性

浆液的凝结过程被分为两个阶段：初期阶段，浆液的流动性减少到不可泵送的程度；第二阶段，凝结后的浆液随时间逐渐硬化。研究证明，水泥浆的初凝时间一般为2～4h，黏土水泥浆则更慢。由于水泥颗粒内核的水化过程非常缓慢，故水泥结石强度的增长将延续几十年。

（4）热学性

由于浆液水化产生水化热，水化热引起浆液温度变化。水化速度的影响因素主要有水泥的类型、细度、水泥含量、灌注温度和导热条件等。例如，当水泥的比表面积由 $250m^2/kg$ 增加到 $400m^2/kg$ 时，水化速度将提高 60%。

(5) 收缩性

浆液及结石的收缩性主要受环境条件的影响。潮湿养护的浆液只要长期维持其潮湿条件，不仅不会收缩，还可能随时间而又膨胀；反之，干燥养护的浆液或潮湿养护后又使其处于干燥环境中，就可能发生收缩。一旦发生收缩，就将在灌浆体中形成细微裂隙，使灌浆加固效果降低，因而在灌浆设计中应采取防御措施。

(6) 结石强度

影响结石强度的因素主要有浆液浓度、浆液的起始水灰比、结石的孔隙率、水泥品种及掺合料等，其中以浆液浓度最为关键。

(7) 渗透性

与结石的强度一样，结石的渗透性也与浆液起始水灰比、水泥含量及养护龄期条件等一系列因素有关。工程实践表明，不论纯水泥浆还是黏土水泥浆，其渗透性均很小。

(8) 耐久性

水泥结石在正常条件下是耐久的，但若灌浆体长期受水压力作用，则可能使结石破坏。当地下水具有腐蚀性时，宜根据具体情况选用矿渣水泥、火山灰水泥、抗硫酸盐水泥或高铝水泥。由于黏土材料基本不受地下水腐蚀，故黏土水泥结石的耐久性比纯水泥结石为好。此外，结石的密度越大和透水性越小，灌浆体寿命就越长。

3. 灌浆工艺

在地基土体中如果土的孔隙小、渗透性低，化学浆液就不容易进入土体的孔隙中，无法实现利用浆液加固土体的目的，因此必须借助外部压力将浆液注入，本质上外部压力是在土体中进一步形成新裂缝或扩展已有旧裂缝，提供更多的浆液输入土体的通道。根据注浆压力的大小和施工工艺可以分以下三类：

(1) 渗透注浆

渗透注浆是指通过钻机成孔将注浆管置入孔内，借助压力将浆液灌入岩体的裂隙或土的孔隙中，挤出原有的气泡或残留水，凝固后破碎的岩体或松散的土颗粒将与浆液胶结成整体，可有效提高土体的承载力并降低渗透性。渗透注浆法要求岩土结构比较松散，可提供丰富的灌浆输液通道，灌浆压力一般较小。灌浆材料一般选用水泥浆液，可适用于粗砂、卵石和有裂隙的岩体中。渗透压力越大，灌浆压力越大，灌浆越充分，宏观上主要体现在吸浆量和浆液扩散范围。

(2) 压密灌浆

压密灌浆是指通过钻机在地基中灌入很稠的浆液，多选用水泥浆液或水泥砂浆。由于浆液很稠，因此不能渗入土体内部，只是在封闭的注浆管底部挤压土体，形成浆泡。当压力较小时，浆泡直径较小，一般为圆柱体，主要在水平方向挤压浆泡周围的土体。当压力进一步增加时，浆泡将继续向外扩张，形状趋于球体，这时可在地基土体中形成上抬力，使地面隆起。因此，如果设计方案合理，利用这种方法可纠正地面建筑物的变形。压密灌浆压力一般高于渗透灌浆，主要适用于软弱的淤泥类质土。

(3) 劈裂灌浆

如果土的孔隙小、渗透性低，将浆液灌入土体就要借助更高的外部压力。这种情况下可以采用劈裂灌浆的方法，要求浆液的压力足以克服土层的初始应力和抗拉强度，可劈裂土体在土层中形成新的裂隙或充分扩张已有的裂隙、孔隙，使浆液充分进入土体内部，从而起到加固土层的目的，如图 9-14 所示。劈裂灌浆的压力大于渗透灌浆和压密灌浆的压力，一般压力越充分，在土体中形成的通道就越多，加固效果也越好。劈裂灌浆浆液通常选用水泥浆或水泥-水玻璃混合浆液，也可选用水泥黏土浆，但是不宜选用纯黏土浆。该法适用于黏性土和砂性土。

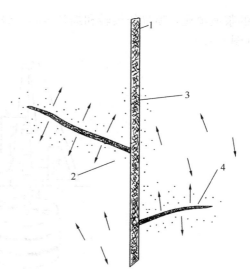

图 9-14　劈裂注浆
1—化学浆；2—渗透渗入的化学浆
（通过劈裂面和钻孔边缘）；
3—灌浆孔；4—灌浆劈裂面

9.6.3　高压喷射注浆法

高压喷射注浆法于 20 世纪 60 年代后期创始于日本，是利用钻机把带有喷嘴的注浆管钻至土层的预定位置后，以高压设备使浆液或水以 20MPa 左右的高压流从喷嘴中喷射出来，冲击破坏土体。同时，钻杆以一定速度渐渐向上提升，将浆液与土颗粒强制搅拌混合，浆液凝固后在土中会形成一个固结体，固结体的形态和喷射流移动方向有关。

1. 加固地基的原理

利用钻机钻孔至需加固的深度后，将喷射管插入地层预定的深度，用高压泵将水泥浆液从喷射管喷出，使土体结构破坏并与水泥浆液混合，混合体胶结硬化后会形成强度大、压缩性小、不透水的固结体，从而实现地基加固的目的。

高压喷射注浆法适用于处理淤泥、淤泥质土黏性土、粉土、黄土、砂土、人工填土和碎石土等地基。

2. 高压喷射注浆法的工艺类型

（1）单管法

单管旋喷注浆法是利用钻机把安装在注浆管（单管）底部侧面的特殊喷嘴置入土层预定深度后，用高压泥浆泵等装置以 20MPa 左右的压力，把浆液从喷嘴中喷射出去，冲击破坏土体。同时，借助注浆管的旋转和提升运动，使浆液与从土体上崩落下来的土搅拌混合，经过一定时间凝固，便在土中形成圆柱状的固结体。

（2）二重管法

此法的旋喷管为内外二重管，内管喷射高压水泥浆，外管同时喷射 0.7MPa 左右的压缩空气。内、外管的喷嘴位于喷射管底部侧面同一位置，是一个同轴双重喷嘴。由高压浆液流和它外圈的环绕气流共同作用，使破坏土体的能量显著增大，使旋喷柱的直径加大。

（3）三重管法

使用分别输送水、气、浆三种介质的三重注浆管，在以高压泵等高压发生装置产生 20MPa 左右的高压水喷射流的周围，环绕一股 0.7MPa 左右的圆筒状气流，进行高压水喷射流和气流同轴喷射冲切土体，形成较大的空隙。再另由泥浆泵注入压力为 2～5MPa

的浆液填充,喷嘴作旋转和提升运动。最后,即可在土中凝固为直径较大的圆柱状固结体(图 9-15)。

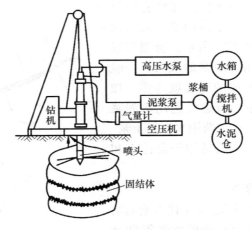

图 9-15　三重管旋喷注浆示意图

习　题

9.1　地基处理与地基加固的区别是什么?

9.2　地基处理需要解决哪些方面的问题?

9.3　地基处理在工程中需要针对哪些土体进行?

9.4　软弱地基、强透水地基和特殊性地基各有什么特点?

9.5　常见地基处理方法分类有哪些?

9.6　是否需要进行地基处理的判断条件是什么?

9.7　选择地基处理方案时,应注意什么问题?

9.8　地基处理方法前应先完成哪些工作?

9.9　对饱和的软土地基而言,选择地基处理方法应注意什么?

9.10　地基处理的设计应满足哪些规定?

9.11　常见的垫层主要有哪几种?

9.12　地基的换填地层包括哪几类?

9.13　换填垫层的工作原理是什么?

9.14　换填垫层的适用范围是什么?

9.15　常见的换填垫层材料包括哪几种?

9.16　垫层设计的主要内容是什么?

9.17　换填垫层需要进行哪方面的验算?

9.18　复合地基是如何形成的?

9.19　复合地基的分类有哪些?

9.20　复合地基中的土质置换桩按填充材料的凝结性主要分为哪两类?

9.21　复合地基的加固原理是什么?

9.22　复合地基的破坏模式有哪几种?

9.23 面积置换率如何影响地基性能?

9.24 什么是复合地基的桩土应力比?其影响因素有哪些?

9.25 地基复合模量如何确定?

9.26 加密法的工作原理是什么?常见的加密法包括哪几类?

9.27 预压法的基本工作原理是什么?

9.28 预压法适用于哪几类土体?

9.29 堆载预压法要获得较好的效果需要考虑哪几个方面的因素?

9.30 什么是真空预压法?真空预压法有什么优点?

9.31 胶结法加固地基的工作原理是什么?

9.32 灌浆加固法主要包括哪几类?各有什么不同?

9.33 某小区住宅楼采用条形基础,作用在基础顶面的竖向荷载为 $N=160\text{kN/m}$,地基土层情况:表层为 1.6m 厚的素填土, $\gamma_1=17\text{kN/m}^3$;第二层土为 11m 厚的淤泥土, $f_{ak}=67\text{kPa}$, $\gamma_2=18.5\text{kN/m}^3$;地下水位在地面以下 1.6m 处。基础与上部土层的平均重度取 20kN/m^3,试设计基础和砂垫层。

9.34 某中学教学楼采用条形基础,作用在基础顶面的竖向荷载为 $N=150\text{kN/m}$,地基土层情况:表层为 1.4m 厚的素填土, $\gamma_1=16.5\text{kN/m}^3$;第二层土为 10m 厚的淤泥土, $f_{ak}=65\text{kPa}$, $\gamma_2=17\text{kN/m}^3$;地下水位在地面以下 3m 处。基础与上部土层的平均重度取 20kN/m^3,试设计基础和砂垫层。

9.35 某软土地基采用砂井堆载预压法加固地基,地基情况如下:地面以下 16m 为高压缩性软土,其下为砂土层,地下水位在地面以下 1.2m。软土的重度 $\gamma=17.6\text{kN/m}^3$,孔隙比 $e=1.2$,压缩系数 $a=0.56\text{MPa}^{-1}$,垂直向平均渗透系数 $k_v=2.65\times10^{-8}\text{cm/s}$,水平向平均渗透系数 $k_h=10.6\times10^{-8}\text{cm/s}$,预压荷载与设计荷载均为 125kPa。加荷时间 6 个月,预压时间 6 个月。初步考虑砂井采用直径 30cm,井距 2.8m,平面布置为正三角形,砂井打到粉砂层,按双面排水固结计算。试计算预压后地基的固结度。

9.36 某软土地基采用砂井堆载预压法加固地基,地基情况如下:地面以下 16m 为高压缩性软土,其下为砂土层,地下水位在地面以下 1.2m。软土的重度 $\gamma=17.2\text{kN/m}^3$,孔隙比 $e=1.3$,压缩系数 $a=0.6\text{MPa}^{-1}$,垂直向平均渗透系数 $k_v=2.4\times10^{-8}\text{cm/s}$,水平向平均渗透系数 $k_h=7.2\times10^{-8}\text{cm/s}$,预压荷载与设计荷载均为 130kPa。加荷时间 6 个月,预压时间 6 个月。初步考虑砂井采用直径 35cm,井距 2.5m,平面布置为正方形,砂井打到粉砂层,按双面排水固结计算。试计算预压后地基的固结度。

9.37 某住宅楼地基为软土,采用预压排水固结法加固地基,软土厚度 15m,软土层面以上和底面以下均为砂层,未设置排水竖井。为简化计算,假定预压是一次瞬时施加的。已知该软土层孔隙比为 1.50,压缩系数为 0.6MPa^{-1},竖向渗透系数 $k_v=5.5\times10^{-7}\text{cm/s}$。试计算使软土地基固结度达到 0.85,预压时间需要多少天?

9.38 某大型超市地基为软土,采用预压排水固结法加固地基,软土厚度 10m,软土层面以上为砂层,软土底面以下为不透水层,未设置排水竖井。为简化计算,假定预压是一次瞬时施加的。已知该软土层孔隙比为 1.2,压缩系数为 0.62MPa^{-1},竖向渗透系数 $k_v=2.5\times10^{-7}\text{cm/s}$。试计算使软土地基固结度达到 0.80,预压时间需要多少天?

第10章 特殊土地基

10.1 概 述

我国疆域辽阔，各地的不同区域、地理环境和气候条件差异很大，再加之成土过程中地质演变过程的复杂性，因此存在一些具有特殊结构成分以及工程性质的土。特殊土是这一类土的总称。各类特殊土在地理分布上存在一定的区域性，因此也称为区域性土。常见的特殊土主要包括软土、湿陷性黄土、膨胀土、盐渍土、红黏土和冻土等。这类特殊土具有不同的工程特性，例如黄土的湿陷性、膨胀土的膨胀性、软土的高压缩性、冻土的冻胀变形、盐渍土的融陷和腐蚀性、红土的不均匀性。如果这些土作为建筑物的场地和地基，不加处理都会对工程造成直接或潜在的威胁。因此，为保证建筑物的安全和正常使用，必须正确认识各类特殊土的工程特性并采取合理的工程措施。其中，软土地基在实际工程中遇到的问题是承载力低、地基沉降过大、容易产生不均匀沉降，导致上部建筑物损坏等。关于软土地基的加固处理方法在前述章节中已经阐述，因此在此本章中不再赘述。

10.2 黄 土 地 基

10.2.1 黄土的特征与分布

黄土主要是指第四纪以来，在干旱、半干旱气候条件下形成的一种富含钙质的棕黄色、陆相松散的堆积物。黄土在我国分布较广，部分黄土可能存在湿陷性。

1. 黄土的分布

我国湿陷性黄土主要分布在山西、陕西、甘肃的大部分地区，河南西部和宁夏、青海、河北的部分地区，此外，新疆维吾尔自治区、内蒙古自治区和山东、辽宁、黑龙江等省局部地区也分布有湿陷性黄土。

2. 黄土的特征

（1）颜色为淡黄、褐色或褐黄色。

（2）颗粒组成以粉土粒为主，占60%～70%。

（3）含碳酸盐、硫酸盐及少量易溶盐；含水量小，一般仅占8%～20%。

（4）结构疏松，孔隙多。孔隙度一般为33%～64%。

（5）质地均匀无层理，但具有柱状节理和垂直节理，天然条件下能保持近于垂直。

（6）湿陷性。湿陷性是黄土的典型特殊性质，黄土湿陷性是引起黄土地区工程建筑破坏的重要原因。并非所有黄土都具有湿陷性，具有湿陷性的黄土称为湿陷性黄土。

3. 黄土的野外性状（见表10-1）

黄土的野外性状　　　　　　　　　　　　　　　　表 10-1

名称	颜色	特征及包含物	古土壤	沉积环境	挖掘情况
新进堆积黄土 Q_4^2	浅褐至深褐色，或黄至黄褐色	土质松散不均，多虫孔和植物根孔，有粉末状或条纹状碳酸盐结晶，含少量小砾石或钙质结核，有时有砖瓦碎块或朽木	无	河漫滩低阶地，山间洼地表面，黄土塬、峁的坡脚，洪积扇或山前坡积地带，老河道及填塞的沟槽洼地的上部	锹挖很容易，进度较快
黄土状土 Q_4^1	黄至黄褐色	具有大孔、虫孔和植物根孔，含少量小的钙质结核或小砾石。有时有人类活动遗迹，土质较均匀	底部有深褐色黑垆土	河流阶地的上部	锹挖容易，但进度稍慢
马兰黄土 Q_3	浅黄、褐黄或黄褐色	土质均匀，大孔发育，具有垂直节理，有虫孔和植物根孔，有少量小的钙质结核，呈零星分布	底部有一层古土壤，作为与离石黄土的分界	河流阶地和黄土塬、梁、峁的上部，以及黄土高原与河谷平原的过渡地带	锹、镐挖掘不困难
离石黄土 Q_2	深黄、棕黄或黄褐色	土壤较密实，有少量大孔。古土壤层下部钙质结核增多，粒径可达 5～20cm，常成层分布，成为钙质结核层	夹有多层古土壤层，称之为"红三条"或"红五条"，甚至更多	河流高阶地和黄土塬、梁、峁的黄土主体	锹、镐挖掘困难
午城黄土 Q_1	淡红或棕红色	土壤较密实，无大孔。柱状节理发育，钙质结核含量较离石黄土少	古土壤层不多	第四纪早期沉积，底部与第三纪红黏土或砂砾层接触	锹、镐挖掘很困难

为研究方便，通常可以从不同角度对黄土进行分类。按照地质形成年代的先后，可分为老黄土和新黄土。按照黄土的成因，可以分为原生黄土和次生黄土。原生黄土的成因主要是风力、搬运、堆积，节理上无层理。次生黄土的成因有坡积、洪积、冲积、坡积-洪积、冲积-洪积及冰水沉积等多种类型，一般不完全具备上述黄土特征，具有层理，并含有较多的砂粒以及细砾，故也称为黄土状土。黄土和黄土状土（以下统称黄土）在天然含水量时一般呈坚硬或硬塑状态，具有较高的强度和低的或中等偏低的压缩性，但遇水浸湿后，在其自重和外荷载作用下会发生剧烈的沉陷，强度也随之迅速降低，这种现象被称为湿陷性。凡天然黄土在上覆土的自重压力作用下，或在上覆土的自重压力与附加压力共同作用下，受水浸湿后土的结构迅速破坏而发生显著附加下沉的，称之为湿陷性黄土，否则，称之为非湿陷性黄土。而非湿陷性黄土的工程性质接近一般黏性土。因此，分析、判别黄土地基的湿陷类型和湿陷等级，是黄土地区工程勘察与评价的核心问题。

10.2.2　黄土湿陷的原因及影响因素

湿陷性黄土是一种非饱和的欠压密土，具有大孔和垂直节理，在天然湿度下，其压缩性较低，强度较高，但遇水浸湿时，土的强度显著降低，在附加压力或者在附加压力与土的自重压力联合作用下会引起明显的湿陷变形。这种湿陷变形是一种下沉量大、下沉速度快的失稳性变形，对建筑物危害性大。黄土湿陷的原因取决于两方面：一是内因，即黄土的结构特征及其物质组成；二是外因，即水的浸润和压力作用。

目前关于黄土的湿陷有以下三种观点：

（1）压密理论：该理论由苏联学者提出，认为黄土在沉积的过程中由于干旱少雨的气候条件，导致土颗粒之间水分不断蒸发、盐类不断析出产生胶体凝固现象，形成固化黏聚力而阻止上覆土层对下覆土层的压密作用，从而形成欠压密状态。经过较长时间，就会使被压密土层堆积得越来越厚，形成大孔隙、低湿度、被压密的非饱和性黄土，一旦遇水浸湿，土中的固化黏聚力就会逐渐消失，从而发生湿陷。

（2）溶盐假说：在黄土中存在大量的易溶性盐，当黄土中含水量较低时，这种可溶性盐处于微晶状态，可起到相互胶结作用。一旦遇水浸湿，盐水就会发生溶解，胶结作用就会丧失，从而发生湿陷。溶盐假说并不能解释所有湿陷现象。

（3）结构学说：首先，在黄土中保留特殊的粒状结构架空体系。它是由颗粒和碎屑组成的骨架颗粒相互连接而成的。因此，含有大量的架空孔隙。其次，土颗粒之间保留一定的强度，连接强度的大小与干旱、半干旱条件有关，主要取决于：①上覆荷重传递到连接点上的有效法向应力；②少量的水在粒间接触处形成的毛细管压力；③粒间电分子引力；④粒间摩擦系数及少量胶凝物质的固化黏聚等。在遇水浸湿或外部压力条件下，连接强度就会降低乃至丧失，导致整个体系丧失稳定，从而发生湿陷。

黄土在浸水后，在外部荷载或自重作用下会发生下沉现象。不同场地的黄土湿陷性是不同的。黄土湿陷取决于以下因素：

（1）根据对黄土微结构的研究，黄土中骨架颗粒的大小、含量和胶结物的聚集形式，对于黄土湿陷性的强弱有着重要的影响。骨架颗粒越大，彼此更易直接接触，则粒间孔隙大，胶结物含量较少，粒间连接脆弱，因而湿陷性越强；相反，骨架颗粒较小，胶结物丰富，颗粒被完全胶结，则粒间连接牢固，结构致密，湿陷性就会很弱或无湿陷性。

（2）黄土中黏土粒的含量越多，并均匀分布在骨架颗粒之间，则具有较大的胶结作用，土的湿陷性越弱。

（3）盐类的易溶性：若以较难溶解的碳酸钙为主且具有胶结作用时，湿陷性就减弱；反之，石膏及易溶盐含量越大，土的湿陷性就越强。

（4）在一定的天然孔隙比和天然含水量情况下，黄土的湿陷变形量将随压力的增加而增大，但当压力增加到某一个定值以后，湿陷量却又随着压力的增加而减少。

黄土的湿陷性对上部建筑物或构筑物的影响很大，因此在建设中必须正确评价黄土的湿陷性。评价主要包括以下三方面内容：①在一定浸水条件和压力下，判断黄土有无湿陷性；②区分黄土的湿陷性类型；③判断地基的湿陷等级。首先，需要正确区分场地的湿陷性类型，如果判断出场地属于自重湿陷性黄土地基，那么受水浸湿后会比非自重湿陷性黄土更严重。然后结合遇水的湿陷变形量，可判定湿陷的严重程度。

黄土湿陷的影响参数如下：

1. 湿陷系数与湿陷压力

黄土的湿陷量与所受的压力条件有关。黄土有无湿陷性，可以按照一定压力条件下的

湿陷系数 δ_s 来测定。在现场采取未扰动土样后，湿陷系数可通过室内压缩试验测定（图 10-1）。设计试验中的压力大小，可按下列规定采取：

（1）分级加荷，加至试样上覆土的饱和自重压力，下沉稳定后，试样浸水饱和，附加下沉稳定，试验终止。上覆土的饱和自重压力应自天然地面算起，挖、填方场地应自设计地面算起。

（2）在 0～200kPa 压力以内，每级增量宜为 50kPa；大于 200kPa 压力，每级增量宜为 100kPa。

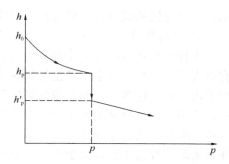

图 10-1 在压力 p 下黄土浸水压缩曲线

湿陷系数 δ_s 值应按下式计算：

$$\delta_s = \frac{h_p - h'_p}{h_0} \tag{10-1}$$

式中 h_p——保持天然湿度和结构的试样，加至一定压力时，下沉稳定后的高度（mm）；

h'_p——上述加压稳定后的试样，在浸水作用下，附加下沉稳定后的高度（mm）；

h_0——试样的原始高度（mm）。

上图实际变形包括三部分：一是浸水前的压缩变形；二是黄土压力作用下的湿陷变形；三是黄土的长期作用下由于盐类溶解和湿陷产生的竖向变形。

黄土的湿陷性可根据室内浸水饱和压缩实验所获得 δ_s 进行判定。当湿陷系数 δ_s 值小于 0.015 时，为非湿陷性黄土；当 $\delta_s \geqslant 0.015$ 时，应定为湿陷性黄土。湿陷性黄土的湿陷程度，可根据湿陷系数 δ_s 的大小，分为下列三种：①当 $0.015 \leqslant \delta_s \leqslant 0.03$ 时，湿陷性轻微；②$0.03 \leqslant \delta_s \leqslant 0.07$ 时，湿陷性中等；③$\delta_s > 0.07$ 时，湿陷性强烈。

湿陷系数的测定除上述单线法外，还可按双线法测定。双线法湿陷性试验可在室内或现场测定，原理相同。在室内进行时应选取两个环刀试验：一个在天然湿度下分级加荷；另一个在天然湿度下加第一级荷载，下沉浸水后，待湿陷稳定后再分级加荷。分别针对这两个试样，测定对应的无浸水条件下沉稳定的高度 h_p 及浸水条件下下沉稳定后的高度 h'_p，两者之差就是对应同一压力条件下的湿陷量。仍可按前述公式计算湿陷系数，并绘出相应的 p-δ_s 曲线（图 10-2）。

2. 湿陷起始压力

黄土湿陷性与所受压力大小紧密相关，但在工程上黄土湿陷存在一个阈值。如果压力小于这值，即使黄土浸水，也只会产生压缩变形而不会产生湿陷变形。这个临界值称为湿陷起始压力，在工程上具有重要的实用价值。湿陷起始压力可以结合单线法或者双线法来确定。单线法结果更符合实际，但实验工作量较大。相对而言，双线法更为便利。黄土湿陷起始压力的取值一般由 p-δ_s 曲线确定，对应的湿陷系数在 0.01～0.02 之间变动。为便利起见，也可直接选取 δ_s 为 0.015

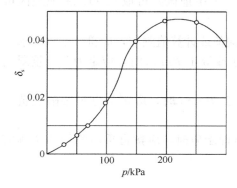

图 10-2 p-δ_s 关系曲线

时所对应的压力为起始压力。在黄土地基上如果通过调整基础埋深以及合理设置基础底面积,就可能使基底压力不超过黄土的湿陷起始压力,这样就能避免湿陷的发生。

3. 湿陷类型

工程上可将湿陷性黄土划分为自重湿陷性黄土和非自重湿陷性黄土,这对工程建设具有重大意义。自重湿陷性黄土是指在上覆土的饱和自重压力作用下受水浸湿,产生显著附加下沉的湿陷性黄土;非自重湿陷性黄土是指在上覆土的饱和自重压力作用下即使受水浸湿,也不会产生显著附加下沉的湿陷性黄土。从本质上来说,自重湿陷性黄土是由于黄土自重产生的压力大于起始压力,因此,即使没有外荷载作用,也会发生明显的湿陷,这比非自重湿陷性黄土的危害更大。正是由于自重湿陷性黄土和非自重湿陷性黄土的湿陷存在显著差别,因此正确区分黄土的湿陷类别就变得尤为重要,可在此基础上采取针对性的设计方案和施工措施。在黄土地基的勘察中应按实测自重湿陷量或计算自重湿陷量,判定建筑场地的湿陷类别。实测自重湿陷量应根据根据现场试坑浸水试验测定。

(1) 自重湿陷系数的计算公式如下:

$$\delta_{zs} = \frac{h_z - h'_z}{h_0} \tag{10-2}$$

式中　h_z ——保持天然的湿度和结构的土样,加压至土的饱和自重压力时,下沉稳定后的高度(mm);

　　　h'_z ——上述加压稳定后的土样,在浸水作用下,下沉稳定后的高度(mm);

　　　h_0 ——土样的原始高度(mm)。

(2) 自重湿陷量 Δ_{zs} (mm) 计算公式如下:

$$\Delta_{zs} = \beta_0 \sum_{i=1}^{n} \delta_{zsi} h_i \tag{10-3}$$

式中　δ_{zsi} ——第 i 层土的自重湿陷系数;应自天然地面(挖、填方场地应自设计地面)算起,计算至其下非湿陷性黄土层的顶面止;勘探点未穿透湿陷性黄土层时,计算至控制性勘探点深度止,其中自重湿陷系数值小于 0.015 的土层不累计;

　　　h_i ——第 i 层土的厚度(mm);

　　　β_0 ——因土质地区而异的修正系数。Ⅰ区(陇西地区)可取 1.50;Ⅱ区(陇东—陕北—晋西地区)可取 1.20;Ⅲ区(关中地区)可取 0.90;其他地区可取 0.50。

湿陷性黄土的湿陷类型,应按自重湿陷量的实测值或计算值判定,应符合下列要求:

a. 当自重湿陷量的实测值 Δ'_{zs} 或计算值 Δ_{zs} 小于或等于 70mm 时,应定为非自重湿陷性黄土场地。

b. 当自重湿陷量的实测值 Δ'_{zs} 或计算值 Δ_{zs} 大于 70mm 时,应定为自重湿陷性黄土场地。

c. 当自重湿陷量的实测值 Δ'_{zs} 或计算值 Δ_{zs} 出现矛盾时,应按自重湿陷量的实测值判定。

4. 黄土的湿陷等级

湿陷性黄土地基湿陷量计算公式如下:

$$\Delta_s = \sum_{i=1}^{n} \alpha \beta \delta_{si} h_i \tag{10-4}$$

式中 Δ_s ——湿陷量计算值（mm）；应自基础底面（如基底标高不确定时，自地面下 1.5m）算起。在非自重湿陷性黄土场地，累计至基底下 10m 深度止，当地基压缩层厚度大于 10m 时，累计至压缩层深度止。在自重湿陷性黄土场地，累计至非湿陷性黄土层的顶面止；控制性勘探点未穿透湿陷性黄土层时，累计至控制性勘探点深度止。其中湿陷系数值小于 0.015 的土层不累计。

δ_{si} ——第 i 层土的湿陷系数，按《湿陷性黄土地区建筑标准》GB 50025—2018 规定取值；若基础尺寸和基底压力已知，可采用 p-δ_s 曲线上按基础附加压力和上覆土饱和自重压力之和对应的 δ_s 值。

h_i ——第 i 层土的厚度（mm）；

β ——考虑基底下地基土的受力状态及地区等因素的修正系数；

α ——不同深度地基土浸水概率系数，按地区经验取值。

黄土地基的湿陷等级可以结合自重湿陷量的计算值和总湿陷量的计算值确定，具体详见表 10-2。

湿陷性黄土地基的湿陷等级　　　　　　　表 10-2

场地湿陷类型 Δ_{zs} (mm) Δ_s (mm)	非自重湿陷性场地	自重湿陷性场地	
	Δ_{zs}≤70	70<Δ_{zs}≤350	Δ_{zs}>350
50<Δ_s≤100	Ⅰ（轻微）	Ⅰ（轻微）	Ⅱ（中等）
100<Δ_s≤300		Ⅱ（中等）	
300<Δ_s≤700	Ⅱ（中等）	*Ⅱ（中等）或 Ⅲ（严重）	Ⅲ（严重）
Δ_s>700	Ⅱ（中等）	Ⅲ（严重）	Ⅳ（很严重）

注：当湿陷量的计算值 Δ_s>600mm、自重湿陷量的计算值 Δ_{zs}>300mm 时，可判为Ⅲ级；其他情况可判为Ⅱ级。

综合评定湿陷等级越高，地基浸水后建筑物和地面变形越严重，对建筑物的危害也越大。

【例题 10-1】 关中某建筑地基土层在勘探时，测得各土层厚度及湿陷系数结果见表 10-3。

土层厚度及湿陷性系数　　　　　　　表 10-3

土层编号	1	2	3	4	5
土层厚度 h (mm)	1310	4800	3650	5200	2140
自重湿陷系数 δ_{zs}	0.019	0.022	0.020	0.021	0.009
湿陷系数 δ_s	0.028	0.021	0.035	0.039	0.012

判别该地基是否为自重湿陷性黄土场地，并判别该地基的湿陷等级。

解：（1）计算湿陷量，关中地区 $\beta_0=0.90$

$$\Delta_{zs}=\beta_0\sum_{i=1}^{n}\delta_{zsi}h_i=0.9\times(0.019\times1310+0.022\times4800+0.020\times3650+0.021\times5200)$$

$$=281\text{mm}>70\text{mm}$$

该场地为自重湿陷性黄土场地。

(2) 湿陷性黄土地基的湿陷等级

$$\Delta_s = \sum_{i=1}^{n}\alpha\beta\delta_{si}h_i = 1.0\times1.5\times(1310\times0.028+4800\times0.021)+1.0\times1.0\times3650\\ \times0.035+0.9\times0.9\times5200\times0.039=498\text{mm}$$

该场地湿陷性黄土的湿陷等级为Ⅱ级（中等）。

10.2.3 消除黄土湿陷性的工程措施

为消除黄土地基湿陷的不良影响，需结合建筑物的重要性和湿陷等级采取措施，以保证建筑物的安全和正常使用。建筑物的重要性可根据《湿陷性黄土地区建筑标准》GB 50025—2018 分为甲、乙、丙和丁四类，重要性或者受水浸湿后风险性依次降低。

结合建筑物的重要性类别以及地基对承载力湿陷变形和稳定性的要求，可从以下三方面进行工程处理。

(1) 地基处理措施

消除黄土的湿陷性可以采取换土措施，如设置垫层。根据黄土结构的大孔隙特征，可以采取挤密法或强夯法，破坏这种大孔隙结构进而消除液化。对于甲类比较重要的建筑，可采取桩基础来消除湿陷现象，穿越全部的湿陷性黄土层。湿陷性黄土常用的地基处理方法具体见表10-4。

湿陷性黄土地基常用的处理方法   表10-4

名称	适用范围	可处理的湿陷性黄土层厚度（m）
垫层法	地下水位以上，局部或整片处理	1~3
强夯法	地下水位以上，饱和度 $S_r \leq 60\%$ 的湿陷性黄土，局部或整片处理	3~12
挤密法	地下水位以上，饱和度 $S_r \leq 65\%$ 的湿陷性黄土	5~15
预浸水法	自重湿陷性黄土场地，地基湿陷等级为Ⅲ级或Ⅳ级，可消除地面以下 6m 湿陷性黄土层的全部湿陷性	6m 以上，应采用垫层法或其他处理方法
其他方法	经试验研究或工程实践证明效果显著	

在雨期、冬期选择垫层法、强夯法和挤密法等处理地基时，施工期间应采取防雨和防冻措施，防止填料（土或灰土）受雨水淋湿或冻结，并应防止地面水流入已处理和未处理的基坑或基槽内。选择垫层法和挤密法处理湿陷性黄土地基，不得使用盐渍土、膨胀土、冻土、有机质等不良土料和粗颗粒（如砂、石）的透水性材料作填料。

(2) 防水措施

1) 基本防水措施：在建筑物布置、场地排水、屋面排水、地面防水、散水、排水沟、管道材料和接口等方面，应采取措施防止雨水或生产、生活用水的渗漏。

2) 检漏防水措施：在基本防水措施的基础上，对防护范围内的地下管道，应增设检漏管沟和检漏井。

3) 严格防水措施：在检漏防水措施的基础上，应提高防水地面、排水沟、检漏管沟和检漏井等设施的材料标准。

（3）结构措施

采取合理的结构措施可以在一定程度上增强建筑结构，抵抗因湿陷产生的不均匀沉降。例如，可以考虑增强建筑结构上部的整体刚度、预留沉降缝或者设置封闭圈梁。

10.3 膨胀土地基

10.3.1 膨胀土的特征及分布

膨胀土是一种土中黏粒主要由亲水性矿物组成的黏性土，同时具有吸水膨胀和失水收缩的两种特性。膨胀土尽管裂隙发育，但是强度较高、压缩性低，易被认为是承载性能较好的地基土，而忽视其吸水膨胀和失水收缩的特性。这种特性会对建筑物或构筑物带来巨大危害。在膨胀土地区建筑场地会出现崩塌、滑坡、地裂等不良工程地质现象。

1. 膨胀土的特征

（1）颜色多为黄褐色、灰白。

（2）以黏粒为主，占35%~50%。

（3）矿物成分中富含亲水矿物，以伊利石、蒙脱石为主，也含有少量的高岭土。伊利石、蒙脱石具有强烈的亲水性，反复胀缩后强度迅速降低，将会对修筑在膨胀土地基上的上部结构造成严重危害。

（4）土的结构致密，常呈坚硬或硬塑状态，但在近地表常有不规则的网状裂缝。在近地表部位的裂缝常会在吸水时闭合，而在干旱时因失水张开。

2. 膨胀土的分布

膨胀土在世界范围内分布极为广泛。根据国内统计资料，至少20个以上的省、直辖市、自治区均有膨胀土，包括广西南部、湖北西北、陕西东南和河南西南部等区域。结合分布的气候条件，由于云南和广西地区处于亚热带气候，膨胀土的胀缩特性更为明显。从局部地形地貌来看，膨胀土多出露于二级或二级以上的阶地、山前和盆地边缘的丘陵地带，地形较平缓，无明显自然陡坎。

膨胀土按其成因可分为以下三类：

（1）残积型膨胀土：通过风化作用，使岩石结构破坏、矿物成分分解，形成的具有高孔隙比、高含水量、强胀缩性的膨胀土。

（2）沉积型膨胀土：在半干旱、半湿润的暖湿带以及南北亚热带、半干旱草原气候环境的沉积盆地中形成了富含蒙脱石的膨胀土。这类土的膨胀和收缩更为显著。

（3）冲积、洪积及坡积膨胀土：矿物成分以伊利石为主，胀缩特性较为明显。

10.3.2 膨胀土的工程特性及危害

膨胀土的不良工程特性可以分为以下几种：

（1）胀缩性：膨胀土吸水体积膨胀，迫使其上的建筑结构抬起。如果膨胀受阻即产生膨胀力，失水体积收缩造成土体开裂，并使其上的建筑结构下沉。膨胀土的强胀缩性会导致建筑物开裂或损坏，导致斜坡崩塌或滑坡。

（2）崩解性：膨胀土吸水体积膨胀，在无侧限条件下会发生崩解。膨胀土的崩解性强弱是不一样的，主要与组成膨胀土的矿物成分有关。根据过去的膨胀土特性试验研究发现：由蒙脱石为主组成的膨胀土一旦置入水中，可能在几分钟内就会完全崩解；而由伊利石和高岭土组成的弱膨胀土置于水中后，则需要较长时间才会崩解。

（3）强度衰减性：天然状态下膨胀土结构紧密，孔隙比小、含水量小、常处于硬塑或坚硬状态，强度较高。当含水量增加后，由于胀缩效应，其抗剪强度将被削减到大约初始强度的 1/4 左右。

（4）超固结性：膨胀土在形成的过程中往往受到比现在上覆自重压力更大的外部压力作用，因而天然孔隙比小、压缩性低、初始强度很高。但是一旦遇水膨胀，强度就会大幅度降低。

（5）多裂隙性：膨胀土的裂隙发育丰富，主要包括垂直裂隙、水平裂隙和斜交裂隙三种类型。这些光面裂缝将土层分割成各种几何形状的块体，破坏了土体的完整性。在山地条件下，这些裂缝很容易导致滑坡发生。

（6）风化特性：根据膨胀土的成因，风化作用的影响很大。膨胀土一旦暴露在大气环境中，由于物理或化学破坏作用，土体很快会产生破裂、脱落，导致土体结构破坏，进而强度降低。

正是由于膨胀土的上述特性，因此在建筑场地膨胀土可能会产生一系列的危害。常见的危害类型主要体现在以下几个方面：

（1）对地基的危害：由于膨胀土遇水膨胀、失水收缩，而在地基的不同部位胀缩性可能并不一样，因而很容易导致地基发生不均匀变形。膨胀土地基存在两个方面的问题需要解决，即承载力问题和变形控制问题。

（2）对边坡的危害：对膨胀土边坡而言，内部裂隙发育。在开挖的过程中，由于自重卸载松弛的原因，裂隙就会进一步发育，导致雨水进一步渗入，土块就会吸水膨胀而变得不再稳定，极易发生滑坡现象。同时，膨胀土边坡表层的膨胀土吸水后，会发生强度衰减，导致浅表层出现滑坡。此外，由于边坡自由面的存在，表面的膨胀土容易发生崩解。因此，尽管膨胀土的边坡较滑，但也容易出现密集分布的冲切沟。

（3）对建筑物的危害：根据灾害调查，建筑在膨胀土地基上的房屋会发生开裂破坏，主要以低层砌体结构为主。原因在于这类建筑物重量轻，整体性差，基础埋置较浅，所以更容易受到影响。膨胀土上的建筑物常在垂直或水平方向受到弯扭联合作用，因此在房屋转角处的山墙部位容易出现裂缝（图 10-3）。

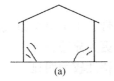 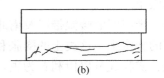 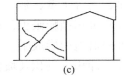

图 10-3　墙面裂缝
(a) 山墙上的对称斜裂缝；(b) 外纵墙的水平裂缝；(c) 墙面的交叉裂缝

（4）对路基的危害：在膨胀土上修筑的路基一旦雨季路面渗水或路基进水，由于含水量的不均匀性就会导致路基承载力下降、发生不均匀下沉，从而使道路损坏，造成泥浆冒出，影响行车安全。

10.3.3　影响膨胀土胀缩变形的因素

在膨胀土的各种特性中，最基本的是胀缩特性，影响较大。胀缩特性可以从内外因两个方面来分析，内因主要与矿物成分以及微结构特征有关，外因主要与土中的水分有关。

内因具体包括：①矿物成分：膨胀土主要由蒙脱石、伊利石等矿物成分组成，亲水性很强，具有极易吸水和失水的强烈活动性。其中，伊利石的亲水性略逊于蒙脱石。这些矿物的含量越大，则胀缩性越大。②黏粒含量：由于黏粒颗粒细小、比表面积大、对水分子的吸附能力很强。因此，土中黏粒含量越多，胀缩性越强。③土的密度：土的密度大即孔隙比小，则浸水膨胀强烈，失水收缩小，反之，密度小即孔隙比大，则浸水膨胀小，失水收缩大。④土的含水量：若初始含水量与膨胀后含水量接近，则膨胀小，收缩大，反之，则膨胀大，收缩小。⑤微结构特征：膨胀土中的矿物在空间分布上的结构特征对其胀缩也有一定的影响，根据电子显微镜观察，证明微结构为叠聚体之间彼此面面接触所形成的黏土机质结构。⑥土的结构强度：结构强度越大，抵制膨胀土胀缩变形的能力也越大。不过，一旦土体结构遭到破坏，胀缩变形有可能会随之增强，发生补偿性变形。

外因包括：①气候条件是影响土胀缩变形的主要因素，包括降雨量、蒸发量、气温、相对湿度和地温等，雨季土体吸水膨胀，旱季失水收缩。②地形、地貌条件与土中水的变化是主要的因素。对于同类膨胀土地基，地势低处比高处胀缩变形小得多；在边坡地带，坡脚地段比坡肩地段的同类地基的胀缩变形要小得多。③日照程度：实践证明，日照程度对膨胀土的强度影响不容忽视。④植物根系：在炎热干旱地区，当无地下水或地表水补给时，由于树根的吸水作用，使土的含水量减小，从而加剧了土的干缩变形，特别在房屋的向阳面影响更为明显。⑤局部水源：对于天然湿度较低的膨胀土，当建筑物内、外有局部水源补给（如水管漏水、雨水和施工时用水未能及时排除）时，必然会增大地基膨胀变形。

10.3.4 膨胀土的地基评价

1. 膨胀土的工程特性指标

（1）自由膨胀率可由浸水试验测得，即粉状烘干土样浸入水中之后，经充分吸水膨胀，直至稳定后在水中增加的体积与原体积之比。其计算公式为：

$$\delta_{ef} = \frac{V_{we} - V_0}{V_0} \times 100 \tag{10-5}$$

式中　δ_{ef}——膨胀土的自由膨胀率（%）；

　　　V_{we}——土样在水中膨胀稳定后的体积（mL）；

　　　V_0——土样的原始体积（mL）。

自由膨胀率 δ_{ef} 表示粉状干燥土颗粒在无结构力和外部压力作用下的膨胀特性指标，可以反映土中的矿物成分及其含量。显然，由于它不同于原状土，因此只能用来评价膨胀土的膨胀潜势，无法准确评价膨胀土的膨胀变形。

（2）在自由膨胀率试验中用到的土样为粉状土，不同于原状土。如果将原状土样置于侧限压缩仪中，在一定的压力条件下，经浸水膨胀，直至体积稳定。那么，土样增加的高度与原高度之比即为膨胀率，计算公式如下：

$$\delta_{ep} = \frac{h_w - h_0}{h_0} \times 100 \tag{10-6}$$

式中　δ_{ep}——某级荷载下膨胀土的膨胀率（%）；

　　　h_w——某级荷载下土样在水中膨胀稳定后的高度（mm）；

　　　h_0——土样的原始体积（mL）。

在不同压力下，土样的膨胀率是不一样的，可以据此计算地基的实际变形量，并在此基础上评价地基胀缩等级。

(3) 随着压力的改变，原状土的体积膨胀率也会发生相应的变化。以各级压力下的膨胀率 δ_{ep} 为纵坐标，压力 p 为横坐标，将一系列实验结果绘制成 p-δ_{ep} 曲线，与膨胀率存在此消彼长的关系，如图 10-4 所示。

在上图曲线中，当膨胀率最大时，表示原状土样未受到压力作用。与横坐标的交点表示原状土样在体积不变时，由于浸水膨胀而产生的最大内应力，称之为膨胀力。在工程上，膨胀力是非常有用的参考指标，通过使基底压力接近于膨胀力，可消除膨胀变形。

(4) 线缩率与收缩系数：失水膨胀是膨胀土的另一个重要特性。收缩变形量的大小取决于土的成分、密度和初始含水量。线缩率 δ_s 是指天然湿度下的环刀土样烘干或风干后，其高度减少值与原高度之比的百分率，表示为：

$$\delta_s = \frac{h_0 - h_i}{h_0} \times 100\% \tag{10-7}$$

式中　h_i——试样失水后的高度（mm）；

　　　h_0——试样的原始高度（mm）。

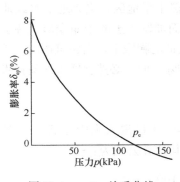 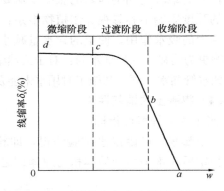

图 10-4　p-δ_{ep} 关系曲线　　　图 10-5　线缩率与含水量关系曲线

随着试样中含水量的蒸发，土样高度逐渐降低，线缩率 δ_s 增加。如图 10-5 所示，在线缩率与含水量的关系曲线中，ab 为直线收缩段，试样收缩较快；bc 段为曲线收缩过渡段，收缩变慢；cd 则表示虽含水量降低，但体积收缩现象已基本停止，称之为微缩阶段。参照直线收缩，可定义膨胀土的收缩系数可按下式计算：

$$\lambda_s = \frac{\Delta \delta_s}{\Delta w} \tag{10-8}$$

式中　λ_s——膨胀土的收缩系数；

　　　$\Delta \delta_s$——收缩过程中直线变化阶段与两点含水量之差对应的竖向线缩率之差（%）；

　　　Δw——收缩过程中直线变化阶段两点含水量之差（%）；

收缩系数表示环刀土样在直线收缩阶段含水量每减少 1% 时的竖向收缩率。

2. 地基评价

(1) 膨胀土的判别：场地具有下列工程地质特征及建筑物破坏形态，且土的自由膨胀率大于等于 40% 的黏性土，应判定为膨胀土：①土的裂隙发育，常有光滑面和擦痕，有的裂隙中充填有灰白、灰绿等杂色黏土，并有水渍显现；②自然条件下呈坚硬或硬塑状态；③多出露于二级或二级以上的阶地、山前和盆地边缘的丘陵地带；④地形较平缓，无明显自然陡坎；常见有浅层滑坡、地裂；⑤新开挖坑（槽）壁易发生坍塌等现象；⑥建筑物多呈"倒八字"、"X"形或水平裂缝，裂缝随气候变化而张开或闭合。

（2）在判别土的类别是否属于膨胀土之后，还需判断膨胀土的膨胀潜势，即膨胀土在环境条件变化时可能产生胀缩变形或膨胀力的量度。膨胀潜势可结合自由膨胀率的大小来进行划分，本质上反映土体内部储藏势能的大小，可分为强、中、弱三类。详见表10-5。

膨胀土的膨胀潜势分类　　　　　　　　　　　表 10-5

自由膨胀率 δ_{ef}（%）	膨胀潜势
$40 \leqslant \delta_{ef} < 65$	弱
$65 \leqslant \delta_{ef} < 90$	中
$\delta_{ef} \geqslant 90$	强

显然，膨胀潜势越强，新建在膨胀土地基的建筑物损坏越严重；反之，膨胀潜势越弱，膨胀土地基的建筑物损坏越轻微。

（3）膨胀土地基承载力

地基承载力特征值可由载荷试验或其他原位测试技术并结合工程实践经验等方法综合确定，应符合下列要求：①荷载较大的重要建筑物宜采用《膨胀土地区建筑技术规范》GB 50112—2013 的现场浸水载荷试验确定；②当已有大量试验资料和工程经验的地区，可按当地经验确定。

（4）膨胀土地区的胀缩等级

膨胀土地基的变形量 s_{es} 包括两部分：一部分是膨胀变形量 s_e；另一部分是收缩变形量 s_s。膨胀变形量可按下式计算：

$$s_e = \psi_e \sum_{i=1}^{n} \delta_{epi} h_i \tag{10-9}$$

式中　s_e——地基土的膨胀变形量（mm）；

　　　ψ_e——计算膨胀变形量的经验系数，宜根据当地经验确定，无可依据的经验时，三层及三层以下建筑物可采用 0.6；

　　　δ_{epi}——基础底面下第 i 层土在平均自重压力与对应于荷载效应准永久组合时的平均附加压力之和作用下的膨胀率（用小数计），由室内试验确定；

　　　h_i——第 i 层土的计算厚度（mm）；

　　　n——基础底面至计算深度内所划分的土层数，膨胀变形计算深度 z_{en}（图 10-6）应根据大气影响深度确定，有浸水可能时可按浸水影响深度确定。

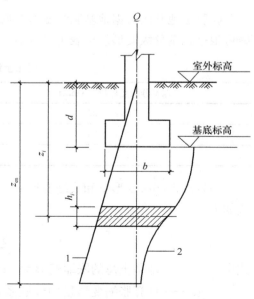

图 10-6　地基土的膨胀变形计算示意
1—自重压力曲线；2—附加压力曲线

(5) 地基土的收缩变形量应按下式计算：

$$s_s = \psi_s \sum_{i=1}^{n} \lambda_{si} \Delta w_i h_i \tag{10-10}$$

式中 s_s——地基土的收缩变形量（mm）；

ψ_s——计算收缩变形量的经验系数宜根据当地经验确定，无可依据的经验时，三层及三层以下建筑物可采用 0.8；

λ_{si}——基础底面下第 i 层土的收缩系数，由室内试验确定；

Δw_i——地基土收缩过程中第 i 层土可能发生的含水量变化平均值（以小数表示）；

n——基础底面至计算深度内所划分的土层数，收缩变形计算深度 z_{en}（图10-7）应根据大气影响深度确定；当有热源影响时，可按热源影响深度确定；在计算深度内有稳定地下水位时，可计算至水位以上3m。

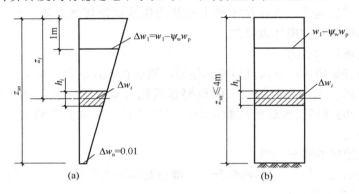

图 10-7 地基土收缩变形计算含水量变化示意
(a) 一般情况；(b) 地表下4m深度内存在不透水基岩

膨胀土地基应根据地基胀缩变形对低层砌体房屋的影响程度进行评价，地基的胀缩等级可根据地基分级变形量按表10-6分级。

膨胀土地基的胀缩等级　　　　　　表 10-6

地基分级变形量 s_c (mm)	等级
$15 \leqslant s_c < 35$	Ⅰ
$35 \leqslant s_c < 70$	Ⅱ
$s_c \geqslant 70$	Ⅲ

一旦求得膨胀变形量和收缩变形量，对二者求和即可求出总的胀缩变形量。其计算公式如下：

$$s_{es} = \psi_{es} \sum_{i=1}^{n} (\delta_{epi} + \lambda_{si} \Delta \omega_i) h_i \tag{10-11}$$

式中 s_{es}——地基土总的胀缩变形量（mm）；

ψ_{es}——计算胀缩变形量的经验系数，宜根据当地经验确定，无可依据的经验时，三层及三层以下建筑物可采用0.7。

膨胀土地基上建筑物的地基变形计算值不应大于地基变形允许值。

10.3.5 膨胀土地基的工程处理措施

1. 建筑措施

建筑物选址宜位于膨胀土层厚度均匀、地形坡度小的地段；挖方与填方交界处或地基土显著不均匀处，应设置沉降缝；胀缩等级为Ⅲ级的膨胀土地基和使用要求特别严格的地面，可采取地面配筋或地面架空等措施；大面积地面应设置分格变形缝，变形缝内应填塞柔性防水材料；对使用要求没有严格限制的工业与民用建筑地面，可按普通地面进行设计；加强隔水、排水措施，尽量减少地基土的含水量变化，室外排水应畅通，避免积水，屋面排水宜采用外排水，散水宽度宜稍大，一般均应大于 1.2m，并加隔热保温层；建筑物周围散水以外的空地宜种草皮，在植树绿化时应注意树种的选择。例如，不宜种植吸水量和蒸发量大的桉树等速生树种，而尽可能选用蒸发量小且宜成林的针叶树种或灌木。

2. 结构措施

建筑物结构设计应符合下列规定：应选择适宜的结构体系和基础形式；应加强基础和上部结构的整体强度和刚度；框、排架结构的围护墙体与柱应采取可靠拉结措施，且宜砌置在基础梁上，基础梁下宜预留 100mm 空隙，并应做防水处理；为增加房屋的整体刚度，基础顶部和房屋顶层宜设置圈梁，多层房屋的其他各层可隔层设置，必要时也可每层都设置。

3. 地基基础措施

膨胀土地基处理可采用换土、土性改良、砂石或灰土垫层等方法。膨胀土地基换土可采用非膨胀性土、灰土或改良土，换土厚度应通过变形计算确定。膨胀土土性改良可掺和水泥、石灰等材料，掺和比和施工工艺应通过试验确定。平坦场地上胀缩等级为Ⅰ、Ⅱ级的膨胀土地基宜采用砂、碎石垫层，垫层厚度不应小于 300mm，垫层宽度应大于基底宽度，两侧宜采用与垫层相同的材料回填，并应做好防、隔水处理。

10.4 盐 渍 土

10.4.1 盐渍土的成因及分布

盐渍土是指土中易溶盐含量大于等于 0.3% 且小于 20%，并具有溶陷、盐胀和腐蚀性等工程特性的土。盐渍土的厚度为 1.5～4.0m，与地下水埋深、土中的毛细作用以及水分蒸发作用影响深度有关。盐渍土主要形成于气候干旱、半干旱地区。因为这些地区降雨量小，水分蒸发量大，有利于盐分在地表部位聚集。显然，盐渍土的盐分分布是随季节气候和地区而变化的。干旱季节表层土中含盐量比较大，雨季地表盐分被水冲走且溶解，导致含盐量较少。由于地下水的影响，沿深度方向含盐量逐渐减少。

盐渍土中的易溶盐来源主要有三类产物：岩石在风化过程中分离出的盐，海水侵入或倒灌渗入土中的遗留物，以及工业废水或海盐废弃物。土中的盐分可能发生迁移和积聚现象，并最终达到一定含盐量的过程称为盐渍化。其形成的原因有：①含盐的地表水蒸发：在干旱地区，每当春夏冰雪融化或骤降暴雨后，形成地表径流，水中盐分聚集在地表或地表以下的一定深度范围内，形成盐渍土；②地下水活动：当地下水中含有盐分，由于地表蒸发而湿度降低或因地温降低，都会使毛细水中的盐分析出而生成盐渍土；③水的侵袭倒灌：滨海地区经常受到海水侵袭或因海面上飓风直接将海水吹上陆地，经过蒸发，盐析出积留在土中，形成盐渍土；④由盐湖、沼泽退化生成：由于新构造运动和气候的变化，使一些内陆盐湖或沼泽退化干涸，生成大片的盐渍土；⑤风力搬运：在我国西北干旱地区，有风多、风大的特点。大风将含盐的砂土吹落到山前戈壁和沙漠以及倾斜平原处，积聚成新盐渍土层。

盐渍土在实际工程中非常易于辨别。通常这类土表面存在白色的霜状盐壳，由于盐类的影响，地表常常无植被覆盖，仅残留特殊的亲盐性植物。从土层剖面来看，越接近地表，易溶盐含量越多。我国盐渍土依地理位置可分为内陆盐渍土、滨海盐渍土和平原盐渍土。内陆盐渍土主要分布在年蒸发量大于年降水量，地势低洼，地下水埋藏浅，排泄不畅的干旱和半干旱地区。如我国内蒙古、甘肃、青海和新疆一带内陆湖盆中广泛分布有盐渍土，尤其是青海柴达木盆地和新疆塔里木盆地，土中含盐量更高。盐分的富集主要有两个方面的原因：一是含有盐分的地表水从地面蒸发，所带的盐分聚集在地表；二是盐分被水带入江河、湖泊和洼地，盐分逐渐积累，含盐浓度增加，这种水渗入地下，再经毛细作用上升到地表，造成地表盐分富集。滨海盐渍土分布在沿海地带，含盐量一般为1‰～4‰。在沿海地带，由于海水的浸渍或海岸的退移，经过蒸发，盐分残留在地表，形成盐渍土。平原盐渍土主要分布在华北平原和东北平原水域附近。在平原地区，河床淤积抬高或修建水库，使沿岸含盐地下水水位升高，造成土的盐渍化。灌溉渠道附近，地下水位升高，也会导致土的盐渍化。

10.4.2 盐渍土的分类

盐渍土的分类标准较多，可分别按照盐渍土所处的地理位置、盐分种类、溶解度和含盐量进行分类。如前所述，按照区域可以分为内陆盐渍土、滨海盐渍土和冲积平原盐渍土；按照盐类溶解度可以分为易溶性盐渍土、中溶性盐渍土和难溶性盐渍土；按土颗粒粒径可以分为粗颗粒盐渍土、细颗粒盐渍土；按照盐渍土中含盐量可分为弱盐渍土、中盐渍土、强盐渍土和超盐渍土；按照盐化学成分可以分为氯盐渍土、硫酸盐渍土和碱性盐渍土，碱性盐渍土的盐类成分通常为Na_2CO_3、$NaHCO_3$，pH值呈碱性，又称苏打土，而氯盐渍土和硫酸盐渍土中盐类含酸根类阴离子，pH值呈酸性。

10.4.3 盐渍土的地基评价

盐渍土的地基评价主要与其存在的溶陷性、盐胀性和腐蚀性有关，下面将分别介绍。

1. 溶陷性

盐渍土中的易溶盐成分遇水浸泡后，会发生溶解和流失现象，导致土体结构松散，进而在荷载作用下产生土体沉陷，这种变形称之为盐渍土的溶陷变形。根据统计，干燥和稍湿盐渍土才具有溶陷性，且大都为自重溶陷性，土的自重压力一般均超过起始溶陷压力。所以，没有必要再区分自重溶陷与非自重溶陷。一般采用溶陷系数作为评价盐渍土溶陷性的指标。溶陷系数可根据室内浸水压缩试验测得，有单线法和双线法两种计算方法。其计算公式如下：

$$\delta_{rx} = \Delta h_p/h_0 = (h_p - h'_p)/h_0 \tag{10-12}$$

式中 h_0——盐渍土不扰动土样的原始高度；

Δh_p——压力 p 作用下浸水变形稳定前后土样的高度差；

h_p——压力 p 作用下浸水变形稳定后土样的高度差；

h'_p——压力 p 作用下浸水溶滤变形稳定后土样的高度差。

在单线法（图 10-8）中要求分级加载，然后等变形稳定后读取相应试验高度。当加载到试验规定的浸水压力且变形稳定后，加入淡水使试样浸水溶滤，读取浸水后试样变形量至稳定为止；继续逐级加荷到终止压力，读取各级变形量至稳定为止。双线法（图 10-9）是采用两个相同的原状盐渍土样，一个土样不加水，逐级加载做压缩试验，另一个在浸水溶滤条件下逐级加载做压缩试验。当溶陷系数 $\delta_{rx} \geqslant 0.01$ 时，应判定为溶陷性盐渍土。根据溶陷系数的大小可将盐渍土的溶陷程度分为三类：当 $0.01 < \delta_{rx} \leqslant 0.03$ 时，溶陷性轻微；当 $0.03 < \delta_{rx} \leqslant 0.05$ 时，溶陷性中等；当 $\delta_{rx} > 0.05$ 时，溶陷性强。

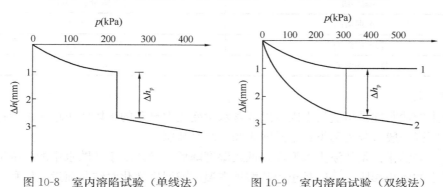

图 10-8　室内溶陷试验（单线法）　　图 10-9　室内溶陷试验（双线法）

盐渍土的溶陷性也可通过现场浸水荷载试验测得。试验过程应按下列步骤进行：

（1）根据岩土工程勘察资料，选择对工程有代表性的盐渍土试验点。

（2）开挖试坑，在试坑中心处铺设 2～5cm 厚的中粗砂层，并使之密实，然后在其上安放承压板。

（3）逐级加荷至浸水压力 p，每级加荷后，按间隔 10、10、10、15、15min，以后每隔半小时测读一次沉降；连续两小时内，每小时的沉降量小于 0.1mm 时，则认为稳定，待沉降稳定后，测得承压板沉降量。

（4）维持浸水压力 p 并向基坑内均匀注水（淡水），保持水头高为 30cm，浸水时间根据土的渗透性确定，以 5～12d 为宜，待溶陷稳定后，测得相应的总溶陷量 s_{rx}。

盐渍土地基试验土层的平均溶陷系数 $\overline{\delta}_{rx}$ 应按下式计算：

$$\overline{\delta}_{rx} = \frac{s_{rx}}{h_{jr}} \tag{10-13}$$

式中　$\overline{\delta}_{rx}$——平均溶陷系数；

　　　s_{rx}——承压板压力为 p 时，盐渍土浸水的总溶陷量（cm）；

　　　h_{jr}——承压板下盐渍土的浸润深度（cm），通过钻探挖坑或瑞利波速测定。

在获得溶陷系数 δ_{rx} 和平均溶陷系数 $\overline{\delta}_{rx}$ 之后，可对盐渍土的溶陷性有一定的了解，但尚无法评价整个盐渍土地基的溶陷等级。这种情况下要设法求得盐渍土地区的总溶陷量 s_{rx}。s_{rx} 有两种方法获得：一种是现场浸水试验测得；另一种是在室内试验求得 δ_{rx} 后通过计算求得，计算公式如下：

$$s_{rx} = \sum_{i=1}^{n} \delta_{rxi} h_i \ (i=1,\ 2,\ \cdots,\ n) \tag{10-14}$$

式中　s_{rx}——盐渍土地基的总溶陷量计算值（mm）；
　　　δ_{rxi}——室内试验测定的第 i 层土的溶陷系数；
　　　h_i——第 i 层土的厚度（mm）；
　　　n——基础底面以下可能产生溶陷的土层层数。

综合盐渍土地区的总溶陷量，可将溶陷等级分为三级，具体见表10-7。

盐渍土地区的溶陷等级　　　　　　　　　　　表 10-7

溶陷等级	总溶陷量 s_{rx}（mm）
Ⅰ级 弱溶陷	$70 < s_{rx} \leqslant 150$
Ⅱ级 中溶陷	$150 < s_{rx} \leqslant 400$
Ⅲ级 强溶陷	$s_{rx} > 400$

2. 盐胀性

盐渍土的盐胀性是指盐渍土因温度或含水量变化而显现的土体体积增大的特性。盐渍土的地基膨胀一般可分为两类：结晶膨胀和非结晶膨胀。

（1）结晶膨胀：是盐渍土因温度降低或湿度降低，导致溶于孔隙水中的盐浓缩并析出结晶所产生的体积膨胀。一般是土中硫酸钠在温度或湿度变化时结晶而发生体积膨胀，硫酸钠的溶解度随温度变化而变化，当温度由高变低时，硫酸钠的溶解度降低，硫酸钠结晶析出，同时结合水分子，最多可结晶10个水分子，体积胀大3倍以上。

（2）非结晶膨胀：含有碳酸盐的盐渍土由于存在大量低价的强吸附性的阳离子，具有较强的吸水性，遇水后能够很快与水平的胶体颗粒相互作用，在黏土颗粒周围形成稳定的结合水膜，从而增大颗粒距离，减少土颗粒之间的黏聚力，这种现象称为非结晶膨胀。

盐渍土地基产生膨胀的主要原因是土中 Na_2SO_4 在温度或湿度变化时结晶而发生体积膨胀。此外，它还与地基压力的大小有关，实践证明，当土中 Na_2SO_4 的含量小于1%时，可以不考虑其膨胀作用。

盐渍土地区建筑工程在考虑盐胀的同时还应考虑冻胀，内陆盐渍土多位于干旱地区，冬天气候寒冷，地下水位较高，在盐胀的同时往往伴随冻胀，在有些情况下冻胀量远比盐胀量大，如新疆库尔勒的部分地区就存在这种现象。如果在施工建设时未采取有效的防治措施，可能会产生严重危害。

盐胀性可以根据现场试验的有效厚度和总盐胀量测定，具体可以土体的盐胀系数作为衡量标准。盐胀试验可在秋末冬初，土温度变化大的时候进行。根据试验，平均盐胀系数可按下式进行计算：

$$\delta_{yz} = s_{yz}/h_{yz} \tag{10-15}$$

式中　δ_{yz}——平均盐胀系数；
　　　h_{yz}——有效盐胀区厚度（mm）；
　　　s_{yz}——总盐胀量（mm）。

盐渍土盐胀性根据 δ_{yz} 大小可分为非盐胀性、弱盐胀性、中盐胀性和强盐胀性，见表10-8。应重点指出，评价盐胀性，应采用硫酸钠含量而不是硫酸盐含量。在内陆盆地，有的含盐地层中含有大量的硫酸钙，这种土一般不产生强烈盐胀。

盐渍土的盐胀性分类　　　　　　　　　　　　　　　　　　　　　　　表 10-8

标准盐胀性	非盐胀性	弱盐胀性	中盐胀性	强盐胀性
盐胀系数 δ_{yz}	$\delta_{yz} \leqslant 0.01$	$0.01 < \delta_{yz} \leqslant 0.02$	$0.02 < \delta_{yz} \leqslant 0.04$	$\delta_{yz} > 0.04$
硫酸钠含量 c_{ssn}（%）	$c_{ssn} \leqslant 0.5$	$0.5 < c_{ssn} \leqslant 1.2$	$1.2 < c_{ssn} \leqslant 2.0$	$c_{ssn} \geqslant 2.0$

盐胀系数除由现场试验测得外，根据《盐渍土地区建筑技术规范》GB/T 50942—2014 还可由室内试验测定。这种情况下总盐胀量可通过下式计算：

$$s_{yz} = \sum_{i=1}^{n} \delta_{yzi} h_i \ (i=1, 2, \cdots, n) \tag{10-16}$$

式中　s_{yz}——盐渍土地基的总盐胀量计算值（mm）；

　　　δ_{yzi}——室内试验测定的第 i 层土的盐胀系数；

　　　n——基础底面以下可能产生盐胀的土层层数。

在求出总溶陷量之后可将盐渍土地基的盐胀等级分为三级，见表 10-9。

盐渍土地基的盐胀等级　　　　　　　　　　　　　　　　　　　　　　表 10-9

盐胀等级	总盐胀量 s_{yz}（mm）
Ⅰ级 弱盐胀	$30 < s_{yz} \leqslant 70$
Ⅱ级 中盐胀	$70 < s_{yz} \leqslant 150$
Ⅲ级 强盐胀	$s_{yz} > 150$

3. 腐蚀性

把腐蚀性的研究对象分为三类：钢结构、混凝土结构和砌体结构，其腐蚀特征主要有如下几点：

（1）盐渍土的腐蚀，既与土体自身的腐蚀及其相关因素紧密相关，又取决于含盐的性质、种类和数量等。

（2）以氯盐为主的盐渍土，主要对金属的腐蚀危害大，如罐、池、混凝土中的钢筋及地下管线等。氯盐类也通过结晶、晶变等胀缩作用对地基土的稳定性产生影响，对一般混凝土也有轻微影响。

（3）以硫酸盐为主的盐渍土，主要是通过化学作用、结晶胀缩作用，对水泥、砂浆、混凝土和黏土砖类，发生膨胀、腐蚀破坏；此外，对钢结构、混凝土中钢筋、地下管道等也有一定的腐蚀作用。

综上所述，氯盐主要腐蚀钢材，对以氯盐为主的盐渍土，重点评价其对钢筋的腐蚀性；硫酸盐主要与混凝土、石灰、黏土砖等发生物理化学反应；对以硫酸盐为主的盐渍土，重点评价其对混凝土、石灰、黏土砖的腐蚀性。各种盐类对建筑物或构筑物的腐蚀性，归根结底是与其对应的化学离子含量的赋存状态有关，可分为微腐蚀、弱腐蚀、中腐蚀、强腐蚀四个等级。根据盐渍土相关规范，可分别按照盐离子赋存在土中或地下水中，对腐蚀性进行评价。

10.4.4　盐渍土的地基处理措施

为避免腐蚀的发生，首先应选用优质防腐材料，并可采取相应的构造措施：使用优质水泥、提高钢筋的保护层厚度、在混凝土或砌体表面作防腐涂层等。换填法处理时，换填料应为非盐渍化的级配砂砾石、中粗砂、碎石、矿渣、粉煤灰等，不宜采用石灰和水泥混合料。浸水预溶法适用于处理厚度不大、渗透性较好的无侧向盐分补给的盐渍土地基；黏性土、粉土以及含盐量高或厚度大的盐渍土地基，不宜采用浸水预溶法。盐化法适用于盐渍土含盐量很高、土层较厚、地下水位较深、淡水资源缺乏以及其他方法难以处理的地基，通常用氯盐渗入硫酸盐渍土中，抑制其盐胀性。

由于盐渍土中含盐量的种类、大小以及环境条件会随着实际工程的变化而变化，因此，在处理地基时必须具有针对性。如对于不具有溶陷性、盐胀性的地基，对腐蚀性采取处理措施，原则上可按一般非盐渍土进行设计，一旦溶陷性和盐胀性不容忽视时，就必须根据地基的溶陷等级、盐胀等级采取相应的处理措施。

10.5 红 黏 土

10.5.1 红黏土的形成与分布

红黏土是石灰岩在亚热带高温潮湿的气候条件下，由于石灰岩、白云岩等碳酸盐类岩石及其夹杂的其他岩石经红土化作用形成的高塑性黏土。红黏土中硅、铝、铁等元素富集，存在大量氧化铁成分，因此，颜色一般呈褐黄或棕红色。原生红黏土常堆积于山麓、坡地、丘陵等处，覆盖于碳酸盐岩系之上。其液限大于或等于50%的高塑性黏土，应判定为原生红黏土。原生红黏土经搬运、沉积后仍保留其基本特征，且其液限大于45%的黏土，可判定为次生红黏土。在相同的物理指标下，次生红黏土的力学性能低于原生红黏土。红黏土及次生红黏土是一种区域性的特殊土，广泛分布于我国的云贵高原、四川东部、广西、粤北及鄂西、湘西等地区的低山、丘陵地形顶部和山间盆地、洼地、缓坡及坡脚地段。其厚度变化很大。红黏土由于基岩起伏变化及风化深度的不同，造成其厚度变化极不均匀，常见为5~8m，最薄为0.5m，最厚为20m。在水平方向常见咫尺之隔，厚度相差达10m之多。土层中常有石芽、溶洞或土洞分布其间，给地基勘察、设计工作造成困难。

10.5.2 红黏土的工程特性及不良影响

1. 工程特性

红黏土的天然含水量较高，为20%~75%；多数红黏土处于饱和状态，密度小、天然孔隙比大，具有大孔性，一般为1.1~1.7，塑限为40%~90%，因此，尽管红黏土天然含水量高，但一般还是处于坚硬或硬塑状态，具有较高的强度和较低的压缩性。红黏土虽不具有湿陷性，但具有失水收缩的特性，即原状土浸水后膨胀量很小，但失水后收缩量很大；土层厚度沿水平方向变化很大；具有上硬下软、表面收缩和裂隙发育的特征。

2. 不良影响

结合上述红黏土的特性，对应的工程不良影响主要如下：①深度方向：红黏土的含水率、孔隙比、压缩系数随深度的增加都有较大的增高，软硬程度由坚硬、硬塑变为可塑、软塑，强度大幅度降低；②水平方向：红黏土的土层厚度变化大，土的指标参数也有明显差别。随着下伏基岩顶面的很大起伏，红黏土的厚度往往变化很大，容易造成地基的不均匀沉降。由于地形地貌对排水条件存在影响，在地势高的部位，易于排水，红黏土的天然含水量、孔隙比和压缩性均较低，强度较高。而地势较高处则相反；③原生红黏土与次生红黏土的力学性能指标差别显著。次生红黏土颜色一般较浅，相对于原生红黏土土质松散，结构强度差；④裂隙发育对其强度和稳定性有较大影响。红黏土具有失水收缩性，在红黏土地区存在规模不等的地裂现象，长度可达数百米，深可延伸至地表下数米，对周围建筑物的影响很大。强烈的失水收缩性使红黏土表层裂隙发育丰富，这破坏了土体的完整性，降低了土体的强度，增强了透水性，对于浅埋基础或边坡的稳定性都有影响。⑤土体内部存在土洞，在外荷载作用下，容易地表塌陷。在红黏土下伏的硫酸盐地层中，由于岩溶发育，在地下水的潜蚀和溶蚀作用下，可形成洞穴，并有不断扩大的趋势。土洞一般埋藏浅、分布密、发育快、结构强度低，因此对上部建筑物的安全影响很大。

10.5.3 红黏土的地基评价

1. 地基的稳定性评价

红黏土的状态按照含水比的不同，可以由坚硬或硬塑状态过渡到软塑或流塑状态。含水比是指含水量 w 与液限 w_L 的比值。红黏土的状态分类可按表10-10 判定。

红黏土的状态分类 表 10-10

状态	含水比 a_w	液性指数 I_L
坚硬	$a_w \leqslant 0.55$	$I_L \leqslant 0$
硬塑	$0.55 < a_w \leqslant 0.70$	$0 < I_L \leqslant 0.33$
可塑	$0.70 < a_w \leqslant 0.85$	$0.33 < I_L \leqslant 0.67$
软塑	$0.85 < a_w \leqslant 1.00$	$0.67 < I_L \leqslant 1.00$
流塑	$a_w > 1.00$	$I_L > 1.00$

由此可见，尽管红黏土不具有湿陷性，但是含水量对土体的抗剪强度影响很大。一般在地形地貌较高处，由于排水性好、红黏土的强度高，而在地势较低处，由于排水不畅、红黏土强度较低，所以沿地基深度的方向，一般越接近表层，强度越高，向下沿地基深度方向，强度逐渐降低，对应的红黏土从表层的硬塑性状态过渡到可塑或软塑状态。这种现象存在的原因主要在于：越靠近地表表层，水分越容易蒸发，同时在地基的深处，由于下卧基岩裂隙水直接补给土体或通过毛细作用渗入土体所致。

除含水量对地基影响很大外，内部的裂隙对地基的稳定性影响也很大。尽管红黏土的膨胀性很小，但具有强烈的失水收缩性。因此，在靠近地表部位或靠近边坡地带，裂隙发育丰富。尽管独立土块的强度很高，但由于裂隙存在，导致土体的整体性和连续性被破坏，致使土体的强度大幅度降低。显然红黏土地基中裂隙越发育，稳定性越差。因此，在评价红黏土地基中的稳定性时，需考虑土体的结构分类。具体参见表10-11。

红黏土的结构分类 表 10-11

土体结构	裂缝发育特征	S_t
致密状的	偶见裂隙（<1 条/m）	>1.2
巨块状的	较多裂隙（1～1 条/m）	0.8～1.2
碎块状的	富裂隙（>5 条/m）	<0.8

注：S_t 为红黏土的天然状态与保湿扰动土样的无侧限抗压强度之比。

2. 承载力的评价

在一般的天然含水率条件下，红黏土通常具有较高的强度、较低的压缩性，承载力很高，为软黏土的 2~3 倍。但是，其受地下水积聚的影响，承载力会随着降雨量、地形地貌和埋藏深度而发生改变。表层的红黏土通常承载力较好，呈坚硬或硬塑状态，为良好地基，可选作天然地基的持力层。红黏土地基承载力可通过现场原位试验进行测定，浅层土可由静荷载平板试验测得，深层土可由旁压试验测得；也可按土力学中的地基承载力公式计算求得。

3. 地基的均匀性评价

由于下伏基岩起伏的变化，通常红黏土土层的厚度沿水平方向变化很大，导致红黏土很容易出现不均匀沉降变形。根据《岩土工程勘察规范》GB 50021—2001（2009 年版），红黏土地基的均匀性分类见表 10-12。

红黏土地基的均匀性分类　　　　　　　　　　　　　　　表 10-12

地基均匀性	地基压缩层范围内由岩土组成
均匀地基	全部由红黏土组成
不均匀地基	由红黏土和岩石组成

10.5.4　红黏土的工程措施

1. 建筑措施

（1）建筑物的体形应力求简单，不宜过长。红黏土土层厚度变化明显、建筑高差较大及结构类型不同处应设置沉降缝

（2）提高建筑物的排水条件，强化散水功能。

2. 施工措施

（1）尽可能地利用表层坚硬或硬塑的红黏土做宽基处理。

（2）合理选用基础形式，尽量选用对基础不均匀性、沉降敏感差的基础形式。譬如：在红黏土地基上设置筏形或条形基础，就优于独立基础。另外，调整上部建筑结构的刚度，以适应地基的不均匀沉降。对于砖石承重结构，可增设圈梁以提高建筑物的整体刚度。

3. 地基处理措施

（1）对不均匀性较强的红黏土地基，可以按照换填垫层法进行地基处理。在换填垫层法处理时，也可通过结合调整基础宽度，调整相邻地段的基底压力，增减基础埋深进行。对基础不均匀沉降采取综合处理措施。

（2）对于地裂密集或存在深长地裂的地段，建筑物选择时应尽量避开。基坑开挖时，土体应采取保温措施，防止地基失水收缩。控制裂隙的发生和进一步发展。对裂隙发育的红黏土地区，在设计时应考虑承载力折减问题。

（3）当红黏土存在土洞时，对地基的稳定性会产生不利影响，对于浅埋土洞可通过地面开挖，消除软土，并用碎石回填；对深埋土洞，通过钻孔至洞体顶板，用水冲法加砂石灌入洞内，也可借助压力灌注细骨料混凝土。当土层稳定性较好或土层内部土洞数量较小且直径较小时，也可不处理这些洞体，上部采用钢筋混凝土梁或板进行跨越。

（4）红黏土中软弱土层的处理。如果红黏土处于软塑或流塑状态，其强度低、压缩性

高，不宜作为地基，必须进行地基加固处理。当软弱土层较薄时，可采用换填垫层法；当软弱土层较厚时，可采用砂石桩形成复合地基。重要的建筑物，对地基变形要求严格时，可以利用桩基，将基础荷载传至稳定的基岩上。

10.6 冻 土

10.6.1 概述

冻土是指在低温地区，内部温度小于或等于零摄氏度，并含有冰的各类土。土冻结时一般会发生冻胀，强度增加。修建在冻土地区的建筑物或构筑物，如果冻融现象交替发生，很容易导致结构的变形和破坏。按照冻结的持续时间，冻土一般分为季节性冻土和多年冻土。季节性冻土是指寒季冻结，而暖季全部融化的土。在这类土中，冬季由于气温寒冷，土层中的水冻结成冰，形成冻土；在春季气温升高，土层中的冰会融化，冻土消失。季节性冻土主要分布在中纬度地区。多年冻土是指冻结时间持续两年或两年以上的土，冻土层可能历经多年都不会融化。

由于气温和含水量的影响，冻土孔隙中可能同时含有冰、未冻水和气体三相组成。不同构造的形成是与土构造中的水分转移方式和状态改变强度有关。冻土结构与一般土结构的不同是由于土冻结过程中水分的转移和状态改变形成的。根据冻土中冰的分布位置、形状特征，可分为三种结构，即整体结构、网状结构及层状结构如图10-10所示。整体结构形成的原因是温度降低很快，土冻结过程中水分来不及迁移和集聚，土中冰晶均匀分布于原有孔隙中，冰与土成整体状态。这种结构有较高的冻结强度融化后土的原有结构未遭破坏，一般不发生融沉。故整体结构冻土工程性质较好。

  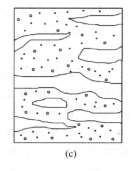

(a) (b) (c)

图 10-10 冻土的构造
(a) 整体结构；(b) 网状结构；(c) 层状结构

10.6.2 冻土的分布

季节冻土主要分布在我国华北、西北、东北地区和西南的高海拔地区。自长江流域以北向东北、西北方向，随着纬度的增加，冬季气温越来越低，冬季时间延续越来越长，因此季节冻土的厚度自南向北越来越大。保定以南季节性冻土厚度小于0.6m，石家庄以南季节冻土厚度小于0.5m，北京地区为0.8～1m，哈尔滨约为1.9m，海拉尔一带则超过2.6m。而拉萨季节冻土厚度小于0.5m。我国多年冻土按地区分布不同可分为高纬度冻土和高原冻土。高纬度冻土主要分布在海拉尔—牙克石—呼玛以北地区；高原冻土则主要分布在青藏高原和西部高山地区（如天山、阿尔泰山及祁连山等）。总体上冻土的形成与气候、土性、含水性、地形植被和地下水运动等多个因素有关。气温越低，越容易形成厚的冻土层。同时，土层的隔热性越好、有机质含量越高、含水越多，越容易形成冻土。阴坡比阳坡，缓坡比陡坡，平地比山坡，更容易形成冻土。植被覆盖能起到保温作用，因此有植被覆盖的地区比没有植被覆盖的地区冻土更容易发育，所以在高原或高寒地区，草原和草甸的破坏都会影响冻土厚度的变化。

10.6.3 多年冻土的构造形态

在冻期长达 7 个月以上的严寒地区，常有多年冻土分布，约占国土总面积的 20% 以上。与季节性冻土相比，多年冻土在结构和分布上都有一些独特之处，分为连续性多年冻土和非连续性多年冻土。连续性多年冻土层厚且连续分布，冻结层之间存在可融化区，这类冻土又称岛状冻土。冻土按照冻土层厚度变化趋势可分为发展冻土和退化冻土。冻土层每年散热多于吸热，则多年冻土厚度逐渐增大，属于发展的冻土。退化的冻土是指冻土层每年吸热多于散热，则多年冻土层逐渐融化变薄，以致消失。如清除地表草皮等覆盖，可加速多年冻土退化。多年冻土区在竖向剖切面上可分为双层结构：上部为可融层，下部为永冻层，随着气温季节而变化。除气温以外，可融层厚度还取决于冻土层的土层岩性、植被覆盖、水分补充性。可融层厚度变化对实际工程影响非常大。永冻层终年不融化，厚度从数米到数百米。由此可见，多年冻土存在于地表以下一定深度内。地表面至多年冻土之间常有季节性冻土存在。上部可融层为季节性冻土，下部永冻层为多年冻土。按照多年冻土与其上覆盖的季节性冻土之间的接触关系，多年冻土区的构造存在衔接型和非衔接型两种结构，对应的多年冻土分为衔接型多年冻土和非衔接型多年冻土。衔接型构造是指季节性冻土最大深度可达多年冻土的上限，季节冻土层底面与多年冻土层顶面相接触的构造形式。非衔接型构造是指季节性冻土最大构造深度与多年冻土之间存在不冻土层，彼此隔开的构造形式。发展的多年冻土区具有衔接型构造，季节冻土层较厚。处于退化状态的多年冻土区，季节冻土层深度较浅，达不到多年冻土层顶面，具有非衔接型构造。从宏观地理位置来看，受纬度控制的多年冻土，其厚度由北向南逐渐变薄，冻土类型从连续多年冻土区到岛状多年冻土区，最后过渡到非多年冻土（季节冻土）区；受海拔控制的多年冻土，其厚度由高到低逐渐变薄，冻土由多年冻土向季节冻土发生变化。

10.6.4 冻土名称与分类

作为建筑地基的冻土，根据持续时间可分为多年冻土（冻结状态持续 2 年或 2 年以上的土）和季节性冻土（地表层寒季冻结，暖季全部融化的土）。如前所述，根据所含盐类与有机物的不同，可分为盐渍化冻土与冻结泥炭化土。由于地下水和土中的水即使含有很少量的易溶盐类（尤其是氯盐类），也会大大地改变一般冻土的力学性质，并随着含量的增加而强度急剧降低。冻结土的泥炭化程度同样剧烈地影响着冻土的工程性质。盐渍化冻土的盐渍度应按下式计算：

$$\zeta = \frac{m_g}{g_d} \times 100 (\%) \tag{10-17}$$

式中 m_g——土中含易溶盐的质量（g）；
g_d——土骨架质量（g）。

冻结泥炭化的泥炭程度应按下式计算：

$$\xi = \frac{m_p}{g_d} \times 100(\%) \tag{10-18}$$

式中　m_p——土中植物残渣和成泥炭的质量。

根据其变形特性可分为坚硬冻土、塑性冻土与松散冻土。冻土的变形特性在一定程度上与土中水的冻结程度相关联。

冻土按冻土中未冻水含量，可分为以下几种类型：

(1) 坚硬冻土：土中未冻水含量很少，土粒被冰牢固地胶结。坚硬冻土的强度高，压缩性低；在荷载作用下呈脆性破坏。

(2) 塑性冻土：土中含大量未冻水，冻土的强度不高，压缩性较大。

(3) 松散冻土：土的含水率较小，土粒未被冰所胶结，仍呈冻前的松散状态。

10.6.5　冻土地区的地基评价

1. 冻胀性

季节冻土与多年冻土季节融化层土，根据土平均冻胀率 η 的大小，可分为不冻胀土、弱冻胀土、冻胀土、强冻胀土和特强冻胀土五类，分类参见《冻土地区建筑地基基础设计规范》JGJ 118—2011 规定。冻土层的平均冻胀率 η 应按下式计算：

$$\eta = \frac{\Delta z}{h' - \Delta z} \times 100(\%) \tag{10-19}$$

式中　Δz——地表冻胀量（mm）；
　　　h'——冻土厚度（mm）。

2. 融沉性

根据土融化下沉系数 δ_0 的大小，多年冻土可分为不融沉、弱融沉、融沉、强融沉和融陷土五类。冻土层的平均融化下沉系数 δ_0 可按下式计算：

$$\delta_0 = \frac{h_1 - h_2}{h_1} = \frac{e_1 - e_2}{1 + e_1} \times 100(\%) \tag{10-20}$$

式中　h_1、e_1——分别为冻土试样融化前的高度（mm）和孔隙比；
　　　h_2、e_2——分别为冻土试样融化后的高度（mm）和孔隙比。

由于冻土的冻融特性以及潜在冻胀力的影响，采用多年冻土作用地基时，选择合理的设计状态是必要的。根据冻土相关规范，可采用下列三种状态：① 保持冻结状态：在建筑施工和使用期间，地基上始终保持冻结状态；② 逐渐融化状态：在建筑施工和使用期间，地基土处于逐渐融化状态；③ 预先融化状态：在建筑施工前，使多年冻土融化至计算深度或全部融化。对应的不同状态，冻土的强度指标差距明显。根据实践，冻土的抗压强度、抗剪强度与未冻化相比，数值大得多。而且，这些强度还会随着温度的降低而进一步增加。

10.6.6　冻土危害的防治措施

(1) 从结构方面采取以下措施：①调整基础埋深，将基底残留冻土层的厚度控制在一定范围内；②采用沉降缝分隔不同的建筑物部分；③采用独立基础，减少基础与冻土的有效接触面积，或采用桩基克服冻融。

(2) 针对冻胀性地基土可采取如下措施：①土中的含水量与土的冻胀性直接相关。因此，应尽可能地采取排水或隔水措施，减少土体的渗水量。如在建筑物周围设置排水沟、截水沟降低周围地下水位；②换填法：基础在地下水位以上时，用粗砂、砾石等不冻胀材料填筑在基础底下，并保证垫层的底面必须坐落在设计冻深线处；基础侧表面回填非冻胀性的中砂和粗砂，厚度不小于200mm。

（3）采用物理化学方法对冻土进行改良。在土中掺入一定的外加剂、活性剂，通过物理化学的方法对土体进行改良。

（4）采用强夯法加密土体，减少土中含水量，消除土的冻胀性。如果能够减少地基土受外界低温的影响，就能降低土的冻胀性，最大限度地防止可能出现的冻胀及融沉。为此，可在土体表面铺设低温隔热材料或铺设草皮、泥炭、矿渣或黏土等，都可以起到很好的防治效果。

习　题

10.1　什么是特殊土？
10.2　常见的特殊土主要包括几类？有什么特性？
10.3　黄土的颗粒组成有什么特点？
10.4　黄土有几种分类方法？
10.5　引起黄土湿陷性的因素主要有哪些？
10.6　黄土地基湿陷等级可以分为哪四类？
10.7　消除黄土湿陷性的工程措施有哪些？
10.8　膨胀土有什么危害？
10.9　膨胀土按成因可分为哪几类？
10.10　影响膨胀土胀缩性的因素有哪些？
10.11　膨胀土的特性如何评价？
10.12　膨胀土地基处理的工程措施主要有哪些？
10.13　盐渍土的成因是什么？
10.14　盐渍土有哪些分类方法？
10.15　什么是盐胀性？
10.16　盐渍土的腐蚀性有什么特点？
10.17　为避免盐渍土腐蚀的发生，应采取什么措施？
10.18　红黏土的工程特性主要体现在哪些方面？
10.19　红黏土地基的不良影响有哪些？
10.20　原生红黏土与次生红黏土有什么区别？
10.21　含水率对红黏土的承载力有什么影响？
10.22　红黏土中有软弱土层时的处理方法是什么？
10.23　地势高低的不同对红黏土的特性有什么影响？这种现象发生的原因是什么？
10.24　在评价红黏土地基中的稳定性时，需要考虑什么因素？
10.25　红黏土地基处理的工程措施有哪些？
10.26　冻土分为哪几类？
10.27　冻土成分对地基有什么危害？
10.28　冻土中未冻水的含量对其变形有什么影响？

10.29 冻土地基的工程处理措施有哪些？

10.30 陕北湿陷性黄土地区地区某工厂地基为自重湿陷性黄土地基。初勘结果：第1层黄土的湿陷系数为0.017，层厚1.5m；第2层湿陷系数为0.06，层厚0.5m；第3层湿陷系数为0.025，层厚2m；第4层湿陷系数为0.088，层厚1.0m。计算自重湿陷量为20.0cm。判别该黄土地基的湿陷等级。

10.31 某膨胀土地基，勘察时取土样体积为10mL，进行自由膨胀率试验，经充分吸水膨胀稳定后，测得土样体积为14.8mL，试求此土的自由膨胀率。

10.32 对某膨胀土场地的土样进行侧限压缩浸水膨胀试验，膨胀稳定时试样高度为28.2mm，试样原始高度为20mm，试计算膨胀率。

第 11 章 土工合成材料的应用

11.1 概 述

土工合成材料是工程建设中应用的与土、岩石或其他材料相接触的聚合物材料（含天然的）的总称，包括土工织物、土工膜、土工复合材料和土工特种材料等。土工合成材料具有质量轻、质地柔软、强度高、弹性好、耐磨、耐腐蚀以及耐久性好等特点。

通过在土层中设置土工合成材料可以增加土体的强度，改善土体的渗透性，提高土体承载力和稳定性，改善土层变形。土工合成材料可用于设计加筋挡土墙、加筋土坡或加固软弱地基等。

11.2 土工合成材料的分类

根据土工合成材料应用技术规范及国际土工合成材料学会（IGS），可将其分为四大类，如图 11-1 所示。

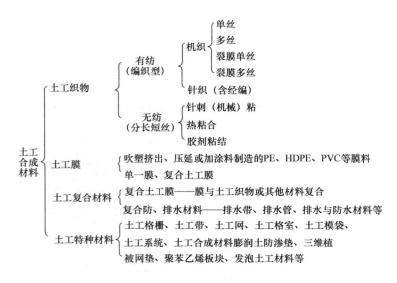

图 11-1 土工合成材料分类

1. 土工织物

土工织物是具有透水性的土工合成材料。按照制造方法不同，可分为有纺土工织物和无纺土工织物。土工织物具有透水性好且质量轻、整体性好的特点，一般可用于排水、反滤、加筋和土体隔离等。

2. 土工膜

土工膜是由聚合物（含沥青）制成的相对不透水膜。在土工膜的基础上，可以采用土工织物加筋衍生出一种复合土工膜，具体的复合形式可一布一膜或两布一膜。土工膜的透水性很小，可用作防水材料。

3. 土工特种材料

土工特种材料包括土工格栅、土工带、土工格室、土工网和土工模袋。

（1）土工格栅：是指由抗拉条带单元结合形成的有规则网格型式的加筋土工合成材料，其开孔可容填料嵌入。按照材料的不同，土工格栅可分为塑料土工格栅、玻纤格栅、聚酯经编格栅和由多条复合加筋带粘结或焊接成的钢塑土工格栅。

（2）土工带：是指经挤压拉伸或再加筋制成的带状抗拉材料。

（3）土工格室：是指由土工格栅、土工织物或具有一定厚度的土工膜形成的条带通过相互连接后构成的蜂窝状或网格状三维结构材料。

（4）土工网：二维的由条带部件在节点连接而成的有规则的网状土工合成材料，可用于隔离、包裹、排液、排气。

（5）土工模袋：由双层的有纺土工织物缝制的带有格状空腔的袋状结构材料，充填混凝土或水泥砂浆等凝结后形成的防护板块体。

4. 土工复合材料

由两种或两种以上材料复合而成的土工合成材料称为土工复合材料。土工复合材料希望保留复合前各种材料的优点，同时又形成新的优点，起到进一步改良材料的作用。常见的土工复合材料包括：

（1）复合土工膜：是由土工织物和土工膜复合而成的不透水材料，主要用于防渗和加筋作用。

（2）复合土工织物：是由两种不同物理化学性质的土工织物复合而成的，主要用于反滤、土体隔离和抗渗等。

（3）复合排水材料：是由无纺土工织物、土工网或合成排水芯材组成的土工排水材料。常见的复合排水材料包括各种形式的塑料排水板，可加速土体的排水固结。

11.3 土工合成材料的主要功能

土工合成材料的形式是多种多样的，并且随着新材料、新技术的出现而不断发展。在土层中应用土工合成材料可实现以下功能：

（1）排水：土工合成材料可在土体中形成排水通道，将土中的孔隙水收集起来，然后排出。例如，塑料排水板可用作土体的竖向或水平排水通道，改善土体的渗透性，加快土体的固结作用。

（2）反滤：土工织物在让液体通过的同时，保持受渗透力作用的土骨架颗粒不流失的功能。在渗透力的作用下，细土颗粒会逐渐向渗滤层迁移。如果土工织物构造合理，就会以它为基础形成反滤带，防止土颗粒流失，从而有效实现反滤作用，防止土体渗透破坏，以保证土层的稳定性。

(3) 隔离：防止相邻两种不同介质混合的功能。土工合成材料可以设置在两种以上不同土或材料之间，防止它们相互掺杂。

(4) 加筋：土工合成材料具有较高的抗拉强度，埋入土体中可作为加筋体，与土之间形成较大的摩擦力，提高土体的复合强度、抑制土体变形，从而提高土体的承载力和稳定性。

(5) 防渗：将土工膜覆盖于土体之上，可防止透水、透气，起到封闭隔水的作用，这对于水池防渗、地下室防水、废弃物隔离具有重要意义。

(6) 防护：利用土工合成材料防止土坡或土工结构物的面层或界面破坏或受到侵蚀的功能。在被保护对象的面层铺设一层或多层土工合成材料，可有效防止水流的冲刷和侵蚀，在水区可有效保护暗坡。

由此可见，土工合成材料在实际工程中的用途是多种多样的，是一种非常重要的工程应用材料，但要实现上述用途，在选材时需关注对应材料的性能指标。例如，抗拉强度和摩擦强度是在加筋选材时需重点考虑的指标，渗透性和等效孔径是在实现隔离和反滤作用时需要考虑的重要指标。土工合成材料的功能分类见表 11-1。

土工合成材料的功能分类   表 11-1

功能 类型	土工合成材料的功能分类					
	隔离	加筋	反滤	排水	防渗	防护
土工织物	P	P	P	P	P	P
土工格栅		P				
土工网				P		P
土工膜	S				P	S
土工垫块	S				P	
复合土工材料	P 或 S	P 或 S	P 或 S	P 或 S	P 或 S	P 或 S

注：P—主要功能，S—次要功能。

11.4 工程应用

1. 加筋挡土墙

在挡土墙后的土体中水平铺设土工织物、土工格栅或土工带等，可以加强土体的密实度，提高土体强度和稳定性，控制土体的变形。加筋挡土墙的组成部分一般包括墙面、墙基础、筋材和墙体填土，筋材采用直线条带式，如图 11-2 所示。除此之外，还采用曲线包裹式，如图 11-3 所示。

加筋挡土墙按筋材模量，可分为刚性筋和柔性筋两种形式。刚性筋选用抗拉模量高、延伸率低的土工带等作为筋材，墙内填土中的潜在破裂面如图 11-4(a) 所示；柔性筋以塑料土工格栅或有纺土工织物等拉伸模量相对较低的材料作为筋材，墙内填土中潜在的破裂面如图 11-4(b) 所示。

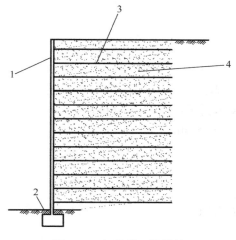
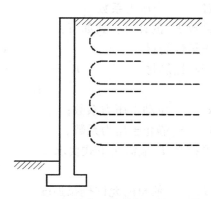

图 11-2　加筋挡土墙结构　　　　图 11-3　加筋挡土墙结构（筋材采用
（筋材采用直线条带式）　　　　　　　　　曲线包裹式）

1—墙面；2—墙基础；3—筋材；4—填土

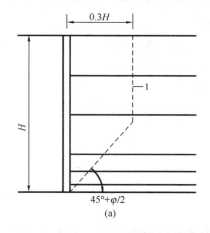
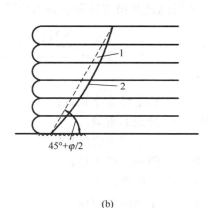

图 11-4　两类加筋土挡墙的破裂面示意图
（a）刚性筋墙；（b）柔性筋墙
1—潜在破裂面；2—实测破裂面；φ—填土的内摩擦角

　　加筋挡土墙设计采用极限平衡法，主要包括外部和内部稳定性验算以及加筋材料与墙面板的连接强度验算。在保证加筋材料和墙面板有效连接的基础上，主要考虑内部和外部稳定性验算。

　　内部稳定性验算应包括筋材强度和抗拔稳定性验算。每层筋材均应进行强度验算。第 i 层单位墙长筋材承受的水平拉力 T_i 为：

$$T_i = [(\sigma_{vi} + \Sigma \Delta \sigma_{vi})K_i + \Delta \sigma_{hi}]S_{vi}/A_r \tag{11-1}$$

式中　σ_{vi}——第 i 层筋材所受土的垂直自重压力（kPa）；
　　　$\Sigma \Delta \sigma_{vi}$——超载引起的垂直附加压力（kPa）；
　　　$\Delta \sigma_{hi}$——水平附加荷载（kPa）；
　　　A_r——筋材面积覆盖率，$A_r = 1/S_{hi}$，筋材铺满时取 1；

S_{hi}——筋材水平间距（m）；

S_{vi}——筋材垂直间距（m）；

K_i——土压力系数。

土压力系数 K_i 的计算公式如下：

对于柔性筋材：
$$K_i = K_a \tag{11-2}$$

对于刚性筋材
$$K_i = K_0 - [(K_0 - K_a)z_i]/6 \quad 0 < z \leqslant 6\text{m} \tag{11-3}$$

$$K_i = K_a \quad z > 6\text{m} \tag{11-4}$$

其中：K_a——主动土压力系数；

K_0——静止土压力系数。

水平拉水 T_i 应满足下式要求：

$$T_a/T_i \geqslant 1 \tag{11-5}$$

式中 T_a——筋材的允许抗拉强度。

2. 加筋土坡

加筋土坡是利用土工格栅、土工织物、土工格室或土工网等筋材来对各种工程较陡的边坡进行加固设计，以提高边坡的稳定性。加筋土坡应沿高度按一定垂直间距水平方向铺放筋材。土坡的地基稳定性和承载力应满足设计要求。

$$F_{sr} = \frac{\sum_{i=1}^{n}(W_i \cos\alpha_i \tan\varphi_i + cl_i)R + \sum_{i=1}^{n} T_i y_i}{\sum_{i=1}^{n}(W_i \sin\alpha_i)R} \tag{11-6}$$

式中 F_{sr}——稳定性安全系数；

W_i——分条的重量；

l_i——分条圆弧段的长度；

R——滑动圆弧半径；

c——土的黏聚力；

φ——土的内摩擦角。

应先对未加筋土坡进行稳定性分析，通过求出最小安全系数 F_{su}，然后与设计要求的安全系数 F_{sr} 进行比较。当 $F_{su} < F_{sr}$ 时，再采取加筋处理措施。

布筋后各层的筋材强度验算应符合式（11-1）～式（11-5）的要求。

3. 加筋土垫层

当在软弱地基上建造建筑物、构筑物或筑堤时，为控制地基的变形，可在基底以下、地基上部铺设加筋土垫层（图11-5），根据应力扩散原理调整地基中应力分布。例如，在软土地基上建造条形基础，可在条形基础和地基之间铺设加筋土垫层，以保证软弱地基的承载力需求以及控制地基变形。

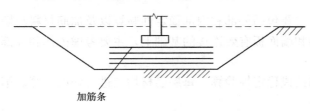

图11-5 建筑物地基加筋土垫层

在极软弱的地基上筑堤时，可以适当将土工合成材料铺设在土中，形成砂土垫层，可以有效地约束土体的变形，改变土体的受力性能，从而增加土体稳定性。如图11-6所示。

土工合成材料设置在路堤内，可以约束土体，减小土体拉伸应变，增强土坡稳定性。如图11-7所示。

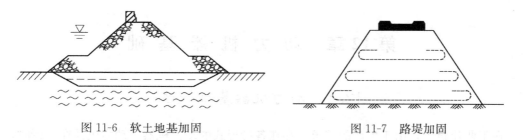

图11-6　软土地基加固　　　　　　　图11-7　路堤加固

习　题

11.1　土工合成材料主要有哪些特点？
11.2　在土中设置土工合成材料的目的是什么？
11.3　土工合成材料可分为哪几类？
11.4　土工合成材料有哪些功能？
11.5　哪种土工合成材料的排水性能良好？试举例说明。
11.6　反滤的定义是什么？试举例说明具有反滤功能的土工合成材料。

第 12 章 动力机器基础

12.1 动力机器基础概述

在工业建筑中，由于生产的需求，存在各种形式的动力机器。动力机器在运行时，会对其支承结构形成一种附加的动力荷载，从而迫使它们产生振动。支承结构可能是建筑楼层，也可能是直接安装动力机器的基础。当这些支承结构的振动强度超过一定阀值时，可能会产生两种后果：一种是直接影响动力基础本身，使其无法正常运转；另一种是对邻近的仪器设备或者建筑物产生不利影响，也可能导致周边的工作人员产生不适的感觉。由此可见，动力机器产生的振动危害是需要考虑和加以限制的。不同于无动力荷载作用的常规基础，动力基础需要进行专项设计。

1. 动力作用的分类

按照动力机器作用在基础上的动力效应特点，可以将动力作用分为三类：第一类是往复作用。在基础上施加这类作用的通常是进行往复运动的机器，例如活塞式压缩机、柴油机及破碎机等。这类机器的特点是转速低、振幅大且平衡性差，由于较低转速的原因，有可能引起附近建筑物或构件发生共振。第二类是旋转作用。施加这类作用的通常是旋转类机器，例如电机（电动机、电动发电机等）、汽轮机组（汽轮发电机、汽轮压缩机等）及风机等。这类机械由于高速旋转，通常需要做好预平衡，尽量使其绕质心旋转，原则上不会形成动荷载。但实际上由于加工、安装或者构件本身的原因，旋转中心与质心不可避免地存在一定的偏差，这种情况下仍可能会形成一定强度的动荷载。旋转设备通常转子质量大，转速高，即使偏心小，也仍可形成较大的扰动力，对基础产生一定的影响。第三类是冲击作用。这类设备通常是包含一个较大体积的集中质量块，生产时与加工件之间存在碰撞作用，因此在进行试件加工时会产生脉冲荷载，这种荷载的特点是振幅大，但作用时间短。

2. 动力基础的常见形式

与动力机器作用形式相对应，常见的动力基础按结构形式分为以下三种（图 12-1）。

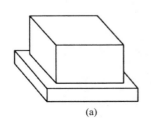
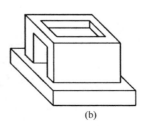
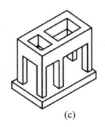

(a)   (b)   (c)

图 12-1 机器基础的常用结构形式
(a) 实体式基础；(b) 墙式基础；(c) 框架式基础

(1) 实体式或块体基础

实体式基础设计、施工都比较简单，因此应用范围最广，适合于多种动力机器，往复式、旋转式、冲击式都可以使用实体式基础，包括前面提到的柴油机、破碎机、电机或者汽轮机组等。这种基础通常尺寸较大，质量集中，而且刚度大，可视作是刚体。实体式基础通常采用钢筋混凝土材料，在设计时关键是确定合理的地基基床系数。这种基础的振动主要与地基土的弹性变形有关，即振动幅值主要由地基刚度（即地基基床系数）决定。

(2) 框架式基础

框架式基础主要由顶板、底板、纵横梁和支撑柱等构件组成。选取这类基础的最主要原因是在于与实体式基础相比，可在基础内保留一定大小的空间，以满足安装动力机器附属设备的工艺需求。例如，汽轮机和发电机就多采用这种基础形式。从设备安装的角度来看，框架式基础的预留空间是有利的，但比实体式基础的刚度稍小，本身的振动变形不可忽略。因此，框架式基础振动应包括两部分，一部分是地基弹性变形引起的振动，另一部分是框架本身引起的振动，因此在进行这类基础设计时，不仅要考虑地基变形的影响，还要控制框架的刚度。

(3) 墙式基础

从基础刚度的角度来考虑，墙式基础的刚度介于实体式基础和框架式基础两者之间。相比于框架式基础，墙式基础提供空间的灵活性要小一些，但是刚度相对较大。如果墙式基础中，大部分墙体厚度较大、墙距合理而墙不高时，可以认为基础类似刚体，按实体基础计算；反之，按框架基础计算。墙式基础多用于破碎机和电动机的基础。

3. 动力机器基础设计原理

动力机器诱发的动力效应必然对地基和基础产生一系列的不良影响，如引起地基和基础的振动，降低地基土的强度，增加基础的沉降量，干扰机器的正常工作，影响其使用寿命，并可能导致产品不合格率或破损率进一步增加。此外，动力机器还会对周围环境产生一定的影响，引起工作人员不适，在邻近建（构）筑物内引起附加振动。由此可见，动力机器基础设计应满足地基变形控制和抑制基础振动两个方面的要求，这样才能既维持机器正常运转，又能使其对环境的影响降低在可接受范围之内。

4. 动力机器基础设计的基本要求

一般来说，动力机器既要达到满意的工作条件，又要限制对周边环境的影响，应满足以下要求：

(1) 地基和基础不应产生影响机器正常使用的变形。

(2) 基础本身应具有足够的强度、刚度和耐久性。

(3) 基础不产生影响人体健康、妨碍机器正常运转和生产以及造成建筑物开裂和破坏的强烈振动。

(4) 基础振动不应影响邻近建筑物、构筑物或仪器设备的正常使用。

(5) 动力机器基础的最大振动线位移、速度或加速度，应按《动力机器基础设计规范》GB 50040—1996 对各种型式机器的规定进行计算，其幅值应满足下列公式的要求：

$$A_f \leqslant [A] \tag{12-1}$$

$$V_\mathrm{f} \leqslant [V] \tag{12-2}$$
$$a_\mathrm{f} \leqslant [a] \tag{12-3}$$

式中 A_f——计算的基础最大振动线位移（m）；

V_f——计算的基础最大振动速度（m/s）；

a_f——计算的基础最大振动加速度（m/s^2）；

$[A]$——基础的允许振动线位移（m）；

$[V]$——基础的允许振动速度（m/s）；

$[a]$——基础的允许振动加速度（m/s^2）。

特别注意的是，动力机器基础设计应避免共振发生，即动力机器-基础-地基联合系统的自振频率不应与机器的工作频率范围相重叠，否则危害极大。因此，在动力机器基础设计时应首先确定共振区是否重复以及机器工作频率处于共振区之外。

总体上，机器工作时的振幅，首先应不超过出厂时规定的振幅限制，然后按照国家现行相关标准进行进一步的限制。

12.2 动力机器基础的设计步骤

从大的方面而言，动力机器基础设计包括地基处理和基础设计两个方面，具体步骤如下：

（1）收集动力机器基础本身的技术资料，包括但不限于机器的型号、转速、传动方式、功率、扰力形式和扰力值以及轮廓尺寸等，机器的重量和重心位置、质量惯性矩，机器底座的外形，附属设备和管道所需坑、沟、孔的位置和尺寸，地脚螺栓、预埋件的位置和要求。

（2）搜集场地的工程地质勘察资料，分析周围环境的影响。

（3）分析地基的动力参数。在此基础上确定地基的处理方案，这是动力机器基础设计成功与否的关键步骤之一。

（4）确定动力机器的基础形式。在实体式基础、墙式基础和框架式基础三者之间进行选型设计，需要综合考虑地基动力参数和动力机器的安装需求。

（5）确定基础的外形尺寸和埋置深度

埋置深度一般根据地质资料、厂房基础及管沟埋深等条件综合确定。基础的外形尺寸一般根据制造厂提供的机器轮廓尺寸及附件、管道等的布置加以确定，同时还需满足基础整体刚度方面的构造要求及所谓的"对心"要求，即要求动力机器基础总重心与基底形心尽可能在一竖直线上。

（6）校核地基承载力

在进行地基承载力验算时，由于地基土在动力荷载作用下抗剪强度有所降低，并出现附加沉降，因而地基承载力特征值应予以折减。这样设计动力机器基础时应满足下列条件：

$$p_\mathrm{k} \leqslant \alpha_\mathrm{f} f_\mathrm{a} \tag{12-4}$$

式中 p_k——相应于荷载效应标准组合时，基础底面处的平均静压力值；

f_a——按《建筑地基基础设计规范》GB 50007—2011 所确定的地基承载力特

征值；

α_f——动力折减系数，按照《动力机器基础设计规范》GB 50040—1996 选取。

必须指出，尽管式（12-4）形式上是一种静力验算，但已考虑了振动的影响，因此可视为考虑动力作用下的一种控制条件。

(7) 进行机器基础的动力计算

这个步骤是动力机器基础设计中最重要的环节，其内容为确定共振区和振动强度，以保证机器工作频率偏离动力机器-基础-地基三者组成的联合系统的自振频率，并将基础振动的线位移、速度和加速度控制在机器出厂说明书和规范规定的允许值范围之内。

(8) 基础配筋和构造设计

通常动力基础可优先采取混凝土基础，如不满足需求，可以考虑采取钢筋混凝土基础，这种情况下还需考虑配筋设计。无论是混凝土基础还是钢筋混凝土基础，在满足结构强度要求的基础上，还要采取一些必要的构造措施。

12.3 地基动力特征参数

12.3.1 动力机器基础计算模型

1. 质量-弹簧-阻尼体系

假定机器与基础为有质量的刚体，地基为无质量的弹簧，并起阻尼器的作用，如图 12-2 所示。质量-弹簧-阻尼体系计算方便，如参数选择得当，能较好地反映机器基础的动力特性，因此得到广泛的使用。

2. 刚体-弹性半空间体系

半空间理论将块体基础看成刚体，置于半空间的表面上，将地基看成是半无限的弹性体，在刚体上作用有静力荷载和动力荷载。通常采用的假定是把半空间地基看作是均匀的、连续的、各向同性、线性变形的弹性体。此外，还假定体力、材料阻尼（内阻尼）、基底与半空间地基之间的摩擦力可以略去不计。

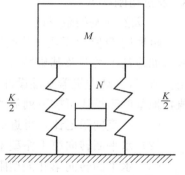

图 12-2 质量-弹簧-阻尼体系

相对而言，第一种计算模型更简单，在实际中应用更多。第二种理论计算模型精度更高，但计算要求较高，主要难度体现在几种参数的确定上，应用较少。

12.3.2 地基土的主要动力特征参数

在动力机器基础设计时，必须确定地基土的动力特征参数，主要包括地基刚度系数、阻尼比、泊松系数和波速等。

1. 天然地基的刚度系数

天然地基的抗压刚度系数值，可按下列规定确定：

(1) 当基础底面积大于或等于 20m² 时，可按表 12-1 采用。

(2) 当基础底面积小于 20m² 时，抗压刚度系数值可采用表中的数值乘以底面积修正系数，修正系数参照《动力机器基础设计规范》GB 50040—1996 确定。

天然地基的抗压刚度系数 C_z 值（kN/m³）　　　　表 12-1

地基承载力的标准值 f_k (kPa)	土的名称		
	黏性土	粉土	砂土
300	66000	59000	52000
250	55000	49000	44000
200	45000	40000	36000
150	35000	31000	28000
100	25000	22000	18000
80	18000	16000	

2. 天然地基的抗弯、抗剪、抗扭刚度系数

计算水平、回转及扭转振动时，往往使用另一类参数，即抗剪刚度、抗弯刚度及抗扭刚度。抗剪刚度是使基础在水平方向产生单位位移所需要的总力，单位为 kN/m；抗弯刚度或抗扭刚度分别是使基础绕相应的水平轴或竖向轴转动单位转角所需要的总力矩，单位均为 kN·m。与竖向振动情况相类似，抗剪刚度系数 C_x 乘以基础底面积 A 就表示抗剪刚度 K_x；同样，根据力学中关于截面惯性矩的概念可知，抗弯刚度系数 C_φ 及抗扭刚度系数 C_ψ 分别乘以基础底面积对通过其形心轴的抗弯惯性矩 I 及抗扭惯性矩 J 就表示抗弯刚度 K_φ 及抗扭刚度 K_ψ。

3. 天然地基的阻尼比

阻尼比 D 宜由现场试验确定，但由于一般现场不具备测试条件，且影响阻尼比的因素（如地基土类型及基础特性等）较多，而它仅对在共振区振动时的振幅起着决定性作用。所以，《动力机器基础设计规范》GB 50040—1996 参照实测资料，取阻尼比为某些定值，地基的阻尼比可按下列数值采用：

(1) 垂直向阻尼比，可近似取 $D_Z=0.15$。

(2) 水平回转向第Ⅰ振型阻尼比 $D_{x\varphi1}=0.08$。

(3) 水平回转向第Ⅱ振型阻尼比 $D_{x\varphi2}=0.12$。

(4) 扭转向阻尼比，则 $D_\varphi=0.12$。

试验表明，当基础四周有地坪和填土（填土的质量需要有一定保证）时，随着基础埋深的加大，基础在强迫振动中的共振振幅有所降低而共振频率则有所提高，这相应于地基刚度及阻尼比有所增大。

4. 地基土动力参数的测定方法

利用激振法可在块体基础中引起强迫振动或自由振动，借助基础的动力响应可以测定地基土的动力参数。块体基础振动试验的目的是为动力机器基础设计与计算提供动力参数（如地基刚度系数、阻尼比等）。试验方法是在块体基础上，用激振器施加垂直的或水平的简谐扰力，基础产生垂直振动或水平回转耦合振动，用拾振器测得基础顶面在不同频率下的振幅，由此绘制出振幅-频率曲线，然后按质量-弹簧-阻尼模型的理论公式反算地基刚度和阻尼比等参数。

激振法试验适用于建在天然地基或人工地基上的各种动力机器基础的强迫振动试验和

自由振动试验，可以包括垂直振动、水平振动和回转振动等各种形式。

激振法对应的强迫振动试验和自由振动试验，应根据测试项目要求选择适当的仪器设备，如灵敏度是否能满足测试要求，是否覆盖测试频率范围，各仪器间的输入和输出阻抗是否匹配，这是选择测试仪器系统的关键。

12.4 基础振动对土的影响

1. 振动对土的抗剪强度的影响

振动作用下土的抗剪强度降低幅度与振动的振幅、频率及加速度大小有关。一般来说，振动越强烈，土的强度降低也就越多。试验表明，砂土的内摩擦系数将随着振幅的增大而减小，随着振动加速度增大而减小。进一步的试验还表明，如果砂土的含水量增大，内摩擦系数的减少越明显。与砂土相类似，黏性土的抗剪强度一般随着振动加速度的增大而减少。随着土的黏聚力的增大，振动作用对土的力学性质变化的影响将减小。一般情况下，振动作用对黏性土的抗剪强度的影响较砂土的影响要小一点。

2. 振动作用下土的压密

为了查明各种砂土的孔隙比在不同压力下与振动加速度的关系，可在振动台上进行振动压密试验。根据试验可知，在相同的振动加速度下，随着土样上的法向压力的加大，土的振动压密程度将减小。这是由于法向压力增大时，土粒间的内摩擦力也增大，阻碍颗粒之间的相对移动。此外，根据一系列的砂土振动压密试验，可以得出如下结论：①在法向压力作用下，砂土的振动压密只有当振动加速度达到某一界限值时才开始；作用在土样上的法向压力越大，砂土的振动压密程度就越小；②在一定大小的压力下，干砂和饱和砂的原始孔隙比的大小只影响下振动压密界限的大小；③当振动加速度很大时，干砂和饱和砂的振动压密程度相近；无法向压力作用的干砂或饱和砂的振动压密程度比有法向压力时要大；当含水量为6%~8%时，振动压密程度最小；④砂土的最小孔隙比越小或级配越不均匀，振动下可能压密的程度就越大。

上述砂土的振动压密规律以及其他的试验研究都说明，在动荷载作用下，地基的沉降比只有静荷载时的沉降要大，因为在前一种情况下将产生振动附加沉降。

12.5 动力机器基础的减振与隔振

动力机器基础的减振与隔振涉及两方面，需要分别从不同角度考虑。如果以动力机器作为关注对象：一方面，需要抑制动力机器基础的振动强度，以免对周边环境造成显著影响，包括邻近建筑物、构筑物和其他动力仪器设备等；另一方面，也需要考虑环境振动对动力机器基础和机器带来的不利影响，即设法将动力机器和环境隔离，将它们保护起来。

1. 动力机器与基础振动控制的计算模型

机器-基础-地基系统在动力分析中都可简化为图12-3所示模型，其中，m为基础和机器的总质量，k为地基刚度，c为地基阻尼，$c=2D\sqrt{km}$，其中，D为体系阻尼比。激振力Q可分为稳态激振型和旋转质量型。前者，$Q=Q_0\sin\omega t$；后者，$Q=m_e\omega^2\sin\omega t$。其中，$Q_0$为常激振力幅值，$m_e$为旋转质量，$e$为旋转质量偏心距。

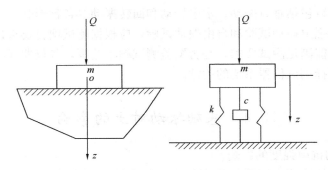

图 12-3 机器-基础-地基系统振动模型

2. 动力反应分布

(1) 稳态激振型扰力

对于稳态激振型扰力，质量 m 的振幅计算公式如下：

$$A = \frac{Q_0}{k\sqrt{\left(1-\frac{\omega^2}{\omega_n^2}\right)^2 + \left(\frac{2D\omega}{\omega_n}\right)^2}} \tag{12-5}$$

式中 ω_n——体系自振频率，$\omega_n = \sqrt{\frac{k}{m}}$ (1/s)；

k——地基刚度（N/m）；

m——基础和机器总质量（kg）；

Q_0——常激振力幅值（N）；

A——振幅（m）。

根据这个振幅表达式绘出的反应曲线（图12-4）可以看出，减小稳态激振体系振动反应的途径有：①提高地基刚度 k。这是比较直接的措施，具体包括加大基底面积、埋深、地基处理和打桩；当 $\omega \leqslant \omega_n$ 时，该措施比较有效；②大幅降低体系自振频率，使 $\omega \geqslant \omega_n$。可以用加大基础质量的办法来降低 ω_n，但由于地基刚度不能随意降低，单靠加大质量，ω_n 的降低不可能很显著。此时可考虑采用机械方法隔振，即用刚度很低的弹簧或其他隔振材料与基础块体组成一个低频振动系统，然后整个系统再支承于较大质量和较大刚度的基础上去。隔振弹簧一般采用圆柱形螺旋弹簧，为了弥补这种弹簧阻尼小和侧向稳定性差的

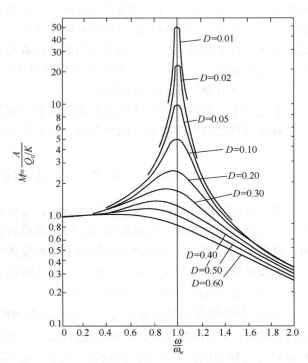

图 12-4 稳态激振型体系的反应曲线

缺点，通常的做法是将弹簧和橡胶块组合使用，形成专用的隔振元件。当要求的隔振弹簧刚度极低时，可以使用囊式空气弹簧，用调节充气压力的办法来调节弹簧刚度和支承能力；③当 ω/ω_n 接近1而无法调整时，则要靠加大振动体系阻尼比来降低振幅，方法可以是加大基础底面积和埋深，或在基础底面以下铺设阻尼材料（如橡胶、软木和砂卵石层等），但这类做法往往难以奏效。

(2) 旋转质量型扰力

旋转式机器的扰力由旋转质量的偏心所引起，扰力幅随转速平方而变化。质量 m 的振幅计算公式为：

$$A = \frac{m_e e}{m \sqrt{\left(1-\frac{\omega^2}{\omega_n^2}\right)^2 + \left(\frac{2D\omega}{\omega_n}\right)^2}} \tag{12-6}$$

式中　m_e——偏心质量（kg）；

　　　e——偏心值（m）；

　　　m——参振总质量（kg）。

旋转质量型激振的反应曲线如图12-5所示。根据公式和曲线，减小基础振幅的手段主要有：①加大参振质量 m 是减小振动的有效途径。尤其当 ω 较小，即 $\omega<\omega_n$ 时，同时加大参振质量 m 和基础刚度 k，将取得明显的效果。②但当 $\omega>\omega_n$ 时，加大刚度 k 将不起明显作用，而应以加大参振质量 m 为主，即做成所谓柔性基础。例如，采用柔性钢柱支承笨重的顶板，做成高转速汽轮机组的柔性基础。③当 ω/ω_n 接近1时，除了加大体系质量 m 以外，还可能靠增加体系阻尼的办法来减振，但提高阻尼的增加值往往效果有限。

(3) 支座振动的反应

地基振动可被视为支座振动，可以得出减振效果的表达式如下：

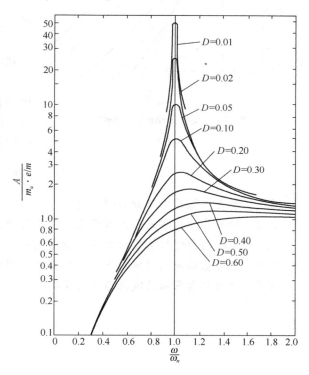

图12-5　旋转质量型激振型体系的反应曲线

$$\frac{A}{A_1} = \sqrt{\frac{1+\left(\frac{2D\omega}{\omega_n}\right)^2}{\left(1-\frac{\omega^2}{\omega_n^2}\right)^2 + \left(\frac{2D\omega}{\omega_n}\right)^2}} \tag{12-7}$$

式中　A_1——地基振动振幅（m）。

其余符号同前。

由图12-6可见，要达到减振的目的，有效的方法只能是加大比值 ω/ω_n，并且不要简单通过加大体系阻尼比 D，做一个大质量、软弹簧的低频基础，即将一个笨重的平板支承

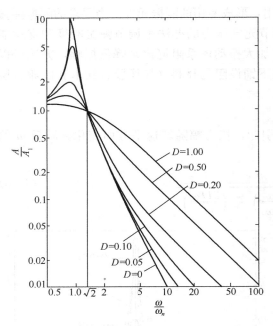

图 12-6 支座振动的反应曲线

在橡胶弹簧或空气弹簧上。由于静力平衡和减小平板上机器自身干扰引起的振动要求,弹簧的刚度和阻尼比不容许做得太低,否则系统就容易不稳定。另外,当外界干扰频率 ω 很低时(如地脉动干扰),超低频隔振基础的设计会有相当的难度,这时候就应多考虑如何首先减小支座振动。

3. 动力机器基础的减振措施

(1) 在基础底部设置减振弹簧,吸收振动能量。

(2) 设置柔性支座,例如利用橡胶垫进行减振。

(3) 将它与周围基础隔离,设置成独立基础。

(4) 在地基中设置隔振沟,抑制动力机器和基础的振动向周围地基传播。隔振沟对深度有一定要求,否则难以达到理想的效果。

习 题

12.1 动力机器作用可分为哪几类?

12.2 动力基础的常见形式有哪几种?各有什么优缺点?

12.3 地基动力特征主要由哪些参数描述?

12.4 动力基础振动对地基土的性质有什么影响?

12.5 动力机器基础的减振措施有哪些?

附录1 桩的极限阻力标准值

桩的极限侧阻力标准值 q_{sik} (kPa)　　　　　　　　　　　　　　　　　附表 1-1

土的名称	土的状态		混凝土预制桩	泥浆护壁钻（冲）孔桩	干作业钻孔桩
填土			22～30	20～28	20～28
淤泥			14～20	12～18	12～18
淤泥质土			22～30	20～28	20～28
黏性土	流塑	$I_L>1$	24～40	21～38	21～38
	软塑	$0.75<I_L\leq1$	40～55	38～53	38～53
	可塑	$0.50<I_L\leq0.75$	55～70	53～68	53～66
	硬可塑	$0.25<I_L\leq0.50$	70～86	68～84	66～82
	硬塑	$0<I_L\leq0.25$	86～98	84～96	82～94
	坚硬	$I_L\leq0$	98～105	96～102	94～104
红黏土	$0.7<a_w\leq1$		13～32	12～30	12～30
	$0.5<a_w\leq0.7$		32～74	30～70	30～70
粉土	稍密	$e>0.9$	26～46	24～42	24～42
	中密	$0.75\leq e\leq0.9$	46～66	42～62	42～62
	密实	$e<0.75$	66～88	62～82	62～82
粉细砂	稍密	$10<N\leq15$	24～48	22～46	22～46
	中密	$15<N\leq30$	48～66	46～64	46～64
中砂	中密	$15<N\leq30$	54～74	53～72	53～72
	密实	$N>30$	74～95	72～94	72～94
粗砂	中密	$15<N\leq30$	74～95	74～95	76～98
	密实	$N>30$	95～116	95～116	98～120
砾砂	稍密	$5<N_{63.5}\leq15$	70～110	50～90	60～100
	中密（密实）	$N_{63.5}>15$	116～138	116～130	112～130
圆砾、角砾	中密、密实	$N_{63.5}>10$	160～200	135～150	135～150
碎石、卵石	中密、密实	$N_{63.5}>10$	200～300	140～170	150～170
全风化软质岩	$30<N\leq50$		100～120	80～100	80～100
全风化硬质岩	$30<N\leq50$		140～160	120～140	120～150
强风化软质岩	$N_{63.5}>10$		160～240	140～200	140～220
强风化硬质岩	$N_{63.5}>10$		220～300	160～240	160～260

注：1. 对于尚未完成自重固结的填土和以生活垃圾为主的杂填土，不计算其侧阻力。
　　2. a_w 为含水比，$a_w=w/w_l$，w 为土的天然含水量，w_l 为土的液限。
　　3. N 为标准贯入击数；$N_{63.5}$ 为重型圆锥动力触探击数。
　　4. 全风化、强风化软质岩和全风化、强风化硬质岩是指其母岩分别为 $f_{rk}\leq15MPa$、$f_{rk}>30MPa$ 的岩石。

附表 1-2

桩的极限端阻力标准值 q_{pk} (kPa)

土名称	土的状态	桩型	混凝土预制桩桩长 l (m)					泥浆护壁钻(冲)孔桩桩长 l (m)					干作业钻孔桩桩长 l (m)			
			$l \leq 9$	$9 < l \leq 16$	$16 < l \leq 30$	$l > 30$		$5 \leq l < 10$	$10 \leq l < 15$	$15 \leq l < 30$	$30 \leq l$		$5 \leq l < 10$	$10 \leq l < 15$	$15 \leq l$
黏性土	软塑	$0.75 < I_L \leq 1$	210~850	650~1400	1200~1800	1300~1900		150~250	250~300	300~450	300~450		200~400	400~700	700~950
	可塑	$0.50 < I_L \leq 0.75$	850~1700	1400~2200	1900~2800	2300~3600		350~450	450~600	600~750	750~800		500~700	800~1100	1000~1600
	硬可塑	$0.25 < I_L \leq 0.50$	1500~2300	2300~3300	2700~3600	3600~4400		800~900	900~1000	1000~1200	1200~1400		850~1100	1500~1700	1700~1900
	硬塑	$0 < I_L \leq 0.25$	2500~3800	3800~5500	5500~6000	6000~6800		1100~1200	1200~1400	1400~1600	1600~1800		1600~1800	2200~2400	2600~2800
粉土	中密	$0.75 < e \leq 0.9$	950~1700	1400~2100	1900~2700	2500~3400		300~500	500~650	650~750	750~850		800~1200	1200~1400	1400~1600
	密实	$e < 0.75$	1500~2600	2100~3000	2700~3600	3600~4400		650~900	750~950	900~1100	1100~1200		1200~1700	1400~1900	1600~2100
粉砂	稍密	$10 < N \leq 15$	1000~1600	1500~2300	1900~2700	2100~3000		350~500	450~600	600~700	650~750		500~950	1300~1600	1500~1700
	中密、密实	$N > 15$	1400~2200	2100~3000	3000~4500	3800~5500		600~750	750~900	900~1100	1100~1200		900~1000	1700~1900	1700~1900
细砂			2500~4000	3600~5000	4400~6000	5300~7000		650~850	900~1200	1200~1500	1500~1800		1200~1600	2000~2400	2400~2700
中砂	中密、密实	$N > 15$	4000~6000	5500~7000	6500~8000	7500~9000		850~1050	1100~1500	1500~1900	1900~2100		1800~2400	2800~3800	3600~4400
粗砂			5700~7500	7500~8500	8500~10000	9500~11000		1500~1800	2100~2400	2400~2600	2600~2800		2900~3600	4000~4600	4600~5200
砾砂		$N > 15$	6000~9500		9000~10500				1400~2000	2000~3200			3500~5000		
角砾 圆砾	中密、密实	$N_{63.5} > 10$	7000~10000		9500~11500				1800~2200	2200~3600			4000~5500		
碎石 卵石		$N_{63.5} > 10$	8000~11000		10500~13000				2000~3000	3000~4000			4500~6500		
全风化 软质岩		$30 < N \leq 50$	4000~6000						1000~1600				1200~2000		
全风化 硬质岩		$30 < N \leq 50$	5000~8000						1200~2000				1400~2400		
强风化 软质岩		$N_{63.5} > 10$	6000~9000						1400~2200				1600~2600		
强风化 硬质岩		$N_{63.5} > 10$	7000~11000						1800~2800				2000~3000		

注: 1. 砂土和碎石类土中桩的极限端阻力取值, 宜综合考虑土的密实度, 桩端进入持力层的深径比 h_b/d, 土越密实, h_b/d 越大, 取值越高。
2. 预制桩的岩石极限端阻力是指桩端支承于中、微风化岩表面或进入强风化岩、软质岩一定深度条件下的极限端阻力。
3. 全风化、强风化软质岩和全风化、强风化硬质岩是指其母岩分别为 $f_{rk} \leq 15$ MPa, $f_{rk} > 30$ MPa 的岩石。

附录 2 桩基础计算系数

无量纲系数 A、B、C、D

附表 2-1

αz	A_1	B_1	C_1	D_1	A_2	B_2	C_2	D_2	A_3	B_3	C_3	D_3	A_4	B_4	C_4	D_4
0.0	1.0000	0.0000	0.0000	0.0000	0.0000	1.0000	0.0000	0.0000	0.0000	0.0000	1.0000	0.0000	0.0000	0.0000	0.0000	1.0000
0.1	1.0000	0.1000	0.0050	0.0002	0.0000	1.0000	0.1000	0.0050	−0.0001	0.0000	1.0000	0.1000	−0.0050	−0.0003	0.0000	1.0000
0.2	1.0000	0.2000	0.0200	0.0013	−0.0001	1.0000	0.2000	0.0200	−0.0013	−0.0001	0.9999	0.2000	−0.0200	−0.0027	−0.0002	0.9999
0.3	0.9999	0.3000	0.0450	0.0045	−0.0003	0.9999	0.3000	0.0450	−0.0045	−0.0007	0.9999	0.3000	−0.0450	−0.0090	−0.0010	0.9999
0.4	0.9999	0.3999	0.0800	0.0107	−0.0011	0.9998	0.3999	0.0800	−0.0107	−0.0021	0.9997	0.3599	−0.0800	−0.0213	−0.0032	0.9996
0.5	0.9997	0.4999	0.1250	0.0208	−0.0026	0.9995	0.4999	0.1249	−0.0208	−0.0052	0.9992	0.4999	−0.1249	−0.0417	−0.0078	0.9989
0.6	0.9994	0.5999	0.1799	0.0360	−0.0054	0.9987	0.5998	0.1799	−0.0360	−0.0108	0.9981	0.5997	−0.1799	−0.0719	−0.0162	0.9974
0.7	0.9986	0.6997	0.2449	0.0572	−0.0100	0.9972	0.6995	0.2449	−0.0572	−0.0200	0.9958	0.4994	−0.2449	−0.1143	−0.0300	0.9944
0.8	0.9973	0.7993	0.3199	0.0853	−0.0171	0.9945	0.7989	0.3198	−0.0853	−0.0341	0.9918	0.7985	−0.3198	−0.1706	−0.0512	0.9891
0.9	0.9951	0.8985	0.4047	0.1214	−0.0273	0.9902	0.8978	0.4046	−0.1214	−0.0547	0.9852	0.8971	−0.4044	−0.2428	−0.0819	0.9803
1.0	0.9917	0.9972	0.4994	0.1666	−0.0483	0.9833	0.9958	0.4992	−0.1665	−0.0833	0.9750	0.9945	−0.4988	−0.3329	−0.1249	0.9667
1.1	0.9866	1.0951	0.6038	0.2266	−0.0610	0.9732	1.0926	0.6035	−0.2215	−0.1219	0.9598	1.0902	−0.627	−0.4429	−0.1829	0.9463

续表

αz	A_1	B_1	C_1	D_1	A_2	B_2	C_2	D_2	A_3	B_3	C_3	D_3	A_4	B_4	C_4	D_4
1.2	0.9793	1.1917	0.7179	0.2976	−0.0863	0.9586	1.1876	0.7172	−0.2874	−0.1716	0.9378	1.1834	−0.7157	−0.5745	−0.2589	0.9172
1.3	0.9691	1.2866	0.8413	0.3654	−0.1188	0.9382	1.2799	0.8400	−0.3649	−0.2376	0.9073	1.2732	−0.8375	−0.7295	−0.3563	0.8764
1.4	0.9552	1.3791	0.9737	0.4559	−0.1597	0.9105	1.3687	0.9716	−0.4552	−0.3196	0.8657	1.3582	−0.9675	−0.9075	−0.4788	0.8210
1.5	0.9368	1.4684	1.1148	0.5599	−0.2109	0.8737	1.4526	1.1115	−0.5587	−0.4204	0.8105	1.4368	−1.1047	−1.2161	−0.6303	0.7475
1.6	0.9128	1.5535	1.2640	0.6784	−0.2719	0.8257	1.5302	1.2587	−0.6763	−0.5435	0.7386	1.5069	−1.2481	−1.3504	−0.8147	0.6516
1.7	0.8820	1.6331	1.4206	0.8119	−0.3460	0.7641	1.5996	1.4125	−0.8085	−0.6914	0.6464	1.5662	−1.3962	−1.6134	−1.0362	0.5287
1.8	0.8437	1.7058	1.5836	0.9611	−0.4341	0.6865	1.6587	1.5715	−0.9556	−0.8672	0.5299	1.6116	−1.5473	−1.9058	−1.2991	0.3737
1.9	0.7947	1.7697	1.7519	1.1261	−0.5377	0.5897	1.7047	1.7342	−1.1179	−1.0736	0.3850	1.6397	−1.6988	−2.2275	−1.6077	0.1807
2.0	0.7350	1.8229	1.9240	1.3080	−0.6582	0.4706	1.7346	1.8987	−1.2954	−1.3136	−0.2068	1.6463	−1.8482	−2.5779	−1.9662	−0.0565
2.2	0.5749	1.8871	2.2722	1.7204	−0.9562	0.1513	1.7311	2.2229	−1.6933	−1.9057	−0.2709	1.5754	−2.1248	−3.3595	−2.8486	−0.6976
2.4	0.3469	1.8745	2.6088	2.1954	−1.3389	−0.3027	1.6129	2.5187	−2.1412	−2.6633	−0.9489	1.3520	−2.3390	−4.2281	−3.9732	−1.5915
2.6	0.0331	1.7547	2.9067	2.7237	−1.8148	−0.9260	1.3349	2.7497	−2.6213	−3.1034	−1.8773	0.9168	−2.4369	−5.1402	−5.3554	−2.8211
2.8	−0.3855	1.4904	3.1284	3.2877	−2.3876	−0.7548	0.8418	2.8665	−3.1034	−4.7175	−3.1079	0.1973	−2.3456	−6.0229	−6.9901	−4.4449
3.0	−0.9281	1.0358	3.2247	3.8584	−3.0532	−2.8241	0.0684	2.8041	−3.5409	−5.9998	−4.6879	−0.8916	−1.9693	−6.7646	−8.8403	−6.5190
3.5	−2.9279	−1.2717	2.4630	4.9798	−4.9806	−6.7081	−3.5868	1.2702	−3.9192	−9.5437	−10.340	−5.8540	1.0741	−6.7889	−13.692	−13.826
4.0	−5.8533	−0.9409	−0.9268	4.5478	−6.5332	−121.18	−10.608	−3.7665	−1.6143	−11.731	−17.918	−15.007	−9.2437	−0.3576	−15.611	−23.140

附表 2-2

桩置于土中 ($ah \geq 2.5$) 或基岩 ($ah \geq 2.5$) 位移系数

αz	$ah=4.0$		$ah=3.5$		$ah=3.0$		$ah=2.8$		$ah=2.6$		$ah=2.4$	
	A_x	B_x	A_x	B_x	A_x	B_x	A_x	B_x	A_x	B_x	A_x	B_x
0.0	2.4470	1.6210	2.5017	1.6408	2.7266	1.7576	2.9052	1.8694	3.1626	2.0482	3.5256	2.3268
0.1	2.2787	1.4509	2.3378	1.4700	2.5510	1.5807	2.7185	1.6856	2.9580	1.8519	3.2931	2.1091
0.2	2.1178	1.2909	2.1749	1.3093	2.3764	1.4139	2.5327	1.5117	2.7543	1.6656	3.0616	1.9014
0.3	1.9588	1.1408	2.0140	1.1585	2.2038	1.2570	2.3489	1.3478	2.5526	1.4393	2.8320	1.7037
0.4	1.8027	1.0006	1.8559	1.0177	2.0340	1.1100	2.1679	1.1938	2.3537	1.3229	2.6053	1.5159
0.5	1.6504	0.8704	1.7016	0.8868	1.8680	0.9729	1.9907	1.0497	2.1586	1.1663	2.3822	1.3378
0.6	1.5027	0.7498	1.5519	0.7655	1.7065	0.8455	1.8180	0.9153	1.9679	1.0194	2.1636	1.1694
0.7	1.3602	0.6389	1.4074	0.6539	1.5502	0.7277	1.6504	0.7904	1.7823	0.8819	1.9499	1.0101
0.8	1.2237	0.5373	1.2688	0.5516	1.3997	0.6192	1.4885	0.6747	1.6022	0.7536	1.7416	0.8604
0.9	1.0936	0.4448	1.1366	0.4585	1.2554	0.5197	1.3227	0.5680	1.4282	0.6342	1.5391	0.7192
1.0	0.9704	0.3612	1.0113	0.3741	1.1178	0.4289	1.1834	0.4699	1.2603	0.5232	1.3425	0.5861
1.1	0.8544	0.2861	0.8930	0.2982	0.9870	0.3464	1.0407	0.3800	1.0989	0.4203	1.1519	0.4608
1.2	0.7459	0.2191	0.7822	0.2305	0.8632	0.2719	0.9048	0.2979	0.9438	0.3248	0.9672	0.3426
1.3	0.6450	0.1599	0.6788	0.1704	0.7464	0.2048	0.7756	0.2231	0.7950	0.2364	0.7883	0.2310
1.4	0.5518	0.1079	0.5829	0.1176	0.6366	0.1447	0.6530	0.1549	0.6522	0.1543	0.6148	0.1252
1.5	0.4661	0.0629	0.4944	0.0716	0.5335	0.0911	0.5366	0.0930	0.5152	0.0779	0.4462	0.0246
1.6	0.3881	0.0242	0.4132	0.0319	0.4370	0.0434	0.4263	0.0366	0.3835	0.0067	0.2820	−0.0715
1.7	0.3174	−0.0085	0.3390	−0.0020	0.3466	0.0011	0.3215	−0.0147	0.3565	−0.0601	0.1217	−0.1638
1.8	0.2593	−0.0357	0.2717	−0.0305	0.2620	−0.0364	0.2219	−0.0616	0.1339	−0.1230	−0.0353	−0.2521
1.9	0.1972	−0.0580	0.2107	−0.0541	0.1827	−0.0697	0.1268	−0.1048	0.0149	−0.1827	−0.1897	−0.3401
2.0	0.1470	−0.0757	0.1588	−0.0734	0.1082	−0.0991	0.0356	−0.1447	−0.1011	−0.2399	−0.3422	−0.4253
2.2	0.0646	−0.0994	0.0624	−0.1007	−0.0287	−0.1491	−0.1371	−0.2170	−0.3265	−0.3488	−0.6436	−0.5925
2.4	0.0035	−0.1103	−0.0124	−0.1160	−0.1533	−0.1902	−0.3010	−0.2828	−0.5469	−0.4538	−0.9432	−0.7583
2.6	−0.0399	−0.1114	−0.0725	−0.1225	−0.2700	−0.2260	−0.4603	−0.3452	−0.7655	−0.5575		
2.8	−0.0690	−0.1054	−0.1220	−0.1231	−0.3828	−0.2593	−0.6183	−0.4068				
3.0	−0.0874	−0.0947	−0.1646	−0.1200	−0.4943	−0.2919						
3.5	−0.1050	−0.0570	−0.2587	−0.1063								
4.0	−0.1079	−0.0149										

389

附表 2-3

桩置于土中（$ah>2.5$）或基岩（$ah\geq2.5$）转角系数

az	$ah=4.0$		$ah=3.5$		$ah=3.0$		$ah=2.8$		$ah=2.6$		$ah=2.4$	
	A_φ	B_φ	A_φ	B_φ	A_φ	B_φ	A_φ	B_φ	A_φ	B_φ	A_φ	B_φ
0.0	−1.6210	−1.7506	−1.6408	−1.7573	−1.7576	−1.8185	−1.8694	−1.8886	−2.0482	−2.0129	−2.3269	−2.2269
0.1	−1.6160	−1.6507	−1.6358	−1.6573	−1.7526	−1.7185	−1.8644	−1.7886	−2.0432	−1.9129	−2.3218	−2.1269
0.2	−1.6012	−1.5507	−1.6202	−1.5574	−1.7377	−1.6186	−1.8496	−1.6887	−2.0284	−1.8130	−2.3071	−2.0271
0.3	−1.5768	−1.4511	−1.5965	−1.4578	−1.7134	−1.5190	−1.8253	−1.5891	−2.0042	−1.7135	−2.2829	−1.9276
0.4	−1.5433	−1.3520	−1.5632	−1.3588	−1.6802	−1.4201	−1.7922	−1.4903	−1.9712	−1.6148	−2.2502	−1.8290
0.5	−1.5015	−1.2539	−1.5214	−1.2607	−1.6387	−1.3222	−1.7510	−1.3925	−1.9304	−1.5172	−2.2098	−1.7319
0.6	−1.4601	−1.1573	−1.4722	−1.1641	−1.5900	−1.2258	−1.7027	−1.2964	−1.8826	−1.4215	−2.1628	−1.6368
0.7	−1.3959	−1.0624	−1.4162	−1.0693	−1.5350	−1.1315	−1.6483	−1.2025	−1.8291	−1.3282	−2.1106	−1.5444
0.8	−1.3340	−0.9698	−1.3547	−0.9768	−1.4747	−1.0397	−1.5890	−1.1112	−1.7712	−1.2380	−2.0545	−1.4556
0.9	−1.2671	−0.8799	−1.2884	−0.8870	−1.4102	−0.9508	−1.5258	−1.0233	−1.7099	−1.1513	−1.9956	−1.3708
1.0	−1.1965	−0.7931	−1.2185	−0.8005	−1.3427	−0.8656	−1.4601	−0.9391	−1.6466	−1.0689	−1.9357	−1.2909
1.1	−1.1228	−0.7098	−1.1458	−0.7175	−1.2732	−0.7842	−1.3929	−0.8592	−1.5826	−0.9911	−1.8758	−1.2164
1.2	−1.0473	−0.6304	−1.0715	−0.6388	−1.2029	−0.7073	−1.3255	−0.7841	−1.5191	−0.9187	−1.8175	−1.1479
1.3	−0.9708	−0.5551	−0.9966	−0.5637	−1.1329	−0.6350	−1.2590	−0.7140	−1.4573	−0.8519	−1.7619	−1.0858
1.4	−0.8941	−0.4841	−0.9218	−0.4934	−1.0640	−0.5678	−1.1945	−0.6494	−1.3984	−0.7912	−1.7100	−1.0305
1.5	−0.8180	−0.4177	−0.8481	−0.4277	−0.9974	−0.5058	−1.1327	−0.5905	−1.3431	−0.7367	−1.6628	−0.9823
1.6	−0.7434	−0.3560	−0.7763	−0.3669	−0.9339	−0.4492	−1.0748	−0.5375	−1.2924	−0.6887	−1.6212	−0.9412
1.7	−0.6708	−0.2990	−0.7070	−0.3109	−0.8740	−0.3981	−1.0213	−0.4904	−1.2470	−0.6472	−1.5855	−0.9072
1.8	−0.6008	−0.2467	−0.6409	−0.2599	−0.8186	−0.3526	−0.9730	−0.4493	−1.2074	−0.6122	−1.5563	−0.8801
1.9	−0.5339	−0.1992	−0.5784	−0.2137	−0.7682	−0.3126	−0.9302	−0.4141	−1.1740	−0.5835	−1.5335	−0.8595
2.0	−0.4706	−0.1562	−0.5201	−0.1724	−0.7231	−0.2781	−0.8933	−0.3847	−1.1469	−0.5609	−1.5169	−0.8450
2.2	−0.3559	−0.0837	−0.4113	−0.1036	−0.6499	−0.2245	−0.8377	−0.3420	−1.1108	−0.5318	−1.5000	−0.8306
2.4	−0.2583	−0.0275	−0.3341	−0.0520	−0.5998	−0.1898	−0.8051	−0.3183	−1.0956	−0.5201	−1.4973	−0.8283
2.6	−0.1785	−0.0142	−0.2710	−0.0155	−0.5709	−0.1708	−0.7916	−0.3089	−1.0931	−0.5282		
2.8	−0.1161	−0.0435	−0.2273	−0.0081	−0.5591	−0.1634	−0.7894	−0.3075				
3.0	−0.0699	−0.0630	−0.2006	−0.0216	−0.5572	−0.1622						
3.5	−0.0121	−0.0829	−0.1837	−0.0295								
4.0	−0.0034	−0.0851										

桩置于土中 ($ah>2.5$) 或基岩 ($ah\geqslant 2.5$) 弯矩系数

附表 2-4

az	$ah=4.0$		$ah=3.5$		$ah=3.0$		$ah=2.8$		$ah=2.6$		$ah=2.4$	
	A_m	B_m	A_m	B_m	A_m	B_m	A_m	B_m	A_m	B_m	A_m	B_m
0.0	0	1	0	1	0	1	0	1	0	1	0	1
0.1	0.0996	0.9997	0.0996	0.9997	0.0996	0.9997	0.0995	0.9997	0.0995	0.9997	0.0994	0.9996
0.2	0.1970	0.9981	0.1969	0.9980	0.1966	0.9979	0.1964	0.9978	0.1961	0.9975	0.1956	0.9972
0.3	0.2901	0.9938	0.2898	0.9937	0.2889	0.9933	0.2882	0.9928	0.2871	0.9921	0.2857	0.9910
0.4	0.3774	0.9862	0.3768	0.9860	0.3746	0.9849	0.3730	0.9838	0.3706	0.9822	0.3673	0.9797
0.5	0.4575	0.9746	0.4564	0.9742	0.4523	0.9721	0.4491	0.9701	0.4447	0.9670	0.4386	0.9624
0.6	0.5294	0.9586	0.5274	0.9580	0.5206	0.9544	0.5153	0.9506	0.5080	0.9461	0.4980	0.9384
0.7	0.5923	0.9382	0.5892	0.9372	0.5787	0.9317	0.5707	0.9267	0.5596	0.9190	0.5444	0.9074
0.8	0.6456	0.9132	0.6411	0.9118	0.6259	0.9039	0.6145	0.8968	0.5986	0.8857	0.5771	0.8693
0.9	0.6893	0.8841	0.6829	0.8820	0.6620	0.8712	0.6464	0.8615	0.6249	0.8465	0.5961	0.8244
1.0	0.7231	0.8509	0.7145	0.8482	0.6868	0.8338	0.6664	0.8210	0.6384	0.8016	0.6012	0.7730
1.1	0.7471	0.8141	0.7360	0.8105	0.7005	0.7921	0.6745	0.7759	0.6393	0.7515	0.5929	0.7158
1.2	0.7618	0.7742	0.7477	0.7696	0.7032	0.7466	0.6712	0.7266	0.6281	0.6967	0.5719	0.6535
1.3	0.7676	0.7316	0.7500	0.7260	0.6957	0.6979	0.6571	0.6737	0.6056	0.6380	0.5393	0.5872
1.4	0.7650	0.6869	0.7435	0.6801	0.6785	0.6465	0.6329	0.6179	0.5728	0.5763	0.4965	0.8178
1.5	0.7547	0.6408	0.7288	0.6326	0.6523	0.5931	0.5995	0.5600	0.5309	0.5124	0.4452	0.4467
1.6	0.7373	0.5937	0.7068	0.5840	0.6182	0.5383	0.5581	0.5007	0.4813	0.4474	0.3872	0.3753
1.7	0.7138	0.5463	0.6781	0.5349	0.5771	0.4828	0.5100	0.4408	0.4255	0.3822	0.3247	0.3050
1.8	0.6849	0.4989	0.6436	0.4858	0.5301	0.4273	0.4563	0.3812	0.3654	0.3181	0.2601	0.2375
1.9	0.6514	0.4522	0.6043	0.4373	0.4783	0.3724	0.3987	0.3226	0.3029	0.2562	0.1962	0.1745
2.0	0.6141	0.4066	0.5610	0.3898	0.4231	0.3189	0.3386	0.2661	0.2401	0.1978	0.1359	0.1180
2.2	0.5316	0.3203	0.4658	0.2996	0.3077	0.2184	0.2183	0.1626	0.1232	0.0968	0.0394	0.3280
2.4	0.4433	0.2426	0.3652	0.2182	0.1948	0.1311	0.1020	0.0782	0.0353	0.0265	0.0000	0.0000
2.6	0.3546	0.1755	0.2656	0.1478	0.0967	0.0620	0.0310	0.0210	0.0000	0.000		
2.8	0.2700	0.1198	0.1736	0.0901	0.0269	0.0164	0.0000	0.0002				
3.0	0.1931	0.0760	0.0954	0.0462	0.0000	−0.000						
3.5	0.0508	0.0135	0.0000	0.0000								
4.0	0.0001	0.0001										

附表 2-5

桩置于土中 ($ah>2.5$) 或基岩 ($ah\geq2.5$) 剪力系数

az	$ah=4.0$		$ah=3.5$		$ah=3.0$		$ah=2.8$		$ah=2.6$		$ah=2.4$	
	A_q	B_q	A_q	B_q	A_q	B_q	A_q	B_q	A_q	B_q	A_q	B_q
0.0	1.0000	0	1.0000	0	1.0000	0	1.0000	0	1.0000	0	1.0000	0
0.1	0.9883	−0.0075	0.9880	−0.0076	0.9870	−0.0032	0.9861	−0.0087	0.9849	−0.0096	0.9831	−0.0110
0.2	0.9555	−0.0280	0.9543	−0.0283	0.9503	−0.0805	0.9469	−0.0326	0.9457	−0.0358	0.9357	−0.0407
0.3	0.9047	−0.0582	0.9021	−0.0590	0.8930	−0.1637	0.8860	−0.0681	0.8760	−0.0751	0.8622	−0.6847
0.4	0.8390	−0.0955	0.8345	−0.0970	0.8190	−0.1050	0.8071	−0.1125	0.7903	−0.1241	0.7672	−0.1419
0.5	0.7615	−0.1375	0.7546	−0.1397	0.7314	−0.1517	0.7137	−0.1628	0.6890	−0.1799	0.6553	−0.2658
0.6	0.6749	−0.1819	0.6653	−0.1850	0.6332	−0.2016	0.6091	−0.2167	0.5757	−0.2399	0.5304	−0.2746
0.7	0.5820	−0.2269	0.5693	−0.2309	0.5376	−0.2525	0.4966	−0.2719	0.4541	−0.3015	0.3970	−0.3452
0.8	0.4852	−0.2709	0.4691	−0.2760	0.4171	−0.3029	0.3791	−0.3268	0.3273	−0.3627	0.2587	−0.4153
0.9	0.3869	−0.3125	0.3670	−0.3188	0.3044	−0.3512	0.2593	−0.3794	0.1987	−0.4215	0.1195	−0.4822
1.0	0.2890	−0.3506	0.2651	−0.3582	0.1919	−0.3961	0.1400	−0.4286	0.0711	−0.4763	−0.0172	−0.5141
1.1	0.1939	−0.3844	0.1653	−0.3934	0.0815	−0.4367	0.0234	−0.4730	−0.0525	−0.5257	−0.1479	−0.5988
1.2	0.1015	−0.4134	0.0692	−0.4236	−0.0247	−0.4721	−0.0883	−0.5119	−0.1698	−0.5684	−0.2695	−0.6449
1.3	0.0148	−0.4369	−0.0220	−0.4486	−0.1251	−0.5017	−0.1931	−0.5443	−0.2782	−0.6033	−0.3790	−0.6805
1.4	−0.0659	−0.4549	−0.1070	−0.4979	−0.2183	−0.5252	−0.2894	−0.5697	−0.3758	−0.6296	−0.4736	−0.7045
1.5	−0.1395	−0.4672	−0.1849	−0.4815	−0.3030	−0.5422	−0.3755	−0.5876	−0.4603	−0.6463	−0.5503	−0.7152
1.6	−0.2056	−0.4739	−0.2551	−0.4894	−0.3780	−0.5525	−0.4499	−0.5975	−0.5297	−0.6527	−0.6065	−0.7114
1.7	−0.2636	−0.4750	−0.3170	−0.4917	−0.4425	−0.5560	−0.5115	−0.5992	−0.5823	−0.6482	−0.6397	−0.6919
1.8	−0.3135	−0.4710	−0.3703	−0.4888	−0.4956	−0.5529	−0.5589	−0.5924	−0.6164	−0.6321	−0.6471	−0.6556
1.9	−0.3550	−0.4622	−0.4148	−0.4809	−0.5366	−0.5430	−0.5910	−0.5770	−0.6300	−0.6037	−0.6261	−0.6004
2.0	−0.3884	−0.4491	−0.4503	−0.4684	−0.5648	−0.5264	−0.6067	−0.5525	−0.6214	−0.5624	−0.4741	−0.5256
2.2	−0.4317	−0.4118	−0.4951	−0.4313	−0.5805	−0.4738	−0.5844	−0.4761	−0.5306	−0.4383	−0.3659	−0.3112
2.4	−0.4465	−0.3631	−0.5058	−0.3810	−0.5379	−0.3954	−0.4829	−0.3608	−0.3289	−0.2533	0.0000	0.0000
2.6	−0.4365	−0.3073	−0.4838	−0.3210	−0.4314	−0.2910	−0.2918	−0.2035	0.0000	0.0000		
2.8	−0.4064	−0.2485	−0.4307	−0.2545	−0.2546	−0.1598	0.0000	−0.0002				
3.0	−0.3607	−0.1905	−0.3473	−0.1841	0.0000	0.0000						
3.5	−0.1998	−0.0167	0.0000	0.0000								
4.0	0.0000	−0.0005										

桩嵌固于基岩内（$\alpha h > 2.5$）位移系数　　　　　　附表 2-6

αz	$\alpha h \geqslant 4.0$		$\alpha h = 3.5$		$\alpha h = 3.0$		$\alpha h = 2.8$		$\alpha h = 2.6$		$\alpha h = 2.4$	
	A_x	B_x	A_x	B_x	A_x	B_x	A_x	B_x	A_x	B_x	A_x	B_x
0.0	2.401	1.600	2.389	1582	2.385	1.586	2.371	1.593	2.330	1.596	2.240	1.586
0.1	2.241	1.432	2.231	1.414	2.227	1.422	2.212	1.429	2.170	1.433	2.081	1.422
0.2	2.082	1.273	2.073	1.262	2.070	1.268	2.054	1.275	2.012	1.279	1.924	1.269
0.3	1.925	1.125	1.918	1.116	1.914	1.124	1.898	1.131	1.855	1.135	1.768	1.125
0.4	1.771	0.987	1.766	0.980	1.762	0.990	1.748	0.998	1.702	1.001	1.616	0.992
0.5	1.621	0.858	1.617	0.854	1.613	0.866	1.595	0.874	1.552	0878	0.467	0.868
0.6	1.476	0.740	1.473	0.737	1.468	0.751	1.450	0.759	1.407	0.763	1.323	0.754
0.7	1.335	0.631	1.334	0.630	1.330	0.646	1.311	0.655	1.267	0.659	1.184	0.649
0.8	1.201	0.531	1.201	0.532	1.197	0.551	1.177	0.560	1.133	0.564	1.052	0.554
0.9	1.073	0.440	1.075	0.444	1.070	0.468	1.050	0.474	1.005	0.474	0.925	0.468
1.0	0.952	0.359	0.956	0.364	0.951	0.387	0.930	0.396	0.885	0.397	0.806	0.391
1.1	0.838	0.285	0.843	0.293	0.838	0.317	0.817	0.327	0.772	0.332	0.695	0.323
1.2	0.732	0.220	0.739	0.230	0.734	0.257	0.712	0.267	0.667	0.271	0.591	0.262
1.3	0.634	0.163	0.643	0.175	0.636	0.203	0.614	0.214	0.569	0.218	0.496	0.210
1.4	0.543	0.113	0.553	0.128	0.550	0.157	0.525	0.168	0.480	0.172	0.409	0.164
1.5	0.460	0.070	0.471	0.087	0.466	0.118	0.443	0.129	0.399	0.163	0.330	0.126
1.6	0.385	0.033	0.398	0.050	0.392	0.086	0.369	0.097	0.325	0.101	0.259	0.094
1.7	0.317	0.003	0.332	0.024	0.326	0.059	0.303	0.070	0.260	0.074	0.198	0.067
1.8	0.256	−0.022	0.273	0.001	0.267	0.037	0.244	0.048	0.203	0.052	0.145	0.046
1.9	0.203	−0.042	0.221	0.017	0.215	0.021	0.192	0.032	0.153	0.035	0.100	0.030
2.0	0.156	−0.058	0.0176	−0.030	0.170	0.008	0.148	0.019	0.111	0.023	0.064	0.018
2.2	0.082	−0.077	0.104	−0.046	0.099	−0.006	0.078	0.004	0.048	0.007	0.016	0.004
2.4	0.029	−0.083	0.054	−0.049	0.050	−0.010	0.033	−0.001	0.012	0.001	0	0
2.6	−0.004	−0.080	0.230	−0.043	0.020	−0.007	0.008	−0.001	0	0		
2.8	−0.022	−0.070	0.005	−0.032	0.004	−0.003	0	−0				
3.0	−0.028	−0.056	−0.001	−0.020	0	−0						
3.5	−0.015	−0.018	0	0								
4.0	0	0										

桩嵌固于基岩内（$\alpha h > 2.5$）弯矩系数 附表 2-7

αz	$\alpha h \geqslant 4.0$		$\alpha h = 3.5$		$\alpha h = 3.0$		$\alpha h = 2.8$		$\alpha h = 2.6$		$\alpha h = 2.4$	
	A_m	B_m	A_m	B_m	A_m	B_m	A_m	B_m	A_m	B_m	A_m	B_m
0.0	0	1	0	1	0	1	0	1	0	1	0	1
0.1	0.100	1	0.100	1	0.100	1	0.100	1	0.100	1	0.100	1
0.2	0.197	0.998	0.197	0.998	0.197	0.988	0.197	0.998	0.197	0.998	0.197	0.998
0.3	0.290	0.994	0.290	0.994	0.290	0.994	0.290	0.994	0.291	0.994	0.291	0.994
0.4	0.378	0.986	0.378	0.987	0.378	0.986	0.378	0.986	0.379	0.986	0.380	0.986
0.5	0.458	0.975	0.458	0.975	0.459	0.975	0.459	0.975	0.459	0.975	0.462	0.975
0.6	0.531	0.959	0.531	0.960	0.531	0.959	0.532	0.959	0.533	0.959	0.536	0.959
0.7	0.594	0.939	0.595	0.940	0.595	0.939	0.596	0.939	0.598	0.938	0.603	0.939
0.8	0.648	0.914	0.649	0.915	0.649	0.914	0.651	0.914	0.654	0.913	0.662	0.914
0.9	0.693	0.863	0.694	0.886	0.694	0.885	0.696	0.884	0.701	0.884	0.712	0.885
1.0	0.728	0.853	0.729	0.854	0.729	0.852	0.762	0.850	0.740	0.850	0.754	0.851
1.1	0.753	0.817	0.754	0.817	0.755	0.815	0.759	0.813	0.769	0.812	0.787	0.814
1.2	0.770	0.777	0.770	0.778	0.772	0.774	0.777	0.771	0.789	0.770	0.814	0.773
1.3	0.777	0.735	0.778	0.736	0.778	0.730	0.786	0.727	0.802	0.726	0.833	0.820
1.4	0.776	0.691	0.777	0.691	0.779	0.685	0.788	0.680	0.808	0.678	0.845	0.682
1.5	0.763	0.645	0.768	0.645	0.771	0.635	0.782	0.630	0.806	0.628	0.852	0.633
1.6	0.753	0.598	0.753	0.597	0.756	0.585	0.769	0.579	0.799	0.579	0.854	0.582
1.7	0.731	0.551	0.730	0.549	0.734	0.533	0.750	0.525	0.786	0.522	0.852	0.530
1.8	0.705	0.503	0.703	0.500	0.707	0.480	0.727	0.471	0.769	0.467	0.846	0.476
1.9	0.673	0.456	0.670	0.451	0.676	0.427	0.699	0.416	0.749	0.411	0.838	0.421
2.0	0.638	0.410	0.633	0.402	0.640	0.373	0.667	0.360	0.735	0.355	0.828	0.366
2.2	0.559	0.321	0.550	0.307	0.559	0.265	0.595	0.248	0.672	0.241	0.805	0.256
2.4	0.472	0.239	0.457	0.216	0.468	0.157	0.516	0.135	0.615	0.126	0.780	0.144
2.6	0.383	0.165	0.359	0.129	0.374	0.051	0.434	0.218	0.556	0.011		
2.8	0.294	0.099	0.258	0.047	0.277	−0.055	0.352	0.091				
3.0	0.207	0.041	0.157	−0.032	0.179	−0.161						
3.5	0.005	−0.078	0.096	−0.220								
4.0	−0.184	−0.181										

桩嵌固于基岩内（$\alpha h > 2.5$）地面处转角系数 附表 2-8

系数 \ αh	4	3.5	3	2.8	2.6	2.4
A_φ	−1.600	−1.584	−1.593	−1.586	−1.596	−1.586
B_φ	−1.732	−1.711	−1.687	−1.691	−1.686	−1.687

确定桩身最大弯矩及其位置的系数表　　　　附表 2-9

αh / αz	4.0		3.5		3.0		2.8		2.6		2.4	
	C_q	K_m	C_q	K_m	C_q	K_m	C_q	K_m	C_q	K_m	C_q	K_m
0.0	∞	1	∞	1	∞	1	∞	1	∞	1	∞	1
0.1	131.252	1.001	129.489	1.001	120.507	1.001	112.954	1.001	102.805	1.001	90.196	1.000
0.2	34.186	1.004	33.699	1.004	31.158	1.004	29.090	1.005	26.326	1.005	22.939	1.006
0.3	15.554	1.012	15.282	1.013	14.013	1.015	13.003	1.014	11.671	1.017	10.064	1.019
0.4	8.781	1.029	8.605	1.030	7.799	1.033	7.176	1.036	6.368	1.040	5.409	1.047
0.5	5.539	1.057	5.403	1.059	4.821	1.066	4.385	1.076	3.829	1.083	3.183	1.100
0.6	3.710	1.101	3.597	1.105	3.141	1.120	2.811	1.134	2.400	1.158	1.931	1.196
0.7	2.566	1.169	2.465	1.176	2.089	1.209	1.826	1.239	1.506	1.291	1.150	1.380
0.8	1.791	1.274	1.699	1.289	1.377	1.358	1.160	1.426	0.902	1.549	0.623	1.795
0.9	1.238	1.441	1.151	1.475	0.867	1.635	0.683	1.807	0.471	2.173	0.249	3.230
1.0	0.824	1.728	0.740	1.814	0.484	2.252	0.327	2.861	0.149	5.076	−0.032	18.277
1.1	0.503	2.299	0.420	2.562	0.187	4.543	0.049	14.411	−0.100	−5.649	−0.247	−1.684
1.2	0.246	3.876	0.163	5.349	−0.052	−12.716	−0.172	−3.165	−0.299	−1.406	−0.416	−0.714
1.3	0.034	23.438	−0.049	−14.587	−0.249	−2.093	−0.355	−1.178	−0.465	−0.675	−0.557	−0.381
1.4	−0.145	−4.596	−0.229	−2.572	−0.416	−0.986	−0.508	−0.628	−0.597	−0.383	−0.672	−0.220
1.5	−0.299	−1.876	−0.384	−1.265	−0.559	−0.574	−0.639	−0.378	−0.712	−0.233	−0.769	−0.131
1.6	−0.434	−1.128	−0.521	−0.772	−0.684	−0.365	−0.753	−0.240	−0.812	−0.146	−0.853	−0.078
1.7	−0.555	−0.740	−0.645	−0.517	−0.797	−0.242	−0.854	−0.157	−0.898	−0.091	−0.925	−0.046
1.8	−0.665	−0.530	−0.756	−0.366	−0.896	−0.164	−0.943	−0.103	−0.975	−0.057	−0.987	−0.026
1.9	−0.768	−0.396	−0.862	−0.263	−0.988	−0.112	−1.024	−0.067	−1.034	−0.034	−1.043	−0.014
2.0	−0.865	−0.304	−0.961	−0.194	−1.073	−0.076	−1.098	−0.042	−1.105	−0.00	−1.092	−0.006
2.2	−1.048	−0.187	−1.148	−0.106	−1.225	−0.033	−1.227	−0.015	−1.210	−0.005	−1.176	−0.001
2.4	−1.230	−0.118	−1.328	−0.057	−1.360	−0.012	−1.338	−0.004	−1.299	−0.001	0	0
2.6	−1.420	−0.074	−1.507	−0.028	−1.482	−0.003	−1.434	−0.001	0.333	0		
2.8	−1.635	−0.045	−1.692	−0.013	−1.593	−0.001	0.056	0				
3.0	−1.893	−0.026	−1.886	−0.004	0	0						
3.5	−2.994	−0.003	1.000	0								
4.0	−0.045	−0.011										

附录3 锚杆的极限粘结强度标准值

锚杆的极限粘结强度标准值　　　　　　　　　　　附表3

土的名称	土的状态或密实度	q_{sk}(kPa) 一次常压注射	q_{sk}(kPa) 二次压力注射
填土		16～30	30～45
淤泥质土		16～20	20～30
黏性土	$I_L>1$	18～30	25～45
黏性土	$0.75<I_L\leqslant 1$	30～40	45～60
黏性土	$0.5<I_L\leqslant 0.75$	40～53	60～70
黏性土	$0.25<I_L\leqslant 0.5$	53～65	70～85
黏性土	$0<I_L\leqslant 0.25$	65～73	85～80
黏性土	$I_L\leqslant 0$	73～90	80～130
粉土	$e>0.90$	22～44	40～60
粉土	$0.75<e\leqslant 0.90$	44～64	60～90
粉土	$e<0.75$	64～80	80～130
粉细砂	稍密	22～42	40～70
粉细砂	中密	42～63	75～18
粉细砂	密实	63～85	90～130
中砂	稍密	54～74	70～80
中砂	中密	74～90	80～130
中砂	密实	90～120	130～170
粗砂	稍密	80～130	80～140
粗砂	中密	130～170	170～220
粗砂	密实	170～220	220～250
砾砂	中密、密实	190～260	240～290
风化岩	全风化	80～80	120～150
风化岩	强风化	150～200	200～260

注：1. 采用泥浆护壁成孔工艺时，应按表取低值后再根据具体情况适当折减。
　　2. 采用套管护壁成孔工艺时，可取表中最高值。
　　3. 采用扩孔工艺时，可在表中数值基础上适当提高。
　　4. 采用二次压力分段劈裂注浆工艺时，可在表中二次压力注浆数值基础上适当提高。
　　5. 当砂土中的细粒含量超过总质量的30%时，表中数值应乘以0.75。
　　6. 对有机质含量为5%～8%的有机质土，应按表取值后适当折减。
　　7. 当锚杆锚固段长度大于16m时，应对表中数值适当折减。

附录4 承载力修正系数表

土的类别			η_b	η_d
淤泥和淤泥质土			0	1.0
人工填土 e 或 I_L 大于等于0.85的黏性土			0	1.0
红黏土	含水比 $a_w > 0.8$		0	1.2
	含水比 $a_w \leqslant 0.8$		0.15	1.4
大面积压实填土	压实系数大于0.95、黏粒含量 $\rho_c \geqslant 10\%$ 的粉土		0	1.5
	最大干密度大于2100kg/m³ 的级配砂石		0	2.0
粉土	黏粒含量 $\rho_c \geqslant 10\%$ 的粉土		0.3	1.5
	黏粒含量 $\rho_c < 10\%$ 的粉土		0.5	2.0
e 及 I_L 均小于0.85的黏性土			0.3	1.6
粉砂、细砂（不包括很湿与饱和时的稍密状态）			2.0	3.0
中砂、粗砂、砾砂和碎石土			3.0	4.4

注：1. 强风化和全风化的岩石，可参照所风化成的相应土类取值，其他状态下的岩石不修正。
2. 含水比为土的天然含水量与液限的比值。
3. 大面积压实填土是指填土范围大于两倍基础宽度的填土。
4. 地基承载力特征值如按深层平板荷载试验确定时，η_d 取为0。

参 考 文 献

[1] 中国建筑科学研究院. 建筑地基基础设计规范：GB 50007—2011. 北京：中国建筑工业出版社，2011.

[2] 上海建工集团股份有限公司. 建筑地基基础工程施工规范：GB 51004—2015. 北京：中国计划出版社，2015.

[3] 上海市基础工程集团有限公司. 沉井与气压沉箱施工规范：GB/T 51130—2016. 北京：中国计划出版社，2016.

[4] 建设部综合勘察研究设计院. 岩土工程勘察规范：GB 50021—2001(2009 年版). 北京：中国建筑工业出版社，2009.

[5] 水利部水利水电规划设计总院. 土工合成材料应用技术规范：GB/T 50290—2014. 北京：中国计划出版社，2014.

[6] 陕西省建筑科学研究设计院. 湿陷性黄土地区建筑规范：GB 50025—2018. 北京：中国建筑工业出版社，2004.

[7] 合肥工业大学. 盐渍土地区建筑技术规范：GB 50942—2014. 北京：中国计划出版社，2014.

[8] 中国建筑科学研究院. 膨胀土地区建筑技术规范：GB 50112—2013. 北京：中国建筑工业出版社，2012.

[9] 中国建筑科学研究院. 建筑地基处理技术规范：JGJ 79—2012. 北京：中国建筑工业出版社，2012.

[10] 中国建筑科学研究院. 既有建筑地基基础加固技术规范：JGJ 123—2012. 北京：中国建筑工业出版社，2012.

[11] 黑龙江省寒地建筑科学研究院. 冻土地区建筑地基基础设计规范：JGJ 118—2011. 北京：中国建筑工业出版社，2011.

[12] 中国建筑科学研究院. 建筑桩基础技术规范：JGJ 94—2008. 北京：中国建筑工业出版社，2008.

[13] 中国建筑科学研究院. 建筑基坑支护技术规程：JGJ 120—2012. 北京：中国建筑工业出版社，2012.

[14] 国家技术监督局. 动力机器基础设计规范：GB 50040—1996. 北京：中国计划出版社，1996.

[15] 上海市政工程设计研究总院. 给排水工程钢筋混凝土沉井结构设计规程：CECS 137—2015. 北京：中国计划出版社，2015.

[16] 上官子昌，于林平. 地基基础工程设计施工实用图集[M]. 北京：机械工业出版社，2007.

[17] 陈希哲，叶菁. 土力学地基基础. 第5版. 北京：清华大学出版社，2013.

[18] 周景星，李广信，虞石民，等. 基础工程. 第3版. 北京：清华大学出版社，2015.

[19] 向伟明. 地下工程设计与施工. 北京：中国建筑工业出版社，2013.

[20] 赵建. 土木工程施工. 北京：中国电力出版社，2011.

[21] 代国忠，顾欢达. 土力学与基础工程. 重庆：重庆大学出版社，2011.

[22] 龚晓南. 桩基工程手册. 第2版. 北京：中国建筑工业出版社，2016.

[23] 顾晓鲁. 地基与基础. 第3版. 北京：中国建筑工业出版社，2003.

[24] 王钧. 建筑工程施工技术. 北京：科学出版社，2016.

[25] 石振明，黄雨. 工程地质学. 第 3 版. 北京：中国建筑工业出版社，2018.
[26] 牛燕宁. 工程地质学. 北京：化学工业出版社，2016.
[27] 张建国. 工程地质. 北京：人民交通出版社股份有限公司，2017.
[28] 王桂林. 工程地质. 北京：中国建筑工业出版社，2012.
[29] 莫海鸿，杨小平. 基础工程. 第 2 版. 北京：中国建筑工业出版社，2008.
[30] 赵明华. 基础工程. 第 4 版. 北京：高等教育出版社，2018.
[31] 中交第二公路勘察设计研究院有限公司. 公路挡土墙设计与施工技术细则. 北京：人民交通出版社，2008.
[32] 高大钊. 土力学与基础工程. 北京：中国建筑工业出版社，1999.
[33] 陈立伟，范毅，王风波，等. 真空预压法加固软土地基的工程实例分析[J]. 探矿工程（岩土钻掘工程），2014，41(11)：63-66.
[34] 王皆伟. 真空-堆载联合预压法加固机理及工程实例[J]. 工程建设与设计，2015(6)：73-75.